《梵净山地区古树名木》编写委员会

顾　问　田江

主　任　姚元贵

副主任　罗勇　安启明　龙立军　田世广

委　员　安黔宁　安启明　罗勇　崔坚强　李文强　杨军　廖洪英　陈婷　任明迅　廖永军　许林政　杨妮　吴乃刚　杨胜冰　李雪松　李忠华　杨勇　姚树堂　田雪丽

编　著　廖洪英　陈婷　任明迅　廖永军　许林政

编　委　张雪飞　代忠迪　徐东　潘斌　张金华　向洋　何俊　汪建权　曾凡勇　柳太勇　冉景屏　贺彬　安树海　冯邦贤　张佳涛　李朝彪　王时霞　谭志明　田静　龙正刚　童蓉　马攀攀　李思颖　石军　龚志鹏　陆红霞　鲁茜　冉舞　王倩　石磊　龙永强　徐华　罗爽　龙娟桃　罗波　王诗文　王蓉

物种鉴定　安明态　杨传东　邓莉兰

制　图　廖永军　廖洪英　任明迅　任科亭

摄　影　廖洪英　任明冰　杨晋升　张雪飞　任冠军　任明迅　张绍庭　李春红　冉景屏　廖诗婕　陈峰　任中　冉汇林　安元强　李铭亨　田谯军

校　对　余佑彪

封面题字　任达煌

梵淨山地區古樹名木

廖洪英 陈婷 任明迅 廖永军 许林政◎编著

華中科技大學出版社
http://press.hust.edu.cn
中国·武汉

内容简介

本书通过图文并茂的方式，展示了梵净山地区古树名木的多样性和它们所承载的深厚文化内涵。本书共分七章，包括背景概况，梵净山地区古树名木概述，梵净山地区的古树，梵净山地区的古树群，梵净山地区的名木，梵净山地区的古树与古树群生态学分析，梵净山地区古树名木的保护策略及价值实现。本书不仅记录了梵净山地区古树的树龄、科属、形态特征，还描述了古树名木的保护利用现状和相关的历史事件等，以及其在文化旅游和生态文明建设中的重要作用，是首部系统、完整、直观地展现梵净山地区古树名木风貌的专著。

读者可以通过本书了解古树名木的主要价值、文化意义和经济潜力，同时感受到它们作为"绿色活化石"和"绿色文物"的独特魅力和韵味。本书可作为各级古树名木主管部门、基层林业站、古树名木养护责任单位的工具书，也可作为大学相关专业的教学参考书。

图书在版编目(CIP)数据

梵净山地区古树名木 / 廖洪英等编著. -- 武汉 ：华中科技大学出版社，2025. 8. -- ISBN 978-7-5772-1844-1

Ⅰ. S717.273

中国国家版本馆 CIP 数据核字第 2025GN8155 号

梵净山地区古树名木

Fanjingshan Diqu Gushu Mingmu

廖洪英　陈　婷　任明迅　廖永军　许林政　编著

策划编辑：罗　伟
责任编辑：张　寒　李艳艳
封面设计：廖亚萍
责任校对：谢　源
责任监印：曾　婷
出版发行：华中科技大学出版社(中国·武汉)　　电话：(027)81321913
　　　　　武汉市东湖新技术开发区华工科技园　　邮编：430223
录　　排：华中科技大学惠友文印中心
印　　刷：湖北新华印务有限公司
开　　本：889mm×1194mm　1/16
印　　张：28
字　　数：521 千字
版　　次：2025 年 8 月第 1 版第 1 次印刷
定　　价：298.00 元

华中出版

本书若有印装质量问题，请向出版社营销中心调换
全国免费服务热线：400-6679-118　竭诚为您服务

序言

作为绿水青山的重要组成部分，古树名木承载着自然人文的丰富历史与价值。它们既是珍稀的基因资源和宝贵的旅游资源，又是不可再生的自然遗产和不可复制的文化遗产，不仅是绿色活化石，更是绿色活文物，生动记录着自然的变迁和社会的发展。保护一棵古树名木，既是维护一块优良的生态环境，也是保存一份优良的种质资源和一件古老的历史文物。

梵净山是中国武陵山脉的主峰，是全球自然生态系统重要组成部分，其天然景观独特、凝聚自然遗产精华、生物多样性丰富，分布着以黔金丝猴、梵净山冷杉为代表的珍贵野生动物和植物。由于丰富的生物多样性和独特的地质地貌，梵净山早在 1986 年就被列入国家级自然保护区、国际"人与生物圈"保护区网，在 2018 年被列入世界自然遗产名录，并正在积极创建国家公园。梵净山地区还是土家族、苗族等少数民族聚居的地方，其传统的地方文化促使它保存了大量的古树名木，成为梵净山地区生物多样性与生态文化的重要组成部分。

习近平总书记强调，"像保护眼睛一样保护生态环境，像对待生命一样对待生态环境"。多年来，铜仁市各级党委、政府高度重视古树名木的保护工作，出台了《铜仁市古大珍稀树木及名木保护管理办法》，开展了古树普查挂牌建档、管理保护、生长复壮、抢救性修复、古树教育等保护工作，推动古树名木保护走上法治化道路，使历经千百年沧桑巨变的古树名木持续焕发勃勃生机。

本书正是在铜仁市古树名木全域普查的基础上开展的系统整理和研究，由铜仁市林业局组织相关人员历时近四年编撰完成。本书共收录江口县、印江土家族苗族自治县（印江县）、松桃苗族自治县（松桃县）三县的古树 13314 棵、古树群 121 个、名木 16 处（贵州梵净山国家级自然保护区内的未收录），是首部系统、完整、直观地展现梵净山地区古树名木风貌的专著，是集史料性、学术性、实用性于一体的参考书，也是鉴赏、宣传和保护古树名木的工具书。编者从保护者、管理者和读者的角度，对古树名木的介绍都以地理位置和树龄为开头，使古树名木的依法保护和利用有据可查；同时，内容并不局限于描摹古树名木现状，而是深入挖掘古树名木背后的故事，分析古树名木形成的原因及其蕴含的独特文化底蕴。

本书记录的古树或矗立于古寺名刹，或根植于绿水青山，或生长于古村旧巷，宛如一首无声的诗、一幅立体的画，以独特的方式传承着生命智慧、镌刻着文化内涵，读之犹如走进历史的长廊，尽享“梵天净土·桃源铜仁”的山川之奇、自然之美、文化之盛，也为人们留存一份诗意田园的乡愁记忆。

本书作为绿色铜仁的代表性著作和宣传图书，对于铜仁市加强梵净山及其周边地区生物多样性保护、传承优秀历史文化、推进乡村振兴、强化生态文明建设以及加快梵净山国家公园的创建工作具有重要价值和意义。同时，助力铜仁市在生态文明引领下实现高质量发展，在奋力开创绿色铜仁现代化建设的征程中，更好地享用生态红利！

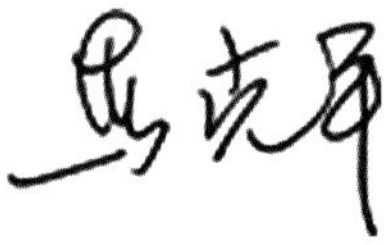

中国科学院植物研究所研究员

世界自然保护联盟（IUCN）亚洲区会员委员会主席

中国科学院生物多样性委员会副主任兼秘书长

前言

在中国地势自西向东第二阶梯向第三阶梯过渡带上的武陵山脉中，耸立着一座地质年龄超过10亿年的山峰，名叫梵净山。梵净山拥有地球上同纬度地区生态系统完整性和原真性保存最好的原始森林，这里蕴藏着众多特有物种，展现了极高的生物多样性。它是1986年国务院批准的首批17个国家级自然保护区之一，同年被列入国际"人与生物圈"保护区网，2018年被列入世界自然遗产名录。梵净山具有深厚的文化底蕴，被誉为"天下众名岳之宗""弥勒道场"等，是土家族、苗族等少数民族聚居地，保存和发展了丰富的传统地方文化。

梵净山及其周边地区拥有极为丰富的珍稀物种和古树名木，既是珍稀种质资源库，又是研究原生植被、气候历史与环境变迁的"自然史书"，是承载传统文化的"活文物"和乡村振兴建设的重要载体。在过去很长一段时间里，梵净山境内的生物资源和生态系统的保护仅限于自然保护区内，对于周边地区的古树名木缺乏系统的调查统计和深入研究，没有针对其数量与分布、保存现状、保育措施、科研与综合利用价值等进行全面的梳理与总结。一些古树名木由于没有得到及时、有效的保护，出现了长势逐渐衰弱、抗逆性差等问题。

在大力推进生态文明建设和创建梵净山国家公园的时代背景下，铜仁市各级党委、政府高度重视古树名木的保护工作，加大了古树名木的保护力度，使很多古树名木焕发生机，由"古树欹斜临古道，枝不生花腹生草"的衰败之势转变为"老树著花无丑枝""病树前头万木春"的勃勃生机，为后续进一步研究梵净山及其周边地区的生物多样性与生物资源、发掘传统生态文化、探索生态文明建设模式与创新国家公园建设途径奠定了一个良好的基础。

由于古树名木的调查、研究和统计多以人类划分的行政区划范围来进行，我们选定了梵净山所在地的江口县、印江土家族苗族自治县(印江县)、松桃苗族自治县(松桃县)三县所在区域(覆盖梵净山世界自然遗产部分区域，但不包括贵州梵净山国家级自然保护区)作为本书的研究范围，并将该区域称为梵净山地区，其中江口县称为梵净山南侧，印江县称为梵净山西侧，松桃县称为梵净山东北，以便更好地表现梵净山地区古树名木的分布格局及其形成历史。本书所引地图均未对边界线等基础地理要素进行任何改动，仅根据研究需要添加了专题标注。

本书由铜仁市林业局组织相关人员，在2017年全国绿化委员会、贵州省林业厅组织开展的古树名木普查成果基础上，结合三县2012年林木种质资源调查成果及相关文献，于2021—2024年开展现地复核，进一步核实、更新了梵净山地区的古树名木数量、分布及生长情况，并完成了本书的编撰工作，为更具针对性地保护和管理古树名木提供依据。本书概括了梵净山地区的古树、古树群和名木的数量（古树分属44科99属148种13314棵、古树群121个、名木16处）与分布、保护现状和保育经验、科研价值、综合利用途径等内容，共分为7个章节，由廖洪英、陈婷、任明迅、廖永军、许林政等完成。古树树龄判断主要参照2017年铜仁市古树名木普查成果数据及采用文献追踪法或访谈估测法，辅以具体树种树龄与树高-胸径关系的经验值进行矫正。本书的古树按照古树分级（一级、二级、三级古树）、树种分类进行介绍，同一树种内，再按照古树树龄从大到小进行排列，以展示梵净山地区古树的特殊价值和独特魅力。

本书特色包括：一是按照梵净山地区的江口县、印江县、松桃县三个区域对一级古树、二级古树、三级古树、古树群以及名木的种类、株数、分布及其主要特点进行统计与分析，为后续科学保护与合理利用提供依据；二是根据物种生物学特性，对直接影响树高和冠幅的分枝方式（单轴分枝、合轴分枝）结合海拔、坡向、坡位、坡度、土壤类型等主要环境因子，分析影响古树名木树高与长势的原因，丰富了古树名木的生态学内容与保护依据；三是按照就地保护与迁地保护、植株复壮与生境保护策略，结合国内多地古树名木保护实践经验，系统归纳了梵净山地区古树名木的主要保护措施与技术方法；四是分析了当地传统文化和经济利用方式对古树名木形成与保存的影响规律，并从文化内涵、价值实现方面探讨了古树名木的文化传承与综合利用途径。

“莫言生意尽，更引万年枝”，古树名木沉淀了丰富的种质资源与文化内涵，必将在中国现代化和生态文明建设的时代浪潮中焕发生机，得到更多重视和更好的保护。期盼本书能够激发大众保护生物多样性的热情，传承中华优秀传统文化，弘扬民族精神，更加坚定文化自信，对推进生态旅游、乡村振兴与生态文明建设有所裨益。

本书的编撰得到了贵州省林业局、贵州省自然资源厅、贵州梵净山国家级自然保护区管理局、江口县林业局、印江县林业局、松桃县林业局、铜仁市自然资源局，西南林业大学邓莉兰教授，贵州大学安明态教授，贵州省林业科学研究院院长冉景丞和研究员张喜、王莲辉，贵州省林业局造林绿化处刘正钤处长、杨文兴，云南省林业调查规划院副院长、研究员华朝朗，铜仁学院杨传东教授、王晓旭副教授，中共铜仁市委党史研究室徐明忠主任，贵州省铜仁第一中学老师蒲廷金、代泽斌，铜仁市旅游学校任明冰，中共铜仁市委组织部廖洪韬，中共铜仁市委办公室熊翔宇，《铜仁文艺》副主编杨正治，铜仁市老年大学张德智，铜仁网首席摄影记者李铭亨，铜仁市档案馆（铜仁市地方志编纂委员会办公室）周唯伟，江口县闵孝中学退休教师刘胜平等单位领导、专家和同仁的大力支持，谨在此表示衷心的感谢！

由于编写时间仓促、编写经验及水平有限，书中难免存在疏漏之处，敬请广大读者批评指正。

编　者

目录

第 1 章 背景概况

梵净山位于贵州省东北部铜仁市境内，是中国地势第二阶梯向第三阶梯过渡的武陵山脉主峰，也是中国西南地区最早自古海洋中抬升露出的地块之一。梵净山经历了约 14 亿年的地质演变过程，塑造出其独特的变质岩穹隆状孤岛形态，其主峰耸立于周围喀斯特低山丘陵之间。由于相对孤立的地理环境，梵净山形成了相对封闭的生态系统，长期的生态隔离促进了区域内物种的独特进化，孕育了梵净山丰富而独特的生物多样性，如梵净山冷杉和黔金丝猴等特有物种，黔金丝猴更是被视为珍贵的活化石物种，在国际上享有盛誉。早在 1986 年，梵净山就被列入首批国家级自然保护区，并在同年被联合国教科文组织列入国际"人与生物圈"保护区网。2018 年，梵净山被列入世界自然遗产名录，进一步凸显了其全球重要性，增强了国际社会对梵净山生态保护的关注。

除了独特的地质与生态价值外，梵净山及其周边地区还是一片人文底蕴深厚的土地。区域内聚居着土家族、苗族、侗族、羌族等 10 余个少数民族。这些民族长期以来在梵净山地区繁衍生息，各民族之间频繁的交流与融合，形成了丰富多元的地域文化，涵盖历史文化、民族文化、生态文化等，呈现出相互交融又各具特色的局面。此外，梵净山还是贵州乃至整个西南地区著名的佛教圣地，被誉为中国的“弥勒道场”。佛教文化在此积淀深厚，绵延千年，对当地民众的价值观、行为习惯产生了深远影响，对生态保护理念的传播起到了重要作用。在宗教文化的熏陶下，当地居民对古树名木的保护意识深入内心，使得梵净山及其周边地区保留了数量众多的古树名木。这些古树名木不仅见证了历史变迁，也成为研究生态环境演变、人文历史发展的重要载体，具有极高的文化价值、生态价值和经济价值。

然而，由于研究目的和学术背景不同，“梵净山”的具体范围在不同研究中存在差异。一般而言，“梵净山”既可以专指自然山体本身，也可以泛指梵净山及其周边地区，并常与“贵州梵净山国家级自然保护区”“梵净山世界自然遗产地”等概念存在交叉和重叠。本书中所指的“梵净山”特指梵净山世界自然遗产范围。根据研究主题，本书以梵净山自然山体周围的江口县、印江土家族苗族自治县（印江县）和松桃苗族自治县（松桃县）为调查区域，这一地区覆盖梵净山世界自然遗产范围的一部分，但不包含贵州梵净山国家级自然保护区。为了更清晰地表达区域特点，本书将该区域称为“梵净山地区”（图 1-1），并对江口县、印江县和松桃县做出了明确的方位划分，其中，江口县称为“梵净山南侧”，印江县称为“梵净山西侧”，松桃县称为“梵净山东北”，以便更好地表现梵净山地区古树名木的分布格局及形成历史。

1.1 梵净山概况

1.1.1 地理位置与范围

梵净山地处铜仁市江口县、印江县、松桃县三县交界地带，范围包括贵州梵净山国家级自然保护区和与其相邻的贵州铜仁印江洋溪省级自然保护区、贵州梵净山—太平河风景名胜区、贵州印江木黄风景

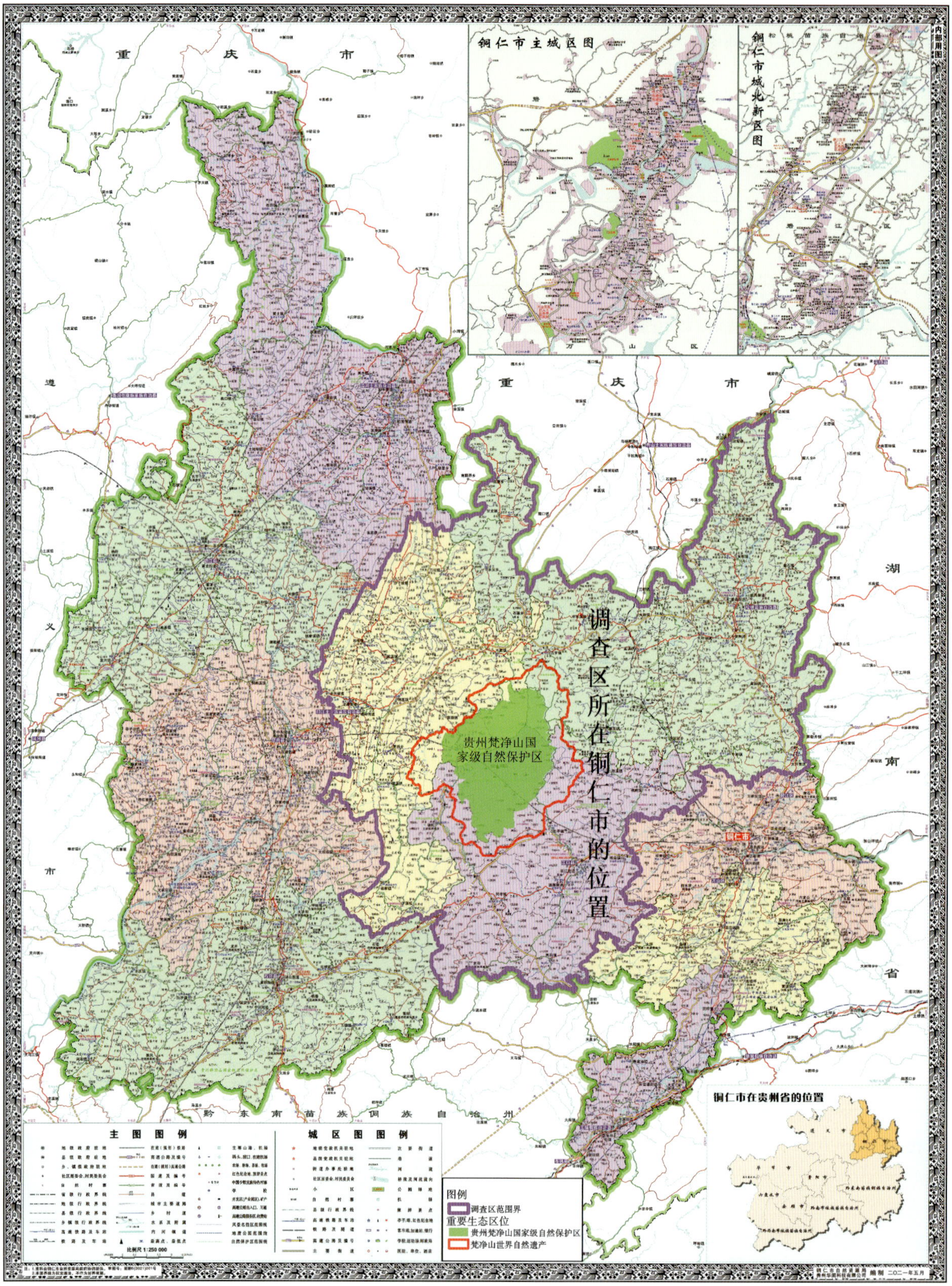
内部用图
铜仁市主城区图
铜仁市城北新区图
重庆市
重庆市
遵义市
湖南省
黔东南苗族侗族自治州
调查区所在铜仁市的位置
贵州梵净山国家级自然保护区
主图图例
城区图图例
比例尺 1:250 000
图例
调查区范围界
重要生态区位
贵州梵净山国家级自然保护区
梵净山世界自然遗产
铜仁市在贵州省的位置

图 1-1　铜仁市地图

名胜区部分区域及其他区域。总面积 775.14 km^2，其中梵净山世界自然遗产地面积 402.75 km^2，缓冲区面积 372.39 km^2。

1.1.2 地质地貌

梵净山以凤凰山、金顶所在中心峡谷地形为中心，四周逐次散布低中山，形成低山和丘陵各种地貌类型。山体走向多呈东北—西南走向。最高峰凤凰山海拔 2572 m，次高峰老金顶海拔 2493 m，境内海拔 2000 m 以上的山峰超过 20 座。基岩以变质板岩、变质砂岩为主。

1.1.3 气候类型

梵净山属于东亚季风气候，夏季受东南海洋季风影响十分显著，冬季受寒潮影响一般较小。年平均温度介于 5～17 ℃，年平均气温垂直递减率为 0.50～0.56 ℃/100 m，年降水量介于 1100～2600 mm，相对湿度年均 80%以上。特别是梵净山东侧入侵寒潮势力较强，而西侧势力较弱。梵净山的气候呈现以下特点：①西南坡或西北坡：海拔 800 m 以下为中亚热带，800～1400 m 为北亚热带，1400～2000 m 为南温带（暖温带），2000 m 以上为中温带（温带）。②东北坡或东南坡：海拔 600 m 以下为中亚热带，600～1250 m 为北亚热带，1250～1900 m 为南温带，1900 m 以上为中温带。总体上来看，梵净山的光、热、水资源丰富，气候垂直变化多样，气候类型较多，为多种多样的动物和植物的共存、生长和发育提供了良好的生存环境。

1.1.4 土壤类型

梵净山分布面积最多的是山地黄壤和黄棕壤，其次是山地黄红壤，最少的是山地暗色矮林土和山地灌丛草甸土，其土壤主要为森林土壤。由于地形、气候、植被和母岩等成土条件的复杂性和差异性，形成了梵净山土壤类型的多样性，构成了由山麓到山顶的垂直分布特征，海拔 500 m 以下为山地黄红壤，500～1400 m 为山地黄壤，1400～2000 m 为山地黄棕壤，2000～2200 m 为山地暗色矮林土，2200 m 以上为山地灌丛草甸土。就土壤质量而言，山地黄壤和山地黄红壤土层较厚，大多在 60～80 cm，其他类型多为中、薄层土壤，利用价值较低。

1.1.5 植被类型

梵净山山麓海拔一般为 500 m，凤凰山顶海拔为 2572 m，海拔相对高度差超过 2000 m，使梵净山植被的分布随着地势的升高，产生不同的类型，形成明显的植被垂直带谱。从山麓（500 m）到山顶（2572 m），可以划分为 5 个植被垂直带：500～1300 m 为以锥属（*Castanopsis*）、樟属（*Camphora*）、润楠属（*Machilus*）为主的常绿阔叶林带；1300～1900 m 为以栎属（*Quercus*）、水青冈属（*Fagus*）为主的常绿落叶阔叶混交林带；1900～2100 m 为以槭属（*Acer*）、李属（*Prunus*）、花楸属（*Sorbus*）等为主的落叶阔叶林带；2100～2350 m 为以铁杉属（*Tsuga*）、冷杉属（*Abies*）为主的亚高山针叶林带；2350～2572 m 为以杜鹃花属（*Rhododendron*）、箭竹属（*Fargesia*）为主的亚高山灌丛草甸带。不同植被垂直带的主要代表群落见图 1-2、图 1-3。

1.1.6 生物资源

梵净山属于典型的亚热带湿润山地森林生态系统，植被类型多样，植物群落丰富，是梵净山冷杉、珙桐、黔金丝猴、大鲵等众多珍稀濒危动植物的栖息地，分布着具有代表性和典型性的水青冈、珙桐、桤树、铁杉和贵州青冈群落。

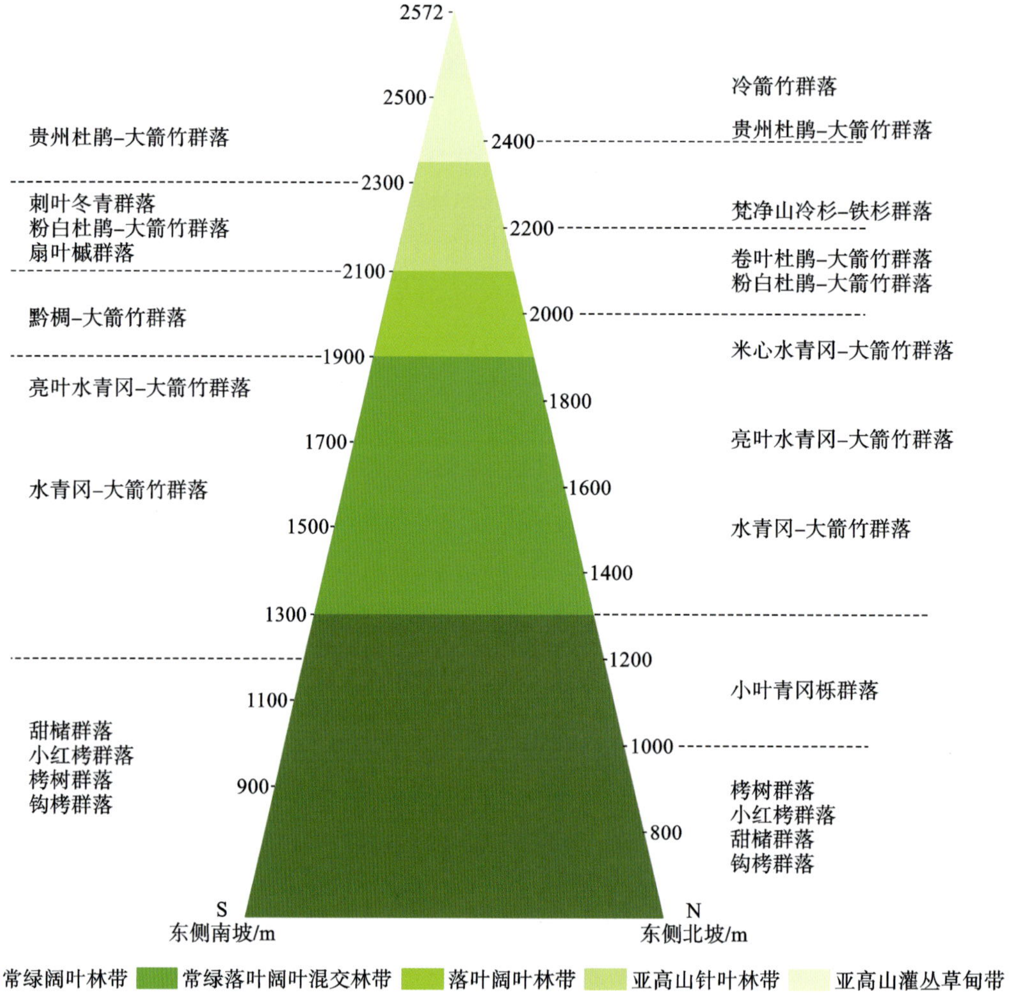

图 1-2 梵净山东侧植被垂直带谱示意图

(1) 动物资源

梵净山迄今记录的野生动物有 2760 种,其中国家一级重点保护野生动物 11 种,国家二级重点保护野生动物 46 种。梵净山最知名的动物是国家一级重点保护野生动物黔金丝猴(*Rhinopithecus brelichi*)。黔金丝猴被誉为“梵净山精灵”“地球的独生子”,现存 700 余只,仅分布在梵净山。此外,熊猴(*Macaca assamensis*)、毛冠鹿(*Elaphodus cephalophus*)、红腹锦鸡(*Chrysolophus pictus*)、白冠长尾雉(*Syrmaticus reevesii*)、大鲵(*Andrias davidianus*)、穿山甲(*Manis pentadactyla*)、红腹角锥(*Tragopan temminckii*)等国家重点保护野生动物在梵净山也分布有较大种群。

(2) 植物资源

梵净山拥有多样的生境,植物资源十分丰富,迄今已记录野生苔藓植物 791 种,蕨类植物 349 种,裸子植物 36 种,被子植物 2548 种。其中,国家一级重点保护野生植物 6 种,国家二级重点保护野生植物 77 种。

梵净山植物资源的突出特点是古老、孑遗的科、属、种保存完整。例如,该区分布的珙桐(*Davidia involucrata* Baill.)、杜仲(*Eucommia ulmoides* Oliv.)和水青树(*Tetracentron sinense* Oliv.),它们在分类上表现孤立,在演化上呈现原始性状。又如,裸子植物中,发生在白垩纪的有松属(*Pinus*)、三尖杉属(*Cephalotaxus*),发生在第三纪的有油杉属(*Keteleeria*)、冷杉属(*Abies*)、铁杉属(*Tsuga*)等;被子植物

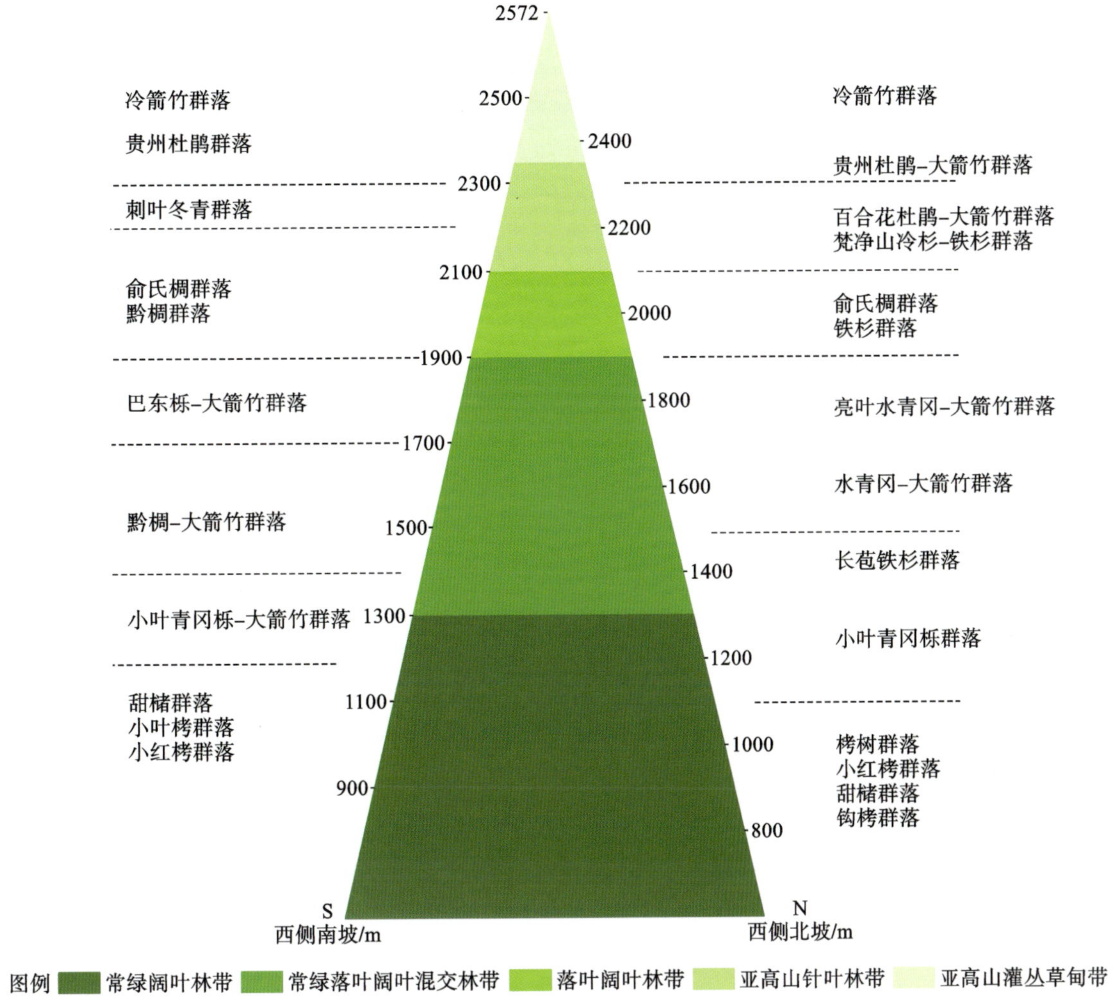

图 1-3　梵净山西侧植被垂直带谱示意图

中，起源古老的如木兰科（Magnoliaceae）、樟科（Lauraceae）、壳斗科（Fagaceae）、槭树科（Aceraceae）、杜鹃花科（Ericaceae）等，在梵净山森林组成中占有主导地位。此外，梵净山森林树种中，裸子植物种类丰富，其中尤以松科、杉科、柏科占据显著地位。以下是梵净山珍稀、古老的代表植物。

①梵净山冷杉是梵净山唯一且特有的亚热带珍稀濒危、古老孑遗的冷杉属植物树种，树干高大挺直，木材白色，树形美观，仅分布于梵净山山体上部，如白云寺、烂茶顶、锯齿山一带，喜欢生长在海拔2100～2350 m的山脊线北面阴湿处，分布范围比较狭窄。

②珙桐为我国特产的单属植物，它的头状花序形如鸽头，其下2枚大型白色苞片美丽奇特，形如白鸽双翅。珙桐花盛开时，满树似白鸽群聚，故又名“中国鸽子树”“鸽子花”，是世界著名的观赏树种。珙桐起源古老，是第三纪古热带植物区系的孑遗植物，被列为国家一级重点保护野生植物，也是梵净山重点保护对象之一。目前，梵净山分布有珙桐自然种群11个，其面积最大的小黑湾和淘金河上游两片，都在200亩以上。

③黄杨多见于庭园栽培，自然生长的多以单株形式出现。在梵净山主峰凤凰山南北坡1900～2300 m之间的落叶阔叶林带发现了间断分布的黄杨群落，其中北坡群落组成复杂，南坡树冠相嵌，林冠水平、颜色深绿、组成单一，盖度达90%。林分平均高4～5 m，最高达7 m；平均胸径10～20 cm，最大达20 cm，生长速度很缓慢。根据枝条年龄判断，这里的黄杨群落平均树龄可能在400年以上。

(3) 大型真菌资源

梵净山动植物资源丰富，森林郁闭度大，林中阴暗潮湿，大量枯枝落叶等凋落物经过微生物的分解作用形成了腐殖质，为真菌生长、繁殖提供了丰富的营养和良好的生态环境。因此，梵净山的真菌种类多样，目前已记录大型真菌种类共 65 科 179 属 450 种和 2 变种，其中子囊菌 42 种、担子菌 408 种。食用菌资源有 130 余种，常见的有隐花青鹅膏(*Amanita manginiana*)、蜜环菌(*Armillariella mellea*)、杯冠瑚菌(*Clavicorona pyxidata*)、黑牛肝菌(*Boletus higricans*)、伯克利刺孢多孔菌(*Bondarzewia berkeleyi*)；药用菌资源有 180 余种，常见的有二年残孔菌(*Abortiporus biennis*)、烟色烟管菌(*Bjerkandera fumosa*)、硫色炮孔菌(*Laetiporus sulphureus*)、假蜜环菌(*Armillaria tabescens*)、硬皮地星(*Astraeus hygrometricus*)；毒蘑菇资源有 80 余种，常见的有格纹鹅膏(*Amanita fritillaria*)、新卵托鹅膏(*Amanita neoovoidea*)、灰花纹鹅膏(*Amanita fuliginea*)、黄盖鹅膏(*Amanita subjunquillea*)。

1.1.7 突出的普遍价值

世界自然遗产是由联合国教科文组织审定的具有全球重要价值的自然景观，要求符合以下 3 个特点：①从审美和科学角度来看，具有突出普遍价值的由物质和生物结构或这类结构群组成的自然面貌；②从科学或保护角度来看，具有突出普遍价值的地质和自然地理结构以及明确划为受威胁的动物和植物生境区；③从科学、保护或自然美角度来看，具有突出普遍价值的自然景观或明确划分的自然区域。

2018 年 7 月 2 日，在巴林首都麦纳麦举行的第 42 届世界遗产大会上，全球科学家一致认为，梵净山是珍稀濒危动植物珍贵的栖息地、古老孑遗植物的避难所、特有动植物分化发育的重要场所，是黔金丝猴和梵净山冷杉在地球上的唯一栖息地，水青冈林在亚洲重要的保护地，符合世界自然遗产第十条标准，将梵净山作为世界自然遗产列入《世界遗产名录》。为此，梵净山成为中国第 13 处世界自然遗产，也是贵州省继荔波喀斯特、赤水丹霞、施秉喀斯特之后的第 4 处世界自然遗产。梵净山世界自然遗产突出的普遍价值主要体现在以下四个方面。

(1) 丰富的美学景观

梵净山被誉为贵州第一山，属于武陵山系。由于地质运动，逐步形成了岭峰插天、沟谷深切的峡谷侵蚀构造地貌和溶蚀构造地貌。这里山势连绵，地貌独特，沟谷险峻，外有穹隆状山地峡谷的主体景观，柱状孤峰、刀脊状山岭的代表性景观，内有岩石、孤峰、峡谷等山地景观类型。山中异石林立，古木参天；林间溪流纵横，珍稀植物交错分布，奇珍异兽穿梭其间，构成了梵净山稀有和独特的自然美。此外，梵净山的自然美还在于景观的变化无穷，不仅体现在空间上的垂直分异，也体现在时间上的变化。梵净山不同的海拔有着不同的水热环境组合，形成了较为完整的垂直带谱，海拔由低到高呈现出中亚热带—北亚热带—南温带(暖温带)—中温带(温带)鲜明气候带谱，演化出常绿阔叶林带、常绿落叶阔叶混交林带、落叶阔叶林带、亚高山针叶林带、亚高山灌丛草甸带系列垂直景观带。梵净山春季百花盛开、万紫千红，夏季绿叶葱葱、林莽苍苍，秋季层林尽染、彩叶斑斓，冬季白雪皑皑、银装素裹，不同的季节，不同类型的植物群落呈现出不同的森林美景(图 1-4)。

(2) 突出的生态演化过程

梵净山处在亚热带中部和 Udvardy 生物地理区东部落叶林生物地理省，地势高耸并在周围众山系中相对独立，形成了独具特色的山地生态系统，系统保持原生性和完整性，森林植被覆盖率达 90%以上，在亚热带山地生态系统中极为罕见。梵净山生态系统类型丰富，包括地带性常绿阔叶林、暖性针叶林、温性阔叶林与暗针叶林等，是我国华南与华中、西部与华中和华东植物的重要交汇地，是亚热带到温带植被的过渡区。

梵净山现代植被对孢粉记录古植被的继承与发展、大量古老孑遗植物的留存、从沼泽植被向陆地植被的演替、特有植物的集中分化等综合反映了全球亚热带季风湿润气候区亚高山山地生态系统正在进行的生物生态演化过程，对于揭示古气候、古地理、古生态环境及古植被演变具有重要意义。

图 1-4　梵净山自然景观

（梵净山世界自然遗产保护管理局提供）

(3) 重要的自然栖息地

梵净山拥有亚热带最大面积的水青冈林，是全球水青冈中国分支最重要的保存地；是珍稀濒危和地方特有动物黔金丝猴的全球唯一栖息地；是珍稀濒危和地方特有裸子植物梵净山冷杉的全球唯一分布地。梵净山冷杉的存在对丰富我国植物区系具有重要价值，是全球保存下来的珍贵基因库。此外，梵净山是梵净山柿、梵净山猕猴桃、小鹿江口亚种等许多特有动植物分化发育的重要场所，是梵净匙叶黄藓、中华细指苔、中华疣齿藓等许多特有苔藓植物的重要分化中心，也是多种珍稀濒危动植物十分珍贵的栖息地和大量古老孑遗植物的重要避难所。目前已记录野生动植物 7154 种，包括植物 4394 种，动物 2760 种，是生物多样性就地保护非常重要的自然栖息地之一。

(4) 独特的文化底蕴

历史上，梵净山与佛教文化密切关联，山上山下佛寺遍布，其中最著名的是“四大皇庵”和“四十八脚庵”。山上山下星罗棋布的寺庙，既是梵净山佛教文化发展的奇迹，也是梵净山佛教文化鼎盛的见证。几百年来，朝山信众络绎不绝，寺庙香火鼎盛，“梵天净土”与古佛圣地相映生辉，梵净山是与山西五台山、浙江普陀山、四川峨眉山、安徽九华山齐名的中国第五大佛教名山，是“弥勒道场”。梵净山周边居住着土家族、苗族、侗族、布依族、仡佬族等十多个少数民族，这些少数民族人民通过其精神、文化、审美观、手工艺以及生活习惯等，追寻着人与自然的和谐。他们重视传统节日，具有厚重的民族文化，各民族的音乐和舞蹈艺术等都表达了对万物神灵的崇敬与追寻，以及对大自然给予财富的感谢。因此，梵净山形成了一个独特的“文化场”，其对民众的行为具有非常特殊的约束力，对梵净山的保护管理起到至关重要的作用。

1.1.8 自然保护地

梵净山涉及 8 个自然保护地，分别为 1 个国家级自然保护区（贵州梵净山国家级自然保护区）、1 个省级自然保护区（贵州铜仁印江洋溪省级自然保护区）、1 个县级自然保护区（贵州铜仁印江石家岭县级自然保护区）、3 个省级风景名胜区（贵州梵净山—太平河风景名胜区、贵州印江木黄风景名胜区和贵州松桃豹子岭—寨英风景名胜区）、1 个国家级湿地公园（贵州江口国家湿地公园）、1 个省级森林公园（贵州铜仁江口凯马省级森林公园），见表 1-1、图 1-5（以下是部分自然保护地的介绍）。

表 1-1 梵净山涉及的自然保护地基本情况

序号	自然保护地名称	级别	类型	总面积/km^2	梵净山内面积/km^2	
					遗产地	缓冲区
1	贵州梵净山国家级自然保护区	国家级	自然保护区	428.63	352.38	76.25
2	贵州铜仁印江洋溪省级自然保护区	省级	自然保护区	218.71	35.14	22.67
3	贵州铜仁印江石家岭县级自然保护区	县级	自然保护区	89.16	0.11	37.70
4	贵州梵净山—太平河风景名胜区	省级	风景名胜区	70.00		21.90
5	贵州印江木黄风景名胜区	省级	风景名胜区	42.20		0.001
6	贵州松桃豹子岭—寨英风景名胜区	省级	风景名胜区	102.41		0.02
7	贵州江口国家湿地公园	国家级	湿地公园	66.10		2.60
8	贵州铜仁江口凯马省级森林公园	省级	森林公园	22.39		16.99
合计				1039.60	387.63	178.131

制作底图由铜仁市自然资源局提供，审图号：图黔D(2021)001号

比例尺1：47万

图 1-5 梵净山地区概况图

(1) 贵州梵净山国家级自然保护区

贵州梵净山国家级自然保护区是梵净山世界自然遗产的主体部分，总面积 428.63 km^2，其中遗产地面积 352.38 km^2，缓冲区面积 76.25 km^2。其处于我国亚热带中心，冬季受到西伯利亚寒流的影响微小，而夏季受到东南海洋季风的影响显著，故冬无严寒、夏无酷暑，具有我国典型的中亚热带季风山地湿润气候特征。贵州梵净山国家级自然保护区水热条件优越，加之山体古老，地质史上少受冰川影响，使该自然保护区成为珍稀动植物的栖息地、古老孑遗物种的避难所、特有动植物分化发育的重要场所，是黔金丝猴和梵净山冷杉在地球上的唯一栖息地，也是水青冈在亚洲最重要的自然保护地。

该自然保护区展现和保存了中亚热带孤岛山岳生态系统和显著的生物多样性，保存有距今 7000 万年至 200 万年前第三和第四纪的古老珍稀动植物，以及层峦叠嶂的古老地层。据统计，该自然保护区内有原始森林 200 km^2，目前已记录生物种类 5000 多种，并分布有大量的珍稀濒危野生动植物，其中以梵净山冷杉和珙桐为代表；拥有东洋界的华中、华南和西南 3 个区系成分的动物，有与大熊猫齐名的黔金丝猴，还有云豹、白颈长尾雉等国家重点保护野生动物。其物种资源丰富，是研究生物物种多样性、典型性以及植被自然演替规律的理想场所。

贵州梵净山国家级自然保护区以保护黔金丝猴、梵净山冷杉等为代表的珍稀濒危动植物和中亚热带森林生态系统为宗旨，属于"森林和野生动物类型"的国家级自然保护区。

(2) 贵州铜仁印江洋溪省级自然保护区

紧邻梵净山，与梵净山的植被相似，是梵净山世界自然遗产的重要组成部分，为以黔金丝猴为代表的珍稀动植物提供了更为广阔的生存空间。该自然保护区位于铜仁市印江县东部梵净山西麓，地跨洋溪、杨柳、罗场、缠溪、紫薇 5 个乡镇，为南北长、东西窄的狭长地段，总面积 218.71 km^2，其中遗产地面积 35.14 km^2，缓冲区面积 22.67 km^2。该自然保护区内山脊明显，山脉大体呈南北走向，海拔 530～1599.9 m，年平均气温为 16.2～17.4 ℃，平均降雨量 1093.0～1430.1 mm，气候温和，雨量充沛，雨热同季，属于亚热带季风性湿润气候。地貌类型为溶蚀地貌，呈条带分布，峰丛洼地形态多样。土壤类型主要有黄壤和小部分紫色土。地带性植被为常绿落叶林，森林覆盖率为 78.34%。该自然保护区内山峦叠翠，沟谷纵横，溪流遍布，山清水秀，植被繁茂，海拔高度差不大，植被原生性好，物种多样性强。由于其处于梵净山、佛顶山、雷公山国家级自然保护区之间，是串联贵州"黔东北梵净山森林生态系统生物多样性关键区域"与"黔东苗岭东段雷公山常绿阔叶林生物多样性关键区域"的重要节点和生物通道驿站。

(3) 贵州梵净山—太平河风景名胜区

作为融入地方民族民俗文化，开展游览观光、佛教活动、避暑休闲、徒步登山等活动的省级风景名胜区，贵州梵净山—太平河风景名胜区属于武陵山脉中段，总面积 70.00 km^2，其中缓冲区面积 21.90 km^2。太平河位于铜仁市江口县北部，发源于梵净山麓的松桃县，从梵净山麓流到江口县，全长 30 km。该风景名胜区主要依托贵州梵净山国家级自然保护区和梵净山世界自然遗产地的自然生态环境，以佛教文化活动和太平河、黄牯山等秀丽的自然山水风光为主要特色，包括太平河景区、鱼粮溪景区、黄牯山景区 3 个景区，德旺独立景群 1 个和凯里沟大峡谷、河口石拱桥 2 个独立景点。贵州梵净山—太平河风景名胜区森林植被茂盛、保护完整，野生动植物资源丰富，具有良好的生态环境，该风景名胜区的自然风光主要由姿态各异的山、古树名木以及田园风光组成。这一带的景物展现出独特的地质结构，体现了 14 亿年来形成的最古老的地貌形态，这里可看到植物垂直分布带以及梵净山景区的黑湾河、梵净山门、羽翠湖坝景物等。

(4) 贵州印江木黄风景名胜区

作为开展观光游览、红色文化体验、休闲度假、科普启智等活动的省级风景名胜区，贵州印江木黄风景名胜区位于铜仁市印江县梵净山麓下的木黄镇、紫薇镇(原永义乡)和朗溪镇境内，总面积 42.20 km^2，其中缓冲区面积 0.001 km^2，处在梵净山缓冲区边缘。该风景名胜区以木黄会师纪念碑、木黄会师纪念馆、千年古银杏、木良传统村落、紫薇王、杜鹃林等风景资源、省级以上文物保护单位及将军山一定区域为主要保护对象。紫薇镇的川黔紫薇(*Lagerstroemia excelsa*(Dode)Chun ex S. Lee & L. F. Lau)是该风景名胜区的重要景点,是一棵远近闻名的古树和名木。这棵树高 35 m,胸围 628 cm,东西冠幅 18 m、南北冠幅 19 m,树龄约为 1400 年,高大遒劲,长势茂密,每年自然脱皮一次,花色艳丽,有紫红色、淡白色、橙黄色等,有"紫薇王"之称。

木黄镇因为红军长征中第一次会师而闻名于世。1934 年 10 月 24 日,贺龙、夏曦、关向应率领红三军与任弼时、萧克、王震等率领的红六军团在黔东革命根据地的木黄镇胜利会师。会师后,红三军恢复了红二军团的番号,两军团主力向湘西挺进,开辟了湘鄂川黔革命根据地,有力策应了中央红军的战略转移。同时,也留下了"会师柏""贺龙柏"等名木。

1.2 梵净山地区概况

1.2.1 梵净山南侧(江口县)

(1) 基本情况

江口县位于贵州省东北部,地处武陵山脉主峰——梵净山南侧。东邻铜仁市碧江区,南连黔东南苗族侗族自治州岑巩县,西毗石阡县,北接印江县、松桃县,东西长 52 km,南北宽 55 km。其总面积 1870 km^2(含贵州梵净山国家级自然保护区江口县区域),辖 8 个乡镇 2 个街道,2023 年末户籍总人口 25.20 万人,以土家族、苗族、侗族、羌族等少数民族为主。江口县是国家重点生态功能区、长江中上游重要生态屏障、首批国家全域旅游示范区创建单位,有中国低碳旅游示范区、中国十大生态旅游景区、国家森林旅游示范县等品牌称号。傩戏是当地最具盛名的一种传统文化,是人们为驱鬼逐疫跳的一种舞蹈,它崇拜和信仰人类祖先"傩公傩婆",仅在我国少数地区流传,被称为中华文化的"活化石"。受巴楚文化的影响,江口县的傩戏与原始宗教、民间传说、地方歌谣融为一体,成为一种独特的戏曲形式;瓦寨锣鼓是流传在土家族聚居区的一种古老而优美的打击曲牌乐,主要用于结婚、年节等喜庆场合,渲染热烈欢快的气氛,是土家族人民最喜爱的器乐,也是土家族特有的一种文艺形式。

(2) 地形地貌与土壤

江口县最高峰梵净山的凤凰山海拔为 2572 m,梵净山老金顶海拔为 2493 m,最低点为桃映镇溪口村石埂村民组的河漫滩(海拔 275 m),处于贵州高原向黔东—湘西丘陵过渡地带。县境内山峦重叠,沟壑纵横,地势起伏较大。西北—东南部属于高中山峡谷区,山势陡峭,层状地形明显;中部是低山宽谷区,属于地势平缓开阔的低山谷盆地,溪河密度大;东部属于低山丘陵河谷区,地势有一定起伏但平缓开阔;南部则属于岩溶化低山丘陵区,区内峰丛、槽谷、溶洞、暗河发育,地势平缓,山顶多呈浑圆状。土壤类型有黄壤、黄棕壤、山地灌丛草甸土、石灰土、紫色土、水稻土等。

(3) 气候与水系

江口县地处梵净山东南侧迎风坡向,全域属于亚热带季风湿润气候区。气候特点是四季分明,无霜期长,雨量充沛,水热同期,光热同季。受梵净山的影响,其小气候特点突出,能为各种生物的共存、生长和发育提供良好的环境。年平均气温 16.2 ℃,年平均日照时间 1257.3 h,无霜期 288 天,年平均降水量 1369.6 mm,年平均相对湿度 81%。县境内沟谷纵横,溪河密布,主要河流有太平河、闵孝河、桃映河、车坝河等,均属于长江流域沅江水系。

(4) 动植物资源与自然保护地

县境内植被属于亚热带常绿阔叶林,植物种类比较丰富。主要植被类型有针叶林、针阔混交林、落叶阔叶林、常绿落叶阔叶混交林、竹林、灌丛(草丛)等。但由于受地质、地貌、土壤、气候及人为活动等条件的影响，除梵净山自然保护区和大顶山保存有部分原始森林外，其余地区大部分为天然次生林和人工植被，森林覆盖率为78.6%。野生动物资源丰富，有爬行类动物46种、两栖动物34种、鸟类173种。属于国家一、二级重点保护野生动物的有黔金丝猴、大鲵、熊猴、猕猴、云豹、穿山甲、毛冠鹿、鸳鸯、红腹角雉、白冠长尾雉、小熊猫等(含贵州梵净山国家级自然保护区江口县区域)。县境内有贵州铜仁江口黄牯山县级自然保护区、贵州梵净山—太平河风景名胜区、贵州江口国家湿地公园、贵州铜仁江口凯马省级森林公园4个自然保护地(图1-5)。

1.2.2 梵净山西侧(印江县)

(1) 基本情况

印江县位于贵州省东北部，地处武陵山脉主峰——梵净山西侧。东与江口县、松桃县交界，南接石阡县，西连思南县、德江县，北与沿河土家族自治县、重庆市酉阳土家族苗族自治县毗邻，东西宽49.9 km，南北长83.6 km。其总面积1969 km^2(含贵州梵净山国家级自然保护区印江县区域)，辖14个乡镇3个街道，2023年末户籍总人口44.54万人，以土家族、苗族等少数民族为主，依山傍水而居，土家族大多居住在土家吊脚楼。印江县先后被国务院确定为内陆对外开放县，被贵州省委、省政府划定为革命老区，是省级文明县城，有“中国书法之乡”“中国名茶之乡”“中国长寿之乡”等美誉。其主要节日是过赶年，每逢节日要举行龙灯、焰火架、金钱杆、花灯、傩戏、摆手舞、长号唢呐等多姿多彩的民族民间文艺表演活动。哭嫁是印江土家族特有的婚俗，场面喜庆热闹；祭风神是印江土家族人民祈求五谷丰登的独特风俗；红棺葬是印江县独有的丧葬习俗；土家族的信仰文化主要有神灵崇拜和祖先崇拜。

(2) 地形地貌与土壤

印江县最高峰梵净山的凤凰山海拔为2572 m，梵净山老金顶海拔为2493 m，最低点为西部与德江、思南县交界处的两河口(海拔377.7 m)，大部分地区海拔500～1000 m，处于贵州高原向湘西丘陵和四川盆地过渡的斜坡地带、黔东低山丘陵区和黔东北中山峡谷间，地势东高西低。地形地貌为东南向西北倾斜。地形可分为中高山、中山、中低山、低山地形。地貌类型有溶蚀、侵蚀和河谷冲刷堆积地貌。溶蚀地貌(喀斯特地貌)是印江县主要的地貌，分布范围广，除东南部的梵净山外，其余大部分地区属于此类型。县境内东部梵净山区，平均海拔大于1600 m，地形切割强烈、相对高差大、坡度较陡，为中高山地形，以变质岩和侵蚀地貌为主；中东部梵净山前缘地带海拔1000～1600 m，坡度陡缓不等，为低中山地形，以溶蚀地貌、河谷冲刷堆积地貌和侵蚀地貌为主；中部、西南部、南部地带海拔800～1000 m，为中低山地形，以溶蚀地貌、侵蚀地貌和河谷冲刷堆积地貌为主；海拔700～800 m一带，相对高差200～300 m，坡度较小，为低山地形。在山地地形的河谷地带，经河水的常年冲刷，形成了一些相对较平的河谷冲刷堆积地貌，但面积不大。土壤类型主要有黄壤、山地黄棕壤、山地灌丛草甸土、石灰土、紫色土、潮土、水稻土7类。

(3) 气候与水系

印江县全域属于中亚热带季风湿润气候，气候特点主要表现为季风气候，气候垂直差异显著。县境内雨量充沛，光、热、水变化基本同步，为各种生物的共存、生长和发育提供了良好的环境。春季多有冷空气活动，常有“倒春寒”和冰雹天气发生；夏季干旱概率大；秋季较为干燥；冬季无严寒。全年平均气温16.8 ℃，最热月(7月)平均气温26.9 ℃，最冷月(1月)平均气温5.7 ℃，历史最高气温40.7 ℃，历史最低气温−9.0 ℃，无霜期297天。累计年平均降水量为1110.0 mm，年际变化较大，是各气候因子中最不稳定的因子。县境内河流主要属于长江流域乌江水系，主要河流有印江河、车家河、乐茂江河、洋溪河、江源沟河等，地表河网较密。

(4) 动植物资源与自然保护地

县境内植被属于中亚热带常绿阔叶林，植物种类比较丰富。主要植被类型有常绿阔叶林、暖性针叶林、常绿落叶阔叶混交林、温性针阔混交林、寒温性针阔混交林、亚高山灌丛草甸等。但由于受人为活动的长期干扰破坏，原生植被仅在梵净山周边等小部分山区保存，其余地区为次生林和人工植被，森林覆盖率为70.4%。野生动物资源丰富，兽类有熊、獐、豹、穿山甲等50余种，鸟类有红腹锦鸡、鸳鸯、百灵鸟、黄莺、猫头鹰等170余种，两栖类有大鲵、胡子蛙、甲鱼等30余种，爬行类有五步蛇、银环蛇、乌梢蛇等40种，鱼类有四鳃鱼、青鱼、鲤鱼、鱿鱼、七星鱼等30多种，列入国家一、二级重点保护野生动物的有黔金丝猴、穿山甲、大鲵等30余种(含贵州梵净山国家级自然保护区印江县区域)。县境内有贵州铜仁印江洋溪省级自然保护区、贵州铜仁印江石家岭县级自然保护区、贵州印江木黄风景名胜区、贵州印江车家河国家湿地公园、贵州铜仁峨岭关省级森林公园5个自然保护地(图1-5)。

1.2.3 梵净山东北(松桃县)

(1) 基本情况

松桃县位于贵州省东北部，地处武陵山脉主峰梵净山东北麓，湘、黔、渝三省(市)交界处，东接湖南省花垣县和凤凰县，南连铜仁市碧江区、江口县，西邻印江县和沿河土家族自治县，北与重庆市酉阳土家族苗族自治县和秀山土家族苗族自治县交界，东西宽77.5 km，南北长75 km。其总面积3409 km^2(含贵州梵净山国家级自然保护区松桃县区域)，辖23个乡镇5个街道，2023年末户籍总人口73.30万人，以苗族等少数民族为主。松桃县先后被命名为“贵州花鼓艺术之乡”“中国滚龙艺术之乡”“中国民间文化艺术之乡”“中国民间绝技文化艺术之乡”等。松桃县民风淳朴、文化独特，有被文化界誉为“戏剧活化石”的苗族傩戏，惊心动魄的“上刀梯”“下火海”苗族绝技绝活，酣畅激越、彪悍自由的苗家花鼓舞和滚龙艺术。苗族刺绣享誉海内外，其花鼓系列、鸽子花系列产品被外交部指定为外交礼品。县境内有始建于明代洪武年间的寨英古镇，这是一座苗汉文化交融、具有典型徽派建筑风格的古镇，是迄今为止梵净山区域规模最大、保存较完整的古建筑群。位于松桃县正大镇境内的苗王城，是西南地区苗族留存至今唯一一座保存较好的集政治、经济、文化、军事和建筑于一体的古苗寨，被誉为“千里苗疆第一城”。这里还有“东方氧都”的桃花源，被称为地下桂林和中国十大溶洞奇观之一的“苗王地宫”潜龙洞，以及面积约10 km^2 的腊尔山丹霞地貌。

(2) 地形地貌与土壤

松桃县最高峰梵净山的凤凰山海拔为2572 m，梵净山老金顶海拔为2493 m，最低点冷家坝海拔850 m，向西向东缓缓过渡到湘西丘陵斜坡地带。松桃县内地貌类型多种多样，地貌组合形式复杂。按照形态组合特征，全县大致分为中山、低中山峡谷、山间盆地、丘陵河谷、中低山沟谷、丘陵状低山6种地貌类型。由于地貌组合形式复杂，按地貌分布和组合关系，全县地貌分为东部丘陵状中低山区、中部丘陵河谷区、北部低山沟谷区、南部低山沟谷区和西部中山峡谷区5个区域。全县平均海拔约650 m，500 m以下地区主要分布在中部和南部，海拔500～800 m地区主要分布在东部和北部，海拔800 m以上地区主要分布在西部和东部边缘。中部土壤类型以黄红壤为主，东部以黄壤为主，西部以黄壤和山地黄棕壤为主，面积最大的是山地黄壤，其次为黄红壤、石灰土、水稻土、紫色土、潮土、黄棕壤及灌丛草甸土7个土壤类型。

(3) 气候与水系

松桃县位于中亚热带湿润季风气候区。冬冷夏热，春温秋爽，四季分明，气候宜人，雨量充沛，热量丰富，为各种生物的共存、生长和发育提供了良好的环境。全年平均气温16.5 ℃，最热月(7月)平均气温27.3 ℃，最冷月(1月)平均气温4.3 ℃。全年总积温5800 ℃，年活动积温为5138.9 ℃，无霜期293天。年降水量1378.3 mm，平均年雨日为183天，年平均日照数为1228 h。县境内河流均属于长江流域，分属沅江水系和乌江水系。大部分河流发源于梵净山东北麓，呈扇形流向县境的东、南、北三个方向，分别流入乌江水系和沅江水系。其中西北部的甘龙河为乌江支流，松桃河为沅江支流。全县流入沅江水系的河流34条，乌江水系的3条。

(4) 动植物资源与自然保护地

县境内植被属于中亚热带湿润性常绿落叶混交林，主要植被类型有常绿阔叶林、常绿落叶阔叶混交林、落叶阔叶林、灌丛草地等。由于长期受生产活动的影响，绝大部分原生植被已演替为次生植被，仅在梵净山自然保护区一带仍然保存着大片集中的原始森林植被，森林覆盖率为63.42%。县境内野生动物资源丰富，属于国家一、二级重点保护野生动物的有黔金丝猴、云豹、白冠长尾雉、猕猴、穿山甲、林麝等17种(含贵州梵净山国家级自然保护区松桃县区域)。县境内有贵州松桃豹子岭—寨英风景名胜区、贵州铜仁松桃永红省级森林公园2个自然保护地(图1-5)。

第 2 章 梵净山地区古树名木概述

古树是非常珍稀的生物资源，不仅是判断当地生态环境质量和植物本底值的重要依据，也是开展保护生物学和进化生物学研究的宝贵材料。历经风霜和历史变迁的古树，是人类社会和文化发展的重要载体和活生生的“文物”，也是人文地理学和民族植物学的重要研究素材。因此，开展梵净山地区古树名木研究，不仅是研究与保护生物多样性的一个重要内容，也是挖掘中华优秀传统文化的一个重要手段。同时，古树名木还具有重要的旅游价值和经济开发价值，有助于生物资源的保护与可持续利用，是当地开展生态旅游、乡村振兴、文化传承与生态文明建设的一个重要抓手。

2.1 古树名木的定义与分级

按照中华人民共和国林业行业标准《古树名木普查技术规范》(LY/T 2738—2016)(以下简称《规范》)，古树是指树龄在 100 年以上的树木。生长百年以上的古树往往已进入缓慢生长阶段，茎干树皮粗糙或剥落，形态上给人以饱经风霜、苍劲古拙之美感，人文上给人以“乡愁”和历史回忆之厚重感，是极为重要的生物资源和历史文化载体，具有独特的保护价值和研究价值。

根据《规范》，古树一般分为三级：树龄在 500 年以上的树木为一级古树，树龄在 300～499 年的树木为二级古树，树龄在 100～299 年的树木为三级古树。但在城市环境中，由于城市生态条件的特殊性，中华人民共和国建设部 2000 年颁布的《城市古树名木保护管理办法》只将城市中的古树名木分为两级：凡树龄在 300 年以上，或者特别珍贵稀有，具有重要历史价值和纪念意义，重要科研价值的古树名木为一级古树名木；其余为二级古树名木。在国外，不同的国家对古树的定义和分级标准差异较大，如西欧和北美的一些国家，树龄在 50 年以上的老树就被作为古树进行保护，100 年以上的古树就被视为“国宝”了。本书按照《规范》，将梵净山地区的古树分为三级。

名木是指具有重要历史、文化、观赏与科学价值或具有重要纪念意义的树木。名木不受树龄限制，而是更加注重树木的社会、历史和文化价值。这些树木通常是当地的象征，保护名木不仅是保护自然资源，更是维护人类的共同记忆和文化遗产。

古树群是指一定区域范围内由一个或多个树种组成、相对集中生长、形成特定生境的古树群体。它们往往具有共同的生态特征和环境条件，形成壮丽的视觉效果，为周围环境增添了独特的自然美和文化底蕴，既是自然遗产的重要组成部分，又是社会、文化和科研的重要资源。

2.2 古树的年龄判断方法

树龄是判别古树及其等级的唯一依据。按照《古树名木鉴定规范》(LY/T 2737—2016)，根据树木健康状况、当地技术条件、设备条件和历史档案资料情况，在不影响树木生长的前提下，按以下先后顺序，选择合适的方法进行树龄的鉴定。

(1) 文献追踪法

查阅地方志、族谱、历史名人游记和其他历史文献资料，获得相关的书面证据，推测树木年龄。

(2) 年轮与直径回归估测法

利用本地（本气候区）森林资源清查中同树种的树干解析资料，或利用贮木场同树种原木进行树干解析，获得年轮和直径数据，建立年轮与直径回归模型，计算和推测古树的年龄。

(3) 访谈估测法

凭借实地考察和走访当地老人，获得口头证据，推测树木大致年龄。

(4) 针测仪测定法

通过针测仪的钻刺针，测量树木的钻入阻抗，输出古树生长状况波形图，鉴定树木的年龄。

(5) 年轮鉴定法

用生长锥钻取待测树木的木芯，将木芯样本晾干、固定和打磨，通过人工或树木年轮分析仪判读树木年轮，依据年轮数目来推测树龄。

(6) CT 扫描测定法

通过树干被检查部位的断面立体图像，根据年轮数目鉴定树木的年龄。

(7) 碳 14 测定法

通过测量树木样品中碳 14 衰变的程度鉴定树木的年龄。

以上方法各有优缺点，在实际运用中往往根据古树名木的具体情况而以其中某一种方法为主进行树木年龄测算，其他方法为辅。例如文献追踪法，一般只需要查阅文献和推算即可，其准确程度有赖于当时文献记载的精准度，也取决于个人分析处理文献的水平和能力。梵净山地区等南方乡村古树很常见，但由于交通不便、信息闭塞，地方文献一般很少记载古树信息。故仅仅通过历史文献，不易准确了解现今数量已较稀少的古树年龄；或因古今地名的变更及自然环境的变迁，考证工作难度大。因此，文献追踪法多用于一些历史名城和北方大区的古树年龄推测。

访谈估测法，在南方山区乡村的重要性可能更为突出。有的古树往往是一个村屯的标志和图腾，尤其是村中老人把古树当作风水命脉，将其作为神灵来供奉朝拜。此类活动虽带有迷信色彩，但客观上起到了保护古树和估算古树年龄的作用。通过走访当地老人，可推测古树的大致年龄。此方法虽存在较大的误差及局限性，但简单实用。

根据年轮测定活体树木年龄的方法（年轮鉴定法）一般不常采用；针测仪测定法、CT 扫描测定法、碳 14 测定法都存在设备贵、技术难度和实际操作难度大等问题，多依赖调查人员的实践经验，其准确性也难以得到可靠保证。

在本书中，梵净山地区古树年龄判断主要参照 2017 年铜仁市古树名木普查成果数据及采用文献追踪法或访谈估测法，辅以具体树种年龄与树高-胸径关系的经验值进行矫正。

2.3 古树的主要特征

古树历经风霜，在岁月和环境的共同作用下，具有一些共性的形态特征，是保护和研究古树的重要基础信息，古树的特征主要表现在以下 4 个方面。

(1) 多元价值性

古树是多种价值的复合体，不仅具有一般树木所具有的生态价值，而且是研究当地自然历史变迁、植物资源与植被概况的重要材料，同时具有重要的旅游价值。

（2）不可再生性

古树具有不可再生性，无法以其他植物来替补。

（3）特定时机性

古树形成的时间较长（至少需要100年），植树者在有生之年，通常无法等到自己所种植的树变成古树，而名木的产生也有一定的机遇性，具有特定的时机性和偶然性。

（4）动态性

古树的动态性体现在，一方面，随着树龄的增加，一些古树很可能因树势衰弱、人为因素死亡而不复存在；另一方面，一些老树随着时间推移则会成为新的古树。

根据《古树名木普查技术规范》（LY/T 2738—2016），可以按照古树植株形态特征如叶片、枝条、树干等的健康状态，把古树的生长势（生长状态）划分为四级：正常、衰弱、濒危、死亡（表2-1）。

表2-1 古树生长势分级标准

生长势级别	叶片	枝条	树干
正常	正常叶片量占叶片总量95%以上	枝条生长正常、新梢数量多，无枯枝枯梢	树干基本完好，无坏死
衰弱	正常叶片量占叶片总量50%～95%	新梢生长偏弱，枝条有少量枯死	树干局部有损伤或少量坏死
濒危	正常叶片量占叶片总量50%以下	枝条枯死较多	树干大部分坏死、干朽或形成空洞
死亡	无正常叶片	枝条枯死，无新梢和萌条	树干枯死

2.4 古树名木的主要价值

（1）生态价值

古树的树冠通常较大，枝繁叶茂，在制造氧气、调节局域温度和湿度、阻滞尘埃、降低噪声等方面有较为明显的生态价值。生长良好的高大古树往往还具有极为强大的“伞护种”生态效应，成为很多生物的生存天堂，具有不可替代的生态作用。

（2）经济价值

有些经济作物的古树，如龙眼（*Dimocarpus longan* Lour.）、樟（*Camphora officinarum* Nees）可作为杂交育种的亲本，可为重要的经济植物和园林植物提供种质资源，提升在育苗、工业或药用等方面的应用前景。福建武夷山九龙窠高岩峭壁上的“大红袍”古茶树，树龄已超340年。此处生产的茶叶历史悠久，唐代已开始栽制茶叶，宋代被列为皇家贡品，元代在武夷山九曲溪之四曲畔设立御茶园专门采制贡茶，近代大红袍茶叶更是“价比黄金”，经济价值极高。梵净山西麓的印江县紫薇镇团龙村有紫芽古茶树37棵，经专家鉴定，树龄均在250年以上，其中树龄最大的一棵已有600多年历史，早在明代永乐年间，团龙茶就成为宫廷贡品，该紫芽古茶树被誉为“中国紫芽茶树王”。相关资料表明，紫芽茶的花青素含量比一般茶叶要高50～100倍，具有较高的药用价值，目前尚无人工栽培。很多古树还具有极高的景观价值和旅游价值，往往成为当地景区的核心景观。例如，黄山的“迎客松”、云南打洛镇独木成林的高山榕直接成了当地的一个主要景点，梵净山西侧约为1400岁的“紫薇王”也成了一个闻名中外的独立景区。

(3) 科研价值

古树经历了上百年的风吹雨打与自然变幻,是研究生物演化、环境变迁及自然史的重要资料。古树植株及其微生境蕴藏着自然环境变迁和生物演化的痕迹,特别是古树的年轮结构是推演历史气候变化的重要证据,是研究古植被、古地理、古气候等不可再生的关键活体材料。古树对研究树木生理适应与植物生态也具有特殊意义,人们无法用跟踪的方法去研究长寿树木从生到死的生理过程,而不同年龄的古树可以同时存在,能把树木生长、发育在时间上的顺序展现为空间上的排列,有利于科学研究工作。古树的年轮、分枝规律、物候及繁殖规律等都是开展植物生态学和生理适应研究的重要材料,为了解当地气候、森林植被与植物区系的变迁以及农业生产区划提供了参考。古树在当地自然历史、民族植物学及人文历史研究中也有重大意义,是认识人与自然和谐共生的生动案例。在引种中,外来的古树可作为参照系,或直接作为研究材料。遍布城乡的古树还是生态文明建设中乡土树种的重要判断依据和珍稀种质资源的宝库,是打造地方特色林(农)产业的物质基础,具有特色产业基础价值。

(4) 人文价值

古树名木往往是名胜古迹的佳景,是承载着重要历史事件和历史人物的载体,具有特殊的人文价值、纪念价值与经济价值。例如,黄山的"迎客松",其两条粗大枝干伸展成双臂状,神似双手伸出做出迎客之态,给人以美的享受。有些古树名木经历朝代的更替、世事的沧桑,成为历史的见证者和文化的载体。再如,北京北海公园团城的白皮松,相传栽种于金代,曾被乾隆皇帝封为"白袍将军"。有些古树名木为文化艺术增添光彩,是历代文人咏诗作画的题材,往往伴有丰富的历史知识与传统文化。有些古树名木可与特定的历史事件相联系,如邓小平南方视察期间在深圳仙湖植物园种植的高山榕具有特殊的纪念意义,梵净山西侧的"会师柏"则是革命岁月和长征精神的重要见证者。

2.5 古树名木资源概况

2017 年 3 月,按照《全国绿化委员会关于开展全国古树名木资源普查的通知》(全绿字〔2017〕2 号)要求,贵州省绿化委员会、林业厅组织全省各地开展了古树名木资源普查工作,历时两年多,初步摸清了辖区内的古树名木数量、分布及生长情况,并完成了古树名木的普查建档工作。2021 年 5 月,贵州省林业局要求全省各地对古树名木资源进行再核实,同时完善古树名木挂牌管理制度,为更具针对性地保护和管理古树名木提供依据。

2.5.1 古树名木的数据来源

本书按照中华人民共和国林业行业标准《古树名木普查技术规范》(LY/T 2738—2016)、《古树名木鉴定规范》(LY/T 2737—2016)和《贵州省古树大树名木保护技术方案》要求,以梵净山所在地的江口县、印江县、松桃县 2017 年古树名木普查成果为基础,结合三县 2012 年林木种质资源调查成果及相关文献,于 2021—2024 年间采用现地核实、访问座谈等方式对区域内的古树名木开展了复查工作,获取了古树树种、坐标、树龄、树高、胸围、冠幅、立地条件等生长情况,以及权属、管护措施、管护单位等信息,数据翔实、可靠。

2.5.2 古树名木的分布情况

2017 年古树名木普查成果中梵净山地区各级古树达 13308 棵,经核实为 13330 棵,其中原成果遗漏 22 棵,销号 16 棵,死亡 3 棵,实际保存古树 13314 棵(含死亡 3 棵,后面的统计数据均以此计),并形成了 121 个古树群,名木 16 处,当地县级人民政府均已挂牌保护。

这些古树较为均匀地分布在贵州梵净山国家级自然保护区的周边区域(图 2-1),显示出梵净山庞大

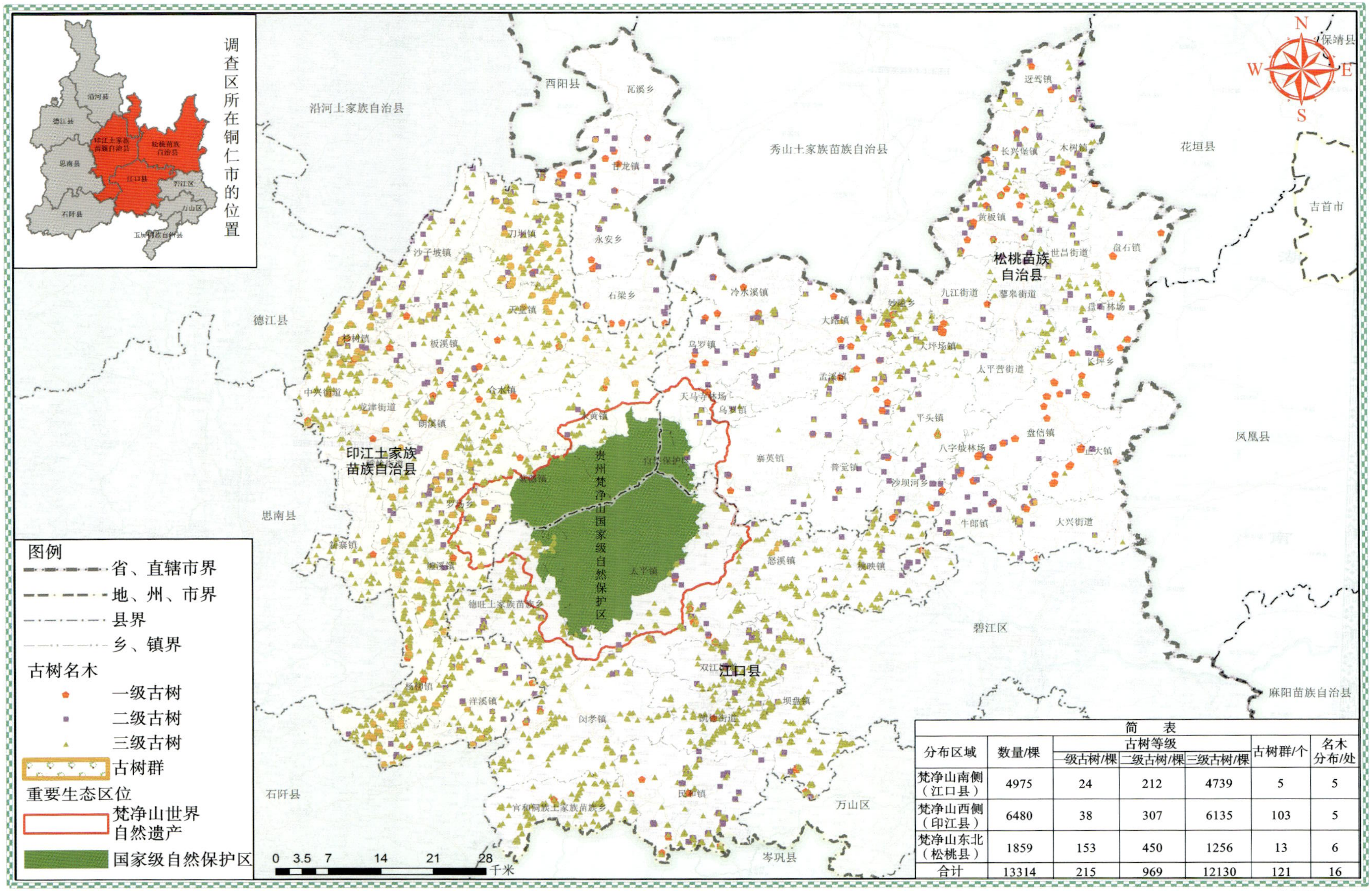

分布区域	数量/棵	简表			古树群/个	名木分布/处
		古树等级				
		一级古树/棵	二级古树/棵	三级古树/棵		
梵净山南侧（江口县）	4975	24	212	4739	5	5
梵净山西侧（印江县）	6480	38	307	6135	103	5
梵净山东北（松桃县）	1859	153	450	1256	13	6
合计	13314	215	969	12130	121	16

制作底图由铜仁市自然资源局提供，审图号：图黔D(2021)001号

比例尺1：45万

图 2-1　梵净山地区古树名木分布图

山体对周边地域的气候调节与生态维持作用，以及当地民众良好的生态保护意识。其中，梵净山南侧（江口县）分布有古树 4975 棵（原遗漏 2 棵，销号 5 棵）；梵净山西侧（印江县）古树分布最多，为 6480 棵（原遗漏 5 棵，销号 2 棵）；梵净山东北（松桃县）古树分布最少，仅 1859 棵（原遗漏 15 棵，销号 9 棵，死亡 3 棵）（表 2-2）。

表 2-2　梵净山地区古树和古树群的地理分布格局

地　　区	一级古树/棵	二级古树/棵	三级古树/棵	合计/棵	古树群/个	名木分布/处
梵净山南侧（江口县）	24	212	4739	4975	5	5
梵净山西侧（印江县）	38	307	6135	6480	103	5
梵净山东北（松桃县）	153	450	1256	1859	13	6
合计	215	969	12130	13314	121	16

从区域方面或生长场所来看，梵净山地区古树大部分处于散生状态，主要生长在村旁、路旁、庭院、学校以及寺庙等地，尤其在一些少数民族特色村寨中分布较多，在村庄的小山及河流也有部分分布，城市古树仅 21 棵，农村古树占绝大多数；从权属方面来看，属于个人栽植或管护的古树有 1605 棵，集体所有的古树为 11709 棵；从垂直分布格局来看，古树主要分布在海拔 400～1000 m 的中下坡位。

梵净山地区古树中，一级古树 215 棵，占总数的 1.6%；二级古树 969 棵，占总数的 7.3%；三级古树 12130 棵，占总数的 91.1%。95%的古树生长正常，约 5%的古树出现衰弱、濒危和死亡。古树受害率达 20%，主要表现为雷击、病虫害及其他危害。

值得注意的是，梵净山东北（松桃县）的一级古树多达 153 棵，远远大于梵净山西侧（印江县）38 棵和梵净山南侧（江口县）24 棵的总和（表 2-2）。在面积上，松桃县的面积是 3409 km^2，远大于印江县的面积 1969 km^2 和江口县的面积 1870 km^2。梵净山东北（松桃县）邻近长江三峡地区，这里是中国著名的孑遗植物“避难所”，在地球寒冷的冰川时期依靠崇山峻岭和高峰峡谷的微生境庇护了大量植物。第四纪冰川期之后，随着全球气温的回暖，长江三峡地区大量的孑遗植物逐渐沿着山脉扩散，一部分可能沿着东北—西南走向的武陵山脉向南迁移到梵净山北麓和东北麓。因此，梵净山东北和北部保存了比梵净山西侧和南侧更多的一级古树和二级古树。

然而，从三级古树的数量来看，梵净山东北（松桃县）仅有 1256 棵古树，远少于梵净山西侧（印江县）6135 棵和梵净山南侧（江口县）4739 棵（表 2-2）。古树群也是在梵净山西侧（印江县）分布最多，为 103 个，远多于梵净山东北（松桃县，13 个）与梵净山南侧（江口县，5 个）。这种现象可能与松桃县当地的发展历史息息相关。梵净山东北和湖南西部一带分布着中国南方长城遗址，仅松桃县就有各种古城、碉堡、烽火台共 2400 余座。现存较为完整的苗王城是古代松桃县的军事堡垒，始建于明代洪武初年，迄今已有 600 年左右的历史。松桃县寨英古镇东北部的蕉溪，原名蕉旗，曾是明代洪武年间总兵邓基八旗之一。当时明代平定湘黔山区时，大量商人迁徙至此，他们大兴土木、开垦良田、种植农作物，逐渐形成了蕉溪大坝，故而有“武陵粮屯在蕉溪”的美誉。中华人民共和国成立后，这里成了中国西南第三军事储备粮基地。松桃县头京古城（现孟溪镇）在清代是当地苗族和土家族等少数民族抵抗中原武装力量的前沿阵地，上演着无数次的激烈战斗。到了近现代，1934 年，红三军（后恢复为红二军团番号）在松桃县一带开辟了革命根据地，实行土地革命，组织革命武装力量。1948 年 4 月，处于贵州省、湖南省、重庆市交界处的松桃县又成立了中共冷水支部，组建了黔东纵队，开展了艰苦卓绝的游击战争。在断断续续的战争中，梵净山东北（松桃县）缺乏树木栽种，田间地头或较易抵达地点的树木又容易被战火破坏或用于战争物资，使得三级古树数量稀少。而当地的一级古树和二级古树往往位于大山深处，或是作为宗族文化与神话传说的载体而得以幸存。相比之下，梵净山西侧（印江县）和梵净山南侧（江口县）可能得益于梵净山崇山峻岭的保护，较少受到战争和大规模工业的破坏，因此保留了更多的三级古树。

2.5.3 古树名木的树种组成

本书按照 iPlant 植物智网站(www.iPlant.cn)对梵净山地区古树的树种进行分类,其分属 44 科 99 属 148 种 13314 棵(附录Ⅰ),其中裸子植物 5 科 12 属 15 种 5177 棵、被子植物 39 科 87 属 133 种 8137 棵。在 13314 棵古树中,柏科(Cupressaceae)、蕈树科(Altingiaceae)、壳斗科(Fagaceae)、樟科(Lauraceae)、榆科(Ulmaceae)等植物占主要优势(图 2-2)。其中,柏科古树最多,共 4639 棵,占梵净山地区古树的 34.8%;其次是蕈树科,共 2366 棵,占梵净山地区古树的 17.8%;壳斗科,共 1754 棵,占梵净山地区古树的 13.2%。这 3 个科的古树个体数占梵净山地区古树的 65.8%(图 2-2、表 2-3)。

在柏科中,有柏木属(*Cupressus*)、刺柏属(*Juniperus*)、侧柏属(*Platycladus*)和杉木属(*Cunninghamia*)4 个属,其中柏木达 4455 棵,占柏科的 96.0%(图 2-3、表 2-3)。柏木是梵净山地区数量最多、分布最广的古树。柏木四季常青,树姿端庄,枝叶浓密,小枝下垂,树冠优美,用途广泛,是群众喜爱的传统栽培树种,当地居民对将柏木作为风水树较为热衷。此外,柏木生长缓慢、寿命较长,适应性强,在我国南北地区都有大量的古树分布。

在蕈树科中仅有枫香树属(*Liquidambar*),枫香树达 2366 棵,占蕈树科的 100%(图 2-3、表 2-3),是梵净山地区数量较多、分布较广的古树。枫香树树干高且直,树冠宽阔,气势雄伟,深秋叶色红艳,美丽壮观,是南方著名的秋色叶树种。

在壳斗科中,有栎属(*Quercus*)、锥属(*Castanopsis*)、栗属(*Castanea*)、水青冈属(*Fagus*)和柯属(*Lithocarpus*)5 个属,其中青冈达 805 棵,占壳斗科的 45.9%(图 2-3、表 2-3)。青冈古树的数量及分布在梵净山地区也较多,仅次于柏木和枫香树古树。青冈在中国南方地区广泛用作薪柴炭材、水土保持树种。其木材坚硬,韧度高,干缩性较大,耐腐蚀,可做家具、地板等。其种子淀粉含量可达 60%~70%,可食用,树皮还可提取栲胶,因此是一种非常好的多用途树种。

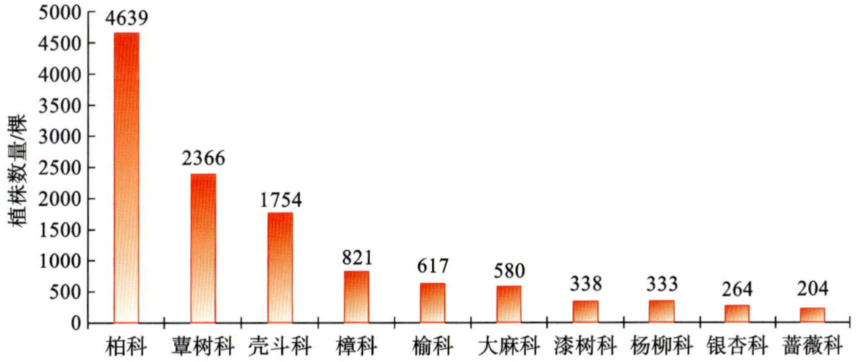

图 2-2 梵净山地区古树植株数量最多的前 10 个科

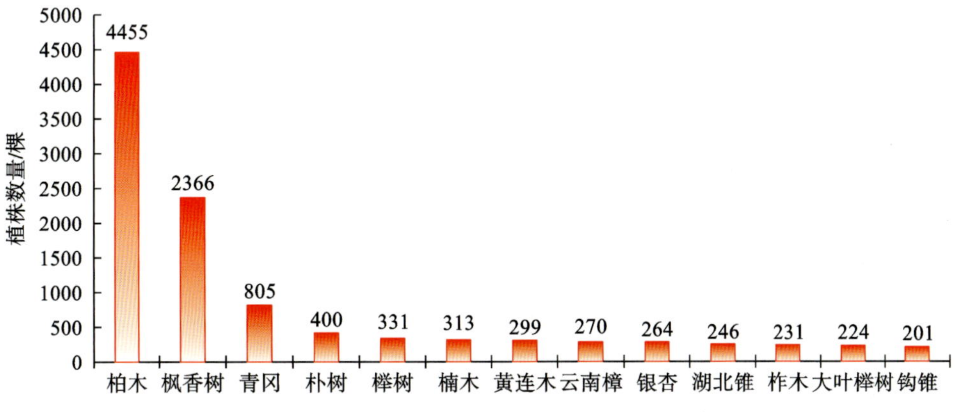

图 2-3 梵净山地区古树植株数量最多的前 13 个种

表 2-3 梵净山地区古树植株数量最多的 3 个科

科	属	种	数量/棵	比例/(%)
柏科(4639)	柏木属	柏木	4455	96.0
	刺柏属	刺柏	9	0.2
		圆柏	4	0.1
		龙柏	1	0.02
	侧柏属	侧柏	3	0.1
	杉木属	杉木	167	3.6
蕈树科(2366)	枫香树属	枫香树	2366	100.0
壳斗科(1754)	栎属	青冈	805	45.9
		小叶青冈	127	7.2
		细叶青冈	13	0.7
		大叶青冈	2	0.1
		赤皮青冈	2	0.1
		岩栎	129	7.4
		麻栎	89	5.1
		白栎	4	0.2
		锐齿槲栎	2	0.1
		乌冈栎	1	0.1
	锥属	湖北锥	246	14.0
		钩锥	201	11.5
		苦槠	9	0.5
		短刺米槠	6	0.3
		米槠	4	0.2
		甜槠	1	0.1
	栗属	栗	70	4.0
		锥栗	32	1.8
	水青冈属	水青冈	10	0.6
	柯属	硬壳柯	1	0.1

梵净山地区的古树数量和古树群非常多，分布的科属极为丰富，既有属于裸子植物的银杏科(Ginkgoaceae)、红豆杉科(Taxaceae)、柏科(Cupressaceae)等，又有属于被子植物的壳斗科(Fagaceae)、蕈树科(Altingiaceae)、樟科(Lauraceae)、榆科(Ulmaceae)、大麻科(Cannabaceae)、漆树科(Anacardiaceae)等。这表明，梵净山地区气候与环境条件较为稳定，能够在较长的地质年代保持上述古树所需的生长环境。同时，这也是当地人民有意识地进行栽植、利用、保护和维护的结果，这些古树具有极高的生态、科研和文化价值。

第 3 章 梵净山地区的古树

在浩瀚的宇宙中，地球以其独特的生命力和多样性孕育了无数珍贵的自然资源。其中，古树作为大自然的一部分，历尽沧桑却依然屹立不倒，以顽强的生命力诠释着生命的奇迹，以坚韧的身姿和悠久的岁月述说着大地的故事。它们不仅仅是自然的瑰宝，更是人类文明的印记，承载着世代相传的文化。古树不仅具有极高的生态价值，为生物多样性提供了重要的栖息地，而且是科研、文化和旅游的重要资源。中国，作为一个拥有五千年文明史的国家，自古以来便重视自然与文化的交融。古树作为这一理念的生动体现，其价值远超生物学意义。每一棵古树都是一本活生生的历史书，记录着气候的变迁、战争的沧桑、社会的更迭以及人类的信仰与祈愿。

本章按照一级古树、二级古树、三级古树的编排顺序，分别结合实地实景照片(一级古树悉数列入，二级古树为从每个物种中筛选出的具有代表性或典型性的1～3棵古树，三级古树主要选取在一级古树和二级古树中不常见的物种及少数常见代表古树)和数据，详细阐述梵净山地区古树的年龄、生长环境、历史背景及其所蕴含的文化意义，力求全面反映古树的多样性和独特性，以更好地保护和传承这些珍贵的自然资源。

本书对古树按树龄进行了分级论述，由于树龄本身就是一个故事元素，吸引力极强，避免了古树树龄等一些重要特征在某种程度上被淡化。因此，本章按照古树分级、树种分类进行介绍，在同一树种内，又按照梵净山地区古树的分布区域(江口县、印江县和松桃县)进行统计，再按照古树树龄从大到小进行排列，以利于理解。

3.1 一级古树

梵净山地区有一级古树23科37属50种215棵(图3-1)，其中裸子植物4科7属8种61棵，主要有银杏(34棵)、柏木(9棵)、南方红豆杉(8棵)、黄杉(4棵)等(表3-1)，其中银杏、柏木、南方红豆杉这三个种的植株数量占了所有裸子植物一级古树的83.6%；被子植物19科30属42种154棵，主要有黄连木(18棵)、钩锥(12棵)、重阳木(10棵)、糙叶树(9棵)、云南樟(8棵)、楠木(6棵)、闽楠(6棵)等。

从地理分布格局来看，梵净山地区一级古树主要集中分布在梵净山东北(松桃县)，梵净山南侧(江口县)和梵净山西侧(印江县)一级古树极少(图3-1)。

梵净山地区的一级古树树龄在500～599年之间的有104棵，600～699年之间的有60棵，700～799年之间的有7棵，800～899年之间的有26棵，900～999年之间的有0棵，1000年及以上的有18棵(图3-2)。在1000年及以上的18棵古树中，梵净山西侧和梵净山东北各有8棵，梵净山南侧有2棵。其

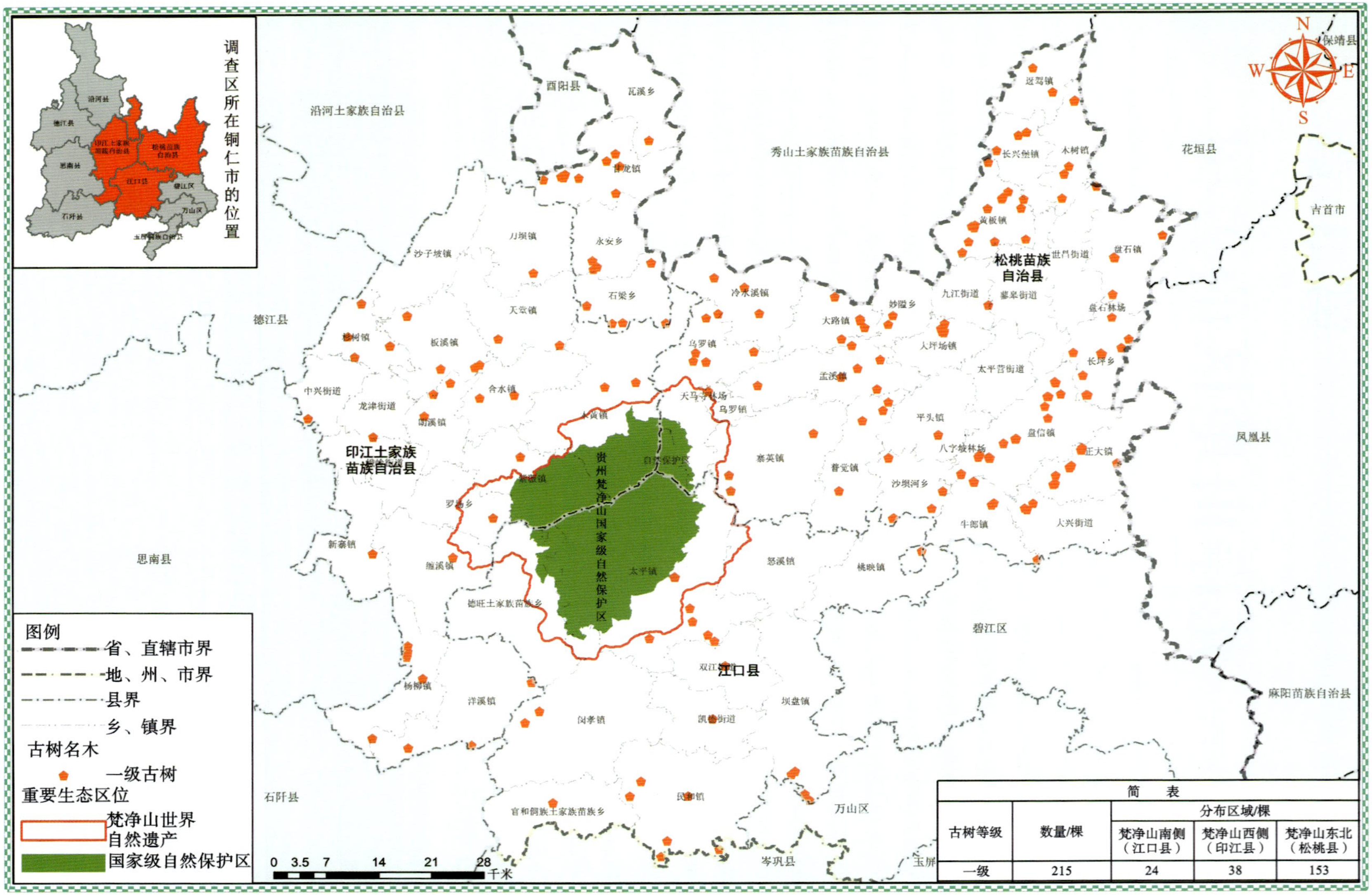

简表				
古树等级	数量/棵	分布区域/棵		
		梵净山南侧（江口县）	梵净山西侧（印江县）	梵净山东北（松桃县）
一级	215	24	38	153

制作底图由铜仁市自然资源局提供，审图号：图黔D(2021)001号

比例尺1：45万

图 3-1　梵净山地区一级古树分布图

中，孑遗植物银杏科的银杏(*Ginkgo biloba* L.)12 棵，叶下珠科的重阳木(*Bischofia polycarpa* (H. Lév.)Airy Shaw)2 棵，千屈菜科的川黔紫薇(*Lagerstroemia excelsa* (Dode)Chun ex S. Lee & L. F. Lau)、柏科的柏木(*Cupressus funebris* Endl.)、柿科的乌柿(*Diospyros cathayensis* Steward)、大麻科的糙叶树(*Aphananthe aspera* (Thunb.)Planch.)各 1 棵。这体现了银杏作为"活化石"孑遗植物旺盛的生命力，同时也从一个侧面反映了武陵山区和邻近的长江三峡地区是历史上银杏重要的避难所，一直保持着较为稳定的自然环境。

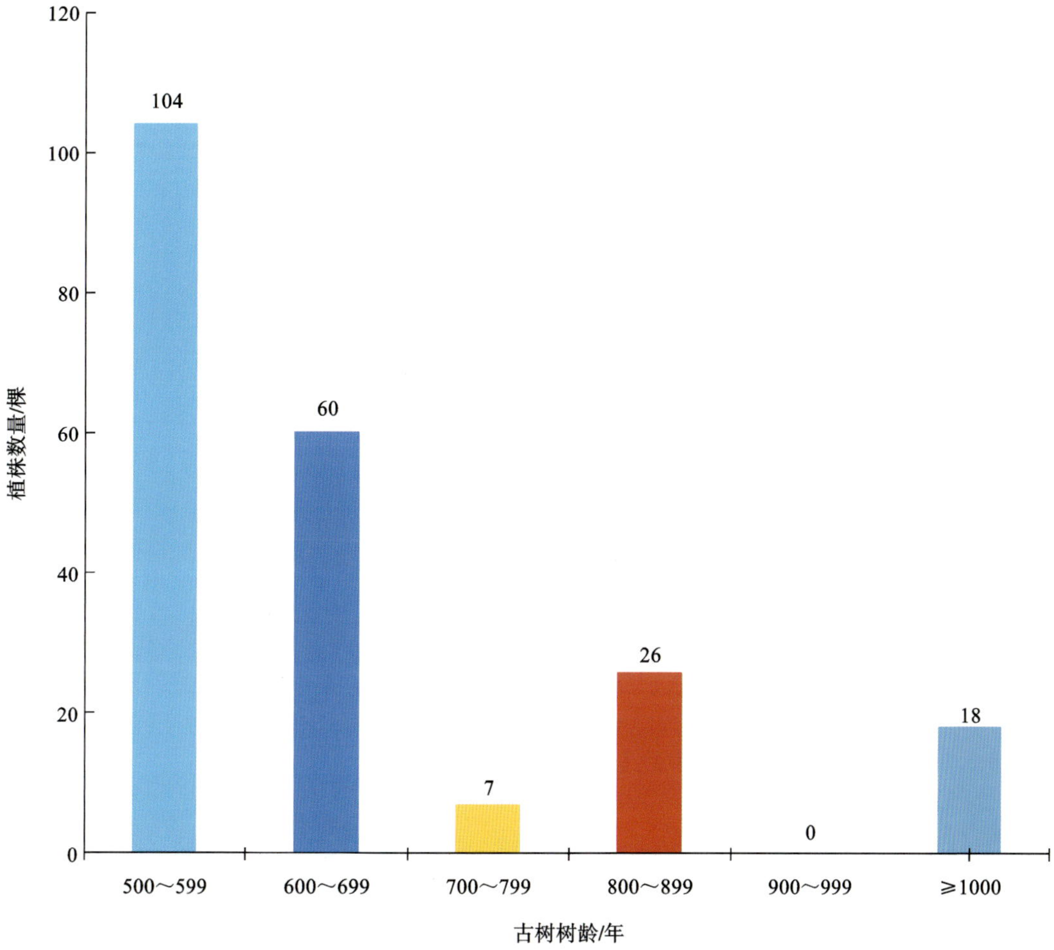

图 3-2 梵净山地区一级古树的树龄分布

一级古树作为最为珍贵和稀有的存在，因树龄悠久，往往具有重要的历史、文化和生态价值。这些古树见证了历史的变迁，承载了人们的记忆与情感，为了确保它们得到及时、精准的保护，本书将梵净山地区的一级古树悉数列出并做详细介绍。

●裸子植物

梵净山地区裸子植物一级古树共 4 科 7 属 8 种 61 棵，其中银杏、柏木、南方红豆杉植株数量占裸子植物一级古树的 83.6%。主要集中分布在梵净山东北(松桃县)和梵净山西侧(印江县)，梵净山南侧(江口县)裸子植物一级古树极少(表 3-1)。

表 3-1 梵净山地区裸子植物一级古树的树种及其地理分布

种	拉丁名	科	属	数量/棵	地理分布区域/棵		
					梵净山南侧（江口县）	梵净山西侧（印江县）	梵净山东北（松桃县）
银杏	*Ginkgo biloba* L.	银杏科	银杏属	34	5	13	16
柏木	*Cupressus funebris* Endl.	柏科	柏木属	9	2	3	4
龙柏	*Juniperus chinensis* '*Kaizuca*'	柏科	刺柏属	1	0	0	1
南方红豆杉	*Taxus wallichiana* var. *mairei* (Lemée & H. Lév.) L. K. Fu & Nan Li	红豆杉科	红豆杉属	8	0	1	7
榧	*Torreya grandis* Fortune ex Lindl.	红豆杉科	榧属	1	0	0	1
铁坚油杉	*Keteleeria davidiana* (C. E. Bertrand) Beissn.	松科	油杉属	2	0	1	1
柔毛油杉	*Keteleeria pubescens* W. C. Cheng & L. K. Fu	松科	油杉属	2	0	1	1
黄杉	*Pseudotsuga sinensis* Dode	松科	黄杉属	4	0	0	4
合计				61	7	19	35

3.1.1 银杏 *Ginkgo biloba* L.

【俗名】 白果树、公孙树、鸭掌树。

【科属】 银杏科 Ginkgoaceae 银杏属 *Ginkgo*。

【形态特征】 落叶乔木。枝有长枝、短枝之分。叶扇形，在长枝上互生，螺旋状排列，在短枝上簇生，有波状缺裂，叶脉叉状并列，顶端常 2 裂，基部楔形，有长柄。雌雄异株，雄球花 4～6 生于短枝顶端叶腋或鳞状叶腋，柔荑花序状；雌球花数个生于短枝叶丛中，具长柄，柄端 2 叉，叉端各生 1 个珠座（珠领），各具 1 胚珠。种子核果状，椭圆形，成熟时淡黄色或橙黄色，外被白粉，具 3 层种皮，外种皮肉质，中种皮骨质，内种皮膜质。花期 3—4 月，种子 9—10 月成熟。

【分布】 银杏为中生代孑遗的稀有树种，系中国特产，仅浙江天目山有野生种群。其栽培区甚广：北自东北沈阳，南达广州，东起华东海拔 40～1000 m 地带，西南至贵州、云南西部（腾冲）海拔 2000 m 以下地带均有栽培。各地有数百年或千年以上的老树。朝鲜、日本及欧美各国庭园亦有栽培。

【习性】 喜光树种，深根性，对气候、土壤的适应性较强，能在高温多雨及雨量稀少、冬季寒冷的地区生长，但生长缓慢或不良。以气候温暖湿润，土层深厚、肥沃湿润、排水性良好的地区生长最好。其初期生长较为缓慢，萌蘖性很强。可扦插繁殖。

【古树资源】 目前，梵净山地区有银杏一级古树 34 棵，其中梵净山南侧（江口县）5 棵、梵净山西侧（印江县）13 棵、梵净山东北（松桃县）16 棵，详见图 3-3、表 3-2。

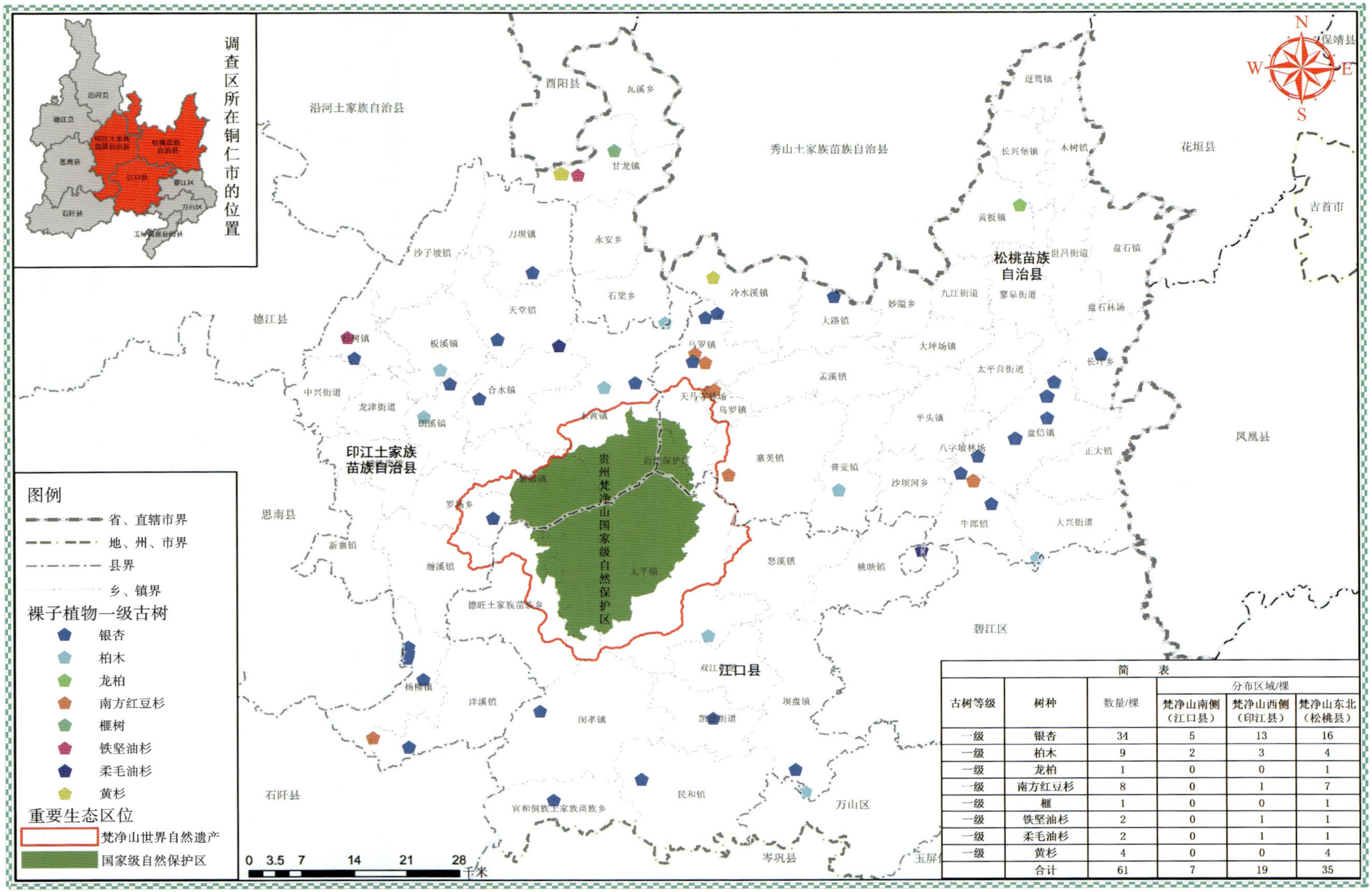

古树等级	树种	数量/棵	分布区域/棵		
			梵净山南侧（江口县）	梵净山西侧（印江县）	梵净山东北（松桃县）
一级	银杏	34	5	13	16
一级	柏木	9	2	3	4
一级	龙柏	1	0	0	1
一级	南方红豆杉	8	0	1	7
一级	榧	1	0	0	1
一级	铁坚油杉	2	0	1	1
一级	柔毛油杉	2	0	1	1
一级	黄杉	4	0	0	4
	合计	61	7	19	35

制作底图由铜仁市自然资源局提供，审图号：图黔D(2021)001号　　比例尺1：45万

图 3-3 梵净山地区裸子植物一级古树（银杏、柏木、龙柏、南方红豆杉、榧树、铁坚油杉、柔毛油杉、黄杉）分布图

表 3-2　梵净山地区银杏(*Ginkgo biloba* L.)古树相关信息及地理分布

区　　域	古树等级	古树编号	树高/m	胸围/cm	冠幅/m	生长状态	位　　置
梵净山南侧(江口县)	一级	52222204353	26	778	22×18	正常	官和乡泗渡村
	一级	52222200684	18	750	12×8	正常	凯德街道凯市村
	一级	52222203962	30	857	16×12	正常	民和镇凯里村
	一级	52222202762	25	376	18×14	正常	坝盘镇龙阳村
	一级	52222201538	22	722	16×12	正常	闵孝镇新田村
梵净山西侧(印江县)	一级	52222604338	25	1366	23×21	正常	木黄镇凤仪村
	一级	52222603959	38	999	26×23	正常	刀坝镇青狮村
	一级	52222601331	46	1021	25×27	正常	杉树镇新村村
	一级	52222607711	32	1200	25×27	正常	杨柳镇新屯村
	一级	52222605060	17	393	15×16	衰弱	朗溪镇甘龙村
	一级	52222602519	34	600	28×26	正常	天堂镇花岩村
	一级	52222607586	27	481	23×24	正常	杨柳镇杨家寨村
	一级	52222607589	21	374	18×19	衰弱	杨柳镇杨家寨村
	一级	52222607588	26	421	20×21	衰弱	杨柳镇杨家寨村
	一级	52222607552	24	390	22×23	正常	杨柳镇杨家寨村
	一级	52222606594	21	506	17×17	正常	罗场乡岭峰村
	一级	52222607296	21	691	15×16	衰弱	洋溪镇柏杨村
	一级	52222604552	41	685	20×19	衰弱	合水镇三坪村
梵净山东北(松桃县)	一级	52222920602	38	616	26×22	正常	盘信镇团塘村
	一级	52222920600	38	610	30×28	正常	盘信镇团塘村
	一级	52222920601	27	490	16×15	衰弱	盘信镇团塘村
	一级	52222920603	33	413	16×16	正常	盘信镇老屋村
	一级	52222920519	15	440	15×13	正常	长坪乡黎明村
	一级	52222920605	32	420	18×15	衰弱	盘信镇新场村
	一级	52222920606	22	415	27×28	正常	盘信镇安塘村
	一级	52222920607	32	550	30×28	正常	盘信镇安塘村
	一级	52222920608	32	360	16×17	正常	盘信镇安塘村
	一级	52222920604	29	410	18×18	正常	盘信镇三宝营村
	一级	52222930079	22	500	11×10	正常	乌罗镇前进村
	一级	52222930460	38	570	16×17	正常	冷水溪镇桐子坪村
	一级	52222930459	35	480	14×15	正常	冷水溪镇齐心坝村
	一级	52222940024	31	380	13×13	正常	大路镇桂芽村
	一级	52222920543	40	437	14×10	正常	长坪乡塘寨村
	一级	52222920639	25	320	16×16	正常	牛郎镇开门村

(1) 印江县木黄镇凤仪村银杏

凤仪村位于贵州梵净山西侧(印江县)木黄镇，地处贵州印江木黄风景名胜区。相传，曾有上千只凤凰翱翔于此，当地先民甚为敬畏，故将此地取名“凤仪”，寓意“有凤来仪”，此美名延续至今。

该银杏（编号 52222604338）位于海拔 800 m 的凤仪村喻家寨，土壤类型为石灰土，生长环境中等，权属为集体所有，据《印江土家族苗族自治县志(1988—2008)》记载，该树树龄在 1000 年以上。

该树为雄株，球花柔荑花序状。树干基部隆起，强劲有力，主枝斜向上伸展，树姿优美高雅。树高 25 m、胸围 1366 cm（胸径 4.35 m），东西冠幅 23 m、南北冠幅 21 m，树冠投影面积约 480 m^2，目前生长正常、长势良好。

数百年前，喻氏祖先自江西迁居此地，传承至今已有十三世，后裔繁衍，人丁兴旺，能人辈出。清代同治年间，喻氏后人有 3 人府考均中秀才，其中喻廷春获贡生，任思南府布政司从六品。据村民喻振铭介绍，喻氏太祖来此时，这里就有这棵古银杏，他们视之为风水宝树。清代同治八年（1869 年），族人倡议修建喻氏宗祠于该银杏旁，奉祀先人，以彰宗功而荫族子孙。在漫长的岁月中，古树与宗祠相依相伴，共同见证了一百多年的沧桑巨变。虽然喻氏宗祠几经修葺，但该树仍生机盎然，风采依旧，静静地守候着小村。

20世纪60年代，树干基部至主干中部曾被村民劈作柴火用，幸被村中老人及时制止，该树才躲过一劫生存下来，但却留下如今的“累累伤痕”。该树生命力旺盛，虽历经千年风雨洗礼，但仍枝繁叶茂，苍劲古拙。主干基部的3棵萌蘖株如今已是参天大树，与古树一起形成了独树成林的自然景观。长久以来，人们对古树怀着敬畏之心，树上随风飘扬的红布带寄寓着人们美好的愿望。

近年来，各地依托得天独厚的自然资源，大力发展生态旅游，人民群众的生态意识得到进一步加强。该树作为具有较高生态和观赏价值的千年古树，是一个很好的载体，人们在放松心情、调节身心的同时，接受着崇尚自然、赓续历史的文化熏陶。天气炎热时，村民们常去该树下坐一坐，拉拉家常、下下棋，乐享生活的舒适与惬意。暮秋时节，古树褪去青绿，全身金黄、满地灿烂，与一旁的土家飞檐相互映衬，吸引无数摄影爱好者和游客慕名前来，其已成为贵州印江木黄风景名胜区一级景点之一。

然而，随着客流量的不断增加，为方便游客游览，该树周围存在铺装面过大、土壤被踩踏以及有香火烟熏现象。建议在古树旁设置防护围栏、设立文字说明牌（禁止在树冠垂直投影5 m的范围内堆放物料，禁止兴建临时设施和建筑，禁止倾倒污水和污物，禁止使用明火或排放烟气等），落实管养单位及责任，定期对古树的生长环境、生长情况、保护现状等进行动态管理。

（2）印江县刀坝镇青狮村银杏

该银杏（编号52222603959）位于贵州梵净山西侧（印江县）刀坝镇青狮村白果树组海拔735 m的休闲广场，土壤类型为黄壤，生长环境中等，权属为集体所有。在青狮村陈姓家族于明代嘉靖年间迁居此地前，这里的地名就叫白果树，可见该树年代之久远。据《印江土家族苗族自治县志（1988—2008）》记载，该树树龄在1000年以上。

该树为雌株，球花呈簇生状。树高38 m，胸围999 cm（萌蘖株20棵有余）。枝叶向四周延伸，东西冠幅26 m、南北冠幅23 m，树冠投影面积约600 m^2，目前生长正常、长势良好，为“多代同堂”银杏。

春天，翡翠般的嫩芽铺满枝头，放眼望去绿星点点，让人产生无限遐想；夏日来临，枝繁叶茂，绿叶蔽日，村民们常在树下乘凉、下棋，微风吹拂令人格外清爽。该树最为壮观的景象出现在金秋时节，一片片蝴蝶般的银杏叶飘飘落地，在树下铺上一层金黄的“地毯”，村里小孩常聚集到这里打滚嬉戏。还有密密麻麻的椭圆形果实，成熟时呈淡黄色或橙黄色挂满枝头，每年可产银杏上千斤，具有较高的经济、生态和观赏价值。

据传，清代同治年间，年仅12岁的陈构堂之母夜晚在其院坝乘凉，突然看见银杏树冠上开满了白色晶亮

的花，非常壮观，待回屋唤家人出来时花已消失。当年科考，陈构堂就中举了，被朝廷录为贡士，一举成名。

该树历经千百年，阅尽人间沧桑，为更好地保护好古树，青狮村村民委员会制定了千年银杏保护公约，明确不准香火伤及树体，禁止在此丢弃垃圾、堆放物品、攀爬树枝、采集树叶以及在树上乱刻乱划等行为。但现实中仍存在堆放木材、在树体上钉钉子等现象，人民群众保护古树的意识有待进一步加强。

（3）印江县杉树镇新村村银杏

该银杏（编号52222601331）位于贵州梵净山西侧（印江县）杉树镇新村村白果树海拔812 m的房屋边，土壤类型为黄壤，生长环境中等，权属为集体所有，估测树龄在1000年以上。

该树为雌株，生机盎然。树高46 m、胸围1021 cm（胸径3.25 m），东西冠幅25 m、南北冠幅27 m，树冠投影面积约680 m^2，枝下高5 m，气势雍容华贵，形态苍老遒劲，目前生长正常、长势良好。树干基部的1棵萌蘖株树高略低于古树，更衬托出它独特的自然美。其大年结果上千斤，小年结果近百斤或不结果，具有较高的经济、生态和观赏价值。

这里有一种风俗称“继拜”，即选择村子里或周边年代久远的古树为“树爹”或“树妈”，给小孩另取一个诸如树生、树儿、树根等的名字，祈求小孩像该树一样茁壮成长，成为有用之才。因此，这棵古树的“干儿”“继女”较多，树下缠绕的众多红布带是他们祈祷、祭拜古树的信物。每逢节日，“继拜”的人家都会带着子女到树下祈祷许愿，这已成为村里一道独特的风景。这些活动虽然在一定程度上影响了银杏的生长与繁殖，但更能震慑人为砍伐的邪念，使得古树得到更好的保护。

由于古树位于村寨路边，有村民在主干旁堆放了一些干柴，存在安全隐患。建议村路改道，在树冠垂直投影 5 m 范围外修建堡坎，禁止堆放干柴等，并加大宣传保护力度，提高村民保护古树的自觉性。

（4）江口县官和乡泗渡村银杏

泗渡村位于贵州梵净山南侧(江口县)官和乡，处在黔东南苗族侗族自治州岑巩县、铜仁市石阡县及江口县交界地带，是“中国少数民族特色村寨”，其民族传统文化、风情、习俗保存较为完整，保留着丰富的农耕文化和地域特色。该银杏(编号 52222204353)位于泗渡村后溪侗寨海拔 850 m 的路边，土壤类型为黄壤，生长环境中等，权属为集体所有，估测树龄在 1000 年以上。

该树倚山临水，与侗族同胞相亲相依。该树为雄株，枝近轮生，斜上伸展。树体挺拔伟岸、枝叶茂密发达。树高 26 m、胸围 778 cm(胸径 2.48 m)，东西冠幅 22 m、南北冠幅 18 m，树冠投影面积约 400 m^2，目前生长正常，其旁 5 m 处 2 棵萌蘖株与该古树形成一道独特的自然风景。每到深秋，此处满树、满地的金黄色银杏叶煞是抢眼，游人如织；冬天如遇冰雪，玉树琼枝，蔚为壮观，具有较高的生态和观赏价值。

据村民委员会主任张英祥介绍，后溪罗氏鼻祖罗必科于康熙三十八年(1699 年)迁居此地，那时该银杏就已高大挺拔。人们常在此树下祈福、乘凉。由于年代久远，无从考查其确切树龄，村民只知道建房挖地基时，在树体 50 m 外也能挖出粗大的根系。

由于该树处在村寨路边，受水泥硬化、生活垃圾等人为活动的影响，其生存环境变差。为了让该银杏持续焕发生机，人们清除了树体周边的硬化水泥及日积月累沉积的生活垃圾，计划用防腐木搭建观景平台，依托少数民族特色村寨，挖掘古树历史文化，发展乡村生态旅游，让游客在欣赏千年银杏美景的同时体验淳朴的侗寨民族风情。

(5) 印江县杨柳镇新屯村银杏

该银杏(编号 52222607711)位于贵州梵净山西侧(印江县)杨柳镇新屯村灯盏窝组海拔 1144 m 的路边,土壤类型为黄壤,生长环境中等,权属为集体所有,估测树龄在 1000 年以上。

该树为雄株，树形优美，生机盎然，具有较高的生态和观赏价值。树高 32 m，胸围 1200 cm（主干胸围 680 cm，周围有萌蘖“子孙”16 棵），东西冠幅 25 m、南北冠幅 27 m，树冠投影面积约 680 m^2，萌蘖性极强，目前生长正常、长势良好，是一棵多代同堂的银杏树，被当地人称为“送子观音”。树上密密麻麻的红绸带，好像在叙说着一个个传奇故事。夏天，树冠就像一把超大的“遮阳伞”，浓荫蔽地。每到深秋，漫天黄叶，遍地金色，宁静的村落荡漾起诗一般的涟漪，令人陶醉不已。

为更好地保护该树，树冠下的杂物已被清理，随着古树保护措施的不断完善，这棵有着千年历史的古树必将焕发出新的生机，万古长青。

(6) 江口县凯德街道凯市村银杏

该银杏（编号 52222200684）位于贵州梵净山南侧（江口县）凯德街道凯市村上小河海拔 420 m 的庙边，土壤类型为黄壤，生长环境中等，权属为集体所有，估测树龄在 1000 年以上。

该树为雌株，树高 18 m、胸围 750 cm（胸径 2.39 m），东西冠幅 12 m、南北冠幅 8 m，树冠投影面积约 100 m^2，目前生长正常、长势良好。春夏季，树冠浓荫密布，生机盎然，但最灿烂的日子要数秋季，硕果累累，金黄色的叶片随风摇曳，树下落叶层层叠叠，让人不觉心旷神怡。

冬季，没有金黄色叶片的点缀，古树显得萧瑟、落寞，似在无声地诉说着岁月，见证着风雨，演绎着轮回。树上挂的红布带寄托了人们希望自己的生命如银杏般坚韧顽强、生生不息的美好愿望。

(7) 松桃县盘信镇团塘村银杏

该银杏（编号 52222920600）位于贵州梵净山东北（松桃县）盘信镇团塘村白果坝海拔 619 m 的房屋后，土壤类型为黄壤，周边地势开阔，生长环境中等，权属为集体所有，估测树龄在 1000 年以上。

该树为雄株，其树态优雅、枝叶浓密，似一把巨伞擎在半空，从下往上看，有直入云端的感觉，蔚为壮观，具有较高的生态和观赏价值。树高 38 m、胸围 610 cm（胸径 1.94 m），东西冠幅 30 m、南北冠幅 28 m，树冠投影面积约 840 m^2，与柏木、乌柿等混生。在离地面 1.6 m 处，树干分为三枝直立主干。从西北方向看，右边枝条长势更为开阔，目前生长正常、长势良好。

由于该树处在村寨路边，有村民堆放了一些木材在此风干，存在安全隐患，应严禁此类行为，并设置必要的防护围栏予以保护。

(8) 松桃县盘信镇团塘村银杏

该银杏(编号52222920601)位于贵州梵净山东北(松桃县)盘信镇团塘村白果坝海拔471 m的村寨路口,与苗寨院落形成一道亮丽的乡村风景线。所处土壤类型为黄壤,古树两旁是密集的住宅,其周围地面水泥硬化严重,生长环境差,权属为集体所有,估测树龄在1000年以上。

该树苍劲而古老，树高 27 m、胸围 490 cm（胸径 1.56 m），东西冠幅 16 m、南北冠幅 15 m，树冠投影面积约 240 m^2。树干在 5 m 处分为两枝，两枝分开生长至 2 m 之后又相互靠着生长，体现了"分久必合"的自然规律。据村里老人介绍，从他记事起该树就是这么高大，树干下部已有中空及火烧痕迹，小孩们常在树洞里面嬉戏玩耍。树旁有一土地庙，树洞前一棵萌蘖株被当地人喻为"怀中抱子"，该树深受村民喜爱。

随着新农村建设和脱贫攻坚项目的实施，为了村容整洁和通行方便，农村普遍实行地面、道路硬化，从而导致部分古树的生长环境遭到破坏，特别是该树周围施行的封闭式水泥浇筑，对其危害极大。该树因曾遭遇雷击，加之自身老化，以及受房屋修建、机动车频繁通行等的影响，目前生长衰弱。建议在建房、修路或浇筑水泥地面时，要给古树留足生存空间，做到人树和谐相处。同时，须尽快组织专家会诊，开展古树复壮技术研究，延缓古树衰老。

（9）松桃县盘信镇团塘村银杏

该银杏（编号 52222920602）位于贵州梵净山东北（松桃县）盘信镇团塘村白果坝海拔 615 m 的田边，此地水源充足，生长环境良好，权属为集体所有，估测树龄在 1000 年以上。

该树树干通直，离地面 5 m 处分为两枝，树姿雄伟，枝繁叶茂。树高 38 m、胸围 616 cm（胸径 1.96 m），东西冠幅 26 m、南北冠幅 22 m，树冠投影面积约 570 m^2，夏天生机勃勃，浓荫密闭，几乎看不到树干。由于该树处在稻田旁的石坎之上，可作耕种时的遮阴纳凉之所。因其生长在野外环境，未受到村落房屋或人类生活的直接影响，所以此植株长势较高、冠幅较大。

传闻此树通人性，环抱此树可心想事成，故不时有当地人祭拜，这给古树生长带来一定的干扰与威胁。

（10）松桃县盘信镇老屋村银杏

该银杏（编号 52222920603）位于贵州梵净山东北（松桃县）盘信镇老屋村二组海拔 605 m 的庙边，土壤类型为黄壤，生长环境中等，权属为集体所有，估测树龄在 1000 年以上。

老屋村环境优美，村民质朴淳厚，是一个苗族人民聚居的古老村寨。该银杏被当地村民奉为"村寨守护神"，其为雄株，苍劲挺拔，枝繁叶茂。树高 33 m、胸围 413 cm（胸径 1.32 m），东西冠幅 16 m、南北冠幅 16 m，树冠投影面积约 260 m^2，枝下高 3.5 m，侧枝向四周分布，有直立、斜向上、平缓、下垂、扎地生长等不同形态，目前生长正常、长势良好。

由于该树处在村寨小路旁，邻近土地庙，在其旁存在焚烧香纸现象，对其生长造成了一定的干扰与威胁。建议设置保护围栏、清除邻近杂木等，对该树予以保护。

（11）松桃县长坪乡黎明村银杏

该银杏（编号 52222920519）位于贵州梵净山东北（松桃县）长坪乡政府驻地黎明村六组海拔 720 m 的庙边，土壤类型为黄壤，生长环境良好，权属为集体所有，估测树龄在 1000 年以上。

该树为雌株，气势雄伟，生机蓬勃，年年果实累累，具有较高的经济、生态和观赏价值。树高 15 m、胸围 440 cm（胸径 1.40 m），东西冠幅 15 m、南北冠幅 13 m，树冠投影面积约 200 m^2，目前生长正常、长势良好。其旁相隔 1 m 处还生长有 2 棵银杏（二级古树），与其排成三角形，形成一道不一样的风景，甚至常有人围绕它们转圈，以表敬仰和祈愿添福增寿。

(12) 松桃县盘信镇新场村银杏

该银杏(编号 52222920605)位于贵州梵净山东北(松桃县)盘信镇新场村,有洞脚河穿村而过,这里茂林修竹,河水清澈见底,生态环境良好,保留了很多古树。该树处在海拔 527 m 的路边,土壤类型为黄壤,生长环境中等,权属为集体所有,估测树龄在 1000 年以上。

该树为雄株,主干明显、粗壮,参天而立。树根裸露、盘根错节。其树干上部分为两枝,侧枝短小下垂。树高 32 m、胸围 420 cm(胸径 1.34 m),东西冠幅 18 m、南北冠幅 15 m,树冠投影面积约 270 m^2,主干有树洞,根部有火燃痕迹,目前生长衰弱。

由于该树处在房屋及路边,古树高大但有树洞,如遇大风或其他不良因素,易造成枝干断裂,给行人的人身及财产安全带来威胁,须及时对腐烂树洞进行修复和填补。同时,村民堆放的柴草极易燃烧,存在安全隐患,对古树保护的宣传力度有待进一步加强。

(13) 印江县朗溪镇甘龙村银杏

该银杏(编号 52222605060)位于贵州梵净山西侧(印江县)朗溪镇甘龙村上寨组海拔 926 m 的楠竹林边,土壤类型为黄壤,生长环境良好,权属为集体所有,估测树龄为 800 余年。

该树为雌株,主干通直、枝繁叶茂。树高 17 m、胸围 393 cm(胸径 1.25 m),东西冠幅 15 m、南北冠幅 16 m,树冠投影面积约 240 m^2,因曾遭遇雷击,主梢已自然枯死,目前生长衰弱。枝下高 8 m,在树干及枝条基部长有树瘤,覆盖着粗糙的树皮。树干上部的瘤上又长出似灯笼的疙瘩,并长出了很多萌蘖株。

该银杏每年结果数百斤,以硕果济世,哺育了一代又一代人。老百姓常在树上挂红布条,以祈福古树庇佑。该树见证着甘龙村的生活变迁。如今,朗溪集镇经甘龙村至昔蒲村的环村公路已开通,改善了村里人的生产生活条件,生态环境也得到了进一步保护。

(14) 松桃县盘信镇安塘村银杏

安塘村位于贵州梵净山东北(松桃县)盘信镇,境内古木参天,森林资源丰富。在该村安塘坡,以3棵银杏古树最为抢眼,分布在安塘村至新场村村级公路左侧,均为雌株,土壤类型为黄壤,生长环境中等,权属为集体所有,估测树龄均为800余年。

该银杏(编号 52222920606)为 3 棵银杏古树中的一棵,位于安塘村村级公路海拔 513 m 的路边。该树为雌株,树体高峻挺拔、郁郁葱葱,枝条密集层叠、错落有致,具有较高的经济、生态和观赏价值。树高 22 m、胸围 415 cm(胸径 1.32 m),东西冠幅 27 m、南北冠幅 28 m,树冠投影面积约 760 m^2。该树周围地面施行了封闭式水泥浇筑,但靠河一侧土壤条件较好,目前生长正常。

据村民石炳富介绍,该树曾遭遇雷击,导致主干被烧出一个碗大的洞,进入秋冬季节,此洞便成了成千上万只蚂蚁储藏食物的巢穴,过往行人便用柴草熏之,使树干中的窟窿越烧越大,目前树洞已堵上。但该树处在公路边,应注意道路径流污染和人为活动给古树生长带来的干扰与威胁。

(15) 松桃县盘信镇安塘村银杏

该银杏(编号 52222920607)位于贵州梵净山东北(松桃县)盘信镇安塘村村级公路海拔 586 m 的房屋边,土壤类型为黄壤,生长环境中等,权属为集体所有,估测树龄为 800 余年。

该树为雌株,树干粗壮挺拔、枝繁叶茂、气势磅礴。树高 32 m、胸围 550 cm(胸径 1.75 m),东西冠幅 30 m、南北冠幅 28 m,树冠投影面积约 840 m^2,靠河一侧有强大的根系露出,无人为损毁痕迹,目前生长正常、长势良好,对周边生境中灌木与草本具有较明显的遮阴效果,对局域生境与水汽条件具有较强的"伞护"作用。该树具有较高的保护价值。

(16) 松桃县盘信镇安塘村银杏

该银杏(编号 52222920608)位于贵州梵净山东北(松桃县)盘信镇安塘村村级公路海拔 494 m 的房屋边,土壤类型为黄壤,生长环境中等,权属为集体所有,估测树龄为 800 余年。

该树为雌株,树干圆满通直、枝繁叶茂。树高 32 m、胸围 360 cm(胸径 1.15 m),东西冠幅 16 m、南北冠幅 17 m,树冠投影面积约 270 m^2,树干基部有空洞、火烧痕迹,目前生长正常。

由于该树树干被村民围墙挤压,且附近有电线经过,需注意防止火灾、雷击或房屋扩建对该树的威胁。建议在有条件的情况下尽快调整电线走向,使电线和电线杆远离古树,同时需对树洞予以修补。

(17) 江口县民和镇凯里村银杏

该银杏(编号 52222203962)位于贵州梵净山南侧(江口县)民和镇凯里村九组海拔 800 m 的土坎上，土壤类型为黄壤，生长环境良好，权属为集体所有，据《贵州古树名木》记载，现树龄为 600 余年。

该村地处偏僻，但环境优美，气候宜人，有古树近 200 棵，该银杏是当地最为古老的一棵古树，也是村民世世代代传承下来的"风水树"，因此得到了较好的保护。

该树为雌株，主干深纵裂，树冠广卵形，枝繁叶茂、优美动人，具有较高的经济、生态和观赏价值。树高 30 m、胸围 857 cm(胸径 2.73 m)，东西冠幅 16 m、南北冠幅 12 m，树冠投影面积约 190 m^2，目前生长正常。该树附近无高大乔木，树下多草本，但因曾遭遇雷击，树体受到一定的破坏，建议设置防护围栏和避雷针予以保护。

(18) 印江县天堂镇花岩村银杏

该银杏(编号 52222602519)位于贵州梵净山西侧(印江县)天堂镇花岩村白果组海拔 558 m 的路边,土壤类型为黄壤,生长环境中等,权属为集体所有,估测树龄为 600 余年。

该树为雄株,苍劲挺拔、枝繁叶茂。树枝弯曲伸向路中,公路从其下穿过,极像一道天然龙门,成了村子里一处亮丽的风景。树高 34 m、胸围 600 cm(胸径 1.91 m),东西冠幅 28 m、南北冠幅 26 m,树冠投影面积约 730 m^2,树体上一树乳长 110 cm、基部围径 22 cm,目前生长正常、长势良好。

(19) 印江县杨柳镇杨家寨村银杏

在贵州梵净山西侧(印江县)杨柳镇杨家寨村,有一片地势较为开阔的地方称为"台上",是周围高山地形中极为少见的小平坝。历史上在没通公路时是思南府通往铜仁府的一条重要陆路,曾形成过比较繁华的集市,至今还有"街上"这个地名。以杨姓为主的居民在这里生活了至少 400 年,留下了很多人文遗迹。

杨家寨村百年以上的古树达 54 棵,其中 26 棵银杏中有 4 棵最为古老、耀眼,分布在杨家寨村公路沿线。过去,这里水源枯竭、交通闭塞,村民生活困难。1999 年,该村实施了坡改梯、沼气池项目后,改善了村里的种植及人居环境,生态环境得到了更好的保护。2014 年,随着该县缠溪镇驷马村到杨柳镇公路的修通,这里得到了人们更多的关注。深秋时节,一棵棵金黄色的银杏挺立在房前屋后,房顶上、道路旁、田野里、草丛下完全被金黄色的银杏叶包裹着,浓墨重彩如油画,常吸引无数摄影爱好者和游客慕名前来观赏采风。

该银杏(编号 52222607586)是杨家寨村非常古老的银杏之一,处在柏果寨组海拔 1083 m 的稻田旁,土壤类型为黄壤,土层深厚肥沃,生长环境良好,权属为集体所有,估测树龄为 600 余年。

该树为雄株,树冠卵圆形,枝叶密生,向四周伸展,亭亭如盖。树高 27 m、胸围 481 cm(胸径 1.53 m),东西冠幅 23 m、南北冠幅 24 m,树冠投影面积约 550 m^2,枝下高 2 m,目前生长正常、长势良好。树干上长有多个树乳,最大的长达 50 cm、基部围径达 40 cm,具有较高的生态和观赏价值。无论春夏秋冬,它都傲立于寨子中央,用它那巨伞一般的枝叶守护着寨子的安宁平和。多年以来,这些银杏古树成了杨家寨村的地理标志,也是一个个走出大山的游子思念家乡的一种寄托。

但随着游客往来增多，存在土壤被频繁踩踏、香烛烟熏、绑缚红布带等现象，在一定程度上干扰与威胁着古树的正常生长。建议设置防护围栏，优化土壤结构，为古树创造稳定的生长空间。

(20) 印江县杨柳镇杨家寨村银杏

该银杏(编号 52222607589)位于贵州梵净山西侧(印江县)杨柳镇杨家寨村大竹林组海拔 863 m 的公路边，土壤类型为黄壤，生长环境中等，权属为集体所有，估测树龄为 600 余年。

该树为雄株，基部深纵裂，树体挺拔，侧枝开展。树高 21 m、胸围 374 cm(胸径 1.19 m)，东西冠幅 18 m、南北冠幅 19 m，树冠投影面积约 340 m^2，枝下高 2 m，树干开裂明显，目前生长衰弱。建议针对该树生长环境和特点，开展古树复壮技术研究，改善其生长环境以恢复树势。

(21) 印江县杨柳镇杨家寨村银杏

该银杏(编号 52222607552)位于贵州梵净山西侧(印江县)杨柳镇杨家寨村桅杆坳海拔 1102 m 的公路边，土壤类型为黄壤，土层深厚肥沃，周围地势开阔，生长环境良好，权属为集体所有，估测树龄为 600 余年。

该树为雄株，高大挺拔，枝繁叶茂。枝近轮生，斜上伸展。树高 24 m、胸围 390 cm(胸径 1.24 m)，东西冠幅 22 m、南北冠幅 23 m，树冠投影面积约 510 m^2，枝下高 2 m，目前生长正常、长势良好。树体上长有多个树乳，或长或短，或粗或细，具有较高的观赏价值。同时，该树为南来北往的游客和当地村民提供了休憩场所，特别是炎热的夏季，在高山上劳作的人们常将此树当作休息的凉亭。

由于该树曾遭遇雷击和暴风雨洗礼，现残枝犹存，更显苍劲古拙。虽砌有保护树池，但无法避免人群靠近该树，建议采取设置防护围栏等措施予以更好地保护。

(22) 印江县杨柳镇杨家寨村银杏

该银杏(编号 52222607588)位于贵州梵净山西侧(印江县)杨柳镇杨家寨村中寨组海拔 861 m 的杨氏宗祠旁,土壤类型为黄壤,生长环境中等,权属为集体所有,估测树龄为 600 余年。

该树为雌株,树体高大,枝繁叶茂。树高 26 m、胸围 421 cm(直径 1.34 m),东西冠幅 20 m、南北冠幅 21 m,树冠投影面积约 420 m^2,因曾遭遇雷击,加之可能受宗祠改造、地面铺装及人群踩踏等影响,目前生长衰弱。

据记载,杨氏宗祠始建于清代咸丰八年(1858 年),占地面积 345 m^2。2012 年,印江县政府将其列入县级文物保护单位。该古树与杨氏宗祠风雨相伴数百年,庇护着村庄。至今,村民仍保留有栽种银杏的习惯,据不完全统计,杨家寨村现有银杏 500 余棵。

(23) 印江县罗场乡岭峰村银杏

该银杏(编号 52222606594)位于贵州梵净山西侧(印江县)罗场乡岭峰村三花山海拔 1003 m 的路边,土壤类型为黄壤,生长环境良好,权属为集体所有,估测树龄为 600 余年。

三花山是"戎马书生"清代诗人廖云鹏故里,此地有 11 棵银杏古树(详见印江县罗场乡岭峰村银杏和柏木等古树群)扎根于古树群之中,此银杏最大,连村里最年长的老人都不知其树龄几何。该树为雌株,树体高大,枝繁叶茂。树高 21 m、胸围 506 cm(胸径 1.61 m),东西冠幅 17 m、南北冠幅 17 m,树冠投影面积约 290 m^2,年年果实累累,目前生长正常、长势良好,与其旁的银杏古树形成村里一道亮丽的风景线,具有较高的经济、生态和观赏价值。

这里层林尽染、万木争荣,更是增添了三分诗意、七分翠绿,如世外桃源一般,吸引人们纷至沓来。

(24) 松桃县盘信镇三宝营村银杏

该银杏(编号 52222920604)位于贵州梵净山东北(松桃县)盘信镇三宝营村二组海拔 471 m 的田坎边,土壤类型为黄壤,生长环境良好,权属为集体所有,估测树龄为 600 余年。

该树为雌株，树形端庄，枝繁叶茂。树高 29 m、胸围 410 cm（胸径 1.31 m），东西冠幅 18 m、南北冠幅 18 m，树冠投影面积约 320 m^2，其分枝结构合理，能抵御强风等外力的侵袭，目前生长正常、长势良好。

由于该树未受到村落房屋或人居生活的直接影响，植株生长健壮、旺盛，遮地成荫，饱览着人间春色。

(25) 松桃县乌罗镇前进村银杏

该银杏（编号 52222930079）位于贵州梵净山东北（松桃县）乌罗镇政府驻地前进村海拔 830 m 的乌罗中学校园内，靠近校园围墙，土壤类型为黄壤，生长环境中等，权属为集体所有，估测树龄为 600 余年。

该树为雄株，伟岸粗犷、苍老遒劲。树高 22 m、胸围 500 cm（胸径 1.59 m），东西冠幅 11 m、南北冠幅 10 m，树冠投影面积约 110 m^2，枝下高 1.5 m，树枝层层叠叠呈平斜状态，非常繁茂，整个树形呈圆形，目前生长正常、长势良好。夏季，茂密的树荫下成了学校师生乘凉、避暑的好去处；秋季，金黄的落叶像无数只蝴蝶在空中飞舞，极为漂亮。

该树旁修建有石坎护坡，并立有建校捐赠功德碑。树木树人，润物无声，这棵古树承载着校园的历史记忆，象征着乌罗镇的文化传承。它是当地最为雄伟的一棵古树，也是校园内和村镇里极具文化气息和历史底蕴的古树，不仅为校园增添了几分书香味，更寄托着当地人的绿色情怀。

由于人为活动较为频繁，建议在该树旁设置警示标志牌，引导学校师生在优美的环境下自觉地将“爱护古树、爱护环境”融入日常生活中，共同守护专属于校园中的绿色记忆。

(26) 江口县坝盘镇龙阳村银杏

龙阳村位于贵州梵净山南侧(江口县)坝盘镇,境内多为山地、丘陵,溶洞风光独具特色,参天古木也不逊色,有古树 160 余棵,分属 20 多个种。该银杏是当地最为古老的树木之一,处在海拔 734 m 的何家组竹林边,土壤类型为黄壤,生长环境中等,权属为集体所有,估测树龄为 600 余年。

该银杏(编号 52222202762)为雄株,扎根于岩石之中,枝繁叶茂。根盘裸露隆起、粗壮有力,形成极为漂亮的图案,牢固地支撑着庞大的树体。树高 25 m、胸围 376 cm(胸径 1.20 m),东西冠幅 18 m、南北冠幅 14 m,树冠投影面积约 250 m^2,在石头缝隙中顽强生长,葱茏碧绿,展现出无尽的生命之美,目前生长正常、长势良好。

由于该树处于村寨中,人为活动较为频繁且树旁有堆放柴火的现象,存在安全隐患,应严禁在此放置柴火。同时,因所处土壤贫瘠,应注意保护生境的稳定性。

(27) 江口县闵孝镇新田村银杏

该银杏(编号 52222201538)位于贵州梵净山南侧(江口县)闵孝镇新田村黄泥树海拔 660 m 的村民院坝,土壤类型为黄壤,生长环境中等,权属为集体所有,估测树龄为 600 余年。

该树为雄株,形如巨伞,绿荫遮满了大半个庭院。树高 22 m、胸围 722 cm(胸径 2.30 m),东西冠幅 16 m、南北冠幅 12 m,树冠投影面积约 190 m^2,枝下高 2.4 m,主干分为三枝,南侧枝较西侧枝粗壮,树干上长有长 60 cm、基部围径 30 cm 的树乳,目前生长正常、长势良好。

由于该树树池较小,且周围被水泥硬化,古树根系处于透气不良的土壤环境中,也不利于枯枝落叶归还土壤,在一定程度上限制了古树的正常生长。建议扩大树池面积,改良古树生长环境,以对其进行保护。

(28) 松桃县冷水溪镇桐子坪村银杏

该银杏(编号 52222930460)位于贵州梵净山东北(松桃县)冷水溪镇桐子坪村杨家院子海拔 500 m 的房屋边,土壤类型为黄壤,生长环境中等,权属为集体所有,估测树龄为 600 余年。

该树为雌株，树干挺拔，枝繁叶茂。树高 38 m、胸围 570 cm(胸径 1.82 m)，东西冠幅 16 m、南北冠幅 17 m，树冠投影面积约 270 m^2，目前生长正常、长势良好。

(29) 松桃县冷水溪镇齐心坝村银杏

该银杏(编号 52222930459)位于贵州梵净山东北(松桃县)冷水溪镇齐心坝村西牛场组海拔 1000 m 的路坎下，土壤类型为黄壤，生长环境良好，权属为集体所有，估测树龄为 500 余年。

该树为雄株，主干分为两大枝，树体高大挺拔、枝繁叶茂。树高 35 m、胸围 480 cm(胸径 1.53 m)，东西冠幅 14 m、南北冠幅 15 m，树冠投影面积约 210 m^2，目前生长正常、长势良好。

(30) 印江县洋溪镇柏杨村银杏

该银杏(编号 52222607296)位于贵州梵净山西侧(印江县)洋溪镇柏杨村汪家沟海拔 693 m 的公路边，土壤类型为黄壤，生长环境中等，权属为集体所有，估测树龄为 500 余年。

该树为雌株，枝繁叶茂，其旁生长有一棵小的南方红豆杉。该树高 21 m、胸围 691 cm(胸径 2.20 m)，东西冠幅 15 m、南北冠幅 16 m，树冠投影面积约 240 m^2。因曾遭遇火烧，其主干中空、腐烂较为严重，目前生长衰弱。

由于该树生长在陡坡上，岩石裸露，土层浅薄，且受雨水冲刷，因而大量根系裸露在外。加之树干中空、腐烂严重，如遇极端天气或自然灾害，极易造成枝干断裂。需对中空、腐烂处进行修复和填补，并修建石坎护坡予以保护。同时，村民在此堆放干柴，存在安全隐患，应严禁放置。

(31) 印江县合水镇三坪村银杏

该银杏(编号 52222604552)位于贵州梵净山西侧(印江县)合水镇三坪村坪里组海拔 534 m 的村民院坝,土壤类型为黄壤,生长环境中等,权属为集体所有,估测树龄为 500 余年。

该树为雌株,树高 41 m、主干基部 685 cm,东西冠幅 20 m、南北冠幅 19 m,树冠投影面积约 380 m^2,树体上有风折枝,目前生长衰弱。

据村民介绍,该树原生长在土坡上,当地人为了更好地保护它,于 5 年前修建了封闭式水泥堡坎,人为改变了古树原有的生长环境,造成土壤透气透水性下降,给古树生长带来了明显的干扰。建议设置防护围栏,扩大树池面积,以改善其生长环境。

(32) 松桃县大路镇桂芽村银杏

该银杏(编号 52222940024)位于贵州梵净山东北(松桃县)大路镇桂芽村寨榜组海拔 440 m 的路边,土壤类型为黄壤,生长环境中等,权属为集体所有,估测树龄为 500 余年。

该树为雌株,主干挺拔,枝繁叶茂,萌蘖能力极强。树高 31 m、胸围 380 cm(胸径 1.21 m),东西冠幅 13 m、南北冠幅 13 m,树冠投影面积约 170 m^2,目前生长正常。

由于该古树处于村子中、紧邻水泥路旁,受人为活动影响较大,迫切需要采取设立围栏、微改道路等措施以加强保护。

(33) 松桃县长坪乡塘寨村银杏

该银杏(编号 52222920543)位于贵州梵净山东北(松桃县)长坪乡塘寨村海拔 750 m 的龙建洋家房屋边,土壤类型为黄壤,生长环境中等,权属为集体所有,估测树龄为 500 余年。

该树为雌株,高不见顶,枝繁叶茂,具有较高的经济、生态和观赏价值。树高 40 m、胸围 437 cm(胸径 1.39 m),东西冠幅 14 m、南北冠幅 10 m,树冠投影面积约 140 m^2。枝下高 6 m,东北方 2 m 处生长有碗口大的一棵萌蘖株,目前生长正常。

由于村民在该树旁堆放的稻草极易燃烧,存在安全隐患,应严禁放置。

(34) 松桃县牛郎镇开门村银杏

该银杏(编号 52222920639)位于贵州梵净山东北(松桃县)牛郎镇开门村老屋场海拔 563 m 的路边,土壤类型为黄壤,生长环境中等,权属为集体所有,估测树龄为 500 余年。

该树为雄株,主干分为四大枝,枝繁叶茂,具有较高的生态和观赏价值。树高 25 m、胸围 320 cm(胸径 1.02 m),东西冠幅 16 m、南北冠幅 16 m,树冠投影面积约 260 m^2,目前生长正常、长势良好。由于该树生长在路边,是当地人乘凉和赶路人歇脚的地方。

该树旁建有土地庙,存在土壤被频繁踩踏、路面被水泥硬化以及长期香火烟熏现象,在一定程度上干扰了古树的正常生长。建议设置防护围栏、改善生长环境,对其予以更好的保护。

3.1.2 柏木 *Cupressus funebris* Endl.

【俗名】 柏树、柏木树、柏香树、柏子树、扫帚柏、垂丝柏、香扁柏。

【科属】 柏科 Cupressaceae 柏木属 *Cupressus*。

【形态特征】 常绿乔木。大枝开展，小枝细长下垂，生鳞叶的小枝扁平，排成一平面，两面同型，绿色。鳞叶二型，先端锐尖，中央之叶的背部有条状腺点，两侧的叶对折，背部有棱脊。雄球花椭圆形或卵圆形，雄蕊通常 6 对。雌球花近球形。球果圆球形，熟时暗褐色；种鳞 4 对，顶端为不规则五角形或方形，中央有尖头或无，能育种鳞有 5～6 粒种子。花期 3—5 月，种子翌年 5—6 月成熟。

【分布】 柏木为中国特有树种，产于浙江、福建、江西、湖南、湖北、四川、贵州、广东、云南等省份。

【习性】 喜光照充足、温暖湿润的气候，宜稍耐阴，但不耐严寒；对土壤要求不严，尤其在石灰岩山地钙质土上生长良好。可播种繁殖。

【古树资源】 目前，梵净山地区有柏木一级古树 9 棵，其中梵净山南侧（江口县）2 棵、梵净山西侧（印江县）3 棵、梵净山东北（松桃县）4 棵，详见图 3-3、表 3-3。

表 3-3 梵净山地区柏木(*Cupressus funebris* Endl.)古树相关信息及地理分布

区　域	古树等级	古树编号	树高/m	胸围/cm	冠幅/m	生长状态	位　置
梵净山南侧(江口县)	一级	52222202803	20	565	11×9	正常	坝盘镇龙阳村
	一级	52222200098	12	204	8×6	衰弱	太平镇云舍村
梵净山西侧(印江县)	一级	52222604184	25	628	16×17	正常	木黄镇五甲村
	一级	52222601060	33	446	12×15	正常	板溪镇文武村
	一级	52222604998	22	320	11×10	正常	朗溪镇泡木村
梵净山东北(松桃县)	一级	52222930134	40	510	10×9	正常	石梁乡胜利村
	一级	52222920627	20	480	12×8	正常	牛郎镇齐心村
	一级	52222920598	20	350	12×9	正常	盘信镇老屋村
	一级	52222940209	28	352	10×10	死亡	普觉镇水银村

(1) 印江县木黄镇五甲村柏木

该柏木(编号 52222604184)位于贵州梵净山西侧(印江县)木黄镇五甲村海拔 800 m 的村镇交通要道上。土壤类型为石灰土,生长环境良好,权属为集体所有,据《印江土家族苗族自治县志(1988—2008)》记载,现树龄为 1400 余年。

该树(既是古树又是名木,名木介绍见第 5 章)孤立在河边空地上,分枝恣意、生机勃勃。树高 25 m、胸围 628 cm(胸径 2.00 m),东西冠幅 16 m、南北冠幅 17 m,树冠投影面积约 270 m^2,枝下高 3 m,目前生长正常、长势良好。

1934 年 10 月,由任弼时、萧克和王震率领的红六军团与贺龙、关向应率领的红三军在这棵树下胜利会师,该树成为这一壮举的亲历者和天然纪念物。1986 年,该树被列为印江县县级文物保护单位。1987 年,老红军陈靖同志故地重游,感慨万分,将该树命名为“会师柏”。

2017 年 9 月,“会师柏”遭受雷击,加之道路扩建,干扰了古树的正常生长。2021 年 9 月,印江县林业局、文体广电旅游局、木黄镇政府组织相关人员对“会师柏”的生境进行了全面排查,并制定了详细的保护方案,将原紧邻“会师柏”的道路进行了重新规划,铲除了硬化路面,通过填土、种草及设置保护围栏等措施将保护面积扩大至 2500 m^2,有效改善了“会师柏”的生境。

(2) 松桃县石梁乡胜利村柏木

该柏木(编号 52222930134)位于贵州梵净山东北(松桃县)石梁乡胜利村海拔 780 m 的川祖庙后,土壤类型为黄壤,生长环境中等,权属为集体所有,估测树龄为 600 余年。

该树树皮呈淡褐灰色,球果圆球形。树体高大挺拔,树姿端庄。树高 40 m、胸围 510 cm(胸径 1.62 m),东西冠幅 10 m、南北冠幅 9 m,树冠投影面积约 90 m^2,枝下高 20 m,主干分为三大枝,气势雄伟,目前生长正常、长势良好。

该村是石梁乡门户,1934 年红三军与红六军团在木黄胜利会师后转移至松桃县石梁乡,当地老百姓为纪念此事,遂将村名改为“胜利村”。这里群山环抱,河流穿越坝子,滋养着当地的良田和树木,惠泽着朴实勤劳的石梁人。逢年过节、朝拜观音菩萨之日,村民们都会来到这棵风水树下和树前的川祖庙祭祀,祈福风调雨顺、百姓安康。

(3) 江口县坝盘镇龙阳村柏木

该柏木(编号 52222202803)位于贵州梵净山南侧(江口县)坝盘镇龙阳村凉荫井,海拔 766 m 的水井旁,土壤类型为黄壤,生长环境良好,权属为集体所有,估测树龄为 600 余年。

该树主干分为两大主枝,枝繁叶茂。树高 20 m、胸围 565 cm(胸径 1.80 m),东西冠幅 11 m、南北冠幅 9 m,树冠投影面积约 100 m^2,其树根下有一水井,水源充足,目前生长正常、长势良好。

(4) 印江县板溪镇文武村柏木

该柏木(编号 52222601060)位于贵州梵净山西侧(印江县)板溪镇文武村世林组海拔 576 m 的房屋边,土壤类型为黄壤,生长环境中等,权属为集体所有,估测树龄为 600 余年。

该树高大挺拔、枝叶浓密、小枝细长下垂。树高 33 m、胸围 446 cm(胸径 1.42 m),东西冠幅 12 m、南北冠幅 15 m,树冠投影面积约 180 m^2,目前生长正常、长势良好。由于树基周围被水泥硬化,并有搭建物存在,建议改善其立地条件。

(5) 印江县朗溪镇泡木村柏木

朗溪镇距贵州梵净山西侧(印江县)城东 11 km,是梵净山西线旅游景区的重要文化古镇。境内“三潮弄月”“古刹回龙”“飞燕衔书”“犀牛垂钓”等景点闻名遐迩。

该柏木(编号 52222604998)处在海拔 844 m 的朗溪镇泡木村半牙组公路坎上,土壤类型为黄壤,生长环境中等,权属为集体所有,估测树龄为 500 余年。

该树主干基部与另一棵树长在一起,树体高大挺拔,枝繁叶茂。树高 22 m、胸围 320 cm(胸径 1.02 m),东西冠幅 11 m、南北冠幅 10 m,树冠投影面积约 110 m^2,目前生长正常、长势良好。

（6）松桃县牛郎镇齐心村柏木

该柏木（编号 52222920627）位于贵州梵净山东北（松桃县）牛郎镇齐心村向岗坪组海拔 310 m 的房屋边，土壤类型为黄壤，生长环境中等，权属为集体所有，估测树龄为 500 余年。

该树分为五大枝，树体高大、枝繁叶茂。树高 20 m、胸围 480 cm(胸径 1.53 m)，东西冠幅 12 m、南北冠幅 8 m，树冠投影面积约 100 m^2，其中一大枝被风折断，目前生长正常。但该古树旁存在堆放杂物的现象，应严禁放置。

(7) 松桃县盘信镇老屋村柏木

该柏木(编号 52222920598)位于贵州梵净山东北(松桃县)盘信镇老屋村海拔 650 m 的老屋场度假村对面公路坎上，土壤类型为黄壤，生长环境良好，权属为集体所有，估测树龄为 500 余年。

该树生长在山地杂木林中，高大挺拔，如鹤立鸡群。树高 20 m、胸围 350 cm(胸径 1.11 m)，东西冠幅 12 m、南北冠幅 9 m，树冠投影面积约 110 m^2，目前生长正常、长势良好。

(8) 江口县太平镇云舍村柏木

该柏木(编号 52222200098)位于贵州梵净山南侧(江口县)太平镇云舍村海拔 402 m 的村寨房屋边,土壤类型为黄壤,生长环境中等,权属为集体所有,估测树龄为 500 余年。

该树高 12 m、胸围 204 cm(胸径 0.65 m),东西冠幅 8 m、南北冠幅 6 m,树冠投影面积约 50 m^2,目前生长衰弱。树体旁存在堆放杂物的现象,应严禁放置。

(9) 松桃县普觉镇水银村柏木

该柏木(编号 52222940209)位于贵州梵净山东北(松桃县)普觉镇水银村海拔 449 m 的张家组,靠近房屋墙体,土壤类型为黄壤,生长环境差,权属为集体所有,估测树龄为 500 余年。

该树高 28 m、胸围 352 cm(胸径 1.12 m),树干明显腐烂,2017 年古树名木普查时已干枯死亡。由于该树处在村寨中,邻近密集建筑,且树干上电线多,需注意防范火灾,防止倒伏危及群众生命财产安全,建议尽快排除安全隐患。

3.1.3 龙柏 *Juniperus chinensis* ‘*Kaizuca*’

【俗名】 铺地龙柏。

【科属】 柏科 Cupressaceae 刺柏属 *Juniperus*。

【形态特征】 常绿乔木。龙柏是圆柏的栽培变种,与圆柏的区别在于:树形圆柱状或柱状塔形;枝条向上直展,常有扭转上升之势,小枝密集,在枝端形成密簇状。鳞叶排列紧密,幼嫩时淡黄绿色,后呈翠绿色。球果蓝色,微被白粉。

【习性】 龙柏侧枝扭曲螺旋状抱干而生,别具一格,观赏价值很高,中国各地广为栽培。喜光,稍耐阴,喜温暖湿润气候。抗寒、抗干旱,忌积水。对土壤酸碱度适应性强,较耐盐碱。可嫁接繁殖。

【古树资源】 目前,梵净山地区有龙柏一级古树1棵,分布在梵净山东北(松桃县),详见图3-3、表3-4。

表3-4 梵净山地区龙柏(*Juniperus chinensis* '*Kaizuca*')古树相关信息及地理分布

区域	古树等级	古树编号	树高/m	胸围/cm	冠幅/m	生长状态	位置
梵净山东北(松桃县)	一级	新增无编号	7	111	12×12	正常	黄板镇彭宗村

松桃县黄板镇彭宗村龙柏

该龙柏(新增无编号)位于贵州梵净山东北(松桃县)黄板镇彭宗村大彭宗组海拔604 m的池塘中,土壤类型为石灰土,生长环境中等,权属为集体所有,估测树龄为500余年。

该树高7 m、胸围111 cm(胸径0.35 m),东西冠幅12 m、南北冠幅12 m,树冠投影面积约140 m^2,目前生长正常。

相传,很久很久以前,石姓苗人从湖广向西迁徙,见此地土地肥沃,还有一口有着很多鱼虾的大池塘,水源充足,于是便定居下来。为方便过往,先人们在寨中池塘中间砌了一道石堤,这样一口塘就被划分为上、下两个部分。上部池塘中矗立着一块高出水面的大石头,极像一只蹲着的蟾蜍,这棵龙柏就长在"蟾蜍"的背上。树干基部已开裂,并因火烧致空心,但仍长得苍翠葱茏。

3.1.4 南方红豆杉 *Taxus wallichiana* var. *mairei*(Lemée & H. Lév.)L. K. Fu & Nan Li

【俗名】 血柏树、红叶水杉、榧子木、美丽红豆杉。

【科属】 红豆杉科 Taxaceae 红豆杉属 *Taxus*。

【形态特征】 常绿乔木。叶排列成2列,条形,多呈弯镰状,上部渐窄,先端渐尖,中脉带明晰可见。雌雄异株,球花单生于叶腋;雌球花近无梗。种子通常较大,微扁,多呈倒卵圆形,坚果状,生于红色肉质杯状的假种皮中,卵圆形。种子10—11月成熟。

【分布】 南方红豆杉产于中国安徽、浙江、台湾、福建、江西、广东、广西、湖南、湖北、河南、陕西、甘肃、四川、贵州及云南等地。垂直分布一般较红豆杉低,在多数省区常生于海拔1000 m以下的地方。

【习性】 耐阴湿能力强,对土壤肥力要求较高,但在石灰土上也能生长。可播种、扦插繁殖。

【古树资源】 目前,梵净山地区有南方红豆杉一级古树8棵,其中梵净山西侧(印江县)1棵、梵净山东北(松桃县)7棵,详见图3-3、表3-5。

表 3-5 梵净山地区南方红豆杉(*Taxus wallichiana* var. *mairei* (Lemée & H. Lév.)L. K. Fu & Nan Li)古树相关信息及地理分布

区　　域	古树等级	古 树 编 号	树高/m	胸围/cm	冠幅/m	生长状态	位　　置
梵净山西侧(印江县)	一级	52222607459	15	653	12×12	正常	洋溪镇坪林村
梵净山东北(松桃县)	一级	52222940154	21	380	16×14	正常	寨英镇兴家庄村
	一级	52222930075	25	360	17×15	正常	乌罗镇毛溪村
	一级	52222930076	25	335	13×12	正常	乌罗镇毛溪村
	一级	52222920646	23	360	10×11	正常	牛郎镇红卫村
	一级	52222920648	21	360	18×17	正常	牛郎镇红卫村
	一级	52222930001	23	460	12×12	正常	乌罗镇寨安村
	一级	52222930077	20	315	11×12	正常	乌罗镇峰岩村

(1) 松桃县寨英镇兴家庄村南方红豆杉

该南方红豆杉(编号 52222940154)位于贵州梵净山东北(松桃县)寨英镇兴家庄村下高榜组海拔 729 m 的农土边,土壤类型为黄壤,生长环境良好,权属为集体所有,估测树龄为 600 余年。

该树树体高大挺拔、枝繁叶茂。树高 21 m、胸围 380 cm(胸径 1.21 m),东西冠幅 16 m、南北冠幅 14 m,树冠投影面积约 220 m^2,目前生长正常、长势良好。因该树树枝组成的形状像马,当地人也称“马树”。

(2) 印江县洋溪镇坪林村南方红豆杉

该南方红豆杉(编号 52222607459)位于贵州梵净山西侧(印江县)洋溪镇坪林村余家沟组海拔 862 m 的房屋边,土壤类型为黄壤,生长环境中等,权属为集体所有,估测树龄为 500 余年。

该树树高 15 m、胸围 653 cm(胸径 2.08 m),东西冠幅 12 m、南北冠幅 12 m,树冠投影面积约 140 m^2,主干有空洞,目前生长正常。果实为卵圆形,成熟时红艳夺目,镶嵌在绿色的叶子中,具有较高的观赏价值。

由于该树处在村寨中的路边,人为活动较为频繁,且存在水泥硬化及堆放杂物的现象,给古树生长带来了一定的干扰,应严禁堆放杂物。

(3) 松桃县乌罗镇毛溪村南方红豆杉

该南方红豆杉(编号 52222930075)位于贵州梵净山东北(松桃县)乌罗镇毛溪村海拔 890 m 的国有天马寺林场内部,土壤类型为黄壤,生长环境中等,权属为集体所有,估测树龄为 500 余年。

该树被当地村民称为“红豆杉王”,树体高大挺拔、大枝开展,枝繁叶茂。树高 25 m、胸围 360 cm(胸径 1.15 m),东西冠幅 17 m、南北冠幅 15 m,树冠投影面积约 260 m^2,目前生长正常、长势良好。

(4) 松桃县乌罗镇毛溪村南方红豆杉

该南方红豆杉(编号 52222930076)位于贵州梵净山东北(松桃县)乌罗镇毛溪村甘塘鼓海拔 910 m 的公路边,土壤类型为黄壤,生长环境中等,权属为集体所有,估测树龄为 500 余年。

该树高大挺拔、枝繁叶茂。树高 25 m、胸围 335 cm(胸径 1.07 m),东西冠幅 13 m、南北冠幅 12 m,树冠投影面积约 160 m^2,目前生长正常、长势良好。由于该树周围被水泥硬化,生长受到一定的干扰与威胁。

(5) 松桃县牛郎镇红卫村南方红豆杉

该南方红豆杉(编号 52222920646)位于贵州梵净山东北(松桃县)牛郎镇红卫村大院子组海拔 664 m 的路坎下,土壤类型为黄壤,生长环境良好,权属为集体所有,估测树龄为 500 余年。

该树枝繁叶茂，树高 23 m、胸围 360 cm(胸径 1.15 m)，东西冠幅 10 m、南北冠幅 11 m，树冠投影面积约 110 m^2，目前生长正常、长势良好。

(6) 松桃县牛郎镇红卫村南方红豆杉

该南方红豆杉(编号 52222920648)位于贵州梵净山东北(松桃县)牛郎镇红卫村大院子组海拔 413 m 的房屋边，土壤类型为黄壤，生长环境良好，权属为集体所有，估测树龄为 500 余年。

该树树高 21 m、胸围 360 cm(胸径 1.15 m)，东西冠幅 18 m、南北冠幅 17 m，树冠投影面积约 310 m^2，目前生长正常、长势良好。

(7) 松桃县乌罗镇寨安村南方红豆杉

该南方红豆杉(编号 52222930001)位于贵州梵净山东北(松桃县)乌罗镇寨安村九拐树海拔 810 m 的路坎上,土壤类型为黄壤,生长环境良好,权属为集体所有,估测树龄为 500 余年。

该树枝繁叶茂。树高 23 m、胸围 460 cm(胸径 1.46 m),东西冠幅 12 m、南北冠幅 12 m,树冠投影面积约 140 m^2,目前生长正常、长势良好。

(8) 松桃县乌罗镇峰岩村南方红豆杉

该南方红豆杉(编号 52222930077)位于贵州梵净山东北(松桃县)乌罗镇峰岩村松江组海拔 800 m 的路坎上,土壤类型为黄壤,生长环境中等,权属为集体所有,估测树龄为 500 余年。

该树主干明显，在 5 m 处分为两大枝，枝繁叶茂如巨伞。树高 20 m、胸围 315 cm(胸径 1.00 m)，东西冠幅 11 m、南北冠幅 12 m，树冠投影面积约 130 m²，目前生长正常。但主干下部存在中空、腐烂、水泥硬化现象，需对其进行修补并改善生境予以保护。

3.1.5 榧 *Torreya grandis* Fortune ex Lindl.

【俗名】 香榧、榧树。

【科属】 红豆杉科 Taxaceae 榧属 *Torreya*。

【形态特征】 常绿乔木。一年生枝绿色，无毛。叶条形，通常直，排列成两列，先端凸尖成刺状短尖头，基部圆或微圆，上面光绿色，中脉不明显，有 2 条稍明显的纵槽，气孔带与中脉带近等宽；种子椭圆形、卵圆形、倒卵形或长椭圆形，成熟时假种皮淡紫褐色，有白粉，顶端有小突尖头。花期 4 月，种子翌年 10 月成熟。

【分布】 榧为中国特有树种，产于江苏南部、浙江、福建北部、江西北部、安徽南部，西至湖南西南部及贵州松桃等地，生于海拔 1400 m 以下。

【习性】 喜温暖多雨，黄壤、红壤、黄褐土地区。可播种、扦插、嫁接、压条、分根繁殖。

【古树资源】 目前，梵净山地区有榧一级古树 1 棵，分布在梵净山东北(松桃县)，详见图 3-3、表 3-6。

表 3-6 梵净山地区榧(*Torreya grandis* Fortune ex Lindl.)古树相关信息及地理分布

区域	古树等级	古树编号	树高/m	胸围/cm	冠幅/m	生长状态	位置
梵净山东北(松桃县)	一级	52222930429	24	345	10×11	正常	甘龙镇石板村

松桃县甘龙镇石板村榧

该榧(编号 52222930429)位于贵州梵净山东北(松桃县)甘龙镇石板村老叶树(地名)海拔 720 m 的山地杂木林中，土壤类型为黄壤，生长环境中等，权属为集体所有，估测树龄为 600 余年。

该树主干分为两大主枝，树高 24 m、胸围 345 cm(胸径 1.10 m)，东西冠幅 10 m、南北冠幅 11 m，树冠投影面积约 110 m²，树干有空洞，有攀援植物缠绕，但目前生长正常。资料显示，该树目前为贵州省最大的一棵榧。

由于古树处在岩石边，生长土壤贫瘠，应注意保护其生境稳定性，并适当梳理树冠下杂木、清除攀援植物，以保证古树生长所需的营养空间。

3.1.6 铁坚油杉 *Keteleeria davidiana* (C. E. Bertrand) Beissn.

【俗名】 罗松、铁坚杉、青岩油杉。

【科属】 松科 Pinaceae 油杉属 *Keteleeria*。

【形态特征】 常绿乔木。叶线形，在侧枝上排列成两列，先端圆钝或微凹，微被白粉。球果圆柱形；中部种鳞卵形或近斜方状卵形，上部圆或窄长而反曲，边缘外曲，有细齿，背部露出部分无毛或疏生短毛；鳞苞先端 3 裂，有细缺齿。花期 4 月，种子 10 月成熟。

【分布】 铁坚油杉为中国特有树种，产于甘肃东南部，陕西南部，四川北部、东部及东南部，湖北西部及西南部，湖南西北部，贵州西北部等地。常散生于海拔 600～1500 m 地带。

【习性】 喜光树种，喜温暖湿润气候，在砂岩、页岩或石灰岩山地生长迅速。可播种繁殖。

【古树资源】 目前，梵净山地区有铁坚油杉一级古树 2 棵，其中梵净山西侧（印江县）1 棵、梵净山东北（松桃县）1 棵，详见图 3-3、表 3-7。

表 3-7 梵净山地区铁坚油杉（*Keteleeria davidiana* (C. E. Bertrand) Beissn.）古树相关信息及地理分布

区　域	古树等级	古树编号	树高/m	胸围/cm	冠幅/m	生长状态	位　置
梵净山西侧（印江县）	一级	52222601682	28	506	16×26	衰弱	杉树镇杨家村
梵净山东北（松桃县）	一级	新增无编号	45	440	20×15	正常	甘龙镇坝木村

（1）印江县杉树镇杨家村铁坚油杉

该铁坚油杉（编号 52222601682）位于贵州梵净山西侧（印江县）杉树镇杨家村柿子坪组海拔 670 m 的山地杂木林中，土壤类型为黄壤，生长环境中等，权属为集体所有，估测树龄为 600 余年。

该树巍然屹立，树高 28 m、胸围 506 cm(胸径 1.61 m)，东西冠幅 16 m、南北冠幅 26 m，树冠投影面积约 420 m^2，因曾遭遇雷击，目前生长衰弱。其主梢已自然枯死，枯枝直向苍穹，似在向人们诉说着曾经的辉煌。树干局部树皮破损，外露的木质部长期受雨水浸渍，会逐渐腐烂形成树洞，影响树体健康，应及时填补保护。同时，由于该树处在山地墓边，应注意祭祀活动给古树生长带来安全隐患。

(2) 松桃县甘龙镇坝木村铁坚油杉

该铁坚油杉(新增无编号)位于贵州梵净山东北(松桃县)甘龙镇坝木村村民委员会旁海拔 629 m 的农土边，土壤类型为黄壤，生长环境良好，权属为集体所有，估测树龄为 600 余年。

该树高大挺拔、枝繁叶茂。其根系发达，裸露绵延如巨龙伏地，一看便知该树已历经上百年沧桑。据罗氏村民介绍，其祖先从印江县大圣墩搬迁至此已有 600 多年，那时该树就已存在。树高 45 m、胸围 440 cm(胸径 1.40 m)，东西冠幅 20 m、南北冠幅 15 m，树冠投影面积约 300 m^2，其旁生长有 1 棵乌柿(二级古树)及一片天然乌柿林，目前生长正常、长势良好，具有较高的生态和观赏价值。

3.1.7 柔毛油杉 *Keteleeria pubescens* W. C. Cheng & L. K. Fu

【俗名】 老鼠杉。

【科属】 松科 Pinaceae 油杉属 *Keteleeria*。

【形态特征】 常绿乔木。一至二年生枝密被短柔毛，干后暗褐色，毛呈锈褐色。叶线形，在侧枝上排列成不规则 2 列，先端微尖或渐尖，中脉隆起，无气孔线。球果短圆柱形或椭圆状圆柱形，有白粉；中部的种鳞五角状圆形，上部宽圆，中央微凹，背面露出部分有密生短毛，边缘微向外反曲；苞鳞先端 3 裂，有不规则细齿；种子具模质长翅，种翅近中部或中下部较宽，连同种子与种鳞等长。花期 3—4 月，球果 10—11 月成熟。

【分布】 柔毛油杉为中国特有树种，产于广西北部罗城至宜山以及贵州南部黎平、从江、下江，生于气候温暖、土层深厚、湿润、海拔 600～1100 m 的山地。

【习性】 喜光树种，深根性，抗风力强，即使是生长在风口上的孤立木，长势仍然良好。可种子繁殖。

【古树资源】 目前，梵净山地区有柔毛油杉一级古树 2 棵，其中梵净山西侧（印江县）1 棵、梵净山东北（松桃县）1 棵，详见图 3-3、表 3-8。

表 3-8 梵净山地区柔毛油杉(*Keteleeria pubescens* W. C. Cheng & L. K. Fu)古树相关信息及地理分布

区　域	古树等级	古树编号	树高/m	胸围/cm	冠幅/m	生长状态	位　置
梵净山西侧（印江县）	一级	52222603122	36	500	25×22	正常	天堂镇雀鸣村
梵净山东北（松桃县）	一级	52222920626	13	290	18×14	正常	牛郎镇矮红村

(1) 印江县天堂镇雀鸣村柔毛油杉

该柔毛油杉（编号 52222603122）位于贵州梵净山西侧（印江县）天堂镇雀鸣村湾里组海拔 807 m 的雀鸣小学旁，土壤类型为黄壤，生长环境中等，估测树龄为 600 余年。

该树生长在小山头上，高大挺拔，广展绿冠、树体完整。树高 36 m、胸围 500 cm（胸径 1.59 m），东西冠幅 25 m、南北冠幅 22 m，树冠投影面积约 550 m^2，枝一侧长、一侧短，呈现出优美的姿态，目前生长正常、长势良好。球果呈椭圆状圆柱形、直立向上，成熟前淡绿色，成熟后红艳夺目，具有较高的生态和观赏价值。

该树树根隆起向四周伸展，粗大的两根裸根古朴苍劲，蜿蜒盘缠如巨龙翻滚，时起时伏，最长段约 8 m。据当地村民介绍，每年从四面八方赶来朝拜的人很多。这些频繁的人为活动，导致暴露的树根遭受了严重的损伤，给古树生长带来了明显的干扰与威胁。

据2013年印江县人民政府门户网站报道，在印江县境内共发现两棵大的柔毛油杉，一棵在贵州梵净山国家级自然保护区内团龙村长寿谷，位居贵州省第三，而天堂镇雀鸣村这棵柔毛油杉被列为贵州之最，也是全国之最。因柔毛油杉是中国特有树种，故该柔毛油杉也是当之无愧的"世界柔毛油杉王"。由于资源稀少，分布零散，因此该柔毛油杉具有较高的保护价值。

(2) 松桃县牛郎镇矮红村柔毛油杉

该柔毛油杉(编号52222920626)位于贵州梵净山东北(松桃县)牛郎镇矮红村寨门海拔440 m的公路坎上，土壤类型为黄壤，生长环境良好，权属为集体所有，估测树龄为500余年。

该树生长在陡坎边，粗大的根系裸露，枝繁叶茂。树高13 m、胸围290 cm(胸径0.92 m)，东西冠幅18 m、南北冠幅14 m，树冠投影面积约250 m^2，主枝被大风折断，目前生长正常。

3.1.8 黄杉 *Pseudotsuga sinensis* Dode

【俗名】 狗尾树、浙皖黄杉、短片花旗松。

【科属】 松科 Pinaceae 黄杉属 *Pseudotsuga*。

【形态特征】 常绿乔木。叶条形，排成两列，先端钝圆有凹缺，基部宽楔形，上面绿色或淡绿色。球果卵圆形或椭圆状卵圆形，近中部宽，两端微窄；中部种鳞近扇形或扇状斜方形，上部宽圆，基部宽楔形，两侧有凹缺；苞鳞露出部分向后反伸，中裂窄三角形，侧裂三角状微圆，较中裂为短，边缘常有缺齿；种子三角状卵圆形，微扁，种子连翅稍短于种鳞。花期4月，球果10—11月成熟。

【分布】 黄杉为中国特有树种，产于云南、四川、贵州、湖北、湖南等地。在贵州产于黔东南、黔南、毕节、六盘水、铜仁、黔西南、遵义等地，生于海拔 800～2600 m 的山地。

【习性】 喜光树种，深根性，喜温暖湿润、夏季多雨、冬春较干的气候，多生长在黄壤或棕色森林土地带的针叶树、阔叶树混交林中。可种子繁殖。

【古树资源】 目前，梵净山地区有黄杉一级古树 4 棵，分布在梵净山东北（松桃县），详见图 3-3、表 3-9。

表 3-9 梵净山地区黄杉（*Pseudotsuga sinensis* Dode）古树相关信息及地理分布

区域	古树等级	古树编号	树高/m	胸围/cm	冠幅/m	生长状态	位置
梵净山东北（松桃县）	一级	52222930471	43	580	18×20	正常	冷水溪镇三阳村
	一级	52222930370	43	560	22×24	正常	甘龙镇张家湾村
	一级	52222930265	48	420	15×18	正常	甘龙镇张家湾村
	一级	52222930272	31	398	12×13	正常	甘龙镇张家湾村

（1）松桃县冷水溪镇三阳村黄杉

该黄杉（编号 52222930471）位于贵州梵净山东北（松桃县）冷水溪镇三阳村海拔 500 m 的山地杂木林中，土壤类型为黄壤，生长环境良好，权属为集体所有，估测树龄为 600 余年。

相传，古时候的三阳村四面高山，古树参天。不知从哪个朝代开始，没有姓氏的先人沿着山岭伐薪、垦荒、种植以维持生计。为祈求神灵保佑，他们在一块巨石下修建“佛殿”供奉菩萨，前来朝拜的香客络绎不绝，至今“佛殿”这一地名犹存，佛殿下“王家朝”“长坟”“吕家”“麻阳街”“盐井”等地名仍沿袭至今。

明代洪武年间，先人们从这里迁移他乡后，新来了一批移民，他们砍倒了很多参天古树，开垦耕地，从此在这里定居。现三阳村古树寥寥无几，目前仅发现三棵。

该树周围乔木、灌木、地被植物和藤本植物等植被结构完整，为古树生长提供了优越的环境。树体高大粗壮、枝繁叶茂，葱茏劲秀、苍翠挺拔，在山间格外醒目。树高 43 m、胸围 580 cm(胸径 1.85 m)，东西冠幅 18 m、南北冠幅 20 m，树冠投影面积约 360 m^2，目前生长正常、长势良好。

(2) 松桃县甘龙镇张家湾村黄杉

该黄杉(编号 52222930370)位于贵州梵净山东北(松桃县)甘龙镇张家湾村血柏树(小地名)海拔 720 m 的山地杂木林中，土壤类型为黄壤，生长环境良好，权属为集体所有，估测树龄为 600 余年。

该树遒劲扭曲，枝丫繁茂，叶辐射伸展，树干直达云端，远远即可看见，特别醒目，具有较高的生态和观赏价值。树高 43 m、胸围 560 cm(胸径 1.78 m)，东西冠幅 22 m、南北冠幅 24 m，树冠投影面积约 530 m^2，虽历经风霜侵蚀，依然根深蒂固，生机勃勃，目前生长正常、长势良好。

(3) 松桃县甘龙镇张家湾村黄杉

该黄杉(编号 52222930265)位于贵州梵净山东北(松桃县)甘龙镇张家湾村坳上组海拔 628 m 的竹林湾，土壤类型为黄壤，生长环境中等，权属为集体所有，估测树龄为 500 余年。

该树生长在路边，树体高大挺拔、树干圆满通直，侧枝下垂生长，有直插云霄之势。树形端庄优美、枝繁叶茂，树高 48 m、胸围 420 cm(胸径 1.34 m)，东西冠幅 15 m、南北冠幅 18 m，树冠投影面积约 270 m^2，枝下高 18 m，目前生长正常、长势良好。秋天，树体上结满下垂的球果，具有较高的生态和观赏价值。

(4) 松桃县甘龙镇张家湾村黄杉

该黄杉(编号 52222930272)位于贵州梵净山东北(松桃县)甘龙镇张家湾村八队海拔 640 m 的路坎上,土壤类型为黄壤,生长环境良好,权属为集体所有,估测树龄为 500 余年。

该树处在林缘,高大挺拔、枝叶茂盛,具有较高的生态和观赏价值。树高 31 m、胸围 398 cm(胸径 1.27 m),东西冠幅 12 m、南北冠幅 13 m,树冠投影面积约 160 m^2,目前生长正常、长势良好。但邻近地

区有栽种马尾松和伐木现象，建议适当控制人工林的种植，控制古树树冠下杂木的生长，以保障古树的生存空间。

●被子植物

梵净山地区被子植物一级古树有 19 科 30 属 42 种 154 棵，主要集中分布在梵净山东北（松桃县），梵净山南侧（江口县）、梵净山西侧（印江县）被子植物一级古树极少（表 3-10）。

表 3-10 梵净山地区被子植物一级古树的树种及其地理分布

树种	拉丁名	科	属	数量/棵	地理分布区域/棵		
					梵净山南侧（江口县）	梵净山西侧（印江县）	梵净山东北（松桃县）
川黔紫薇	*Lagerstroemia excelsa* (Dode) Chun ex S. Lee & L. F. Lau	千屈菜科	紫薇属	5	0	1	4
紫薇	*Lagerstroemia indica* L.	千屈菜科	紫薇属	2	0	0	2
重阳木	*Bischofia polycarpa* (H. Lév.) Airy Shaw	叶下珠科	秋枫属	10	1	3	6
光叶玉兰	*Yulania dawsoniana* (Rehder & E. H. Wilson) D. L. Fu	木兰科	玉兰属	1	0	0	1
云南樟	*Camphora glandulifera* (Wall.) Nees	樟科	樟属	8	1	3	4
猴樟	*Camphora bodinieri* (H. Lév.) Y. Yang, Bing Liu & Zhi Yang	樟科	樟属	4	0	0	4
川桂	*Cinnamomum wilsonii* Gamble	樟科	桂属	1	0	1	0
利川润楠	*Machilus lichuanensis* W. C. Cheng ex S. K. Lee	樟科	润楠属	1	0	0	1
短梗新木姜子	*Neolitsea brevipes* H. W. Li	樟科	新木姜子属	1	0	0	1
闽楠	*Phoebe bournei* (Hemsl.) Yen C. Yang	樟科	楠属	6	6	0	0
楠木	*Phoebe zhennan* S. K. Lee & F. N. Wei	樟科	楠属	6	1	0	5
檫木	*Sassafras tzumu* (Hemsl.) Hemsl.	樟科	檫木属	3	0	0	3
枫香树	*Liquidambar formosana* Hance	蕈树科	枫香树属	5	0	2	3
皂荚	*Gleditsia sinensis* Lam.	豆科	皂荚属	1	0	0	1
翅荚香槐	*Platyosprion platycarpum* (Maxim.) Maxim.	豆科	翅荚香槐属	3	0	1	2

续表

树种	拉丁名	科	属	数量/棵	地理分布区域/棵		
					梵净山南侧（江口县）	梵净山西侧（印江县）	梵净山东北（松桃县）
贵州石楠	*Photinia bodinieri* H. Lév.	蔷薇科	石楠属	2	1	0	1
光叶石楠	*Photinia glabra* (Thunb.) Maxim.	蔷薇科	石楠属	3	0	0	3
大叶榉树	*Zelkova schneideriana* Hand. -Mazz.	榆科	榉属	4	0	0	4
榉树	*Zelkova serrata* (Thunb.) Makino	榆科	榉属	2	0	0	2
糙叶树	*Aphananthe aspera* (Thunb.) Planch.	大麻科	糙叶树属	9	0	4	5
珊瑚朴	*Celtis julianae* C. K. Schneid.	大麻科	朴属	2	0	0	2
朴树	*Celtis sinensis* Pers.	大麻科	朴属	4	0	0	4
锐齿槲栎	*Quercus aliena* var. *acuteserrata* Maxim.	壳斗科	栎属	2	0	0	2
赤皮青冈	*Quercus gilva* Blume	壳斗科	栎属	1	0	0	1
青冈	*Quercus glauca* Thunb.	壳斗科	栎属	5	0	0	5
栗	*Castanea mollissima* Blume	壳斗科	栗属	3	0	0	3
米槠	*Castanopsis carlesii* (Hemsl.) Hayata	壳斗科	锥属	1	0	0	1
湖北锥	*Castanopsis hupehensis* C. S. Chao	壳斗科	锥属	5	1	0	4
苦槠	*Castanopsis sclerophylla* (Lindl.) Schottky	壳斗科	锥属	1	0	0	1
钩锥	*Castanopsis tibetana* Hance	壳斗科	锥属	12	1	0	11
青钱柳	*Cyclocarya paliurus* (Batalin) Iljinsk.	胡桃科	青钱柳属	1	0	0	1
化香树	*Platycarya strobilacea* Siebold & Zucc.	胡桃科	化香树属	2	0	0	2
枫杨	*Pterocarya stenoptera* C. DC.	胡桃科	枫杨属	5	1	0	4
云贵鹅耳枥	*Carpinus pubescens* Burkill	桦木科	鹅耳枥属	2	0	0	2
柞木	*Xylosma congesta* (Lour.) Merr.	杨柳科	柞木属	1	1	0	0
黄连木	*Pistacia chinensis* Bunge	漆树科	黄连木属	18	1	4	13

续表

树种	拉丁名	科	属	数量/棵	地理分布区域/棵		
					梵净山南侧（江口县）	梵净山西侧（印江县）	梵净山东北（松桃县）
红椿	*Toona ciliata* M. Roem.	楝科	香椿属	3	0	0	3
乌柿	*Diospyros cathayensis* Steward	柿科	柿属	4	0	0	4
香果树	*Emmenopterys henryi* Oliv.	茜草科	香果树属	1	0	0	1
木樨	*Osmanthus fragrans* (Thunb.) Lour.	木樨科	木樨属	2	1	0	1
楸	*Catalpa bungei* C. A. Mey.	紫葳科	梓属	1	0	0	1
梓	*Catalpa ovata* G. Don	紫葳科	梓属	1	1	0	0
合计				154	17	19	118

3.1.9 川黔紫薇 *Lagerstroemia excelsa* (Dode) Chun ex S. Lee & L. F. Lau

【科属】 千屈菜科 Lythraceae 紫薇属 *Lagerstroemia*。

【形态特征】 落叶大乔木。叶对生，椭圆形或阔椭圆形，先端骤尖，两侧不等大，边缘波状，上面无毛，下面被柔毛；叶柄被柔毛。圆锥花序，分枝具 4 棱，密被灰褐色星状柔毛，花多而密，细小，簇生状；花萼裂片三角形，与萼筒近等长；花瓣黄白色，阔三角状长圆形，基部偏斜；雄蕊 6，着生于萼筒基部。蒴果球状卵形，6 裂。花期 4 月，果期 7 月。

【分布】 川黔紫薇产于中国贵州（平坝、梵净山及印江）、四川、湖北等地，常生于海拔 720～2000 m 的山谷密林中或村寨旁。

【习性】 不同的立地条件对川黔紫薇的生长有显著影响。在海拔 550 m、由板页岩发育的黄壤上生长最快，在海拔 600 m、由石灰岩发育的黄壤上生长次之，在低丘、由第四纪网纹层发育的红壤上生长最慢。可播种繁殖。

【古树资源】 目前，梵净山地区有川黔紫薇一级古树 5 棵，其中梵净山西侧（印江县）1 棵、梵净山东北（松桃县）4 棵，详见表 3-11、图 3-4。

表 3-11 梵净山地区川黔紫薇(*Lagerstroemia excelsa* (Dode) Chun ex S. Lee & L. F. Lau)古树相关信息及地理分布

区域	古树等级	古树编号	树高/m	胸围/cm	冠幅/m	生长状态	位置
梵净山西侧（印江县）	一级	52222604651	35	628	18×19	正常	紫薇镇永义村
梵净山东北（松桃县）	一级	52222930144	32	310	2×3	正常	石梁乡两岔河村
	一级	52222930145	35	250	3×2	正常	石梁乡两岔河村
	一级	52222930146	35	250	3×2	正常	石梁乡两岔河村
	一级	52222930147	32	192	2×3	正常	石梁乡两岔河村

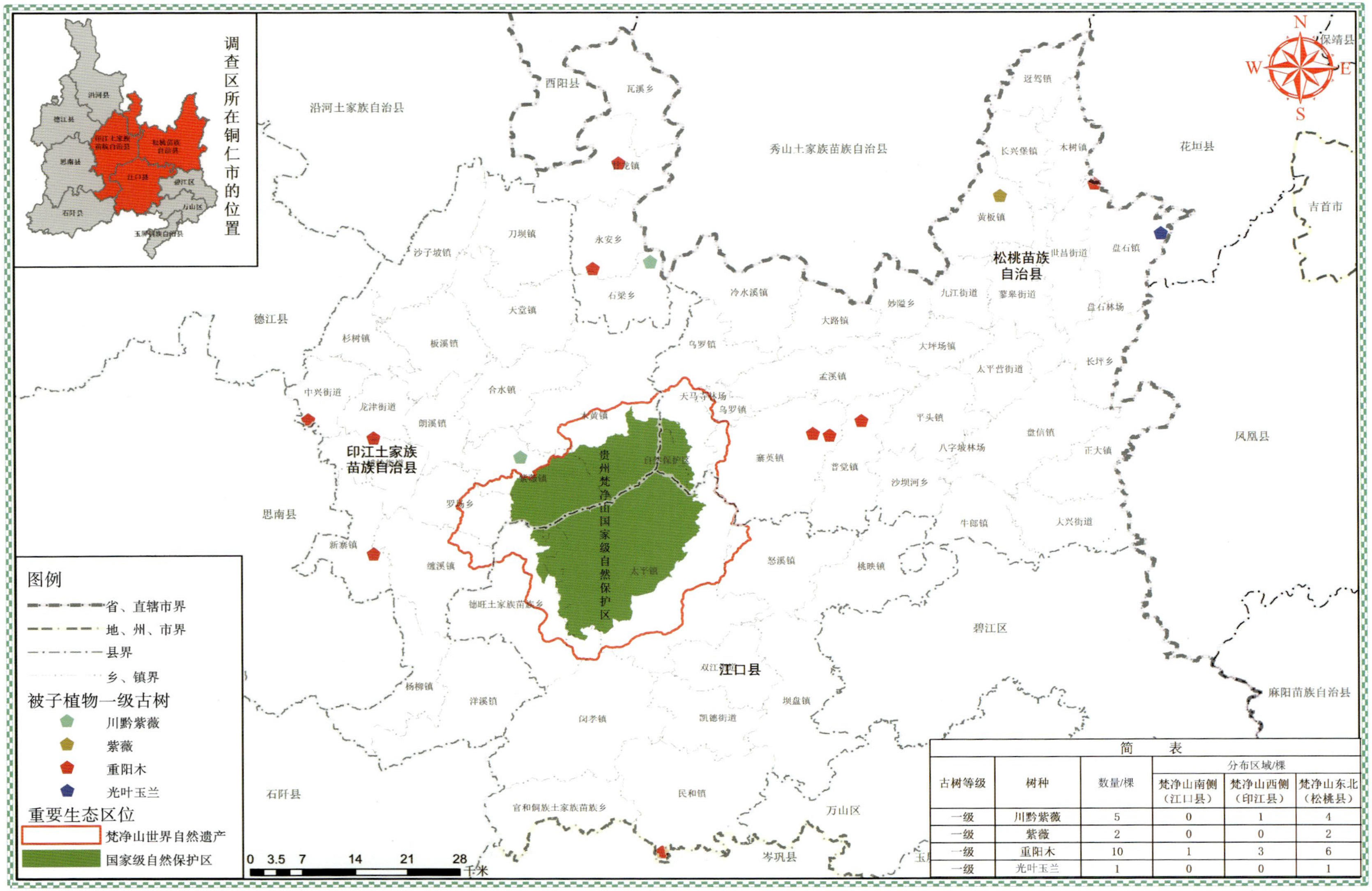

古树等级	树种	数量/棵	分布区域/棵		
			梵净山南侧（江口县）	梵净山西侧（印江县）	梵净山东北（松桃县）
一级	川黔紫薇	5	0	1	4
一级	紫薇	2	0	0	2
一级	重阳木	10	1	3	6
一级	光叶玉兰	1	0	0	1

制作底图由铜仁市自然资源局提供，审图号：图黔D(2021)001号

比例尺1：45万

图 3-4　梵净山地区被子植物一级古树(川黔紫薇、紫薇、重阳木、光叶玉兰)分布图

(1) 印江县紫薇镇永义村川黔紫薇

该川黔紫薇(编号 52222604651)是世界上已知最大的一棵，又称“紫薇王”，位于贵州梵净山西侧(印江县)紫薇镇(原永义乡)政府驻地永义村海拔 655 m 的紫薇园内，地处贵州印江木黄风景名胜区，是西线上梵净山的必经之路。“紫薇王”所处土壤类型为黄壤，生长环境良好，权属为集体所有，据《印江土家族苗族自治县志(1988—2008)》记载，现树龄约为 1400 年。

该树(既是古树又是名木,名木介绍见第5章)树皮光滑、筋骨嶙峋,高大挺拔、直插云霄、独傲旷野。树高35 m、胸围628 cm(胸径2.00 m),东西冠幅18 m、南北冠幅19 m,树冠投影面积约340 m^2,生长茂盛,具有稀、奇的特征。2008—2012年,“紫薇王”树势逐年衰弱,枝叶萧条,腐洞、枯枝增多,土壤板结,患有叶斑病,蚂蚁、蚜虫、银杏大蚕蛾等有害生物侵入严重。当地政府于2013—2014年采取了复壮措施,之后连续2年花繁叶茂,但2016年花开后又逐年衰败。2017—2019年虽也开花,但生长仍衰弱,2020年甚至未开花。2021年以来,当地政府进行了复壮工作,2022年又花繁叶茂,焕发了勃勃生机,具有极高的生态和观赏价值。

当地村民及周边少数民族视“紫薇王”为神树，倍加呵护，年年来此供奉香烛，挂红贴符，祈求风调雨顺、丰衣足食、无病无灾。古时，无论是乡绅、富户还是平民百姓家的孩子，凡命里娇贵，便拜“紫薇王”为“寄爷”，据说孩子就会容易长成人。

（2）松桃县石梁乡两岔河村川黔紫薇

该地的4棵川黔紫薇位于贵州梵净山东北（松桃县）石梁乡两岔河村后大沟组海拔709～805 m的水井湾，土壤类型为黄壤，生长环境良好，权属为集体所有，估测树龄为500余年。

4棵川黔紫薇生长在山地杂木林中，树形挺拔，树干笔直。其周围是青翠的杂木林，这些古树能在当地保存下来，得益于原生性森林的良好保护。编号52222930144树高32 m，胸围310 cm（胸径0.99 m），东西冠幅2 m、南北冠幅3 m；编号52222930145、52222930146树高35 m，胸围250 cm（胸径0.80 m），东西冠幅3 m、南北冠幅2 m；编号52222930147树高32 m，胸围192 cm（胸径0.61 m），东西冠幅2 m、南北冠幅3 m。4棵古树树冠投影面积均约10 m^2，目前均生长正常、长势良好。由于生长在岩石边缘，所处土壤贫瘠，应注意保护其生境的稳定性。

3.1.10 紫薇 *Lagerstroemia indica* L.

【俗名】 千日红、无皮树、百日红、紫金花、痒痒树、痒痒花。

【科属】 千屈菜科 Lythraceae 紫薇属 *Lagerstroemia*。

【形态特征】 落叶灌木或小乔木。树皮光滑灰褐色,幼枝具 4 棱。叶互生或近对生,近无柄,椭圆形、倒卵形或长椭圆形,顶端尖、钝或凹缺,基部阔楔形或圆形,光滑无毛或沿主脉上有毛。圆锥花序顶生;花瓣 6,红色或粉红色,边缘皱缩,基部有爪。蒴果椭圆状球形。种子顶端有翅。花期 6—9 月,果期 9—12 月。

【分布】 紫薇原产于中国,分布于长江流域,华南、西北、华北有栽培,亚洲南部及澳大利亚北部也有栽培。

【习性】 喜光,稍耐阴,喜温暖气候和肥沃、湿润、疏松土壤,也能耐旱,在钙质土壤或酸性土壤上均生长良好。可播种、扦插、压条、分株、嫁接等繁殖。

【古树资源】 目前,梵净山地区有紫薇一级古树 2 棵,分布在梵净山东北(松桃县),详见图 3-4、表 3-12。

表 3-12 梵净山地区紫薇(*Lagerstroemia indica* L.)古树相关信息及地理分布

区 域	古树等级	古 树 编 号	树高/m	胸围/cm	冠幅/m	生长状态	位 置
梵净山东北(松桃县)	一级	52222920316	9	133	4×3	衰弱	黄板镇瓦厂村
	一级	52222920317	11	90	3×2	正常	黄板镇瓦厂村

松桃县黄板镇瓦厂村紫薇

该地的 2 棵紫薇(编号 52222920316、52222920317)位于贵州梵净山东北(松桃县)黄板镇瓦厂村六组海拔 584 m 的土地庙旁,土壤类型为黄壤,生长环境中等,权属为集体所有,估测树龄均为 500 余年。

2 棵紫薇古树相距 3 m 左右,树体整体较小,枝叶稀疏。编号 52222920316 树干弯曲,树高 9 m、胸围 133 cm(胸径 0.42 m),东西冠幅 4 m、南北冠幅 3 m,树冠投影面积约 10 m^2,主干存在中空、腐烂现

象，且树体上枯枝多，目前生长衰弱。编号 52222920317 树高 11 m、胸围 90 cm（胸径 0.29 m），东西冠幅 3 m、南北冠幅 2 m，树冠投影面积约 10 m^2，目前生长正常。每逢紫薇开花时节，粉红色的花朵鲜艳美丽，观赏价值高。

由于古树处在村寨中，周围房屋密集，树体的通风、采光受到限制，加之邻近有土地庙，受香火烟熏、水泥硬化等影响，其生长受到抑制。需降低人为活动对其生长的影响，并对其生境进行优化，以促进古树健康生长。

3.1.11 重阳木 *Bischofia polycarpa* (H. Lév.) Airy Shaw

【科属】 叶下珠科 Phyllanthaceae 秋枫属 *Bischofia*。

【形态特征】 落叶乔木。三出复叶，顶生小叶通常较两侧的大，小叶片纸质，卵形或椭圆状卵形，有时长圆状卵形，顶端突尖或短渐尖，基部圆形或浅心形，边缘具钝细锯齿。雌雄异株，春季与叶同时开放，组成总状花序；子房 3～4 室，每室 2 胚珠，花柱 2～3，顶端不分裂。果实浆果状，圆球形，成熟时褐红色。花期 4—5 月，果期 10—11 月。

【分布】 重阳木产于中国秦岭、淮河流域以南至福建和广东的北部。生于海拔 1000 m 以下的山地林中或平原栽培，在长江中下游平原或农村四旁常见，常栽培为行道树。

【习性】 喜光，稍耐阴。喜温暖气候，耐寒性较弱。对土壤要求不严，在酸性土壤和微碱性土壤中皆可生长，但在湿润、肥沃的土壤中生长最好。耐旱，也耐贫瘠，且能耐水湿，抗风耐寒。可播种繁殖。

【古树资源】 目前，梵净山地区有重阳木一级古树 10 棵，其中梵净山南侧（江口县）1 棵、梵净山西侧（印江县）3 棵、梵净山东北（松桃县）6 棵，详见图 3-4、表 3-13。

表 3-13 梵净山地区重阳木（*Bischofia polycarpa* (H. Lév.) Airy Shaw）古树相关信息及地理分布

区　　域	古树等级	古 树 编 号	树高 /m	胸围 /cm	冠幅 /m	生长状态	位　　置
梵净山南侧（江口县）	一级	52222203052	26	740	25×20	正常	民和镇韭菜村

续表

区　　域	古树等级	古树编号	树高/m	胸围/cm	冠幅/m	生长状态	位　　置
梵净山西侧(印江县)	一级	52222601034	34	540	26×28	正常	新寨镇凯望村
	一级	52222600192	20	600	16×17	衰弱	龙津街道城中社区
	一级	52222600464	23	635	13×14	衰弱	中兴街道夫子坝村
梵净山东北(松桃县)	一级	新增无编号	28	1210	20×22	正常	寨英镇蕉溪村
	一级	52222930258	28	720	13×12	正常	永安乡永安村
	一级	52222940222	27	956	24×23	正常	普觉镇岑塘村
	一级	52222940167	32	660	26×23	正常	寨英镇寨转村
	一级	52222910321	19	600	20×17	正常	世昌街道石花村
	一级	52222930269	30	470	12×10	正常	甘龙镇木树村

(1) 松桃县寨英镇蕉溪村重阳木

该重阳木(新增无编号)位于贵州梵净山东北(松桃县)寨英镇蕉溪村平阳屯海拔 530 m 的公路边，土壤类型为石灰土，生长环境中等，权属为集体所有，据《贵州古树名木》记载，为中国最大的一棵重阳木，现树龄在 1000 年以上。

该树生长在公路内侧两边岩石林立的一块空地上，其根系发达，穿梭于石灰岩缝隙之中，隆起的根盘充分体现了此树年代之久远，外露的树根最高处达 1 m 左右，远观好似横卧的圆柱石，近看则是粗壮的树根，如虎踞龙盘，蔚为壮观。主干分为三大枝，虽历经沧桑变迁，但仍枝繁叶茂，大枝斜展，浓荫盖地。树干下部有较多苔藓，树杈上有一棵棕榈，在主干离地 1 m 处约有 6 条根状物长出后又长回主干，形成一个巨大的瘤子，底部有一条根弯曲酷似灵芝，体现了大自然的鬼斧神工，景观非常别致。树高 28 m、胸围 1210 cm(胸径 3.85 m)，东西冠幅 20 m、南北冠幅 22 m，树冠投影面积约 440 m^2，目前生长正常、长势良好。

村民把这棵古树看作是“神树”，常来祭祀和观赏，但这些活动在一定程度上干扰了古树的正常生长，建议设置围栏，并结合古树周围的岩石打造旅游休闲景点。

(2) 印江县新寨镇凯望村重阳木

该重阳木(编号 52222601034)位于贵州梵净山西侧(印江县)新寨镇凯望村中寨组海拔 470 m 的路边，土壤类型为黄壤，生长环境中等，权属为集体所有，估测树龄为 1000 余年。

该树树体缓缓地斜向上生长，树高 34 m、胸围 540 cm(胸径 1.72 m)，东西冠幅 26 m、南北冠幅 28 m，树冠投影面积约 730 m^2，主梢已断，目前生长正常。逢年过节，人们常在树上挂上红布条以祈福，给这棵古树增添了更多神秘色彩。

(3) 松桃县永安乡永安村重阳木

该重阳木(编号 52222930258，既是古树又是名木，名木介绍见第 5 章)位于贵州梵净山东北(松桃县)永安乡永安村老街组海拔 624 m 的河边，土壤类型为黄壤，生长环境中等，权属为集体所有，估测树龄为 800 余年。

该树树冠横出，枝条盘曲，状如虬龙。树高 28 m、胸围 720 cm(胸径 2.29 m)，东西冠幅 13 m、南北冠幅 12 m，树冠投影面积约 160 m^2，尽管"年岁已高"，但仍高大伟岸、枝繁叶茂，目前生长正常、长势良好。因树下有"贺龙钓鱼台"而出名。

由于老百姓在该树旁建房，树被夹在建筑墙体之间，干扰了树木通风、采光和根部伸展，给古树生长带来一定的干扰与威胁。

(4) 江口县民和镇韭菜村重阳木

该重阳木(编号 52222203052，既是古树又是名木，名木介绍见第 5 章)又称"红军树"，位于贵州梵净山南侧(江口县)民和镇韭菜村腊岩组海拔 507 m 的山地杂木林中，土壤类型为黄壤，生长环境良好，权属为集体所有，估测树龄为 800 余年。

该树树体高大、枝繁叶茂。树高 26 m、胸围 740 cm(胸径 2.36 m)，东西冠幅 25 m、南北冠幅 20 m，树冠投影面积约 500 m^2，主干中空到可容纳 7～8 人，其旁还长有 4 棵乌桕，目前生长正常。

（5）松桃县普觉镇岑塘村重阳木

该重阳木（编号 52222940222）位于贵州梵净山东北（松桃县）普觉镇岑塘村海拔 460 m 的土地庙旁，土壤类型为黄壤，生长环境中等，权属为集体所有，估测树龄为 700 余年。

该树树冠椭圆形，大枝斜展，枝繁叶茂，浓荫盖地，在大坝中显得突兀耀眼，犹如一株天然盆景，是当地一处特别的风景。其树高 27 m、胸围 956 cm（胸径 3.04 m，2017 年调查后，因修河堤地面提高了 3 m 左右，现胸围要小得多），东西冠幅 24 m、南北冠幅 23 m，树冠投影面积约 550 m^2，树干中空、腐烂、主梢断裂，但目前生长正常。建议对该树中空、腐烂处进行修补，并清除树体上悬挂的彩灯及钉入的钉子，以对其进行保护。当地村民视该树为“神树”，在其旁建造了小庙，传言摸摸它，能祛病消灾、增寿延年。

（6）印江县龙津街道城中社区重阳木

该重阳木（编号 52222600192，当地俗称乌杨树）位于贵州梵净山西侧（印江县）县城所在地龙津街道城中社区海拔 419 m 的东门桥旁，土壤类型为黄壤，生长环境中等，权属为集体所有，估测树龄为 600 余年。

古印江城三面环水，唯有北面临山。明代弘治九年（1496 年）印江改土归流，第一任知县周文将县衙建于北门太阳山麓下。此后，历任知县围绕县衙傍印江河筑墙围城，顺着河流建有上河街和下河街，印江河自东向西绕城而过成其护城河。以前，河对岸的岩底寨、柏香林、坪兴寨居民进城，全靠小木船来摆渡，码头就设在上河街堤坎边这棵乌杨树下。该树凑地分两枝，形同姊妹，双双守护在渡口。每年涨水季节的赶场天，渡船都坐满了商贾和市民，尽管渡船偶尔会发生超载沉船事故，但从来没严重至淹死人。当地市民认为是这棵乌杨树的庇佑，逢年过节都要在树上挂红布条，在树下燃烧冥纸香烛祭拜。更为离奇的是，远在数百里之外的重庆酉阳土家族苗族自治县都知道印江城上河街这棵乌杨树。

传说 500 年前，酉阳一土家村寨流行一种眼病，无人能治，幸亏一对身着绿衣的姊妹来到这里，她们用树叶蘸水洒在病人眼中，眼病居然神奇地好了。当地百姓要求姑娘留下芳名，两姊妹只说是“贵州印江上河街乌家姊妹”。之后数年，酉阳整个山区无流行病发生，风调雨顺。为感谢乌家姊妹，村民们便慕

名寻来，但印江上河街却并无乌家。一个月夜，寻访人信步河边，忽见有两位姑娘极似乌家姊妹，正待上前询问，只见两位姑娘纵身跳向乌杨树不见了，方知乌家姊妹原来是这棵乌杨树的化身。因为这个美丽的传说，该乌杨树成了当地人民心中的“神树”。

时至今日，阻碍城东城南交通的印江河上早已建成了东门桥、南门桥、西环桥、北环桥，乌杨树码头也已失去了摆渡的意义，但人们对乌杨树依然虔诚。该树虽然历经数百年寒来暑往的沧桑变迁，但仍然长势繁茂，树姿优美。树高 20 m、胸围 600 cm（胸径 1.91 m），东西冠幅 16 m、南北冠幅 17 m，树冠投影面积约 270 m^2，在水源充足、肥沃的土壤上一直长势良好。2019 年，该树遭遇过火灾，加之生命力减弱，生长衰弱。2022 年印江县林业局制定了扩建花坛、修建防护栏、设置祭拜香炉、去除古树病枝枯枝、处理病虫害、输营养液等方案，古树生长状况明显改善。

（7）印江县中兴街道夫子坝村重阳木

该重阳木（编号 52222600464）位于贵州梵净山西侧（印江县）中兴街道夫子坝村杨家湾一组海拔 436 m 的房屋边，土壤类型为黄壤，生长环境中等，权属为集体所有，估测树龄为 600 余年。

该树生长在田边，树高 23 m、胸围 635 cm（胸径 2.02 m），东西冠幅 13 m、南北冠幅 14 m，树冠投影面积约 180 m^2，树干中空、腐烂严重，目前生长衰弱，需对中空、腐烂处进行修补。

（8）松桃县寨英镇寨转村重阳木

该重阳木（编号 52222940167）位于贵州梵净山东北（松桃县）寨英镇寨转村海拔 460 m 的山林小学旁，土壤类型为黄壤，生长环境中等，权属为集体所有，估测树龄为 500 余年。

该树处在公路中间，为了保护它，建设方将路扩宽。该树树体高大、冠大荫浓。树高 32 m、胸围 660 cm（胸径 2.10 m），东西冠幅 26 m、南北冠幅 23 m，树冠投影面积约 600 m^2，主干下部中空、腐烂，目前生长正常。

该树存在明显偏冠现象，如遇雪压、大风等异常天气，极易造成折枝甚至树倒，尤其是阵发性大风对该树破坏性更大，建议加装防风支架，并对其适当修剪以进行保护。

(9) 松桃县世昌街道石花村重阳木

该重阳木(编号 52222910321)位于贵州梵净山东北(松桃县)世昌街道石花村四组海拔 320 m 的稻田旁,土壤类型为黄壤,生长环境良好,权属为集体所有,估测树龄为 500 余年。

该树生长在竹林中，主干分为两大枝，树干弯曲、冠大荫浓。树高 19 m、胸围 600 cm(胸径 1.91 m)，东西冠幅 20 m、南北冠幅 17 m，树冠投影面积约 340 m^2，目前生长正常、长势良好。

(10) 松桃县甘龙镇木树村重阳木

该重阳木(编号 52222930269)位于贵州梵净山东北(松桃县)甘龙镇政府驻地木树村湾里组海拔 638 m 的沟边，土壤类型为黄壤，生长环境良好，权属为集体所有，估测树龄为 500 余年。

该树树体高大，枝繁叶茂，犹如一把在空中打开的大伞。树高 30 m、胸围 470 cm(胸径 1.50 m)，东西冠幅 12 m、南北冠幅 10 m，树冠投影面积约 120 m^2，目前生长正常、长势良好。

3.1.12 光叶玉兰 *Yulania dawsoniana* (Rehder & E. H. Wilson) D. L. Fu

【俗名】 康定木兰、光叶木兰。

【科属】 木兰科 Magnoliaceae 玉兰属 *Yulania*。

【形态特征】 落叶乔木。叶倒卵形或椭圆状倒卵形，先端圆钝，具短急尖；基部楔形，通常歪斜，上面绿色，有光泽，仅沿中脉被细柔毛，后脱落无毛，下面淡绿色，脉腋及中脉两侧常残留白色长柔毛；侧脉每边 8～10 条，常带红色，干后网脉两面明显凸起；叶柄细，长 1～3 cm，基部具短的托叶痕。花芳香，先叶开放，花被片 9～12，白色，外面带红色。聚合果圆柱形；种子扁圆或不规则三角形。花期 4—5 月，果期 9—10 月。

【分布】 光叶玉兰产于中国四川中部大渡河谷(康定、泸定、石棉)及青衣江(天全、芦山)。生于海拔 1400～2500 m 的林间。花色美丽，为优美的庭园观赏树种，早已为欧美园艺界引种栽培。

【习性】 喜光，温暖湿润气候及肥厚、透水微酸性土壤，微碱性土壤也可生长。可播种、嫁接繁殖。

【古树资源】 目前，梵净山地区有光叶玉兰一级古树1棵，分布在梵净山东北（松桃县），详见图3-4、表3-14。

表3-14 梵净山地区光叶玉兰(*Yulania dawsoniana* (Rehder & E. H. Wilson) D. L. Fu 古树相关信息及地理分布

区域	古树等级	古树编号	树高/m	胸围/cm	冠幅/m	生长状态	位置
梵净山东北（松桃县）	一级	52222920510	13	320	9×8	正常	盘石镇芭茅村

松桃县盘石镇芭茅村光叶玉兰

该光叶玉兰（编号52222920510）位于贵州梵净山东北（松桃县）盘石镇芭茅村（万亩黔东草海生态旅游区）海拔1013 m的烂草坪稻田边，所在地水源充足，地势开阔，土壤类型为黄壤，生长环境良好，权属为集体所有，估测树龄为600余年。

该树枝繁叶茂，树高 13 m、胸围 320 cm(胸径 1.02 m)，东西冠幅 9 m、南北冠幅 8 m，投影面积约 70 m^2，但东边枝条长势更高更开阔，偏冠现象明显。枝下高 2.5 m，树干无腐烂、空洞，目前生长正常、长势良好。花期 4 月，花先叶开放，呈白色，外面带红色，盛开时花瓣向四方伸展，如圣洁的莲花，芳香四溢，具有极高的生态和观赏价值。

据传，很早以前有村民想砍伐该树用作车轮，刚砍了几斧，脱在农田外的衣服便自燃了，因心生敬畏便放弃砍伐，该树才得以保存至今。这棵树还被当地人认为可以预测年成好坏，且这种预测与方位有关。若枝繁叶茂、花朵盛开，则当年风调雨顺、五谷丰登；若春天哪个方向的花先开、枝叶先发芽，则该方向的庄稼就长势较好，当地老一辈将其称为“五谷神树”。

由于该树存在明显偏冠现象，随着树龄的不断增大，偏冠越发严重，不仅影响树体美观，还会带来安全隐患，需着重加以保护。

3.1.13 云南樟 *Camphora glandulifera* (Wall.) Nees

【俗名】 香叶树、香樟、樟叶树、樟脑树、樟木。

【科属】 樟科 Lauraceae 樟属 *Camphora*。

【形态特征】 常绿乔木。叶互生，叶形变化很大，椭圆形至卵状椭圆形或披针形，先端通常急尖至短渐尖，基部楔形、宽楔形至近圆形，两侧有时不相等，羽状脉或偶有近离基三出脉。圆锥花序腋生，具梗，总梗与各级序轴均无毛。花小，淡黄色；花被裂片 6，宽卵圆形，近等大，先端锐尖。能育雄蕊 9。果球形，黑色。花期 3—5 月，果期 7—9 月。

【分布】 云南樟产于中国云南中部至北部、四川南部及西南部、贵州南部、西藏东南部。印度、尼泊尔、缅甸至马来西亚也有分布。

【习性】 适生于温暖至温凉，湿润至半湿润的气候环境。对土壤要求不严，分布区多为山地红壤、黄红壤，高海拔地带多为棕壤。可播种、扦插繁殖。

【古树资源】 目前，梵净山地区有云南樟一级古树 8 棵，其中梵净山南侧(江口县)1 棵、梵净山西侧(印江县)3 棵、梵净山东北(松桃县)4 棵，详见表 3-15、图 3-5。

表 3-15 梵净山地区云南樟(*Camphora glandulifera* (Wall.) Nees)古树相关信息及地理分布

区域	古树等级	古树编号	树高/m	胸围/cm	冠幅/m	生长状态	位置
梵净山南侧(江口县)	一级	52222202778	18	439	12×8	正常	坝盘镇龙阳村
梵净山西侧(印江县)	一级	52222601128	30	430	22×26	正常	板溪镇柏果村
	一级	52222601127	4	471	2×4	正常	板溪镇柏果村
	一级	52222602145	30	820	36×36	衰弱	杉树镇大寨村
梵净山东北(松桃县)	一级	52222940070	20	530	20×22	正常	孟溪镇矮屯村
	一级	52222920597	33	500	12×12	正常	盘信镇安塘村
	一级	52222920360	16	460	7×9	衰弱	黄板镇茶园村
	一级	52222930257	19	330	10×11	正常	永安乡鸣珂村

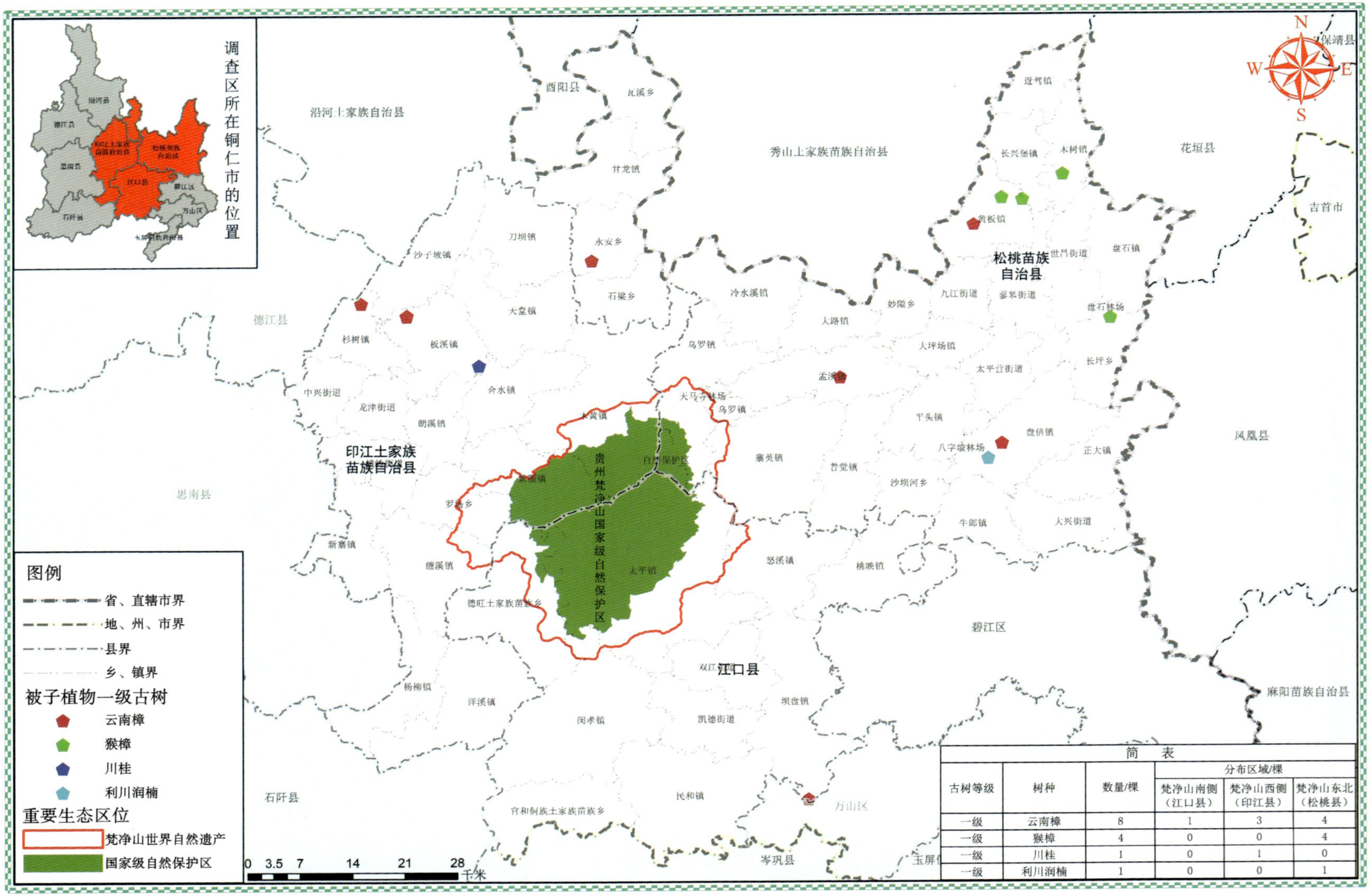

古树等级	树种	数量/棵	分布区域/棵		
			梵净山南侧（江口县）	梵净山西侧（印江县）	梵净山东北（松桃县）
一级	云南樟	8	1	3	4
一级	猴樟	4	0	0	4
一级	川桂	1	0	1	0
一级	利川润楠	1	0	0	1

制作底图由铜仁市自然资源局提供，审图号：图黔D(2021)001号

比例尺1：45万

图 3-5　梵净山地区被子植物一级古树（云南樟、猴樟、川桂、利川润楠）分布图

(1) 印江县板溪镇柏果村云南樟

该云南樟(编号 52222601128)位于贵州梵净山西侧(印江县)板溪镇柏果村老洞坡(小地名)海拔 860 m 的房屋边,土壤类型为黄壤,生长环境中等,权属为集体所有,估测树龄为 800 余年。

该树冠大荫浓、树姿雄伟,枝叶茂密、树形美观。树高 30 m、胸围 430 cm(胸径 1.37 m),东西冠幅 22 m、南北冠幅 26 m,树冠投影面积约 570 m^2,枝下高 8 m,目前生长正常、长势良好。树体被相邻皂荚围抱,树冠圆润连绵、俊秀飘逸。该树 5 月开黄白色小花,10 月结黄豆大的黑色果实,具有较高的生态和观赏价值。

据村民介绍,该村寨建于乾隆二十三年(1758 年),那时这棵树就有水桶那么粗,四季常青,郁郁葱葱。人们世世代代居住在这里,一直平安兴旺,他们认为是这棵古树"风水"好,能避邪、庇福,于是形成了让孩子认樟树为继娘的习俗,称其为"樟树娘娘"。每逢佳节,当地一些百姓就带孩子来此树拜祭祈福。

该树主干外露的木质部长期受雨水浸渍,易腐烂并诱发病虫害,需检查其生长情况。同时,树下堆放的柴火存在安全隐患,应严禁放置。

(2) 印江县板溪镇柏果村云南樟

该云南樟(编号 52222601127)位于贵州梵净山西侧(印江县)板溪镇柏果村老洞坡(小地名)海拔 866 m 的小路边,土壤类型为黄壤,生长环境中等,权属为集体所有,估测树龄为 800 余年。

该树因曾遭遇雷击和强风,致使树枝断裂,树干被拦腰折断,树体严重受损,树冠全无,渐渐枯死,只剩下光秃秃的树桩。由于村民对古树有着敬畏之心,连树桩也不愿砍伐而得以保存下来。后来奇迹出现,枯木逢春,现几根小枝条从树桩上萌蘖出来。整体树高只有 4 m、树桩胸围 471 cm(胸径 1.50 m),东西冠幅 2 m、南北冠幅 4 m,树冠投影面积约 10 m^2,目前生长正常,形成天然桩景。当地百姓认为这是吉祥之兆,倍加爱护,希望重生的古樟永远留下它的生命之根。

(3) 印江县杉树镇大寨村云南樟

该云南樟(编号 52222602145)位于贵州梵净山西侧(印江县)杉树镇大寨村下寨组海拔 911 m 的路边,土壤类型为黄壤,生长环境中等,权属为集体所有,估测树龄为 800 余年。

该树树干粗壮,枝繁叶茂。树高 30 m、胸围 820 cm(胸径 2.61 m),东西冠幅 36 m、南北冠幅 36 m,树冠投影面积约 1300 m^2,树身斜向上生长,目前生长衰弱。

由于该树曾遭遇大风,部分枝条被折断,所幸未造成安全事故。村民为更好地保护好古树,自筹资金修筑了 4 m 高的堡坎,但目前来看,树体上的枯枝也极易带来安全隐患,需及时处理。

(4) 江口县坝盘镇龙阳村云南樟

该云南樟(编号 52222202778)位于贵州梵净山南侧(江口县)坝盘镇龙阳村安检坳海拔 780 m 的公路边,土壤类型为黄壤,生长环境良好,权属为集体所有,估测树龄为 600 余年。

该树枝繁叶茂,树高 18 m、胸围 439 cm(胸径 1.40 m),东西冠幅 12 m、南北冠幅 8 m,树冠投影面积约 100 m^2,目前生长正常、长势良好。

(5) 松桃县黄板镇茶园村云南樟

该云南樟(编号 52222920360)位于贵州梵净山东北(松桃县)黄板镇茶园村五组海拔 574 m 的路边,土壤类型为黄壤,生长环境中等,权属为集体所有,估测树龄为 600 余年。

该树生长在竹林边，树高 16 m、胸围 460 cm(胸径 1.46 m)，东西冠幅 7 m、南北冠幅 9 m，树冠投影面积约 60 m^2，主干上附生有苔藓，树干中部以上因曾被雷击已枯干、腐烂，目前生长衰弱，需对树干腐烂处进行填补和修复。

(6) 松桃县盘信镇安塘村云南樟

该云南樟(编号 52222920597)位于贵州梵净山东北(松桃县)盘信镇安塘村海拔 503 m 的杨金福屋对面，土壤类型为黄壤，生长环境良好，权属为集体所有，估测树龄为 500 余年。

该树主干分为四大枝，枝繁叶茂、树形优美。树高 33 m、胸围 500 cm(胸径 1.59 m)，东西冠幅 12 m、南北冠幅 12 m，树冠投影面积约 140 m^2，树上有寄生枝。树冠自然分层明显，新叶呈深红色、粉红色、金黄色、嫩绿色等颜色，具有较高的生态和观赏价值。在其左侧相距 3 m、右侧相距 5 m 处，还生长着 2 棵云南樟，目前均生长正常、长势良好。

(7) 松桃县孟溪镇矮屯村云南樟

该云南樟(编号 52222940070)位于贵州梵净山东北(松桃县)孟溪镇矮屯村上寨组海拔 433 m 的村民院坝，土壤类型为黄壤，生长环境中等，权属为集体所有，估测树龄为 500 余年。

该树主干分为五大枝(一枝断裂)，枝干粗壮，冠似华盖，枝繁叶茂。树高 20 m、胸围 530 cm(胸径 1.69 m)，东西冠幅 20 m、南北冠幅 22 m，树冠投影面积约 440 m^2，目前生长正常。

据了解，由于村民修建房屋，地面被提高了 3 m 左右，该树生长受到了一定的影响，且古树周围水泥硬化严重，需对其生境予以改善。

(8) 松桃县永安乡鸣珂村云南樟

该云南樟(编号 52222930257)位于贵州梵净山东北(松桃县)永安乡鸣珂村喻家沟组海拔 569 m 的公路坎上,土壤类型为黄壤,生长环境良好,权属为集体所有,估测树龄为 500 余年。

该树树高 19 m、胸围 330 cm(胸径 1.05 m),东西冠幅 10 m、南北冠幅 11 m,树冠投影面积约 110 m^2,目前生长正常、长势良好。

3.1.14 猴樟 *Camphora bodinieri* (H. Lév.) Y. Yang, Bing Liu & Zhi Yang

【俗名】 樟树、猴挟木、楠木、香樟。

【科属】 樟科 Lauraceae 樟属 *Camphora*。

【形态特征】 常绿乔木。叶互生,卵圆形或椭圆状卵圆形,先端短渐尖,基部锐尖、宽楔形至圆形。

圆锥花序在幼枝上腋生或侧生，同时亦有近侧生，有时基部具苞叶，分枝二歧状，具棱角。花绿白色，被绢状微柔毛；能育雄蕊 9。果实球形，绿色，无毛。花期 5—6 月，果期 7—8 月。

【分布】 猴樟产于中国贵州、四川东部、湖北、湖南西部及云南东北和东南部。生于海拔 700～1480 m 的路旁、沟边、疏林或灌丛中。

【习性】 对土壤要求不高，排水性良好即可。可播种繁殖。

【古树资源】 目前，梵净山地区有猴樟一级古树 4 棵，分布在梵净山东北(松桃县)，详见图 3-5、表 3-16。

表 3-16 梵净山地区猴樟(*Camphora bodinieri* (H. Lév.)Y. Yang, Bing Liu & Zhi Yang)古树相关信息及地理分布

区 域	古树等级	古树编号	树高/m	胸围/cm	冠幅/m	生长状态	位 置
梵净山东北(松桃县)	一级	52222920515	23	380	21×18	正常	长坪乡康金村
	一级	52222920315	26	440	14×16	正常	黄板镇瓦厂村
	一级	52222920127	30	360	48×43	正常	木树镇滥泥村
	一级	52222920319	17	280	16×10	正常	黄板镇彭宗村

(1) 松桃县长坪乡康金村猴樟

该猴樟(编号 52222920515)位于贵州梵净山东北(松桃县)长坪乡康金村四组海拔 872 m 的公路坎下，土壤类型为黄壤，生长环境良好，权属为集体所有，估测树龄在 800 年以上。

该树分枝明显、树势雄伟、枝繁叶茂，具有较高的生态和观赏价值。树高 23 m、胸围 380 cm(胸径 1.21 m)，东西冠幅 21 m、南北冠幅 18 m，树冠投影面积约 380 m^2，目前生长正常、长势良好。但由于该树处在公路边，易受人为活动干扰，需加强对它的保护。

(2) 松桃县木树镇滥泥村猴樟

该猴樟(编号 52222920127)位于贵州梵净山东北(松桃县)木树镇滥泥村五组海拔 610 m 的庙边，土壤类型为黄壤，生长环境中等，权属为集体所有，估测树龄为 800 余年。

该树生长于岩石上，树体高大、枝繁叶茂。树高 30 m、胸围 360 cm(胸径 1.15 m)，东西冠幅 48 m、南北冠幅 43 m，树冠投影面积约 2060 m^2，目前生长正常、长势良好。

由于该树处在庙边岩石上，所处土壤贫瘠，应注意保护其生境的稳定性。同时，应注意香火烟熏给古树生长带来的干扰与威胁。

(3) 松桃县黄板镇瓦厂村猴樟

该猴樟(编号 52222920315)位于贵州梵净山东北(松桃县)黄板镇瓦厂村三组海拔 596 m 的房屋边，土壤类型为黄壤，生长环境差，权属为集体所有，估测树龄在 800 年以上。

该树树根隆起、盘根错节、枝繁叶茂。树高 26 m、胸围 440 cm(胸径 1.40 m)，东西冠幅 14 m、南北冠幅 16 m，树冠投影面积约 220 m^2，目前生长正常、长势良好，有一棵黑壳楠依偎在其旁。但该树旁存在搭建物及堆放杂物的情况，应严禁此类行为。

(4) 松桃县黄板镇彭宗村猴樟

该猴樟(编号 52222920319)位于贵州梵净山东北(松桃县)黄板镇彭宗村五组海拔 603 m 的公路边,土壤类型为黄壤,生长环境中等,权属为集体所有,估测树龄为 500 余年。

该树树皮灰褐色，冠大荫浓，树体端庄完整，外形优美，具有较高的生态和观赏价值。树高 17 m、胸围 280 cm(胸径 0.89 m)，东西冠幅 16 m、南北冠幅 10 m，树冠投影面积约 160 m^2，目前生长正常、长势良好。但由于该树邻近公路、寺庙，需注意香火烟熏、道路径流污染给其生长带来的干扰与威胁。

3.1.15 川桂 *Cinnamomum wilsonii* Gamble

【俗名】 柴桂、桂皮树、臭樟木。

【科属】 樟科 Lauraceae 桂属 *Cinnamomum*。

【形态特征】 常绿大乔木。叶互生或近对生，卵圆形或卵圆状长圆形，先端渐尖，尖头钝，基部渐狭下延至叶柄，但有时为近圆形。圆锥花序腋生，具梗，总梗纤细，与序轴均无毛或疏被短柔毛。花白色，能育雄蕊 9。果托顶端截平，边缘具极短裂片。花期 4—5 月，果期 6 月以后。

【分布】 川桂为中国特有植物，产于陕西、四川、贵州、湖北、湖南、广西、广东及江西。生于海拔(30～300)800～2400 m 的山谷或山坡阳处或沟边，疏林或密林中。

【习性】 喜温暖潮湿气候，怕霜雪。深根性，在深厚的黄壤土山坡地长势最好。可播种繁殖。

【古树资源】 目前，梵净山地区有川桂一级古树 1 棵，分布在梵净山西侧(印江县)，详见图 3-5、表 3-17。

表 3-17 梵净山地区川桂(*Cinnamomum wilsonii* Gamble)古树相关信息及地理分布

区 域	古树等级	古树编号	树高/m	胸围/cm	冠幅/m	生长状态	位 置
梵净山西侧(印江县)	一级	52222601088	15	298	14×8	正常	板溪镇勤丰村

印江县板溪镇勤丰村川桂

该川桂(编号 52222601088)位于贵州梵净山西侧(印江县)板溪镇勤丰村天星组海拔 1192 m 的公路边，土壤类型为石灰土，生长环境良好，权属为集体所有，估测树龄为 500 余年。

川桂用途多，具有较高的经济价值。由于其生长缓慢，很难见到大树。印江县2012年种质资源调查成果记载，该树是贵州目前发现胸径最大的个体，树形呈扇形，树体完整，外形优美。树高15 m、胸围298 cm(胸径0.95 m)，东西冠幅14 m、南北冠幅8 m，树冠投影面积约110 m^2。枝下高1.5 m，生长十分繁茂。

由于该树处在公路边，需注意车流尾气及道路径流污染给微生境带来的改变，以免影响古树的健康生长。

3.1.16 利川润楠 *Machilus lichuanensis* W. C. Cheng ex S. K. Lee

【科属】 樟科 Lauraceae 润楠属 *Machilus*。

【形态特征】 高大乔木。当年生、一年生枝的基部有顶芽芽鳞的瘢痕，嫩枝、叶柄、叶下面、花序密被淡棕色柔毛，当年生枝的基部和其下肿胀的节有锈色茸毛。叶椭圆形或狭倒卵形，先端短渐尖至急尖，基部楔形；叶柄纤细，变无毛。圆锥花序聚伞状，当年生枝下端有灰黄色小柔毛；花被裂片等长，两面都密被小柔毛。果实扁球形。花期5月，果期9月。

【分布】 利川润楠产于中国湖北西部、贵州北部。生于海拔约800 m的开旷山丘、山坡、阔叶混交林中或山坡崖边。

【习性】 喜温，喜肥，速生，喜混交。适宜在阴坡坡向、坡度为20°～40°的下坡位生长。可播种繁殖。

【古树资源】 目前，梵净山地区有利川润楠一级古树1棵，分布在梵净山东北(松桃县)，详见图3-5、表3-18。

表3-18 梵净山地区利川润楠(*Machilus lichuanensis* W. C. Cheng ex S. K. Lee)古树相关信息及地理分布

区域	古树等级	古树编号	树高/m	胸围/cm	冠幅/m	生长状态	位置
梵净山东北(松桃县)	一级	52222920615	42	420	42×36	正常	盘信镇新场村

松桃县盘信镇新场村利川润楠

该利川润楠(编号52222920615)位于贵州梵净山东北(松桃县)盘信镇新场村五组海拔696 m的沟边，土壤类型为黄壤，生长环境良好，权属为集体所有，估测树龄在500年以上。

该树枝干健壮，树形优美。树高42 m、胸围420 cm(胸径1.34 m)，东西冠幅42 m、南北冠幅36 m，树冠投影面积约1510 m^2，目前生长正常、长势良好，对周边生境中灌木与草本具有较明显的遮阴效果，对局域生境与水汽条件具有较强的“伞护”作用，因此该树具有极高的保护价值。

3.1.17 短梗新木姜子 *Neolitsea brevipes* H. W. Li

【科属】 樟科 Lauraceae 新木姜子属 *Neolitsea*。

【形态特征】 乔木。叶互生或 3～5 片聚生枝端，椭圆形或长圆状披针形，间有倒卵状椭圆形，先端尾状渐尖，基部楔形、宽楔形至近圆形，离基三出脉。伞形花序单生或数个簇生，无总梗；苞片 4，外面密被黄色丝状微柔毛；花被裂片 4，卵形或卵圆形。果球形，果托扁平碟状。花期 12—1 月，果期 9—11 月。

【分布】 短梗新木姜子产于中国云南东南部、广西、广东、福建、湖南。生于山地溪旁、灌丛、疏林或常绿阔叶林中。印度、尼泊尔也有分布。

【古树资源】 目前，梵净山地区有短梗新木姜子一级古树 1 棵，分布在梵净山东北（松桃县），详见表 3-19、图 3-6。

表 3-19 梵净山地区短梗新木姜子（*Neolitsea brevipes* H. W. Li）古树相关信息及地理分布

区　域	古树等级	古树编号	树高/m	胸围/cm	冠幅/m	生长状态	位　置
梵净山东北（松桃县）	一级	52222920287	40	380	20×18	正常	黄板镇龙洞村

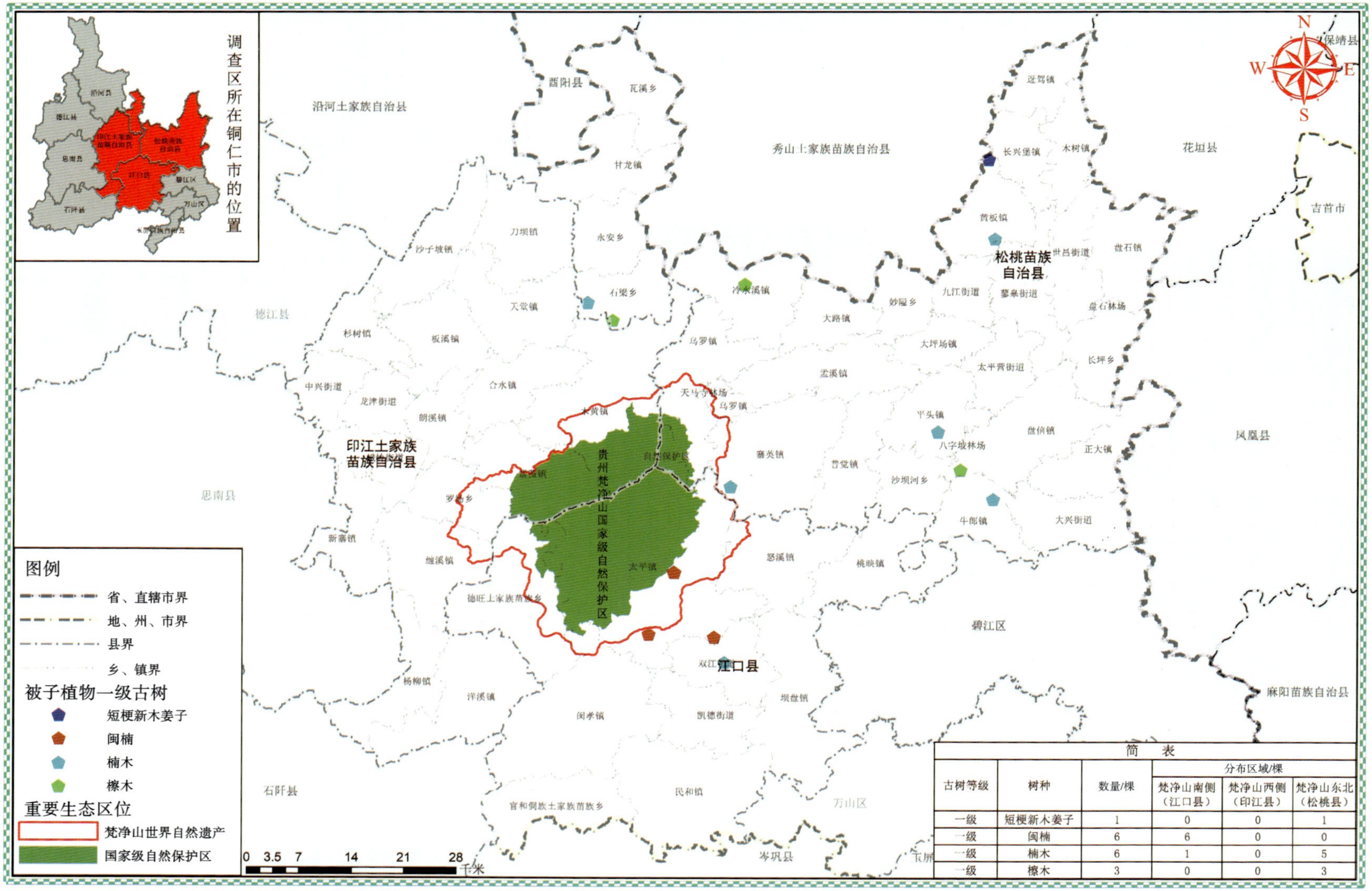

古树等级	树种	数量/棵	分布区域/棵		
			梵净山南侧（江口县）	梵净山西侧（印江县）	梵净山东北（松桃县）
一级	短梗新木姜子	1	0	0	1
一级	闽楠	6	6	0	0
一级	楠木	6	1	0	5
一级	檫木	3	0	0	3

制作底图由铜仁市自然资源局提供，审图号：图黔D(2021)001号

比例尺1：45万

图 3-6　梵净山地区被子植物一级古树（短梗新木姜子、闽楠、楠木、檫木）分布图

松桃县黄板镇龙洞村短梗新木姜子

该短梗新木姜子(编号 52222920287)位于贵州梵净山东北(松桃县)黄板镇龙洞村五组海拔 443 m 的路边,土壤类型为黄壤,生长环境良好,权属为集体所有,估测树龄为 600 余年。

该树高大挺拔、枝繁叶茂。树高 40 m、胸围 380 cm(胸径 1.21 m),东西冠幅 20 m、南北冠幅 18 m,树冠投影面积约 360 m^2,目前生长正常、长势良好。

3.1.18 闽楠 *Phoebe bournei* (Hemsl.)Yen C. Yang

【俗名】 竹叶楠、兴安楠木。

【科属】 樟科 Lauraceae 楠属 *Phoebe*。

【形态特征】 常绿大乔木。小枝有毛或近无毛。叶披针形或倒披针形,先端渐尖或长渐尖,基部渐狭或楔形。花序生于新枝中、下部,被毛。果实椭圆形或长圆形;宿存花被片被毛,紧贴。花期 4 月,果期 10—11 月。

【分布】 闽楠为中国特有树种,产于江西、福建、浙江南部、广东、广西北部及东北部、湖南、湖北、贵州东南部及东北部。野生的多见于山地沟谷阔叶林中,也有栽培。

【习性】 阴性树种,根系深,喜温暖湿润环境。在土层深厚、排水性良好的沙壤土壤上生长良好,天然更新能力较强。可播种繁殖。

【古树资源】 目前,梵净山地区有闽楠一级古树 6 棵,分布在梵净山南侧(江口县),详见图 3-6、表 3-20。

表 3-20 梵净山地区闽楠(*Phoebe bournei* (Hemsl.)Yen C. Yang)古树相关信息及地理分布

区域	古树等级	古树编号	树高/m	胸围/cm	冠幅/m	生长状态	位置
梵净山南侧(江口县)	一级	52222200211	26	314	18×14	衰弱	太平镇梵净山村
	一级	52222200209	22	219	16×12	正常	太平镇梵净山村
	一级	52222200208	20	194	12×8	正常	太平镇梵净山村
	一级	52222200207	9	150	5×4	正常	太平镇梵净山村
	一级	52222200083	23	229	16×12	正常	太平镇云舍村
	一级	52222200008	22	263	16×12	正常	太平镇太平社区

(1) 江口县太平镇梵净山村闽楠

寨沙侗寨是贵州梵净山南侧(江口县)太平镇梵净山村一个侗族聚居的自然村寨,是国家3A级旅游景区、"中国少数民族特色村寨"。清澈的太平河从寨沙侗寨门前缓缓流过,河畔古树参天,整个寨子被青山环抱,掩映在茂林修竹之中,犹如世外桃源。寨沙侗寨大门入口广场钟鼓楼旁有5棵苍老而遒劲的闽楠,最远距离不足30 m。其中3棵闽楠紧挨在一起,被村民们形象地称为"一家三口",形成一道独特的植物景观,处在海拔470 m的大门入口广场钟鼓楼左侧,土壤类型为黄壤,生长环境中等,权属为集体所有,据古树前的碑文介绍,树龄在500年以上。

"一家三口"闽楠(既是古树又是名木,名木介绍见第5章)中"夫妻"高大挺拔、树干通直、分枝少、树形优美;"儿子"个子明显矮小,可能为天然更新保存的植株。"夫妻"编号52222200208闽楠(中)、52222200209闽楠(右)树高、胸围、冠幅分别为20 m和22 m、194 cm和219 cm、12 m×8 m和16 m×12 m,树冠投影面积分别约100 m^2、190 m^2;"儿子"编号52222200207闽楠(左)树高、胸围、冠幅分别为9 m、150 cm、5 m×4 m,树冠投影面积约20 m^2,主梢已干枯。目前均生长正常,具有较高的生态和观赏价值。

由于处在旅游景区，古树周围地表存在踩踏现象，造成土壤板结、通透性降低，加之树体上钉钉以及架设电线照明时间过长等，给古树生长带来一定的影响。建议设置防护围栏、改良古树生长环境，以更好地保护古树。

(2) 江口县太平镇梵净山村闽楠

该闽楠(编号 52222200211，既是古树又是名木，名木介绍见第 5 章)位于贵州梵净山南侧(江口县)太平镇梵净山村，海拔 496 m 的寨沙侗寨钟鼓楼右侧，土壤类型为黄壤，生长环境良好，权属为集体所有，据古树前碑文介绍，树龄为 600 余年。

清代道光年间，起义将领夏麻山曾在这棵古树下焚香祭旗，人们为纪念他，将这棵树称为“将军树”。每逢重要节庆日，侗族儿女均会在树下烧香跪拜，纪念先祖。该树主干分为两大枝，苍老遒劲，树形优美。树高 26 m、胸围 314 cm(胸径 1.00 m)，东西冠幅 18 m、南北冠幅 14 m，树冠投影面积约 250 m^2，其南侧大枝已明显枯萎。在古树半径 4 m 以外铺设有石板，4 m 以内有培土，种植有绿化灌木，无人为破坏因素，目前生长衰弱。

2021 年 5 月 20 日，该树因遇雷击致一主枝及部分侧枝逐渐枯死。由于古树周边民舍密集，已危及人民群众生命、房屋和电力安全。2022 年 8 月，江口县林业局制定了详细的处置方案，要求对枯死枝丫进行截除，截除的枝丫由林木所有人保管，不得出售交易，并做好树体保护、防病治虫、施肥等日常养护管理工作。

(3) 江口县太平镇云舍村闽楠

该闽楠(编号 52222200083)位于贵州梵净山南侧(江口县)太平镇云舍村海拔 402 m 的杨孟楠房屋边，土壤类型为黄壤，生长环境中等，权属为集体所有，估测树龄为 500 余年。

该树树根隆起、高大挺拔、枝繁叶茂。树高 23 m、胸围 229 cm(胸径 0.73 m)，东西冠幅 16 m、南北冠幅 12 m，树冠投影面积约 190 m^2，目前生长正常、长势良好。

该树被云舍村土家族同胞奉为“护寨神树”，常有村民前来焚香祭祀，祈求家人平安健康、幸福吉祥，充分体现了人们对美好生活的憧憬，也彰显了人与自然相处的和谐之道。

(4) 江口县太平镇太平社区闽楠

该闽楠(编号 52222200008)位于贵州梵净山南侧(江口县)太平镇太平社区苗匡海拔 484 m 的路边,土壤类型为黄壤,生长环境中等,权属为集体所有,估测树龄为 500 余年。

该树枝叶稀少，树高 22 m、胸围 263 cm(胸径 0.84 m)，东西冠幅 16 m、南北冠幅 12 m，树冠投影面积约 190 m^2，目前生长正常。

由于该地修路，该树部分根系裸露，建议对该地水土条件进行优化。

3.1.19 楠木 *Phoebe zhennan* S. K. Lee & F. N. Wei

【俗名】 雅楠、桢楠。

【科属】 樟科 Lauraceae 楠属 *Phoebe*。

【形态特征】 常绿大乔木。叶椭圆形，先端渐尖，尖头直或呈镰状，基部楔形，最末端钝或尖；叶柄细，被毛。圆锥花序聚伞状，被毛，每伞形花序 3～6 朵花，常为 5 朵。果实椭圆形，果梗微增粗；宿存花被片卵形，革质、紧贴，两面被短柔毛或外面被微柔毛。花期 4—5 月，果期 9—10 月。

【分布】 楠木产于中国湖北西部、贵州及四川，野生或栽培。野生的多见于海拔 1500 m 以下的阔叶林中。在贵州思南四野屯省级自然保护区有野生种群，其中一棵树龄超过 1300 年，树高 45 m、胸围近 9 m，经有关林业专家认定为“中国楠木王”。

【习性】 中性偏喜光树种，在土壤深厚、肥沃、排水性良好的中性冲积土壤或壤质土上生长良好。深根性，主根明显，侧根发达，根部萌蘖能长成大径材。可种子繁殖。

【古树资源】 目前，梵净山地区有楠木一级古树 6 棵。其中梵净山南侧(江口县)1 棵、梵净山东北(松桃县)5 棵，详见图 3-6、表 3-21。

表 3-21 梵净山地区楠木(*Phoebe zhennan* S. K. Lee & F. N. Wei)古树相关信息及地理分布

区域	古树等级	古树编号	树高/m	胸围/cm	冠幅/m	生长状态	位置
梵净山南侧(江口县)	一级	52222200406	18	659	12×8	正常	双江街道镇江社区
梵净山东北(松桃县)	一级	52222920322	29	410	10×12	衰弱	黄板镇大门洞村
	一级	52222920635	30	380	31×28	正常	牛郎镇开门村
	一级	52222930095	28	340	9×8	正常	石梁乡红石村
	一级	52222940250	30	410	15×13	正常	平头镇西溪村
	一级	52222940152	29	450	18×16	死亡	寨英镇兴家庄村

(1) 江口县双江街道镇江社区楠木

该楠木(编号 52222200406)位于贵州梵净山南侧(江口县)双江街道镇江社区海拔 399 m 的省溪司土司衙门遗址(杨氏祠堂)前。土壤类型为黄壤，生长环境中等，权属为集体所有。据《贵州古树名木》记载，现树龄为 740 余年。

该树(既是古树又是名木，名木介绍见第 5 章)在树干 4 m 处分为两大主枝，树高 18 m，胸围 659 cm(胸径 2.10 m)，东西冠幅 12 m、南北冠幅 8 m，树冠投影面积约 100 m^2。右侧主枝于 1956 年被雷击断，加之之前被火烧，树干已中空，但剩下的一枝仍青枝绿叶，当地人用水泥柱作支撑，目前生长正常。

1936 年 1 月，红二、红六军团长征经过江口县，曾住在磨湾、省溪一带，贺龙、任弼时、萧克、关向应住在省溪司土司衙门内，他们的战马就拴在这棵楠木上，当地群众为纪念红军，把这棵树叫作“红军树”。

(2) 松桃县黄板镇大门洞村楠木

该楠木(编号 52222920322)位于贵州梵净山东北(松桃县)黄板镇大门洞村三组海拔 557 m 的篮球场边,土壤类型为黄壤,生长环境差,权属为集体所有,估测树龄为 600 余年。

该树高大挺拔,树干通直,枝繁叶茂。树高 29 m、胸围 410 cm(胸径 1.31 m),东西冠幅 10 m、南北冠幅 12 m,树冠投影面积约 120 m^2,目前生长衰弱。

由于该树树基周围水泥硬化严重，给其生长带来了明显的影响，建议扩大树池面积，给古树留足生存空间。同时，组织专家会诊，开展古树复壮技术研究，以延缓古树衰老。

（3）松桃县牛郎镇开门村楠木

该楠木（编号52222920635）位于贵州梵净山东北（松桃县）牛郎镇开门村吴家寨组海拔461 m的路坎下，土壤类型为黄壤，生长环境良好，权属为集体所有，估测树龄为500余年。

该树树体高大、枝繁叶茂。树高30 m、胸围380 cm（胸径1.21 m），东西冠幅31 m、南北冠幅28 m，树冠投影面积约870 m^2，目前生长正常、长势良好，对周边生境中灌木与草本具有较明显的遮阴效果，对局域生境与水汽条件具有较强的“伞护”作用，因此该树具有较高的保护价值。

（4）松桃县石梁乡红石村楠木

该楠木（编号52222930095，左）位于贵州梵净山东北（松桃县）石梁乡红石村叶家寨组海拔820 m的房屋边，土壤类型为黄壤，生长环境中等，权属为集体所有，估测树龄为500余年。

该村叶家寨组的8棵楠木古树成群分布，分散在方圆50 m的范围内。该树为其中最大的一棵，树高28 m、胸围340 cm(胸径1.08 m)，东西冠幅9 m、南北冠幅8 m，树冠投影面积约70 m^2，目前生长正常、长势良好。

(5) 松桃县平头镇西溪村楠木

该楠木(编号52222940250)位于贵州梵净山东北(松桃县)平头镇西溪村六组海拔530 m的路边，土壤类型为黄壤，生长环境良好，权属为集体所有，估测树龄为500余年。

此地楠木古树共11棵，较为集中地分布在村前小山沟两旁，该树是这个楠木古树群中的“楠木王”。树体高大挺拔，枝叶浓密，冠大如盖，葱郁庄重。树高30 m、胸围410 cm(胸径1.31 m)，东西冠幅15 m、南北冠幅13 m，树冠投影面积约200 m^2，目前生长正常、长势良好。

(6) 松桃县寨英镇兴家庄村楠木

该楠木(编号 52222940152)位于贵州梵净山东北(松桃县)寨英镇兴家庄村田坝组海拔 679 m 的沟边,土壤类型为黄壤,生长环境良好,权属为集体所有,估测树龄为 500 余年。

2017 年古树名木普查时,该树生长就处于濒危状态,树高 29 m、胸围 450 cm(胸径 1.43 m),东西冠幅 18 m、南北冠幅 16 m,经有关人员论证确认已死亡。

《贵州省古树名木大树保护条例》第三十七条规定:任何单位和个人不得擅自处置死亡的古树名木大树及其树根、枯枝。死亡的古树名木由县级人民政府古树名木大树主管部门采取措施消除安全隐患后保留原貌予以保护。

2018 年该村田坝组曾集体申请采伐,但因该楠木处在沟边,对人民群众的生产生活造成的安全隐患较小,故保留原貌。

3.1.20　檫木 *Sassafras tzumu* (Hemsl.) Hemsl.

【俗名】 鹅脚板、花楸树、梓木、桐梓树、檫树。

【科属】 樟科 Lauraceae 檫木属 *Sassafras*。

【形态特征】 落叶乔木。叶互生,聚集于枝顶,卵形或倒卵形,先端渐尖,基部楔形,全缘或 2～3 浅裂,羽状脉或离基三出脉;叶柄长 2～7 cm。总状花序长 4～5 cm,先叶开放。果实近球形,蓝黑色被白蜡粉,果托浅杯状;果柄长 1.5～2 cm,上端增粗,与果托均为红色。花期 3—4 月,果期 5—9 月。

【分布】 檫木产于中国浙江、江苏、安徽、江西、福建、广东、广西、湖南、湖北、四川、贵州及云南等地。四川乐山及湖南、安徽常有栽培。常生于海拔 150～1900 m 的疏林或密林中。

【习性】 喜光,不耐阴,喜温暖湿润气候。生长快,深根性。在土层深厚、排水性良好的酸性红壤或黄壤上均生长良好。可播种繁殖。

【古树资源】 目前,梵净山地区有檫木一级古树 3 棵,分布在梵净山东北(松桃县),详见图 3-6、表 3-22。

表 3-22 梵净山地区檫木(*Sassafras tzumu*(Hemsl.)Hemsl.)古树相关信息及地理分布

区域	古树等级	古树编号	树高/m	胸围/cm	冠幅/m	生长状态	位置
梵净山东北(松桃县)	一级	52222920609	29	450	16×13	正常	盘信镇三宝营村
	一级	52222930092	23	550	12×10	正常	石梁乡百鸟村
	一级	52222930452	35	598	17×15	正常	冷水溪镇桐子坪村

(1) 松桃县盘信镇三宝营村檫木

该檫木(编号 52222920609)位于贵州梵净山东北(松桃县)盘信镇三宝营村半坡海拔 453 m 的房屋边,土壤类型为黄壤,生长环境良好,权属为集体所有,估测树龄为 700 余年。

该树树体高大，树形端庄，生长旺盛，具有较高的生态和观赏价值。树高 29 m、胸围 450 cm（胸径 1.43 m），东西冠幅 16 m、南北冠幅 13 m，树冠投影面积约 210 m^2，目前生长正常、长势良好。

（2）松桃县石梁乡百鸟村檫木

该檫木（编号 52222930092）位于贵州梵净山东北（松桃县）石梁乡百鸟村大坡顶组海拔 1070 m 的农土边，土壤类型为黄壤，生长环境良好，权属为集体所有，估测树龄为 600 余年。

该树树形优美，枝叶浓密。树高 23 m、胸围 550 cm（胸径 1.75 m），东西冠幅 12 m、南北冠幅 10 m，树冠投影面积约 120 m^2，目前生长正常、长势良好。每年春季古树开满黄花，远远望去犹如一把巨大的金伞，煞是好看。如遇暖冬可能会二次开花，形成一年二花的奇异景观。

（3）松桃县冷水溪镇桐子坪村檫木

该檫木（编号 52222930452）位于贵州梵净山东北（松桃县）冷水溪镇桐子坪村陆家海拔 500 m 的竹林里，土壤类型为黄壤，生长环境良好，权属为集体所有，估测树龄为 600 余年。

该树树皮暗灰色，呈薄片状剥落，枝繁叶茂，树高 35 m、胸围 598 cm（胸径 1.90 m），东西冠幅 17 m、南北冠幅 15 m，树冠投影面积约 260 m^2，目前生长正常、长势良好。

3.1.21 枫香树 *Liquidambar formosana* Hance

【俗名】 路路通、山枫香树。

【科属】 蕈树科 Altingiaceae 枫香树属 *Liquidambar*。

【形态特征】 落叶乔木。单叶，互生，阔卵形，常为掌状3裂，基部心形或截形，裂片先端尖，边缘有锯齿；幼叶有毛，后渐脱落。头状果序圆球形，蒴果下半部藏于花序轴内，有宿存针刺状萼齿及花柱。花期3—4月，果期10月。

【分布】 枫香树在中国分布范围北起河南、山东，东至台湾，西至四川、云南及西藏，南至广东，产于秦岭及淮河以南。多生于平地、村落附近及低山的次生林。越南北部、老挝及朝鲜南部也有分布。

【习性】 喜光，幼树稍耐阴，耐干旱贫瘠土壤，不耐水涝。喜温暖湿润气候，在湿润肥沃而深厚的红黄壤土上生长良好。可播种繁殖。

【古树资源】 目前，梵净山地区有枫香树一级古树5棵，其中梵净山西侧（印江县）2棵、梵净山东北（松桃县）3棵，详见表3-23、图3-7。

表3-23 梵净山地区枫香树（*Liquidambar formosana* Hance）古树相关信息及地理分布

区 域	古树等级	古树编号	树高/m	胸围/cm	冠幅/m	生长状态	位 置
梵净山西侧（印江县）	一级	52222601093	25	320	18×17	正常	板溪镇勤丰村
	一级	52222601052	36	402	16×18	正常	板溪镇沙坡村
梵净山东北（松桃县）	一级	52222920530	22	375	13×10	正常	迓驾镇达车村
	一级	新增无编号	33	380	21×20	正常	正大镇薅菜村
	一级	52222920365	35	460	13×9	正常	黄板镇纳冲村

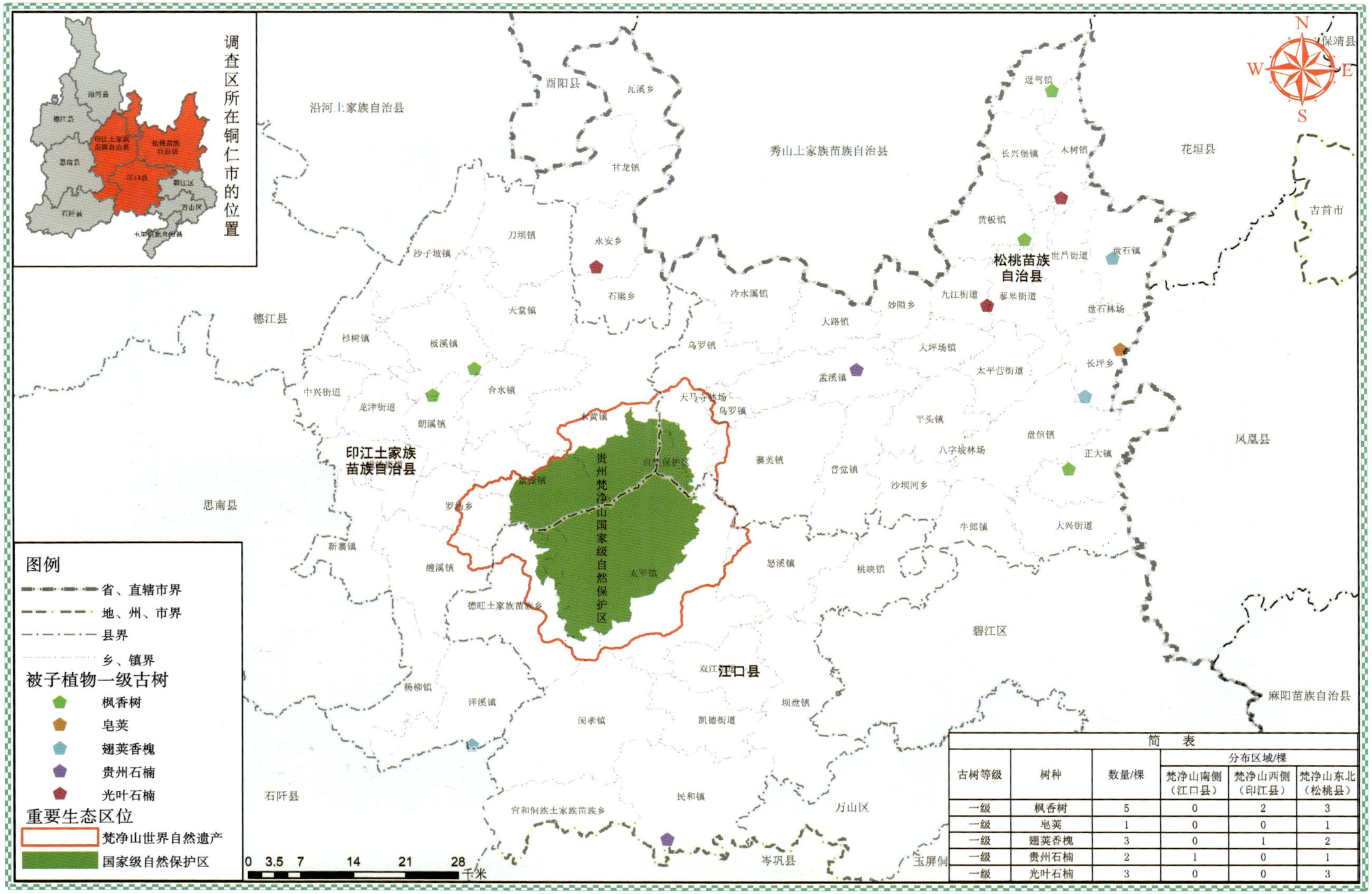

简表					
古树等级	树种	数量/棵	分布区域/棵		
			梵净山南侧（江口县）	梵净山西侧（印江县）	梵净山东北（松桃县）
一级	枫香树	5	0	2	3
一级	皂荚	1	0	0	1
一级	翅荚香槐	3	0	1	2
一级	贵州石楠	2	1	0	1
一级	光叶石楠	3	0	0	3

制作底图由铜仁市自然资源局提供，审图号：图黔D(2021)001号

比例尺1：45万

图 3-7 梵净山地区被子植物一级古树（枫香树、皂荚、翅荚香槐、贵州石楠、光叶石楠）分布图

(1) 印江县板溪镇勤丰村枫香树

该枫香树(编号 52222601093)位于贵州梵净山西侧(印江县)板溪镇勤丰村勤岗组海拔 1097 m 的农土边,生长环境清幽,权属为集体所有,估测树龄为 800 余年。

该树树形优雅、树姿雄伟,树高 25 m、胸围 320 cm(胸径 1.02 m),东西冠幅 18 m、南北冠幅 17 m,树冠投影面积约 310 m^2,目前生长正常、长势良好。

该树树根拱出地面,盘根错节,环绕着这棵参天大树,形成"小石山"景观。特别是步入严冬,果实呈黄褐色,犹如小圆球垂挂枝条,随风摇曳,十分可爱,具有较高的生态和观赏价值。

(2) 印江县板溪镇沙坡村枫香树

该枫香树(编号 52222601052)位于贵州梵净山西侧(印江县)板溪镇沙坡村海拔 1060 m 的原铁家小学旁,土壤类型为黄壤,生长环境中等,权属为集体所有,估测树龄为 500 余年。

该树高大挺拔，树干通直。主干分为两大主枝，气势雄伟。树高 36 m、胸围 402 cm(胸径 1.28 m)，东西冠幅 16 m、南北冠幅 18 m，树冠投影面积约 290 m^2，目前生长正常、长势良好。深秋季节，枝繁叶茂，叶色红艳、美丽壮观，具有较高的生态和观赏价值。由于该树处在校园旁，盘结裸露的树根成了孩子们嬉戏的场所，因而土壤较为板结，树体周围几乎寸草不生，这对古树的生长干扰较大，应注意保护古树生境的稳定性，并加强对它的保护管理。

(3) 松桃县迓驾镇达车村枫香树

该枫香树(编号 52222920530，既是古树又是名木，名木介绍见第 5 章)又称“红军树”，位于贵州梵净山东北(松桃县)迓驾镇达车村石号坡红军烈士纪念塔左侧海拔 496 m 的山腰上，土壤类型为黄壤，生长环境良好，权属为集体所有，据《松桃苗族自治县志(1986—2006)》记载，树龄为 500 余年。

该树枝繁叶茂，树高 22 m、胸围 375 cm(胸径 1.19 m)，东西冠幅 13 m、南北冠幅 10 m，树冠投影面积约 130 m^2，四周无高大乔木，目前生长正常、长势良好。

有资料记载，达车村“红军树”为该村龙塘河水源处的古柏木，但经实地走访当地 67 岁村民麻三林及多名政府工作人员，他们均认为“红军树”为该枫香树。

红军在石号坡的战斗，是红二、红六军团在黔东的最后一次战斗。为更好地保护该“红军树”，传承红色革命文化，建议修建公路至“红军树”附近，并设置保护围栏，在此立碑刻文介绍红军壮举。

(4) 松桃县正大镇薅菜村枫香树

该枫香树(新增无编号)位于贵州梵净山东北(松桃县)正大镇薅菜村苗王城海拔 682 m 的广场旁，土壤类型为黄壤，生长环境中等，权属为集体所有，估测树龄为 500 余年。

该树树体高大，浓荫蔽日，被当地老百姓及历代苗王称为“神树”。树高 33 m、胸围 380 cm(胸径 1.21 m)，东西冠幅 21 m、南北冠幅 20 m，树冠投影面积约 420 m^2，目前生长正常、长势良好。

(5) 松桃县黄板镇纳冲村枫香树

该枫香树(编号52222920365)位于贵州梵净山东北(松桃县)黄板镇纳冲村二组海拔561 m的路边,土壤类型为黄壤,生长环境中等,权属为集体所有,估测树龄为500余年。

该树树体高大、粗壮,枝繁叶茂。树高35 m、胸围460 cm(胸径1.46 m),东西冠幅13 m、南北冠幅9 m,树冠投影面积约120 m^2,目前生长正常、长势良好。但该树旁存在堆放杂物的现象,应严禁放置。

3.1.22 皂荚 *Gleditsia sinensis* Lam.

【俗名】 刀皂、牙皂、猪牙皂、皂荚树、皂角、三刺皂角。

【科属】 豆科 Fabaceae 皂荚属 *Gleditsia*。

【形态特征】 落叶乔木。枝灰色至深褐色；刺粗壮，圆柱形。叶为一回羽状复叶；小叶(2)3～9 对，纸质，卵状披针形至长圆形，先端急尖或渐尖，顶端圆钝，具小尖头，基部圆形或楔形，有时稍歪斜，边缘具细锯齿。花序腋生或顶生，被短柔毛。荚果带状，劲直或扭曲；种子多颗，长圆形或椭圆形，棕色，光亮。花期 3—5 月，果期 5—12 月。

【分布】 皂荚产于中国河北、山东、河南、山西、陕西、甘肃、江苏、安徽、浙江、江西、湖南、湖北、福建、广东、广西、四川、贵州、云南等地。生于海拔 2500 m 以下的山坡林中、谷地或路旁。常栽培于庭院或宅旁。

【习性】 喜光，稍耐阴，在微酸性、石灰质、轻盐碱性土壤甚至黏质土壤或沙质土壤上均能正常生长。深根性，具较强耐旱性。

【古树资源】 目前，梵净山地区有皂荚一级古树 1 棵，分布在梵净山东北(松桃县)，详见图 3-7、表 3-24。

表 3-24 梵净山地区皂荚(*Gleditsia sinensis* Lam.)古树相关信息及地理分布

区　　域	古树等级	古 树 编 号	树高/m	胸围/cm	冠幅/m	生长状态	位　　置
梵净山东北(松桃县)	一级	52222920544	32	328	12×9	正常	长坪乡盘报村

松桃县长坪乡盘报村皂荚

该皂荚(编号 52222920544)位于贵州梵净山东北(松桃县)长坪乡盘报村海拔 750 m 的杨志成房屋门口，土壤类型为黄壤，生长环境中等，权属为集体所有，估测树龄为 600 余年。

该树枝繁叶茂，10 m外有一水塘，附近水源充足。树高32 m、胸围328 cm（胸径1.04 m），东西冠幅12 m、南北冠幅9 m，树冠投影面积约110 m^2，目前生长正常、长势良好。

3.1.23 翅荚香槐 *Platyosprion platycarpum*（Maxim.）Maxim.

【科属】 豆科Fabaceae翅荚香槐属*Platyosprion*。

【形态特征】 乔木。奇数羽状复叶；小叶3～4对，互生或近对生，长椭圆形或卵状长圆形，基部的最小，顶生的最大，先端渐尖，基部钝圆或宽楔形，侧脉6～8对。圆锥花序；花萼阔钟状，与花梗等长，萼齿5，三角形，近等长；花冠白色，芳香。荚果扁平，长椭圆形或长圆形，两侧具翅，不开裂，有种子1～2粒，稀4粒；种子长圆形，压扁，种皮深褐色或黑色。花期4—6月，果期7—10月。

【分布】 翅荚香槐产于中国江苏、浙江、湖南、广东、广西、贵州、云南等地。日本有分布。生长在海拔1000 m以下的山谷疏林和村庄附近的山坡杂木林中。

【习性】 在酸性、中性、石灰性土壤上均生长良好。可种子繁殖。

【古树资源】 目前，梵净山地区有翅荚香槐一级古树3棵，其中梵净山西侧（印江县）1棵、梵净山东北（松桃县）2棵，详见图3-7、表3-25。

表3-25 梵净山地区翅荚香槐（*Platyosprion platycarpum*（Maxim.）Maxim.）古树相关信息及地理分布

区域	古树等级	古树编号	树高/m	胸围/cm	冠幅/m	生长状态	位置
梵净山西侧（印江县）	一级	52222606844	30	377	12×11	正常	洋溪镇曾心村
梵净山东北（松桃县）	一级	52222920527	27	460	10×9	濒危	长坪乡下棚村
	一级	52222910533	32	385	15×14	正常	盘石镇秀瑙村

（1）松桃县长坪乡下棚村翅荚香槐

该翅荚香槐（编号52222920527）位于贵州梵净山东北（松桃县）长坪乡下棚村二组海拔670 m的公路边，土壤类型为黄壤，生长环境中等，权属为集体所有，估测树龄为800余年。

该树树高 27 m、胸围 460 cm(胸径 1.46 m),东西冠幅 10 m、南北冠幅 9 m,树冠投影面积约 90 m^2,树干被 5 根扶芳藤缠绕,上部局部自然枯死,目前生长濒危。建议组织专家会诊,开展古树复壮技术研究,对该树进行抢救性保护。

(2) 松桃县盘石镇秀瑙村翅荚香槐

该翅荚香槐(编号 52222910533)位于贵州梵净山东北(松桃县)盘石镇秀瑙村海拔 760 m 的林业站门口,土壤类型为黄壤,生长环境中等,权属为集体所有,估测树龄为 700 余年。

该树树体高大,主干分为两大主枝,枝繁叶茂。树高 32 m、胸围 385 cm(胸径 1.23 m),东西冠幅 15 m、南北冠幅 14 m,树冠投影面积约 210 m^2,目前生长正常、长势良好。

该树处在街道边,人为活动较为频繁,且树基旁存在堆放砖头的现象,应严禁放置。同时,需充分利用该树在林业站门口这一优势,加大宣传保护力度,进一步增强群众古树保护的意识。

(3) 印江县洋溪镇曾心村翅荚香槐

该翅荚香槐(编号 52222606844)位于贵州梵净山西侧(印江县)洋溪镇曾心村海拔 786 m 的徐家组,土壤类型为黄壤,生长环境良好,权属为集体所有,估测树龄为 500 余年。

该树生长在杂木中,高大挺拔,主干分为两枝,枝叶浓密。树高 30 m、胸围 377 cm(胸径 1.20 m),东西冠幅 12 m、南北冠幅 11 m,树冠投影面积约 130 m^2。该树尽管历经沧桑,但依然十分茂盛,目前生长正常、长势良好。

3.1.24 贵州石楠 *Photinia bodinieri* H. Lév.

【俗名】 椤木、椤木石楠。

【科属】 蔷薇科 Rosaceae 石楠属 *Photinia*。

【形态特征】 乔木。叶片革质，卵形、倒卵形或长圆形，先端尾尖，基部楔形，边缘有刺状齿，两面皆无毛，或脉上微有柔毛以后脱落，侧脉约 10 对。复伞房花序顶生，总花梗和花梗有柔毛；萼筒杯状，有柔毛；萼片三角形，先端急尖或钝，外面有柔毛；花瓣白色，近圆形，先端微缺，无毛；雄蕊 20，较花瓣稍短；花柱 2～3，合生。花期 5 月。

【分布】 贵州石楠产于中国贵州。

【习性】 喜光，稍耐阴，喜温暖湿润气候。深根性，对土壤要求不高，以肥沃湿润、土层深厚、排水性良好、微酸性的沙质土壤为宜。萌芽力强，耐修剪。

【古树资源】 目前，梵净山地区有贵州石楠一级古树 2 棵，其中梵净山南侧(江口县)1 棵、梵净山东北(松桃县)1 棵，详见图 3-7、表 3-26。

表 3-26 梵净山地区贵州石楠(*Photinia bodinieri* H. Lév.)一级古树相关信息及地理分布

区域	古树等级	古树编号	树高/m	胸围/cm	冠幅/m	生长状态	位置
梵净山南侧(江口县)	一级	52222203109	7	125	5×4	衰弱	民和镇龙兴村
梵净山东北(松桃县)	一级	52222940078	15	240	28×26	正常	孟溪镇寨杆村

(1) 江口县民和镇龙兴村贵州石楠

该贵州石楠(编号 52222203109)位于贵州梵净山南侧(江口县)民和镇龙兴村坳上组海拔 562 m 的小路边，土壤类型为黄壤，生长环境中等，权属为集体所有，估测树龄为 800 余年。

该树凑地分两枝，树高 7 m、胸围 125 cm(胸径 0.40 m)，东西冠幅 5 m、南北冠幅 4 m，树冠投影面积约 20 m^2，两大枝均不同程度存在树洞、腐烂、木质部外露现象，严重影响树体内水分与养分的运输和储存，目前生长衰弱。须对树洞、腐烂等部分进行填补和修复，以稳固树体。

(2) 松桃县孟溪镇寨杆村贵州石楠

该贵州石楠(编号 52222940078)位于贵州梵净山东北(松桃县)孟溪镇寨杆村董上组海拔 423 m 的河边,土壤类型为黄壤,生长环境中等,权属为集体所有,估测树龄为 500 余年。

该树树皮棕灰色,枝叶繁多。树高 15 m、胸围 240 cm(胸径 0.76 m),东西冠幅 28 m、南北冠幅 26 m,树冠投影面积约 730 m^2,目前生长正常、长势良好。但所在地存在人为活动频繁、水泥硬化及钉钉架设电线现象,需改善其生境予以保护。

3.1.25 光叶石楠 *Photinia glabra* (Thunb.) Maxim.

【俗名】 山官木、石斑木、红檬子、光凿树、扇骨木。

【科属】 蔷薇科 Rosaceae 石楠属 *Photinia*。

【形态特征】 常绿乔木。叶椭圆形、长圆形或长圆状倒卵形,先端渐尖,基部楔形,边缘有疏生浅钝细锯齿,两面无毛,侧脉 10～18 对。花多数,成顶生复伞房花序;萼筒杯状,无毛;萼片三角形,先端急尖,外面无毛,内面有柔毛;花瓣白色,反卷,倒卵形,先端圆钝,内面近基部有白色茸毛,基部有短爪;雄蕊 20,约与花瓣等长或较短。果实卵形,红色,无毛。花期 4—5 月,果期 9—10 月。

【分布】 光叶石楠产于中国安徽、江苏、浙江、江西、湖南、湖北、福建、广东、广西、四川、云南、贵州等地。生于海拔 500～800 m 的山坡杂木林中。日本、泰国、缅甸也有分布。

【习性】 喜光也耐阴,喜温暖湿润气候,抗寒力不强。对土壤要求不严,以肥沃湿润的沙质土壤为宜,萌芽力强。

【古树资源】 目前,梵净山地区有光叶石楠一级古树 3 棵,分布在梵净山东北(松桃县),详见图 3-7、表 3-27。

表 3-27 梵净山地区光叶石楠(*Photinia glabra* (Thunb.) Maxim.)古树相关信息及地理分布

区域	古树等级	古树编号	树高/m	胸围/cm	冠幅/m	生长状态	位置
梵净山东北(松桃县)	一级	52222930255	23	470	13×14	正常	永安乡鸣珂村
	一级	52222920136	18	470	12×10	正常	木树镇克麻村
	一级	52222910141	19	500	15×17	衰弱	九江街道炮里社区

(1) 松桃县永安乡鸣珂村光叶石楠

该光叶石楠(编号 52222930255)位于贵州梵净山东北(松桃县)永安乡鸣珂村欧家园子海拔 555 m 的农土边,土壤类型为黄壤,生长环境中等,权属为集体所有,估测树龄为 600 余年。

该树高大挺拔、枝叶浓密。树高 23 m、胸围 470 cm（胸径 1.50 m），东西冠幅 13 m、南北冠幅 14 m，树冠投影面积约 180 m^2，目前生长正常。但该树基部中空、腐烂，存在一定的安全隐患，需对其进行修补和保护。

（2）松桃县木树镇克麻村光叶石楠

该光叶石楠（编号 52222920136）位于贵州梵净山东北（松桃县）木树镇克麻村一组海拔 599 m 的路边，土壤类型为黄壤，生长环境差，权属为集体所有，估测树龄为 500 余年。

该树枝繁叶茂，树高 18 m、胸围 470 cm（胸径 1.50 m），东西冠幅 12 m、南北冠幅 10 m，树冠投影面积约 120 m^2，目前生长正常、长势良好。初春嫩叶紫红，春末白花点点，秋日红果累累，极具观赏价值。但该树周围水泥硬化严重，且树上有寄生植物，建议予以清除。

(3) 松桃县九江街道炮里社区光叶石楠

该光叶石楠(编号 52222910141)位于贵州梵净山东北(松桃县)九江街道炮里社区老厂组海拔 434 m 的路边,土壤类型为黄壤,生长环境差,权属为集体所有,估测树龄为 500 余年。

该树树根隆起，形如手掌，分枝较多。树高 19 m、胸围 500 cm（胸径 1.59 m），东西冠幅 15 m、南北冠幅 17 m，树冠投影面积约 260 m^2，但树体上枯残枝多，目前生长衰弱。

该树树基周围地面存在水泥硬化现象，建议设置防护围栏，并扩大保护范围，同时对树体上的枯残枝进行清除。

3.1.26 大叶榉树 *Zelkova schneideriana* Hand.-Mazz.

【俗名】 红榉、血榉。

【科属】 榆科 Ulmaceae 榉属 *Zelkova*。

【形态特征】 落叶乔木。树皮灰褐色至深灰色，呈不规则的片状剥落。当年生枝灰绿色或褐灰色，密生伸展的灰色柔毛。冬芽常 2 个并生于叶腋。叶厚纸质，卵形至椭圆状披针形，先端渐尖、尾状渐尖或锐尖，基部稍偏斜，圆形、宽楔形、稀浅心形；叶面绿色，干后深绿色至暗褐色，被糙毛，叶背浅绿色，干后变淡绿色至紫红色，密被柔毛，边缘具圆齿状锯齿；侧脉 8～15 对；叶柄粗短，被柔毛。雄花 1～3 朵簇生于叶腋，雌花或两性花常单生于小枝上部叶腋。核果与榉树相似。花期 4 月，果期 9—11 月。

【分布】 大叶榉树产于中国陕西南部、甘肃南部、江苏、安徽、浙江、江西、福建、河南南部、湖北、湖南、广东、广西、四川东南部、贵州、云南和西藏东南部等地。常生于溪间水旁或山坡土层较厚的疏林中，海拔 200～1100 m，在云南和西藏可达 1800～2800 m。华东和中南地区有栽培。

【习性】 可嫁接繁殖、扦插繁殖和组织培养繁殖。

【古树资源】 目前，梵净山地区有大叶榉树一级古树 4 棵，分布在梵净山东北（松桃县），详见表 3-28、图 3-8。

表 3-28 梵净山地区大叶榉树（*Zelkova schneideriana* Hand.-Mazz.）古树相关信息及地理分布

区　域	古树等级	古树编号	树高/m	胸围/cm	冠幅/m	生长状态	位　置
梵净山东北（松桃县）	一级	52222920547	21	360	22×20	正常	长坪乡盘报村
	一级	52222920546	30	360	15×12	正常	长坪乡地甲司村
	一级	52222930273	26	410	15×14	正常	甘龙镇张家湾村
	一级	52222930368	38	368	12×13	正常	甘龙镇张家湾村

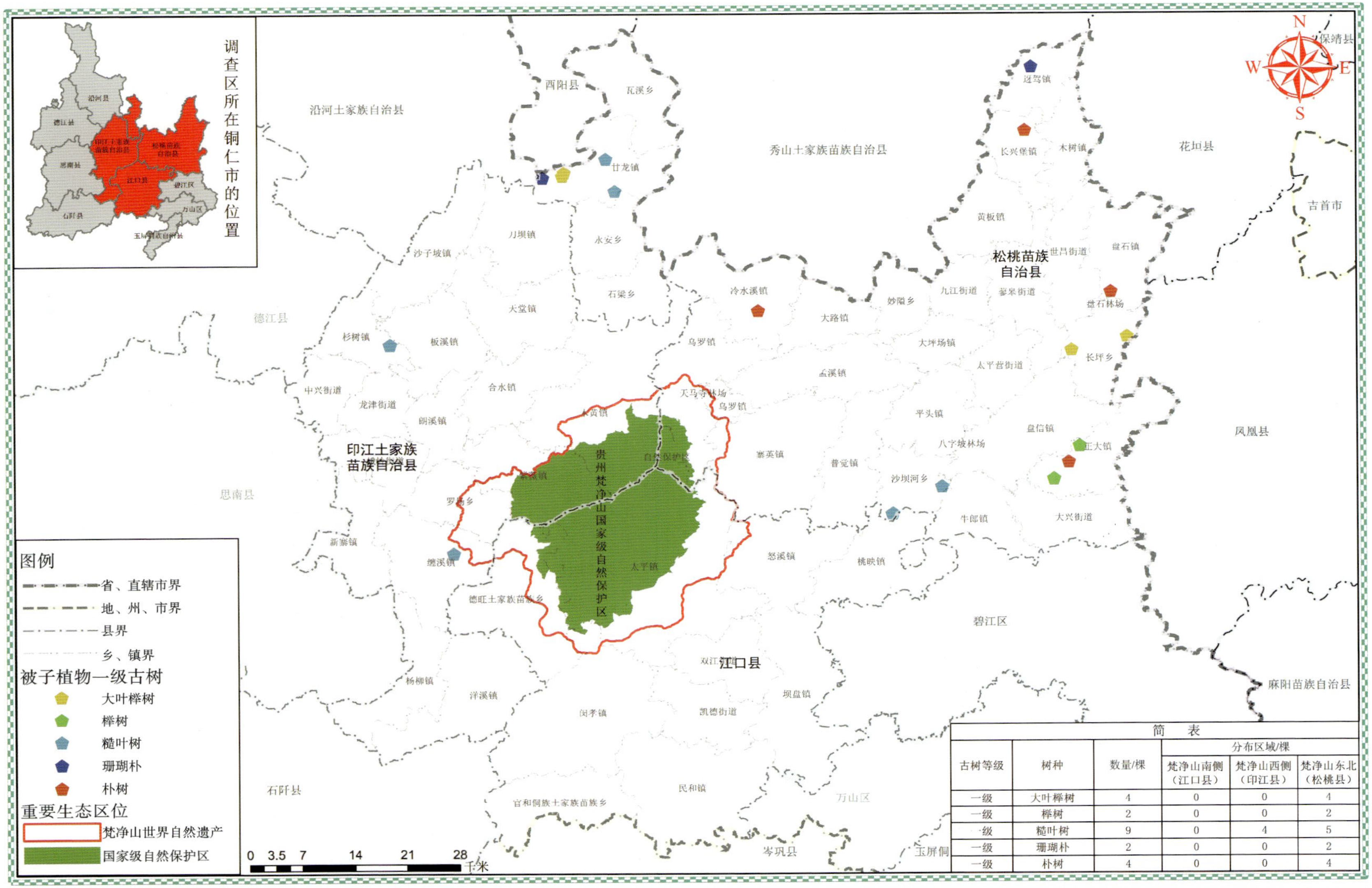

古树等级	树种	数量/棵	分布区域/棵		
			梵净山南侧（江口县）	梵净山西侧（印江县）	梵净山东北（松桃县）
一级	大叶榉树	4	0	0	4
一级	榉树	2	0	0	2
一级	糙叶树	9	0	4	5
一级	珊瑚朴	2	0	0	2
一级	朴树	4	0	0	4

Table title: 简表

制作底图由铜仁市自然资源局提供，审图号：图黔D(2021)001号

比例尺1：45万

图 3-8 梵净山地区被子植物一级古树（大叶榉树、榉树、糙叶树、珊瑚朴、朴树）分布图

（1）松桃县长坪乡盘报村大叶榉树

该大叶榉树（编号 52222920547）位于贵州梵净山东北（松桃县）长坪乡盘报村四组海拔 680 m 的房屋后，土壤类型为黄壤，生长环境良好，权属为集体所有，估测树龄为 800 余年。

该树树形端庄优美，树高 21 m、胸围 360 cm（胸径 1.15 m），东西冠幅 22 m、南北冠幅 20 m，树冠投影面积约 440 m^2，目前生长正常、长势旺盛。春叶翠绿带红，盛夏浓荫如盖，入秋艳丽多彩，经冬枝干萧萧，具有极高的生态和观赏价值。

（2）松桃县长坪乡地甲司村大叶榉树

该大叶榉树（编号 52222920546）位于贵州梵净山东北（松桃县）长坪乡地甲司村观音山海拔 700 m 的池塘边，土壤类型为黄壤，生长环境良好，权属为集体所有，估测树龄为 600 余年。

该树盘根错节，枝繁叶茂。树高 30 m、胸围 360 cm（胸径 1.15 m），东西冠幅 15 m、南北冠幅 12 m，树冠投影面积约 180 m^2，目前生长正常。但该树根部有腐烂现象，需对其进行填补和修复。且该树有粗壮的藤蔓依附其攀缘向上生长，随着时间的推进，藤蔓会越缠越紧，建议人工剪断藤蔓并结合除草剂进行根部治理。

（3）松桃县甘龙镇张家湾村大叶榉树

该大叶榉树（编号 52222930273）位于贵州梵净山东北（松桃县）甘龙镇张家湾村八队海拔 630 m 的路边，土壤类型为黄壤，生长环境良好，权属为集体所有，估测树龄为 500 余年。

该树大枝开展，枝繁叶茂。树高 26 m、胸围 410 cm（胸径 1.31 m），东西冠幅 15 m、南北冠幅 14 m，树冠投影面积约 210 m^2，目前生长正常、长势良好。但需适当梳理该树树冠下的杂木，以减少对其形成的竞争压力。

（4）松桃县甘龙镇张家湾村大叶榉树

该大叶榉树（编号 52222930368）位于贵州梵净山东北（松桃县）甘龙镇张家湾村河里组海拔 660 m 的路边，土壤类型为黄壤，生长环境中等，权属为集体所有，估测树龄为 500 余年。

该树枝繁叶茂，树高 38 m、胸围 368 cm（胸径 1.17 m），东西冠幅 12 m、南北冠幅 13 m，树冠投影面积约 160 m^2，目前生长正常、长势良好。但该树主干下部中空且洞内布有电线，存在火灾隐患，需及时清除。

3.1.27 榉树 *Zelkova serrata* (Thunb.) Makino

【俗名】 光叶榉、白榉。

【科属】 榆科 Ulmaceae 榉属 *Zelkova*。

【形态特征】 落叶乔木。树皮灰白色或褐灰色，呈不规则的片状剥落。当年生枝紫褐色或棕褐色，疏被短柔毛，后渐脱落。冬芽圆锥状卵形或椭圆状球形。叶薄纸质至厚纸质，大小、形状变异很大，卵形、椭圆形或卵状披针形，先端渐尖或尾状渐尖，基部有的稍偏斜，圆形或浅心形，叶面绿色，干后绿色或深绿色，幼时疏生糙毛，后脱落变平滑，叶背浅绿色，幼时被短柔毛，后脱落或仅沿主脉两侧残留有稀疏的柔毛，边缘有圆齿状锯齿，具短尖头，侧脉(5)7～14 对；叶柄短粗，被短柔毛；托叶膜质，紫褐色，披针形。雄花具极短的梗；雌花近无梗，子房被细毛。核果几乎无梗，淡绿色，斜卵状圆锥形，上面偏斜，凹陷，具背腹脊。花期 4 月，果期 9—11 月。

【分布】 榉树产于中国辽宁(大连)、陕西(秦岭)、甘肃(秦岭)、山东、江苏、安徽、浙江、江西、福建、台湾、河南、湖北、湖南和广东等地。生于海拔 500～1900 m 的河谷、溪边疏林中。在华东地区常有栽培。日本和朝鲜也有分布。

【习性】 中等喜光树种，幼年耐阴。喜深厚、肥沃、湿润土壤，在红壤、黄壤、钙质土壤及轻度盐碱地上均可生长，在干旱、贫瘠的土地上生长不良。天然更新能力较强。可播种繁殖。

【古树资源】 目前，梵净山地区有榉树一级古树 2 棵，分布在梵净山东北(松桃县)，详见图 3-8、表 3-29。

表 3-29 梵净山地区榉树(*Zelkova serrata* (Thunb.)Makino)古树相关信息及地理分布

区域	古树等级	古树编号	树高/m	胸围/cm	冠幅/m	生长状态	位置
梵净山东北(松桃县)	一级	52222920564	35	570	18×16	正常	正大镇空桐村
	一级	52222920557	35	380	18×17	正常	正大镇新桥村

(1) 松桃县正大镇空桐村榉树

该榉树(编号52222920564)位于贵州梵净山东北(松桃县)正大镇空桐村海拔602 m的田长寿家房坎下,土壤类型为黄壤,生长环境中等,权属为集体所有,估测树龄为500余年。

该树生长在石缝中,凑地分两枝,树体高大挺拔、枝繁叶茂。树高35 m、胸围570 cm(胸径1.82 m),东西冠幅18 m、南北冠幅16 m,树冠投影面积约290 m^2,目前生长正常。但树基空心,树体上有枯枝,人们常去树下乘凉,存在一定的安全隐患,且该树被扶芳藤缠绕,生长受到极大威胁。

(2) 松桃县正大镇新桥村榉树

该榉树(编号52222920557)位于贵州梵净山东北(松桃县)正大镇新桥村一组海拔592 m的路边,土壤类型为黄壤,生长环境中等,权属为集体所有,估测树龄为500余年。

该树树体高大,枝繁叶茂。树高35 m、胸围380 cm(胸径1.21 m),东西冠幅18 m、南北冠幅17 m,

树冠投影面积约 310 m^2，树上有寄生枝，目前生长正常。但因该树旁边有条河，村民为保障小孩安全，在该树旁修了一堵围墙，主干下部被水泥墙夹住，且旁边有电线经过，这对古树生长带来一定的干扰与威胁。

3.1.28 糙叶树 *Aphananthe aspera*（Thunb.）Planch.

【科属】 大麻科 Cannabaceae 糙叶树属 *Aphananthe*。

【形态特征】 落叶乔木。当年生枝黄绿色，疏生细伏毛，一年生枝红褐色，毛脱落，老枝灰褐色，皮孔明显，圆形。叶卵形或卵状椭圆形，先端渐尖或长渐尖，基部宽楔形或浅心形，边缘锯齿有尾状尖头，基部三出脉。雄聚伞花序生于新枝的下部叶腋，雄花被裂片倒卵状圆形，内凹陷呈盔状；雌花单生于新枝的上部叶腋，花被裂片条状披针形。核果近球形、椭圆形或卵状球形，由绿变黑。花期 3—5 月，果期 8—10 月。

【分布】 糙叶树产于中国山西、山东、江苏、安徽、浙江、江西、福建、台湾、湖南、湖北、广东、广西、四川东南部、贵州和云南东南部等地。朝鲜、日本和越南也有分布。华东地区有栽培。

【习性】 喜光也耐阴，喜温暖湿润气候和深厚肥沃的沙质土壤。对土壤要求不严，但不耐干旱贫瘠，生长较迅速。可播种繁殖。

【古树资源】 目前，梵净山地区有糙叶树一级古树 9 棵，其中梵净山西侧（印江县）4 棵、梵净山东北（松桃县）5 棵，详见图 3-8、表 3-30。

表 3-30 梵净山地区糙叶树(*Aphananthe aspera* (Thunb.) Planch.)古树相关信息及地理分布

区域	古树等级	古树编号	树高/m	胸围/cm	冠幅/m	生长状态	位置
梵净山西侧(印江县)	一级	52222605459	40	637	50×50	正常	缠溪镇周家坳村
	一级	52222601248	38	390	22×26	正常	杉树镇对马村
	一级	52222601249	34	311	18×16	正常	杉树镇对马村
	一级	52222601244	33	289	18×16	正常	杉树镇对马村
梵净山东北(松桃县)	一级	52222940273	28	540	22×23	正常	沙坝河乡沙坝村
	一级	52222940274	46	380	19×18	衰弱	沙坝河乡沙坝村
	一级	52222930407	44	468	14×15	正常	甘龙镇寨地村
	一级	52222940299	42	431	13×12	正常	沙坝河乡桐木坪村
	一级	52222930266	22	440	10×11	衰弱	甘龙镇土墩村

(1) 印江县缠溪镇周家坳村糙叶树

该糙叶树(编号 52222605459)位于贵州梵净山西侧(印江县)缠溪镇周家坳村瓦房溪组海拔 842 m 的沟边,土壤类型为黄棕壤,生长环境良好,权属为集体所有,估测树龄为 1000 余年。

该树树干扭曲,高大挺拔、枝繁叶茂。树高 40 m、胸围 637 cm(胸径 2.03 m),东西冠幅 50 m、南北冠幅 50 m,树冠投影面积约 2500 m^2,目前生长正常。据印江县 2012 年种质资源调查记载,在贵州惠水县摆金镇孔引村,发现高 35 m、胸围 572 cm、冠径 24 m 的糙叶树,为“贵州糙叶树王”。而印江县缠溪镇周家坳村的糙叶树无论是大小、高度还是冠幅,都刷新了“贵州糙叶树王”的纪录。但该树树干局部腐烂,应对其进行修补和保护。

(2) 松桃县沙坝河乡沙坝村糙叶树

该糙叶树(编号 52222940273)位于贵州梵净山东北(松桃县)沙坝河乡沙坝村新庄组海拔 380 m 的路边,土壤类型为黄壤,生长环境良好,权属为集体所有,估测树龄为 800 余年。

该树生长在竹林边,树体高大,生机盎然。主干分为两大枝,浓荫盖地,端庄优美。树高 28 m、胸围 540 cm(胸径 1.72 m),东西冠幅 22 m、南北冠幅 23 m,树冠投影面积约 510 m^2,目前生长正常、长势良好。

(3) 松桃县沙坝河乡沙坝村糙叶树

该糙叶树(编号 52222940274)位于贵州梵净山东北(松桃县)沙坝河乡沙坝村新庄组海拔 374 m 的农土边,土壤类型为黄壤,生长环境良好,权属为集体所有,估测树龄为 600 余年。

2017 年古树名木普查时，该树高大挺拔，冠大荫浓。树高 46 m、胸围 380 cm（胸径 1.21 m），东西冠幅 19 m、南北冠幅 18 m，树冠投影面积约 340 m^2。现一大枝被大风折断，目前长势衰弱，存在安全隐患，建议尽快进行排险处理。

（4）松桃县甘龙镇寨地村糙叶树

该糙叶树（编号 52222930407）位于贵州梵净山东北（松桃县）甘龙镇寨地村桐麻园海拔 740 m 的房屋旁，土壤类型为黄壤，生长环境良好，权属为集体所有，估测树龄为 600 余年。

该树生长在公路坎上，树皮灰色、平滑。树体高大，枝繁叶茂。树高 44 m、胸围 468 cm（胸径 1.49 m），东西冠幅 14 m、南北冠幅 15 m，树冠投影面积约 210 m^2，被少量青藤缠绕，目前生长正常、长势良好。

由于该树所在地土壤贫瘠，应注意保护其生境的稳定性。同时，应适当控制树冠下乔木、灌木的生长，以保障古树的生存空间。

（5）印江县杉树镇对马村糙叶树

该糙叶树（编号 52222601244）位于贵州梵净山西侧（印江县）杉树镇对马村（原国务委员戴秉国的家乡）绝井沟海拔 611 m 的山地杂木林中，土壤类型为黄壤，生长环境良好，权属为集体所有，估测树龄为 600 余年。

该树枝繁叶茂。树高 33 m、胸围 289 cm(胸径 0.92 m),东西冠幅 18 m、南北冠幅 16 m,树冠投影面积约 290 m^2,目前生长正常、长势良好。

(6) 印江县杉树镇对马村糙叶树

该糙叶树(编号 52222601248)位于贵州梵净山西侧(印江县)杉树镇对马村绝井沟海拔 605 m 的山地杂木林中,土壤类型为黄壤,生长环境良好,权属为集体所有,估测树龄为 600 余年。

该树高大挺拔,树干粗壮圆润,枝繁叶茂。树高 38 m、胸围 390 cm(胸径 1.24 m),东西冠幅 22 m、南北冠幅 26 m,树冠投影面积约 570 m^2,目前生长正常、长势良好。春叶嫩绿,夏叶深绿,秋叶橙红,季相变化丰富,具有较高的生态和观赏价值。

(7) 印江县杉树镇对马村糙叶树

该糙叶树(编号 52222601249)位于贵州梵净山西侧(印江县)杉树镇对马村绝井沟海拔 619 m 的山地杂木林中,土壤类型为黄壤,生长环境良好,权属为集体所有,估测树龄为 600 余年。

该树树体高大，枝繁叶茂。树高 34 m、胸围 311 cm（胸径 0.99 m），东西冠幅 18 m、南北冠幅 16 m，树冠投影面积约 290 m^2，目前生长正常。

但该树根部有空洞，树皮有腐烂现象，需对其进行填补和修复。同时，应适当梳理树冠下的杂木，以保证古树所需的生存空间。

(8) 松桃县沙坝河乡桐木坪村糙叶树

糙叶树（编号 52222940299）位于贵州梵净山东北（松桃县）沙坝河乡桐木坪村中间屋组海拔 696 m 的路边，土壤类型为黄壤，生长环境中等，权属为集体所有，估测树龄为 550 余年。

该树从基部分为两大枝，枝叶浓密。树高 42 m、胸围 431 cm（胸径 1.37 m），东西冠幅 13 m、南北冠幅 12 m，树冠投影面积约 160 m^2，目前生长正常、长势良好。

(9) 松桃县甘龙镇土墩村糙叶树

该糙叶树（编号 52222930266）位于贵州梵净山东北（松桃县）甘龙镇土墩村海拔 630 m 的土地庙，土壤类型为黄壤，生长环境差，权属为集体所有，估测树龄为 500 余年。

该树枝繁叶茂，树高 22 m、胸围 440 cm（胸径 1.40 m），东西冠幅 10 m、南北冠幅 11 m，树冠投影面积约 110 m^2，目前生长衰弱。

该树处在房屋边，局部树根及主干已腐烂，一侧裸根被砍伐，削弱了树体结构，可能会导致树体倾倒，给人民群众的生命财产带来安全隐患，应给予树体支撑。同时，需注意防范火灾、雷击以及房屋扩建对该树的生长造成更大的威胁。

3.1.29 珊瑚朴 *Celtis julianae* C. K. Schneid.

【科属】 大麻科 Cannabaceae 朴属 *Celtis*。

【形态特征】 落叶乔木。当年生小枝、叶柄、果柄第二年后变为深褐色，密生褐黄色茸毛，第三年色更深，毛常脱净。叶宽卵形至尖卵状椭圆形，基部近圆形或稍不对称，先端具突然收缩的短渐尖至尾尖；叶较粗壮。果实单生于叶腋，果梗粗壮，椭圆形至近球形，金黄色至橙黄色。花期 3—4 月，果期 9—10 月。

【分布】 珊瑚朴产于中国四川北部、重庆金佛山、贵州、湖南西北部、广东北部、福建、江西、浙江、安徽南部、河南西部和南部、湖北西部、陕西南部等地。

【习性】 喜光，稍耐阴，对土壤要求不高，在微酸性土壤、中性土壤及石灰土中皆能生长。深根性，生长速度中等偏快，寿命长。可播种繁殖。

【古树资源】 目前，梵净山地区有珊瑚朴一级古树 2 棵，分布在梵净山东北（松桃县），详见图 3-8、表 3-31。

表 3-31 梵净山地区珊瑚朴（*Celtis julianae* C. K. Schneid.）古树相关信息及地理分布

区 域	古树等级	古 树 编 号	树高/m	胸围/cm	冠幅/m	生长状态	位 置
梵净山东北（松桃县）	一级	52222930356	30	385	11×10	正常	甘龙镇平会村
	一级	52222920013	30	385	18×12	正常	迓驾镇十里村

（1）松桃县甘龙镇平会村珊瑚朴

该珊瑚朴（编号 52222930356）位于贵州梵净山东北（松桃县）甘龙镇平会村平会组海拔 660 m 的房屋边，土壤类型为黄壤，生长环境良好，权属为集体所有，估测树龄为 500 余年。

该树高大挺拔、枝叶茂盛。树高 30 m、胸围 385 cm(胸径 1.23 m),东西冠幅 11 m、南北冠幅 10 m,树冠投影面积约 110 m^2,目前生长正常、长势良好。由于该树生长于岩石边,所处土壤贫瘠,应注意保护其生境的稳定性。

(2) 松桃县迓驾镇十里村珊瑚朴

该珊瑚朴(编号 52222920013)位于贵州梵净山东北(松桃县)迓驾镇十里村屯上组海拔 462 m 的水井边,土壤类型为黄壤,所处地水源充足,生长环境中等,权属为集体所有,估测树龄为 500 余年。

该树树皮呈淡灰色,主干分为两大枝,枝条开展,树杈上寄生有一棵棕榈。树高 30 m、胸围 385 cm(胸径 1.23 m),东西冠幅 18 m、南北冠幅 12 m,树冠投影面积约 220 m^2,枝下高 2.6 m,树体有自然断枝,无空洞、腐烂,是当地村民歇脚纳凉之地,得到了较好保护,目前生长正常、长势良好。由于该树处在石砌堡坎边,生长受到一定限制。

3.1.30 朴树 *Celtis sinensis* Pers.

【科属】 大麻科 Cannabaceae 朴属 *Celtis*。

【形态特征】 落叶乔木。树皮平滑，灰色。一年生枝被密毛。叶互生，宽卵形至狭卵形，先端急尖至渐尖，基部圆形或阔楔形，中部以上边缘有浅锯齿，三出脉。花杂性（两性花和单性花同株），1～3 朵生于当年枝的叶腋；花被片 4 枚，被毛；雄蕊 4，柱头 2 个。核果单生或 2 个并生，近球形，成熟时红褐色，果核有穴和突肋。花期 4—5 月，果期 9—11 月。

【分布】 朴树产于中国山东、河南、江苏、安徽、浙江、福建、江西、湖南、湖北、四川、贵州、广西、广东、台湾等地。在越南、老挝也有分布。

【习性】 喜光，稍耐阴，耐寒，耐干旱，亦耐水湿，适生于温暖湿润气候。对土壤要求不高，适生于肥沃、平坦之地，亦耐贫瘠土壤。可播种或扦插繁殖。

【古树资源】 目前，梵净山地区有朴树一级古树 4 棵，分布在梵净山东北（松桃县），详见图 3-8、表 3-32。

表 3-32 梵净山地区朴树（*Celtis sinensis* Pers.）古树相关信息及地理分布

区域	古树等级	古树编号	树高/m	胸围/cm	冠幅/m	生长状态	位置
梵净山东北（松桃县）	一级	52222920241	38	440	15×11	正常	长兴堡镇灯阳村
	一级	52222920558	32	320	14×14	正常	正大镇薅菜村
	一级	52222920512	20	450	13×12	正常	盘石镇盘石村
	一级	52222930454	28	367	11×12	正常	冷水溪镇三脚坡村

（1）松桃县长兴堡镇灯阳村朴树

该朴树（编号 52222920241）位于贵州梵净山东北（松桃县）长兴堡镇灯阳村二组海拔 630 m 的村民院坝，土壤类型为黄壤，生长环境中等，权属为集体所有，估测树龄为 800 余年。

该树高大挺拔，树冠圆润，枝叶浓密，树形优美。树高 38 m、胸围 440 cm(胸径 1.40 m)，东西冠幅 15 m、南北冠幅 11 m，树冠投影面积约 170 m^2，目前生长正常。冬季叶落后，仍风姿婀娜，极具生态和观赏价值。

该树树基砌有较小的树池，主干基部局部腐烂及有苔藓生长，建议扩大树池面积，并清理树干基部腐烂物和苔藓予以保护。

(2) 松桃县正大镇薅菜村朴树

薅菜村位于贵州梵净山东北(松桃县)正大镇，是中国苗王城景区所在地。苗王城是松桃县苗族土司建立的军事屯堡，始建于明代洪武初年，是答意苗民长官司驻地。明代宣德至清代嘉靖年间，经各代苗王长期经营，逐步成为腊尔山区的“王者之城”，境内森林景观独特，生物多样性丰富。

在海拔 700 m 的苗王城 3 号门表演广场旁生长着一棵朴树(编号 52222920558)，所处地土壤类型为黄壤，生长环境中等，权属为集体所有，估测树龄为 600 余年。

该树生于石盘之上，土壤贫瘠，且长年经受雨水冲刷，致使部分根系裸露。树高 32 m、胸围 320 cm(胸径 1.02 m)，东西冠幅 14 m、南北冠幅 14 m，树冠投影面积约 200 m^2，与其旁的黑壳楠、柞木生长在一起，树根交织分布，形成一道独特的风景。黑壳楠高 28 m、胸围 230 cm，柞木高 11 m、胸围 150 cm，目前均生长正常、长势良好。

苗王城景区内无论是起源古老、数量众多、种群结构复杂的古树群，还是孤立的古树个体，在饱经沧桑的同时都表现出旺盛的生命力。有的高大挺拔、雄伟壮观，有的树干丛生、盘根错节，有的树干瘤突成群、枝条遒劲苍老，丰富了景区的森林景观。建议加强宣传教育，保护好景区现有资源，争取各方资金合理开发利用，促进景区的可持续发展。

(3) 松桃县盘石镇盘石村朴树

该朴树(编号 52222920512)位于贵州梵净山东北(松桃县)盘石镇盘石村上标山海拔 776 m 的路边,土壤类型为黄壤,生长环境中等,权属为集体所有,估测树龄为 600 余年。

该树树体高大,枝繁叶茂。树高 20 m、胸围 450 cm(胸径 1.43 m),东西冠幅 13 m、南北冠幅 12 m,树冠投影面积约 160 m^2,虽然树干下部存在木质部外露现象,但目前生长正常。

(4) 松桃县冷水溪镇三脚坡村朴树

该朴树(编号 52222930454)位于贵州梵净山东北(松桃县)冷水溪镇三脚坡村梁家土组海拔 500 m 的路坎下,土壤类型为黄壤,生长环境良好,权属为集体所有,估测树龄为 500 余年。

该树枝繁叶茂，树高 28 m、胸围 367 cm(胸径 1.17 m)，东西冠幅 11 m、南北冠幅 12 m，树冠投影面积约 130 m^2，目前生长正常、长势良好。

3.1.31 锐齿槲栎 *Quercus aliena* var. *acuteserrata* Maxim.

【科属】 壳斗科 Fagaceae 栎属 *Quercus*。

【形态特征】 落叶乔木。小枝灰褐色，近无毛。叶长椭圆状倒卵形或倒卵形，顶端微钝或短渐尖，基部楔形或圆形，叶缘具粗大锯齿，齿端尖锐，内弯，叶背密被灰色细茸毛，叶片形状变异较大；侧脉 10～15 对，叶柄无毛。壳斗杯形，包着坚果约 1/2，苞片卵状披针形，排列紧密，被灰白色短柔毛。坚果椭圆形或卵形，果脐微凸起。花期 3—4 月，果期 10—11 月。

【分布】 锐齿槲栎产于中国辽宁东南部、河北、山西、陕西、甘肃、山东、江苏、安徽、浙江、江西、台湾、河南、湖北、湖南、广东、广西、四川、贵州和云南等地。生于海拔 100～2700 m 的山地杂木林中，或形成小片纯林。

【习性】 喜光，耐寒，较喜阴湿的土壤。在肥沃、深厚、排水性良好的土壤上生长最佳，适生于中性至微酸性的轻壤、中壤、重壤及含部分黏土的森林土壤、黄棕壤，在土层厚度 50 cm 以上生长较好。可播种繁殖。

【古树资源】 目前，梵净山地区有锐齿槲栎一级古树 2 棵，分布在梵净山东北(松桃县)，详见表 3-33、图 3-9。

表 3-33 梵净山地区锐齿槲栎(*Quercus aliena* var. *acuteserrata* Maxim.)古树相关信息及地理分布

区域	古树等级	古树编号	树高/m	胸围/cm	冠幅/m	生长状态	位置
梵净山东北(松桃县)	一级	52222920528	21	440	14×10	正常	长坪乡下棚村
	一级	52222940231	38	580	9×8	正常	普觉镇姜家洞村

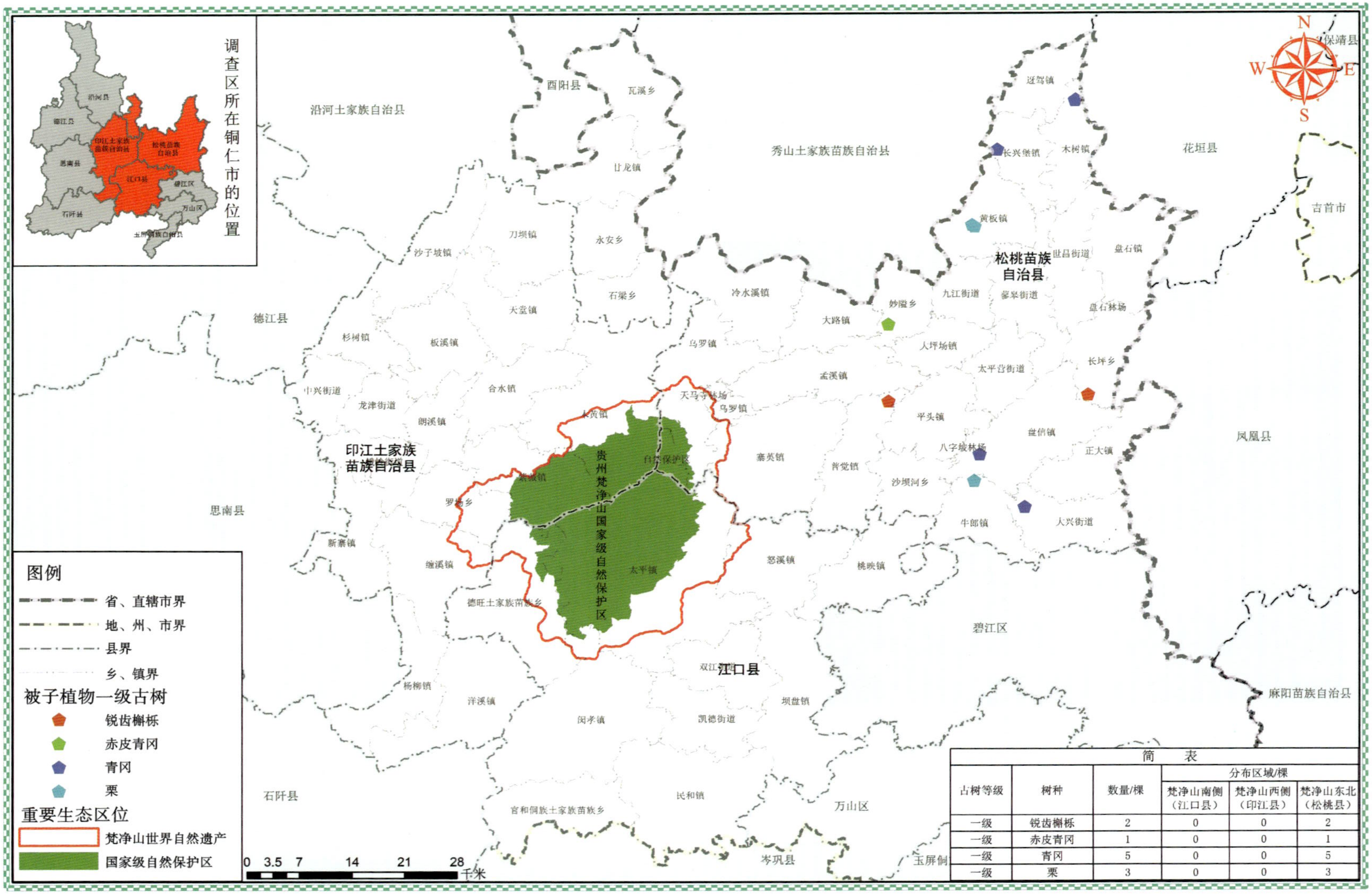

古树等级	树种	数量/棵	分布区域/棵		
			梵净山南侧（江口县）	梵净山西侧（印江县）	梵净山东北（松桃县）
一级	锐齿槲栎	2	0	0	2
一级	赤皮青冈	1	0	0	1
一级	青冈	5	0	0	5
一级	栗	3	0	0	3

制作底图由铜仁市自然资源局提供，审图号：图黔D(2021)001号

比例尺1：45万

图 3-9　梵净山地区被子植物一级古树（锐齿槲栎、赤皮青冈、青冈、栗）分布图

(1) 松桃县长坪乡下棚村锐齿槲栎

该锐齿槲栎(编号52222920528)位于贵州梵净山东北(松桃县)长坪乡下棚村二组海拔637 m的田坡上,土壤类型为黄壤,生长环境良好,权属为集体所有,估测树龄为600余年。

该树树皮深灰褐色，树高 21 m、胸围 440 cm（胸径 1.40 m），东西冠幅 14 m、南北冠幅 10 m，树冠投影面积约 140 m^2，目前生长正常、长势良好。

（2）松桃县普觉镇姜家洞村锐齿槲栎

该锐齿槲栎（编号 52222940231）位于贵州梵净山东北（松桃县）普觉镇姜家洞村店上组海拔 480 m 的村民委员会后面，土壤类型为黄壤，生长环境良好，权属为集体所有，估测树龄为 500 余年。

该树树皮灰褐色，树体高大、树叶茂盛，树高 38 m、胸围 580 cm（胸径 1.85 m），东西冠幅 9 m、南北冠幅 8 m，树冠投影面积约 70 m^2，目前生长正常。但该树树干存在空洞且有青藤攀爬，建议对树洞及青藤进行处理。

3.1.32　赤皮青冈 *Quercus gilva* Blume

【科属】 壳斗科 Fagaceae 栎属 *Quercus*。

【形态特征】 常绿乔木。小枝密生灰黄色或黄褐色星状茸毛。叶倒披针形或倒卵状长椭圆形，先端渐尖，基部楔形，边缘上半部有短芒状锯齿，侧脉 11～18 对。壳斗碗形，包围坚果约 1/4，苞片合生成 6～7 条同心环带，环带全缘或具浅裂。坚果倒卵状椭圆形，顶端有微柔毛，果脐微凸起。花期 5 月，果期 10 月。

【分布】 赤皮青冈产于中国浙江、福建、台湾、湖南、广东、贵州等地。生于海拔 300～1500 m 的山地。日本亦有分布。本种是青冈属中东亚广布种，在分布区内为主要建群树种之一。

【习性】 深根性树种，根部有较强的萌生能力。喜温暖湿润气候。在山谷、山洼、阴坡下部及河边，土层深厚疏松，排水性良好，中性或微酸性的壤质土上生长尤佳。可播种繁殖。

【古树资源】 目前，梵净山地区有赤皮青冈一级古树 1 棵，分布在梵净山东北（松桃县），详见图 3-9、表 3-34。

表 3-34 梵净山地区赤皮青冈（*Quercus gilva* Blume）古树相关信息及地理分布

区域	古树等级	古树编号	树高/m	胸围/cm	冠幅/m	生长状态	位置
梵净山东北（松桃县）	一级	52222910196	26	660	26×31	正常	妙隘乡矮寨村

松桃县妙隘乡矮寨村赤皮青冈

该赤皮青冈（编号 52222910196）位于贵州梵净山东北（松桃县）妙隘乡矮寨村安塘坳组海拔 418 m 的路边，土壤类型为黄壤，生长环境良好，权属为集体所有，估测树龄为 500 余年。

该树树干高耸，枝条平缓或斜向上生长，树形美观。树高 26 m、胸围 660 cm（胸径 2.10 m），东西冠幅 26 m、南北冠幅 31 m，树冠投影面积约 810 m^2，目前生长正常、长势良好。

3.1.33 青冈 *Quercus glauca* Thunb.

【俗名】 青冈栎。

【科属】 壳斗科 Fagaceae 栎属 *Quercus*。

【形态特征】 常绿乔木。叶长椭圆形或倒卵状长椭圆形，先端渐尖或短尾尖，基部广楔形，边缘上半部有疏锯齿，中脉以下全缘，背面灰绿色，被平伏毛，侧脉 8～12 对。壳斗碗形，包围坚果 1/3～1/2，苞片合生成 5～8 条同心环带，环带全缘或有细缺刻。坚果卵形或近球形。花期 4—5 月，果期 10 月。

【分布】 青冈产于中国陕西、甘肃、江苏、安徽、浙江、江西、福建、台湾、河南、湖北、湖南、广东、广西、四川、贵州、云南、西藏等地。生于海拔 60～2600 m 的山坡或沟谷。朝鲜、日本、印度也有分布。本种是本属在中国分布非常广的树种之一。

【习性】 适应性较强，在酸性至碱性基岩上均可生长，天然更新力强，生长中速。比较耐寒，且耐阴和耐贫瘠。深根性，耐干燥，萌芽力强。可播种繁殖。

【古树资源】 目前，梵净山地区有青冈一级古树 5 棵，分布在梵净山东北（松桃县），详见图 3-9、表 3-35。

表 3-35 梵净山地区青冈（*Quercus glauca* Thunb.）古树相关信息及地理分布

区　　域	古树等级	古树编号	树高/m	胸围/cm	冠幅/m	生长状态	位　　置
梵净山东北（松桃县）	一级	52222920591	34	410	16×15	正常	盘信镇新场村
	一级	52222920195	35	410	14×14	濒危	木树镇美意村
	一级	52222920186	30	400	18×14	正常	木树镇美意村
	一级	52222920217	23	350	12×10	正常	长兴堡镇大花村
	一级	52222920466	28	460	7×5	衰弱	大兴街道高岩村

（1）松桃县盘信镇新场村青冈

该青冈（编号 52222920591）位于贵州梵净山东北（松桃县）盘信镇新场村海拔 635 m 的路边，土壤类型为黄壤，生长环境中等，权属为集体所有，估测树龄为 800 余年。

该树生长在岩石上，裸根绵延如巨龙伏卧在地，一看便知已历经百年沧桑。树高 34 m、胸围 410 cm（胸径 1.31 m），东西冠幅 16 m、南北冠幅 15 m，树冠投影面积约 240 m^2，枝下高 5 m，目前生长正常、长势良好。

（2）松桃县木树镇美意村青冈

该青冈（编号 52222920195）位于贵州梵净山东北（松桃县）木树镇美意村三组海拔 569 m 的路坎下，土壤类型为黄壤，生长环境良好，权属为集体所有，估测树龄为 800 余年。

该树树高 35 m、胸围 410 cm（胸径 1.31 m），东西冠幅 14 m、南北冠幅 14 m，树冠投影面积约 200 m^2，树干破裂，目前生长濒危。

(3) 松桃县木树镇美意村青冈

该青冈(编号 52222920186)位于贵州梵净山东北(松桃县)木树镇美意村三组海拔 591 m 的土坎上,土壤类型为黄壤,生长环境良好,权属为集体所有,估测树龄为 600 余年。

该树树体高大,枝繁叶茂。树高 30 m、胸围 400 cm(胸径 1.27 m),东西冠幅 18 m、南北冠幅 14 m,树冠投影面积约 250 m^2,目前生长正常、长势良好。

(4) 松桃县长兴堡镇大花村青冈

该青冈(编号 52222920217)位于贵州梵净山东北(松桃县)长兴堡镇大花村一组海拔 717 m 的路边,土壤类型为黄壤,生长环境良好,权属为集体所有,估测树龄为 500 余年。

该树树形怪异,根部裸露、隆起,盘根错节。树高 23 m、胸围 350 cm(胸径 1.11 m),东西冠幅 12 m、南北冠幅 10 m,树冠投影面积约 120 m^2,目前生长正常。但该树树干存在中空、腐烂现象,需对其进行修补。

(5) 松桃县大兴街道高岩村青冈

该青冈(编号 52222920466)位于贵州梵净山东北(松桃县)大兴街道高岩村下高岩组海拔 566 m 的路边,土壤类型为黄壤,生长环境中等,权属为集体所有,估测树龄为 500 余年。

该树冠幅不大，树高 28 m、胸围 460 cm(胸径 1.46 m)，东西冠幅 7 m、南北冠幅 5 m，树冠投影面积约 40 m^2，树干局部腐烂、中空，目前生长衰弱，建议组织专家会诊，开展古树复壮研究。

3.1.34 栗 *Castanea mollissima* Blume

【俗名】 板栗、栗子、毛栗、油栗。

【科属】 壳斗科 Fagaceae 栗属 *Castanea*。

【形态特征】 落叶乔木。小枝灰褐色，托叶长圆形，被疏长毛及鳞腺。叶椭圆形至长圆形，顶部短至渐尖，基部近截平或圆，或两侧稍向内弯而呈耳垂状，常一侧偏斜而不对称；叶柄长 1～2 cm。雄花序轴被毛，雌花柱下部被毛。成熟壳斗的锐刺有长有短，有疏有密，密时全遮蔽壳斗外壁，疏时则外壁可见。花期 4—6 月，果期 8—10 月。

【分布】 栗除中国青海、宁夏、新疆、海南等少数省区外，广泛分布于南北各地。

【习性】 喜光、喜湿润气候，耐寒、耐旱。对土壤要求较高，在沙质土壤上生长良好。可播种、嫁接繁殖。

【古树资源】 目前，梵净山地区有栗一级古树 3 棵，分布在梵净山东北(松桃县)，详见图 3-9、表 3-36。

表 3-36 梵净山地区栗(*Castanea mollissima* Blume)古树相关信息及地理分布

区域	古树等级	古树编号	树高/m	胸围/cm	冠幅/m	生长状态	位置
梵净山东北(松桃县)	一级	52222920361	15	380	6×5	衰弱	黄板镇茶园村
	一级	52222920345	13	320	6×6	衰弱	黄板镇茶园村
	一级	52222920647	12	320	12×12	正常	牛郎镇红卫村

(1) 松桃县黄板镇茶园村栗

该栗(编号 52222920361)位于贵州梵净山东北(松桃县)黄板镇茶园村四组海拔 520 m 的路边，土壤类型为黄壤，生长环境良好，权属为集体所有，估测树龄为 800 余年。

该树树皮灰褐色，树根隆起。树高 15 m、胸围 380 cm(胸径 1.21 m)，东西冠幅 6 m、南北冠幅 5 m，树冠投影面积约 30 m^2，目前生长衰弱。

但该树曾遭遇雷击，一侧枝及主梢已干枯，且主干中空、腐烂，大大削弱了树势，建议对其进行填补。

(2) 松桃县黄板镇茶园村栗

该栗(编号 52222920345)位于贵州梵净山东北(松桃县)黄板镇茶园村六组海拔 624 m 的路边,土壤类型为黄壤,生长环境良好,权属为集体所有,估测树龄为 600 余年。

该树枝叶稀疏,冠幅较小。树高 13 m、胸围 320 cm(胸径 1.02 m),东西冠幅 6 m、南北冠幅 6 m,树冠投影面积约 40 m^2,因曾遭遇雷击,树体受到严重破坏,多侧枝及主梢已干枯,目前生长衰弱。建议在该树生长季节清除周边的杂草、断枝和病枝,并进行松土、增施有机肥等作业,以促进古树健康生长。

(3) 松桃县牛郎镇红卫村栗

该栗(编号 52222920647)位于贵州梵净山东北(松桃县)牛郎镇红卫村大院子组海拔 697 m 的路边,土壤类型为黄壤,生长环境中等,权属为集体所有,估测树龄为 500 余年。

该树裸根遒劲盘曲,因曾遭遇雷击,主干上部被折断,树高 12 m、胸围 320 cm(胸径 1.02 m),东西冠幅 12 m、南北冠幅 12 m,树冠投影面积约 140 m^2,目前生长正常。但由于该树处在路边,人为活动较为频繁,且树基周围存在水泥硬化现象,需改善环境予以更好地保护。

3.1.35 米槠 *Castanopsis carlesii* (Hemsl.) Hayata

【科属】 壳斗科 Fagaceae 锥属 *Castanopsis*。

【形态特征】 落叶乔木。新生枝及花序轴有稀少的红褐色片状蜡鳞。叶披针形，顶部渐尖或渐狭长状尖，叶全缘，或兼有少数浅裂齿，侧脉 8～13 对，叶柄长通常不到 10 mm，基部增粗呈枕状。壳斗近圆球形或阔卵形，顶部短狭尖或圆，基部圆或近平坦。坚果近圆球形或阔圆锥形，顶端短狭尖，顶部近花柱四周及近基部被疏伏毛，熟透时变无毛，果脐位于坚果底部。花期 3—6 月，果期翌年 9—11 月。

【分布】 米槠产于中国长江以南各地。生于海拔 1500 m 以下的山地、丘陵或常绿落叶阔叶混交林中。

【习性】 喜雨量充沛和温暖气候，能耐阴，喜深厚、温润的中性和酸性土壤，亦耐干旱和贫瘠。可播种繁殖。

【古树资源】 目前，梵净山地区有米槠一级古树 1 棵，分布在梵净山东北（松桃县），详见表 3-37、图 3-10。

表 3-37 梵净山地区米槠（*Castanopsis carlesii* (Hemsl.) Hayata）古树相关信息及地理分布

区域	古树等级	古树编号	树高/m	胸围/cm	冠幅/m	生长状态	位置
梵净山东北（松桃县）	一级	52222910199	18	480	11×10	衰弱	妙隘乡矮塞村

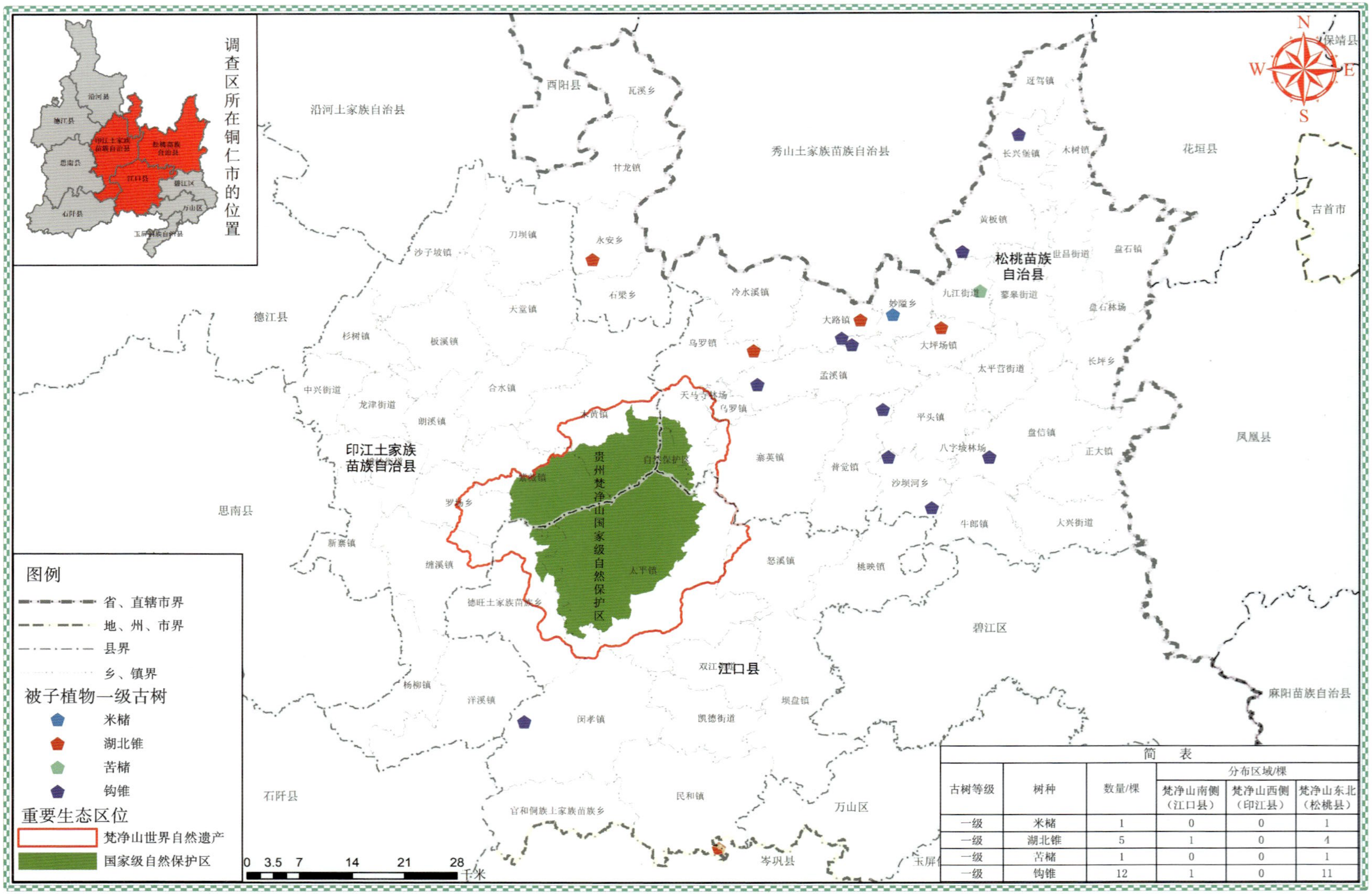

简表

古树等级	树种	数量/棵	分布区域/棵		
			梵净山南侧（江口县）	梵净山西侧（印江县）	梵净山东北（松桃县）
一级	米槠	1	0	0	1
一级	湖北锥	5	1	0	4
一级	苦槠	1	0	0	1
一级	钩锥	12	1	0	11

制作底图由铜仁市自然资源局提供，审图号：图黔D(2021)001号

比例尺1：45万

图 3-10　梵净山地区被子植物一级古树（米槠、湖北锥、苦槠、钩锥）分布图

松桃县妙隘乡矮寨村米槠

该米槠(编号 52222910199)位于贵州梵净山东北(松桃县)妙隘乡矮寨村岩坳组海拔 380 m 的沟边,土壤类型为黄壤,生长环境中等,权属为集体所有,估测树龄为 500 余年。

该树高 18 m、胸围 480 cm(胸径 1.53 m),东西冠幅 11 m、南北冠幅 10 m,树冠投影面积约 110 m^2,由于曾遭遇雷击,主梢被折断,树干下部中空、腐烂以及枯残枝较多,目前生长衰弱。与 2017 年古树名木普查时相比,树体几乎被尾尖爬藤榕缠满,应及时清除,并对树洞进行填补。

3.1.36 湖北锥 *Castanopsis hupehensis* C. S. Chao

【科属】 壳斗科 Fagaceae 锥属 *Castanopsis*。

【形态特征】 乔木。叶披针形或长椭圆形，常兼有倒卵状椭圆形或倒披针形，顶部渐尖或突狭的长尖，基部常一侧稍弯斜，叶缘在中部以上有锐裂齿，或兼有全缘叶，中脉在叶面微凹陷，侧脉 10～13 对，直达齿端。成熟壳斗椭圆形或近圆球形。果阔圆锥形，熟透时无毛，果脐位于果的底部。花期 6—9 月，果翌年同期或延至 11 月成熟。

【分布】 湖北锥主要产于中国湖北西部、湖南西北部、贵州东北部、四川东部。生于海拔 600～1000 m 的山地。

【古树资源】 目前，梵净山地区有湖北锥一级古树 5 棵，其中梵净山南侧(江口县)1 棵、梵净山东北(松桃县)4 棵，详见图 3-10、表 3-38。

表 3-38 梵净山地区湖北锥(*Castanopsis hupehensis* C. S. Chao)古树相关信息及地理分布

区　域	古树等级	古树编号	树高/m	胸围/cm	冠幅/m	生长状态	位　置
梵净山南侧(江口县)	一级	52222203406	10	376	10×7	衰弱	民和镇龙兴村
梵净山东北(松桃县)	一级	52222930256	29	525	18×16	正常	永安乡鸣珂村
	一级	52222930004	27	450	13×11	正常	乌罗镇团龙村
	一级	52222940044	36	700	21×21	衰弱	大路镇长征村
	一级	52222910260	30	430	23×22	衰弱	大坪场镇月城村

(1) 松桃县永安乡鸣珂村湖北锥

该湖北锥(编号 52222930256)位于贵州梵净山东北(松桃县)永安乡鸣珂村喻家沟组海拔 648 m 的公路坎上，土壤类型为黄壤，生长环境中等，权属为集体所有，估测树龄为 700 余年。

该树树形奇特，一横向大枝粗如百年大树，站在古树下仰望，给人一种"默对轻抚流千年，绿荫遮天胜花时"的感觉。树高 29 m、胸围 525 cm(胸径 1.67 m)，东西冠幅 18 m、南北冠幅 16 m，树冠投影面积约 290 m^2，目前生长正常、长势良好。但由于村民在该树旁存放了一些木材，存在安全隐患，应严禁放置。

(2) 松桃县乌罗镇团龙村湖北锥

该湖北锥(编号 52222930004)位于贵州梵净山东北(松桃县)乌罗镇团龙村洞当门海拔 802 m 的塘边，土壤类型为黄壤，附近水源充足，生长环境良好，权属为集体所有，估测树龄在 550 年以上。

该树树冠呈圆锥形，树姿端庄，盘根错节，枝繁叶茂。树高 27 m、胸围 450 cm(胸径 1.43 m)，东西冠幅 13 m、南北冠幅 11 m，树冠投影面积约 140 m^2，生长在独户居民吴尚泽住宅边，目前生长正常、长势良好。

(3) 松桃县大路镇长征村湖北锥

该湖北锥(编号 52222940044)位于贵州梵净山东北(松桃县)大路镇长征村楼阁组海拔 404 m 的坝子边，土壤类型为黄壤，生长环境中等，权属为集体所有，估测树龄为 500 余年。

该树高大挺拔、枝繁叶茂。树高 36 m、胸围 700 cm(胸径 2.23 m),东西冠幅 21 m、南北冠幅 21 m,树冠投影面积约 440 m^2,目前生长衰弱。但该树历经岁月和风雨的摧残,树皮开裂,且由于树池较小,对树木生长影响较大,需对该树进行修复、填补并扩大树池,同时加大古树名木保护的宣传力度。

(4) 江口县民和镇龙兴村湖北锥

该湖北锥(编号 52222203406)位于贵州梵净山南侧(江口县)民和镇龙兴村树木垱海拔 616 m 的农土边,土壤类型为黄壤,生长环境良好,权属为集体所有,估测树龄为 500 余年。

该树枝叶浓密,原树高 16 m,因被大风折断,现高 10 m、胸围 376 cm(胸径 1.20 m),东西冠幅 10 m、南北冠幅 7 m,树冠投影面积约 70 m^2,目前生长衰弱。但需适当梳理古树树冠下的杂木,以降低其他树木对该树的竞争压力。

(5) 松桃县大坪场镇月城村湖北锥

该湖北锥(编号 52222910260)位于贵州梵净山东北(松桃县)大坪场镇月城村二组海拔 450 m 的房屋边,土壤类型为黄壤,生长环境差,权属为集体所有,估测树龄为 500 余年。

该树树干微弯曲，枝繁叶茂。树高 30 m、胸围 430 cm(胸径 1.37 m)，东西冠幅 23 m、南北冠幅 22 m，树冠投影面积约 510 m^2，目前生长衰弱。但该树上枯残枝较多，存在极大的安全隐患。2018 年正月初，大雪压断了该树一大枝，所幸未造成群众生命及财产的损失。

由于该树周围水泥硬化严重，且靠近房屋，有电线经过，需注意防范火灾、雷击或房屋扩建对该树造成威胁。建议在有条件的情况下，尽快调整电线走向，并扩大树池予以保护。

3.1.37 苦槠 *Castanopsis sclerophylla* (Lindl.) Schottky

【科属】 壳斗科 Fagaceae 锥属 *Castanopsis*。

【形态特征】 乔木。小枝灰色，散生皮孔，当年生枝红褐色，略具棱，枝、叶均无毛。叶 2 列，叶长椭圆形、卵状椭圆形或倒卵状椭圆形，顶部渐尖或骤狭急尖，短尾状，基部近于圆形或宽楔形，边缘上部有锯齿状锐齿。壳斗有坚果 1 个，偶有 2～3，圆球形或半圆球形，全包或包围坚果的大部分，环带状突起。坚果近圆球形，顶部短尖，果脐位于坚果的底部。花期 4—5 月，果实 10—11 月成熟。

【分布】 苦槠产于中国长江以南、五岭以北各地，西南地区仅见于四川东部及贵州东北部。生于海拔 200～1000 m 的丘陵或山坡疏林、密林中，村边、路旁时有栽培。

【习性】 喜光，耐旱。深根性，对土壤适应性强，在陡坡、贫瘠地等均能生长。可播种繁殖。

【古树资源】 目前，梵净山地区有苦槠一级古树 1 棵，分布在梵净山东北(松桃县)，详见图 3-10、表 3-39。

表 3-39 梵净山地区苦槠(*Castanopsis sclerophylla* (Lindl.) Schottky)古树相关信息及地理分布

区域	古树等级	古树编号	树高/m	胸围/cm	冠幅/m	生长状态	位置
梵净山东北(松桃县)	一级	52222910101	19	410	17×15	正常	九江街道前进村

松桃县九江街道前进村苦槠

该苦槠(编号 52222910101)位于贵州梵净山东北(松桃县)九江街道前进村沙坪组海拔 443 m 的房屋边，土壤类型为黄壤，生长环境良好，权属为集体所有，估测树龄为 500 余年。

该树分为两大枝，树干粗壮，枝繁叶茂。树高 19 m、胸围 410 cm(胸径 1.31 m)，东西冠幅 17 m、南北冠幅 15 m，树冠投影面积约 260 m^2，目前生长正常、长势良好。

3.1.38 钩锥 *Castanopsis tibetana* Hance

【俗名】 钩栗。

【科属】 壳斗科 Fagaceae 锥属 *Castanopsis*。

【形态特征】 乔木。小枝干后黑色或黑褐色，枝、叶均无毛。叶卵状椭圆形、卵形、长椭圆形或倒卵状椭圆形，顶部渐尖，短突尖或尾状，基部近圆形或短楔尖状，叶缘至少在近顶部有锯齿状锐齿，侧脉直达齿端，中脉在叶面凹陷，侧脉 15～18 对。壳斗有坚果 1 个，圆球形，整齐的 4 瓣开裂(很少 5 瓣)。坚果扁圆锥形，被毛，果脐占坚果面积约 1/4。花期 4—5 月，果期翌年 8—10 月成熟。

【分布】 钩锥产于中国浙江南部、安徽南部、湖北西南部、江西、福建、湖南、广东、广西、贵州、云南东南部等处。生于海拔 1500 m 以下的山地杂木林中较湿润处、平地路旁或寺庙周围。

【习性】 可播种繁殖。

【古树资源】 目前，梵净山地区有钩锥一级古树 12 棵，其中梵净山南侧(江口县)1 棵、梵净山东北(松桃县)11 棵，详见图 3-10、表 3-40。

表 3-40 梵净山地区钩锥(*Castanopsis tibetana* Hance)古树相关信息及地理分布

区 域	古树等级	古树编号	树高/m	胸围/cm	冠幅/m	生长状态	位 置
梵净山南侧(江口县)	一级	52222201534	18	753	12×8	衰弱	闵孝镇新田村
梵净山东北(松桃县)	一级	52222940042	34	560	21×21	正常	大路镇后硐村
	一级	52222940063	30	530	16×20	正常	孟溪镇安山村
	一级	52222940291	18	352	14×13	正常	沙坝河乡枹木林村

续表

区　域	古树等级	古树编号	树高/m	胸围/cm	冠幅/m	生长状态	位　置
梵净山东北(松桃县)	一级	52222920058	17	280	7×5	正常	长兴堡镇大地村
	一级	52222940150	30	460	23×20	正常	孟溪镇和尚坪村
	一级	52222940224	35	539	19×16	正常	普觉镇棉花山村
	一级	52222940286	30	315	12×13	正常	沙坝河乡红沙村
	一级	52222940287	21	385	11×10	正常	沙坝河乡红沙村
	一级	52222920349	18	430	12×11	正常	黄板镇金龙村
	一级	52222920588	30	400	12×14	正常	盘信镇新场村
	一级	52222920589	29	350	18×15	正常	盘信镇新场村

(1) 江口县闵孝镇新田村钩锥

该钩锥(编号52222201534)位于贵州梵净山南侧(江口县)闵孝镇新田村海拔748 m的庙湾组,土壤类型为黄壤,生长环境良好,权属为集体所有,估测树龄为800余年。

该树生长在针阔混交林中,树体高大、枝繁叶茂。树高18 m、胸围753 cm(胸径2.40 m),东西冠幅12 m、南北冠幅8 m,树冠投影面积约100 m^2,目前生长衰弱。但该树主干中空达3 m以上(可容纳下一张桌子),据村民介绍,民国时期经常有人在里面赌博,因曾有蛇从树上掉落,故后受人为活动影响较小。

（2）松桃县大路镇后硐村钩锥

该钩锥(编号 52222940042)位于贵州梵净山东北(松桃县)大路镇后硐村中院子组海拔 420 m 的房屋边,土壤类型为黄壤,生长环境中等,权属为集体所有,估测树龄为 800 余年。

该树高大挺拔,通直圆满,枝繁叶茂。树高 34 m、胸围 560 cm(胸径 1.78 m),东西冠幅 21 m、南北冠幅 21 m,树冠投影面积约 440 m^2,目前生长正常、长势良好。

相传，松桃县大路镇原叫“河边”，是当地水运的重要通道。明代洪武二年(1369 年)，骠骑大将军戴福林一行来到战乱后的川黔边区河边安营扎寨，他的部队军纪严明、战斗意志强，在短时间内就剿灭了匪患。他还在盂溪、妙隘、冷水溪等地维护治安，平定了当地的山贼土匪。同时，带领群众发展生产，使群众生活有所改善。但因交通十分闭塞，虽与重庆兰桥集市相距咫尺，却没有连接外界的路。看着乡亲们过着穷苦的日子，他下决心要打通一条发展边区贸易的路。他们逢山开路、遇河架桥，几年时间就从密林深处开辟了一条通往兰桥集市的川黔大道(历史上秀山钟灵、吏目、梅江、兰桥一带与乌罗司的孟溪、乜江、河边、冷水溪一带群众往来的必经要道)，后来人们就把“河边”改名为“大路”。戴福林还在此建起了商贸市场，农历每逢五、逢十必赶场，促进了贸易往来，得到了老百姓的拥护，也得到了朝廷的嘉奖。

后来，戴福林将军定居在后硐村，成了松桃县戴氏始祖，其大多数后裔现居住在松桃县大路镇。据村民上辈口传，戴福林将军常在该树下乘凉。

(3) 松桃县孟溪镇安山村钩锥

该钩锥(编号 52222940063)位于贵州梵净山东北(松桃县)孟溪镇安山村安山组海拔 400 m 的路边，土壤类型为黄壤，生长环境良好，权属为集体所有，估测树龄为 600 余年。

该树生长在竹林边，高大挺拔、枝繁叶茂，树体完整。树高 30 m、胸围 530 cm(胸径 1.69 m)，东西冠幅 16 m、南北冠幅 20 m，树冠投影面积约 320 m^2，目前生长正常、长势良好。

(4) 松桃县沙坝河乡枹木林村钩锥

该钩锥(编号 52222940291)位于贵州梵净山东北(松桃县)沙坝河乡枹木林村枹木林组海拔 624 m 的岩坎，土壤类型为黄壤，生长环境中等，权属为集体所有，估测树龄为 600 余年。

该树生长在岩石上，高大挺拔、枝繁叶茂，邻近有竹林生长。树高 18 m、胸围 352 cm（胸径 1.12 m），东西冠幅 14 m、南北冠幅 13 m，树冠投影面积约 180 m^2，目前生长正常、长势良好。

（5）松桃县长兴堡镇大地村钩锥

该钩锥（编号 52222920058）位于贵州梵净山东北（松桃县）长兴堡镇大地村五组海拔 630 m 的房屋边，土壤类型为黄壤，生长环境中等，权属为集体所有，估测树龄为 600 余年。

该树高 17 m、胸围 280 cm(胸径 0.89 m),东西冠幅 7 m、南北冠幅 5 m,树冠投影面积约 40 m^2,目前生长正常、长势良好。由于该树处在村寨中,靠近房屋墙体,生长受到一定影响。应加大古树名木保护的宣传力度,减小人为活动影响。

(6) 松桃县孟溪镇和尚坪村钩锥

该钩锥(编号 52222940150)位于贵州梵净山东北(松桃县)孟溪镇和尚坪村塘边组海拔 775 m 的房屋边,土壤类型为黄壤,生长环境中等,权属为集体所有,估测树龄为 500 余年。和尚坪村境内多高山峻岭,气温呈垂直分布,温凉多雾,适宜钩锥生长。

该树主干通直圆满,生长极为旺盛。树高 30 m、胸围 460 cm(胸径 1.46 m),东西冠幅 23 m、南北冠幅 20 m,树冠投影面积约 460 m^2,目前生长正常、长势良好。由于该树处在房屋边斜坡上,土壤较为贫瘠,应注意保护其生境的稳定性,并防止火灾、雷击或房屋扩建对该树生长造成威胁。

(7) 松桃县普觉镇棉花山村钩锥

该钩锥(编号 52222940224)位于贵州梵净山东北(松桃县)普觉镇棉花山村海拔 484 m 的贺家湾组,土壤类型为黄壤,生长环境良好,权属为集体所有,估测树龄为 500 余年。

该树生长在楠竹林边,树体高大,枝繁叶茂。树高 35 m、胸围 539 cm(胸径 1.72 m),东西冠幅 19 m、南北冠幅 16 m,树冠投影面积约 300 m^2,目前生长正常、长势良好。

(8) 松桃县沙坝河乡红沙村钩锥

该钩锥(编号 52222940286)位于贵州梵净山东北(松桃县)沙坝河乡红沙村中寨院子海拔 580 m 的路边,土壤类型为黄壤,生长环境良好,权属为集体所有,估测树龄为 500 余年。

该树树干粗壮、枝繁叶茂。树高 30 m、胸围 315 cm(胸径 1.00 m),东西冠幅 12 m、南北冠幅 13 m,树冠投影面积约 160 m^2,目前生长正常、长势良好。

(9) 松桃县沙坝河乡红沙村钩锥

该钩锥(编号 52222940287)位于贵州梵净山东北(松桃县)沙坝河乡红沙村中寨院子海拔 580 m 的路坎上,土壤类型为黄壤,生长环境良好,权属为集体所有,估测树龄为 500 余年。

该树枝繁叶茂,树高 21 m、胸围 385 cm(胸径 1.23 m),东西冠幅 11 m、南北冠幅 10 m,树冠投影面积约 110 m^2,目前生长正常、长势良好。

(10) 松桃县黄板镇金龙村钩锥

该钩锥(编号 52222920349)位于贵州梵净山东北(松桃县)黄板镇金龙村八组海拔 532 m 的房屋边,土壤类型为黄壤,生长环境中等,权属为集体所有,估测树龄为 500 余年。

该树枝繁叶茂,树高 18 m、胸围 430 cm(胸径 1.37 m),东西冠幅 12 m、南北冠幅 11 m,树冠投影面积约 130 m^2,目前生长正常、长势良好。由于该树附近有电线经过,需注意防止火灾、雷击或房屋扩建对该树生长造成威胁。

(11) 松桃县盘信镇新场村钩锥

该钩锥(编号 52222920588)位于贵州梵净山东北(松桃县)盘信镇新场村水井湾海拔 591 m 的路坎上,土壤类型为黄壤,附近水源充足,生长环境良好,权属为集体所有,估测树龄为 500 余年。

该树树干挺拔，枝叶繁茂。树高 30 m、胸围 400 cm（胸径 1.27 m），东西冠幅 12 m、南北冠幅 14 m，树冠投影面积约 170 m^2，目前生长正常、长势良好。但该树所处地土壤较为贫瘠，应注意保护其生境的稳定性。

(12) 松桃县盘信镇新场村钩锥

该钩锥（编号 52222920589）位于贵州梵净山东北（松桃县）盘信镇新场村水井湾海拔 592 m 的路边，土壤类型为黄壤，生长环境中等，权属为集体所有，估测树龄为 500 余年。

该树冠大荫浓，树姿端庄。树高 29 m、胸围 350 cm（胸径 1.11 m），东西冠幅 18 m、南北冠幅 15 m，树冠投影面积约 270 m^2，目前生长正常、长势良好。但由于村民在此堆放了一些干柴，存在安全隐患，应严禁放置。

3.1.39 青钱柳 *Cyclocarya paliurus* (Batalin) Iljinsk.

【科属】 胡桃科 Juglandaceae 青钱柳属 *Cyclocarya*。

【形态特征】 乔木。奇数羽状复叶，具 7～9 小叶；顶生小叶具小叶柄，长椭圆形至长椭圆状披针形，基部楔形，顶端钝或急尖；叶缘具锐锯齿，侧脉 10～16 对。果实扁球形，密被短柔毛，果实中部围有水平方向的革质圆盘状翅，顶端具 4 枚宿存的花被片及花柱，果实及果翅全部被腺体，在基部及宿存的花柱上则被稀疏的短柔毛。花期 4—5 月，果期 7—9 月。

【分布】 青钱柳为中国特有的单属植物，产于安徽、江苏、浙江、江西、福建、台湾、湖北、湖南、四川、贵州、广西、广东和云南东南部等地。常生于海拔 500～2500 m 山地湿润的森林中。

【习性】 喜光，幼苗稍耐阴。以山地黄壤、黄棕壤较为常见，土层一般均较深厚、肥沃、潮湿，多呈微酸性或中性。耐旱，萌芽力强，生长中速。可扦插、嫁接、压条、分株、播种繁殖，以扦插繁殖较为普遍。

【古树资源】 目前，梵净山地区有青钱柳一级古树 1 棵，分布在梵净山东北（松桃县），详见表 3-41、图 3-11。

表 3-41 梵净山地区青钱柳（*Cyclocarya paliurus* (Batalin) Iljinsk.）古树相关信息及地理分布

区域	古树等级	古树编号	树高/m	胸围/cm	冠幅/m	生长状态	位置
梵净山东北（松桃县）	一级	52222930455	32	315	11×10	正常	冷水溪镇三脚坡村

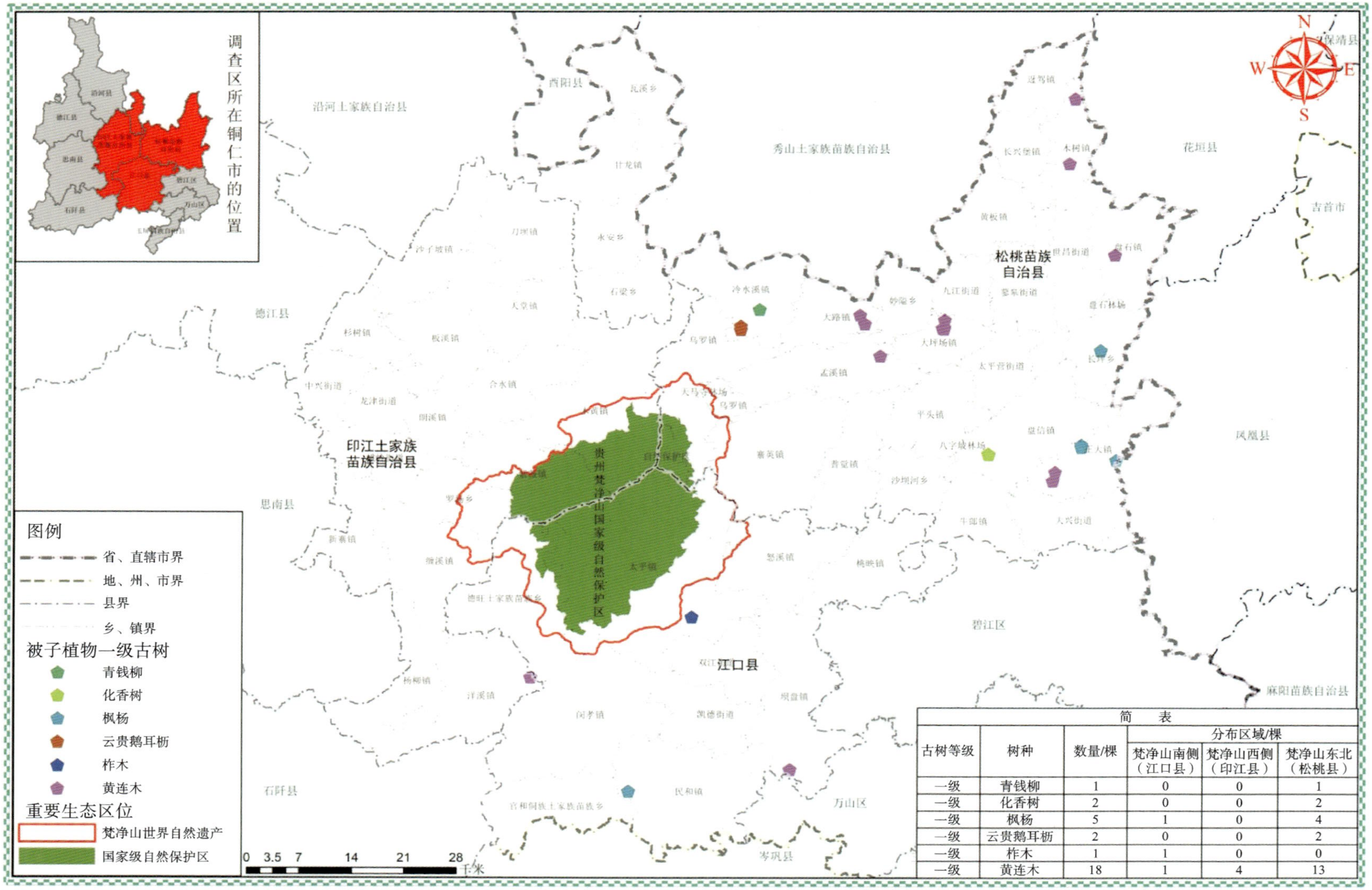

古树等级	树种	数量/棵	分布区域/棵		
			梵净山南侧（江口县）	梵净山西侧（印江县）	梵净山东北（松桃县）
一级	青钱柳	1	0	0	1
一级	化香树	2	0	0	2
一级	枫杨	5	1	0	4
一级	云贵鹅耳枥	2	0	0	2
一级	柞木	1	1	0	0
一级	黄连木	18	1	4	13

（简表）

制作底图由铜仁市自然资源局提供，审图号：图黔D(2021)001号

比例尺1：45万

图 3-11　梵净山地区被子植物一级古树(青钱柳、化香树、枫杨、云贵鹅耳枥、柞木、黄连木)分布图

松桃县冷水溪镇三脚坡村青钱柳

该青钱柳(编号52222930455)位于贵州梵净山东北(松桃县)冷水溪镇三脚坡村梁家土组海拔500 m的房屋边,土壤类型为黄壤,生长环境良好,权属为集体所有,估测树龄为500余年。

该树生长在岩石边,树皮灰色,枝繁叶茂。树高32 m、胸围315 cm(胸径1.00 m),东西冠幅11 m、南北冠幅10 m,树冠投影面积约110 m^2,虽主梢已干枯,但目前生长正常。其果实像一串串“铜钱”挂在树上,极具观赏价值。

3.1.40 化香树 *Platycarya strobilacea* Siebold & Zucc.

【俗名】 圆果化香树。

【科属】 胡桃科 Juglandaceae 化香树属 *Platycarya*。

【形态特征】 落叶乔木。树皮灰色,浅纵裂。奇数羽状复叶;小叶7~19,卵状长椭圆形,边缘有锯齿,基部歪斜。果序球果状,果苞内生扁平有翅小坚果。花期5—6月,果期7—8月。

【分布】 化香树产于中国甘肃、陕西和河南的南部及山东、安徽、江苏、浙江、江西、福建、台湾、广东、广西、湖南、湖北、四川、贵州、云南等地。朝鲜、日本也有分布。

【习性】 喜光、温暖、湿润的气候和深厚肥沃的中性土壤。耐干旱、贫瘠,速生,萌芽性强。可播种繁殖。

【古树资源】 目前,梵净山地区有化香树一级古树2棵,分布在梵净山东北(松桃县),详见图3-11、表3-42。

表3-42 梵净山地区化香树(*Platycarya strobilacea* Siebold & Zucc.)古树相关信息及地理分布

区域	古树等级	古树编号	树高/m	胸围/cm	冠幅/m	生长状态	位置
梵净山东北(松桃县)	一级	52222920612	26	410	16×13	衰弱	盘信镇新场村
	一级	52222920613	32	320	20×17	正常	盘信镇新场村

(1) 松桃县盘信镇新场村化香树

该化香树(编号52222920612)位于贵州梵净山东北(松桃县)盘信镇新场村水井湾海拔640 m的路坎上,土壤类型为黄壤,附近水源充足,生长环境良好,权属为集体所有,估测树龄为500余年。

该树树体高大,树高26 m、胸围410 cm(胸径1.31 m),东西冠幅16 m、南北冠幅13 m,树冠投影面积约210 m^2,树体上有枯死枝,目前生长衰弱。

该树基部土壤因塌方有一大空洞，存在部分根系裸露、断裂、腐烂现象，极易降低树体结构强度，引起树体倾倒，给行人造成安全威胁。同时，树皮存在不同程度的剥落现象，需检查古树生长情况。

(2) 松桃县盘信镇新场村化香树

该化香树(编号 52222920613)位于贵州梵净山东北(松桃县)盘信镇新场村水井湾海拔 493 m 的路坎下，土壤类型为黄壤，生长环境良好，权属为集体所有，估测树龄为 500 余年。

该树分为四大枝，枝条开展，显得苍劲有力。树高 32 m、胸围 320 cm(胸径 1.02 m)，东西冠幅 20 m、南北冠幅 17 m，树冠投影面积约 340 m^2，枝下高 10 m，目前生长正常、长势良好。

3.1.41 枫杨 *Pterocarya stenoptera* C. DC.

【俗名】 麻柳、鬼柳树、平杨柳、水麻柳。

【科属】 胡桃科 Juglandaceae 枫杨属 *Pterocarya*。

【形态特征】 乔木。常为偶数羽状复叶，叶轴具翅，小叶 10～28，纸质，长椭圆形或长椭圆状披针形，顶端常钝圆，稀急尖，具细锯齿，基部偏斜，上面沿脉疏被星状毛，下面脉上有细毛，脉腋有簇生星状毛。雄花序生于去年生枝叶腋，常 5～12 枚；雌花序生于新枝顶端，密被星状毛。果序长 20～45 cm，坚果球形，具 2 窄翅，果翅条状长圆形。花期 4—5 月，果熟期 8—9 月。

【分布】 枫杨产于中国陕西、河南、山东、安徽、江苏、浙江、江西、福建、台湾、广东、广西、湖南、湖北、四川、贵州、云南等地，在长江流域和淮河流域最为常见。华北和东北仅有栽培。朝鲜亦有分布。

【习性】 喜光，不耐阴，耐湿。喜深厚、肥沃、湿润的土壤，耐湿性强。深根性，萌芽力很强。可播种或扦插繁殖。

【古树资源】 目前，梵净山地区有枫杨一级古树 5 棵，其中梵净山南侧（江口县）1 棵、梵净山东北（松桃县）4 棵，详见图 3-11、表 3-43。

表 3-43 梵净山地区枫杨（*Pterocarya stenoptera* C. DC.）古树相关信息及地理分布

区域	古树等级	古树编号	树高/m	胸围/cm	冠幅/m	生长状态	位置
梵净山南侧（江口县）	一级	52222203965	15	807	10×7	衰弱	民和镇凯里村
梵净山东北（松桃县）	一级	52222920518	18	340	16×14	正常	长坪乡塘寨村
	一级	52222920553	20	580	13×13	衰弱	正大镇边墙村
	一级	52222920556	30	360	18×15	正常	正大镇新桥村
	一级	52222920555	17	400	14×11	正常	正大镇新桥村

（1） 江口县民和镇凯里村枫杨

该枫杨（编号 52222203965）位于贵州梵净山南侧（江口县）民和镇凯里村假角山海拔 813 m 的路坎上，土壤类型为黄壤，生长环境良好，权属为集体所有，估测树龄为 800 余年。

该树树盘庞大，树干粗壮。树高 15 m、胸围 807 cm（胸径 2.57 m），东西冠幅 10 m、南北冠幅 7 m，树冠投影面积约 70 m^2，目前生长衰弱。由于该树部分树干及树枝空心，且处在水井边，存在安全隐患，需对空心处进行填充和修补。

（2）松桃县长坪乡塘寨村枫杨

该枫杨（编号 52222920518）位于贵州梵净山东北（松桃县）长坪乡塘寨村海拔 713 m 的稻田边上，土壤类型为黄壤，附近水源充足，生长环境良好，权属为集体所有，估测树龄为 600 余年。

该树浓荫葱郁，树形优美。树高 18 m、胸围 340 cm（胸径 1.08 m），东西冠幅 16 m、南北冠幅 14 m，树冠投影面积约 220 m^2，目前生长正常、长势良好。由于该树处在地势开阔的稻田旁，可作为耕种时的遮阴纳凉之所，因而得到了较好的保护。

（3）松桃县正大镇边墙村枫杨

该枫杨（编号 52222920553）位于贵州梵净山东北（松桃县）正大镇边墙村对门寨海拔 350 m 的路边，土壤类型为黄壤，生长环境中等，权属为集体所有，估测树龄为 600 余年。

该树枝繁叶茂，树高 20 m、胸围 580 cm(胸径 1.85 m)，东西冠幅 13 m、南北冠幅 13 m，树冠投影面积约 170 m^2，目前生长衰弱。

(4) 松桃县正大镇新桥村枫杨

该枫杨(编号 52222920556)位于贵州梵净山东北(松桃县)正大镇新桥村三组海拔 607 m 的庙边，土壤类型为黄壤，生长环境中等，权属为集体所有，估测树龄为 600 余年。

该树高大挺拔，树高 30 m、胸围 360 cm(胸径 1.15 m)，东西冠幅 18 m、南北冠幅 15 m，树冠投影面积约 270 m^2，目前生长正常、长势良好。

(5) 松桃县正大镇新桥村枫杨

该枫杨(编号 52222920555)位于贵州梵净山东北(松桃县)正大镇新桥村三组海拔 602 m 的河边，土壤类型为黄壤，生长环境良好，权属为集体所有，估测树龄为 500 余年。

该树郁郁葱葱，树高 17 m、胸围 400 cm(胸径 1.27 m)，东西冠幅 14 m、南北冠幅 11 m，树冠投影面积约 150 m^2，目前生长正常、长势良好。

3.1.42 云贵鹅耳枥 *Carpinus pubescens* Burkill

【科属】 桦木科 Betulaceae 鹅耳枥属 *Carpinus*。

【形态特征】 乔木。叶长椭圆形、矩圆状披针形、卵状披针形，少有椭圆形，顶端渐尖、长渐尖，较少锐尖，基部圆楔形、近圆形、微心形，有时稍不对称，边缘具规则的细密重锯齿，侧脉 12～14 对。小坚果宽卵圆形，密被短柔毛，上部被长柔毛，极少下部几无毛，疏生或无树脂腺体。

【分布】 云贵鹅耳枥产于中国云南东南部、贵州、重庆南川、陕西太白山等地。生于海拔 450～1500 m 的山谷或山坡林中，也生于山顶或石山坡的灌木林中。越南北部也有分布。

【古树资源】 目前，梵净山地区有云贵鹅耳枥一级古树 2 棵，分布在梵净山东北(松桃县)，详见图 3-11、表 3-44。

表 3-44 梵净山地区云贵鹅耳枥(*Carpinus pubescens* Burkill)古树相关信息及地理分布

区　　域	古树等级	古 树 编 号	树高 /m	胸围 /cm	冠幅 /m	生长状态	位　　置
梵净山东北(松桃县)	一级	52222930475	16	406	15×16	衰弱	冷水溪镇石门村
	一级	52222930474	7	406	0	死亡	冷水溪镇石门村

(1) 松桃县冷水溪镇石门村云贵鹅耳枥

该云贵鹅耳枥(编号 52222930475)位于贵州梵净山东北(松桃县)冷水溪镇石门村晋阳组海拔 500 m 的房屋边，土壤类型为黄壤，生长环境中等，权属为集体所有，估测树龄为 500 余年。

该树树盘较大，枝繁叶茂。树高 16 m、胸围 406 cm(胸径 1.29 m)，东西冠幅 15 m、南北冠幅 16 m，树冠投影面积约 240 m^2，目前生长衰弱。但其主干基部存在中空、腐烂现象，建议对中空、腐烂处进行修补。

(2) 松桃县冷水溪镇石门村云贵鹅耳枥

该云贵鹅耳枥(编号 52222930474)位于贵州梵净山东北(松桃县)冷水溪镇石门村海拔 500 m 的土地树坝子边,土壤类型为黄壤,生长环境中等,权属为集体所有,估测树龄为 500 余年。

2017 年古树名木普查时,该树高 7 m、胸围 406 cm(胸径 1.29 m),因被雷击已死亡。

3.1.43 柞木 *Xylosma congesta* (Lour.) Merr.

【俗名】 红心刺、葫芦刺、蒙子树、凿子树。

【科属】 杨柳科 Salicaceae 柞木属 *Xylosma*。

【形态特征】 常绿乔木或灌木。幼枝有腋生刺或无。叶宽卵形、卵形至椭圆状卵形,先端渐尖,基部楔形或圆形,边缘有锯齿。雌雄异株,总状花序腋生,花梗极短。萼片 4～6;无花瓣;雄花具多数雄蕊,花盘由多数腺体组成,位于雄蕊外围;雌花花盘圆盘状,边缘稍呈浅波状;子房 1 室,侧膜胎座 2 个,柱头 2 裂。浆果球形;种子 2～3 粒。花期 5—7 月,果期 9—10 月。

【分布】 柞木产于中国秦岭以南和长江以南各地。生于海拔 800 m 以下的林边、丘陵、平原或村边附近灌丛中。朝鲜、日本也有分布。

【习性】 喜光,适应性强,耐干旱贫瘠,耐寒性强。喜温凉气候和中性至酸性土壤,通常生于向阳干燥山坡。深根性,主根发达,但不耐移植。

【古树资源】 目前,梵净山地区有柞木一级古树 1 棵,分布在梵净山南侧(江口县),详见图 3-11、表 3-45。

表 3-45 梵净山地区柞木(*Xylosma congesta* (Lour.) Merr.)古树相关信息及地理分布

区　域	古树等级	古树编号	树高/m	胸围/cm	冠幅/m	生长状态	位　置
梵净山南侧(江口县)	一级	52222200035	21	280	16×12	正常	太平镇太平社区

江口县太平镇太平社区柞木

该柞木(编号 52222200035)位于贵州梵净山南侧(江口县)太平镇太平社区老街组海拔 422 m 的房屋边,土壤类型为黄壤,生长环境中等,权属为集体所有,据《贵州古树名木》记载,现树龄在 800 年以上。

该树枝繁叶茂,树高 21 m、胸围 280 cm(胸径 0.89 m),东西冠幅 16 m、南北冠幅 12 m,树冠投影面积约 190 m^2,目前生长正常、长势良好。由于该树靠近房屋,需注意防止火灾、雷击、房屋扩建、生活垃圾和污水给古树生长带来干扰与威胁。

3.1.44 黄连木 *Pistacia chinensis* Bunge

【俗名】 楷木、黄连茶、凉茶树、茶树、药树、药木、黄连树、鸡冠木。

【科属】 漆树科 Anacardiaceae 黄连木属 *Pistacia*。

【形态特征】 落叶乔木。奇数羽状复叶互生,小叶 5~6 对,披针形或卵状披针形或线状披针形,先端渐尖或长渐尖,基部偏斜,全缘。花单性,雌雄异株,圆锥花序腋生,雄花序淡绿色,雌花序紫红色。核果成熟时紫红色。花期 3—4 月,先叶开放;果期 9—11 月。

【分布】 黄连木产于中国长江以南各地及华北、西北。生于海拔 140~3550 m 的石山林中。菲律宾也有分布。

【习性】 喜光,适应性强,耐干旱贫瘠。深根性,抗风力强,生长较慢,寿命长。可播种繁殖。

【古树资源】 目前,梵净山地区有黄连木一级古树 18 棵,其中梵净山南侧(江口县)1 棵、梵净山西侧(印江县)4 棵、梵净山东北(松桃县)13 棵,详见图 3-11、表 3-46。

表 3-46 梵净山地区黄连木(*Pistacia chinensis* Bunge)古树相关信息及地理分布

区域	古树等级	古树编号	树高/m	胸围/cm	冠幅/m	生长状态	位置
梵净山南侧(江口县)	一级	52222202696	26	471	25×20	正常	坝盘镇龙阳村
梵净山西侧(印江县)	一级	52222607000	16	452	13×20	衰弱	洋溪镇银坳村
	一级	52222607001	18	411	10×12	正常	洋溪镇银坳村
	一级	52222607002	18	267	6×8	正常	洋溪镇银坳村
	一级	52222607003	18	364	16×14	正常	洋溪镇银坳村

续表

区　域	古树等级	古树编号	树高/m	胸围/cm	冠幅/m	生长状态	位　置
梵净山东北(松桃县)	一级	52222920559	38	320	14×12	正常	正大镇空桐村
	一级	52222940030	33	550	16×16	衰弱	大路镇寨冠村
	一级	52222920552	38	360	10×9	衰弱	正大镇薅菜村
	一级	52222920187	28	500	16×14	正常	木树镇美意村
	一级	52222920193	28	340	22×14	正常	木树镇美意村
	一级	52222920155	26	320	15×15	正常	木树镇滥泥村
	一级	52222940027	27	340	10×10	衰弱	大路镇和平村
	一级	52222910532	38	417	10×10	正常	盘石镇秀瑙村
	一级	52222940079	32	483	18×16	正常	孟溪镇凯塘村
	一级	52222910261	22	460	14×15	正常	大坪场镇地耶河村
	一级	52222910265	26	470	16×18	正常	大坪场镇月城村
	一级	52222910263	18	320	12×13	衰弱	大坪场镇月城村
	一级	52222910264	12	320	12×13	正常	大坪场镇月城村

(1) 松桃县正大镇空桐村黄连木

该黄连木(编号 52222920559)位于贵州梵净山东北(松桃县)正大镇空桐村三组海拔 460 m 的公路边,土壤类型为黄壤,生长环境中等,权属为集体所有,估测树龄为 700 余年。

该树生长在石缝中,树体高大、枝叶茂密。树高 38 m、胸围 320 cm(胸径 1.02 m),东西冠幅 14 m、南北冠幅 12 m,树冠投影面积约 170 m^2,目前生长正常、长势良好。一年四季,叶、花、果颜色交替变换,营造出丰富多彩的景象,特别是金黄和火红的秋叶,十分迷人,具有很高的观赏价值。

(2) 松桃县大路镇寨冠村黄连木

该黄连木(编号 52222940030)位于贵州梵净山东北(松桃县)大路镇寨冠村下寨组海拔 405 m 的田边,土壤类型为黄壤,生长环境中等,权属为集体所有,估测树龄为 600 余年。

该树高大挺拔、枝繁叶茂。树高 33 m、胸围 550 cm(胸径 1.75 m),东西冠幅 16 m、南北冠幅 16 m,树冠投影面积约 260 m^2。但该树主干下部中空、腐烂严重,主梢已干枯,部分枝条枯萎,目前生长衰弱,需对主干中空、腐烂处进行修补,并对枯枝进行修剪。

(3) 松桃县正大镇薅菜村黄连木

该黄连木(编号 52222920552)位于贵州梵净山东北(松桃县)正大镇薅菜村二组海拔 599 m 的房屋边,土壤类型为黄壤,生长环境中等,权属为集体所有,估测树龄为 600 余年。

该树紧靠堡坎墙体，树形高大、枝密叶繁。树高 38 m、胸围 360 cm（胸径 1.15 m），东西冠幅 10 m、南北冠幅 9 m，树冠投影面积约 90 m^2，目前生长衰弱。但树体主干被墙体包裹，枯枝多，存在安全隐患，需及时清理枯枝。

（4）江口县坝盘镇龙阳村黄连木

该黄连木（编号 52222202696）位于贵州梵净山南侧（江口县）坝盘镇龙阳村海拔 698 m 的郭家组，土壤类型为黄壤，生长环境良好，权属为集体所有，估测树龄为 500 余年。

该树生于林缘岩石之上，树根隆起，高大挺拔、枝繁叶茂。树高 26 m、胸围 471 cm（胸径 1.50 m），东西冠幅 25 m、南北冠幅 20 m，树冠投影面积约 500 m^2，枝下高 9 m，目前生长正常、长势良好，但需适当清理邻近杂木，以保证古树生长所需的营养空间。

（5）松桃县盘石镇秀瑙村黄连木

该黄连木（编号 52222910532）位于贵州梵净山东北（松桃县）盘石镇秀瑙村海拔 750 m 的公路边，土壤类型为黄壤，生长环境中等，权属为集体所有，估测树龄为 500 余年。

该树树皮呈暗褐色、鳞状，树枝迂回曲折，犹如蛟龙盘缠而上。羽状复叶秀丽多姿，虽饱经风霜，但仍高大挺拔、枝繁叶茂、树形端庄、树体完整。有趣的是，其分杈处还寄生着一棵棕榈，具有观赏价值。树高 38 m、胸围 417 cm（胸径 1.33 m），东西冠幅 10 m、南北冠幅 10 m，树冠投影面积约 100 m^2，枝下高 2.5 m 处枝条虬曲，其上 3 m 处主干分为五大枝，目前生长正常、长势良好。

由于人为活动产生大量的建筑和生活垃圾，特别是建筑垃圾含有水泥和石灰等成分，易造成土壤 pH 发生变化，生活垃圾发酵过程中也会产生有毒物质毒害根系，建议清理树基周边垃圾杂物、微移道路路面及修建石坎护坡等以保护古树。

(6) 印江县洋溪镇银坳村黄连木

该地的 4 棵黄连木位于贵州梵净山西侧(印江县)洋溪镇银坳村毛坪组海拔 780 m 的农土边,土壤类型为黄壤,生长环境良好,权属为集体所有,估测树龄均为 500 余年。

4 棵古树几乎生长在一条线上,每棵树之间相隔不到 1 m,树冠互相交错、补冠,树形优美,枝繁叶茂。站在古树下,抬头望去,就如同一把“巨伞”,蔚为壮观。据村民介绍,他们祖祖辈辈都把这 4 棵古树视为“护寨树”,是人们遮风避雨、抵挡酷暑、祈求平安的风水宝树。

编号 52222607000(左)黄连木树高 16 m、胸围 452 cm,东西冠幅 13 m、南北冠幅 20 m,树冠投影面积约 260 m^2,主干下部局部中空、腐烂,目前生长衰弱。编号 52222607001(左中)、52222607002(右中)、52222607003(右)黄连木树高均为 18 m,胸围、东西冠幅、南北冠幅、树冠投影面积依次为 411 cm、267 cm、364 cm,10 m、6 m、16 m,12 m、8 m、14 m,约 120 m^2、约 50 m^2、约 220 m^2。中间一棵受两边树木光照影响,长势欠佳,目前 3 棵黄连木均生长正常。黄连木叶、花、果四季颜色变换丰富多彩,4 棵连成

一片，更为壮观，具有极高的生态和观赏价值。建议设置防护围栏，清理树体上的枯残枝，并对中空、腐烂处进行填补和修复，以稳固树体结构。

(7) 松桃县孟溪镇凯塘村黄连木

该黄连木(编号 52222940079)位于贵州梵净山东北(松桃县)孟溪镇凯塘村桐木湾组海拔 452 m 的公路边，土壤类型为黄壤，生长环境良好，权属为集体所有，估测树龄为 500 余年。

该树树下有一水井，水源充足，其树体高大、枝条粗壮、枝繁叶茂。春季早期树叶呈红色，深秋叶片为橘黄色或很深的红色，十分美丽，具有较高的生态和观赏价值。树高 32 m、胸围 483 cm（胸径 1.54 m），东西冠幅 18 m、南北冠幅 16 m，树冠投影面积约 290 m^2，3 枝粗壮的枝条弯曲生长，显得苍老遒劲，目前生长正常、长势良好。

（8）松桃县木树镇美意村黄连木

该黄连木（编号 52222920187）位于贵州梵净山东北（松桃县）木树镇美意村三组海拔 591 m 的岩石中，土壤类型为黄壤，生长环境良好，权属为集体所有，估测树龄为 500 余年。

该树树体高大，枝繁叶茂。树高 28 m、胸围 500 cm（胸径 1.59 m），东西冠幅 16 m、南北冠幅 14 m，树冠投影面积约 220 m^2，目前生长正常。

但该树主干下部局部中空、腐烂，需对中空、腐烂处进行修补。同时，由于生长于岩石上，所处地土壤贫瘠，应注意保护其生境的稳定性。

（9）松桃县木树镇美意村黄连木

该黄连木（编号 52222920193）位于贵州梵净山东北（松桃县）木树镇美意村海拔 590 m 的田坎边上，土壤类型为黄壤，生长环境良好，权属为集体所有，估测树龄为 500 余年。

该树枝繁叶茂，树高 28 m、胸围 340 cm（胸径 1.08 m），东西冠幅 22 m、南北冠幅 14 m，树冠投影面积约 310 m^2，目前生长正常、长势良好。

(10) 松桃县木树镇滥泥村黄连木

该黄连木(编号 52222920155)位于贵州梵净山东北(松桃县)木树镇滥泥村一组海拔 599 m 的庙边,土壤类型为黄壤,生长环境差,权属为集体所有,估测树龄为 500 余年。

该树枝叶浓密,树高 26 m、胸围 320 cm(胸径 1.02 m),东西冠幅 15 m、南北冠幅 15 m,树冠投影面积约 230 m^2,目前生长正常、长势良好。但由于树体周围地面被水泥硬化,破坏了古树原有的生长环境,需予以改善。

(11) 松桃县大路镇和平村黄连木

该黄连木(编号52222940027)位于贵州梵净山东北(松桃县)大路镇和平村岩口组海拔413 m的庙边,土壤类型为黄壤,生长环境中等,权属为集体所有,估测树龄为500余年。

该树生长在岩石上,树体高大,树高27 m、胸围340 cm(胸径1.08 m),东西冠幅10 m、南北冠幅10 m,树冠投影面积约100 m^2,树体枯枝较多,目前生长衰弱,宜采取复壮措施。

(12) 松桃县大坪场镇地耶河村黄连木

该黄连木(编号52222910261)位于贵州梵净山东北(松桃县)大坪场镇地耶河村滚土组海拔350 m的渡口边,土壤类型为黄壤,生长环境中等,权属为集体所有,估测树龄为500余年。

该树主干分为三大枝，枝叶浓密。树高 22 m、胸围 460 cm（胸径 1.46 m），东西冠幅 14 m、南北冠幅 15 m，树冠投影面积约 210 m^2，靠路侧树基被水泥硬化，目前生长正常、长势良好。由于该树靠近房屋，需注意防范火灾、雷击或房屋扩建对该树造成的威胁。

（13）松桃县大坪场镇月城村黄连木

该地的 3 棵黄连木位于贵州梵净山东北（松桃县）大坪场镇月城村大院子海拔 390 m 的山地杂木林中，土壤类型为黄壤，生长环境良好，权属为集体所有，估测树龄均为 500 余年。

编号 52222910265（左）黄连木树高 26 m、胸围 470 cm（胸径 1.50 m），东西冠幅 16 m、南北冠幅 18 m，树冠投影面积约 290 m^2，其形苍劲有力，其态饱经风霜，目前生长正常、长势良好。但由于一些枝杈过大，若遇极端天气，有折断的风险，需做好防护。编号 52222910263 黄连木树干扭曲，树高 18 m、胸围 320 cm（胸径 1.02 m），东西冠幅 12 m、南北冠幅 13 m，树冠投影面积约 160 m^2，树皮大面积剥落，目前生长衰弱。需对外露的木质部进行填补和修复，防止树干腐烂、形成树洞，降低树体结构强度。编号 52222910264（右）黄连木树高 12 m、胸围 320 cm（胸径 1.02 m），东西冠幅 12 m、南北冠幅 13 m，树冠投影面积约 160 m^2，目前生长正常、长势良好。但需适当梳理树下邻近的杂木，以降低该树所面临的竞争压力。

3.1.45 红椿 *Toona ciliata* M. Roem.

【俗名】 红楝子。

【科属】 楝科 Meliaceae 香椿属 *Toona*。

【形态特征】 乔木。叶为偶数羽状复叶，对生，长圆形或长圆状披针形，上面仅脉腋被毛，先端尾状渐尖，基部两侧不对称。圆锥花序顶生；雄蕊 5 枚，全育；花盘与子房等长，被粗毛。蒴果长椭圆形；种子扁平，两端具膜质翅。花期 4—6 月，果期 10—12 月。

【分布】 红椿产于中国福建、湖南、广东、广西、四川和云南等地。多生于低海拔沟谷林中或山坡疏林中。印度、中南半岛、马来西亚、印度尼西亚等有分布。

【习性】 喜光，喜温暖，稍耐阴，耐干旱、贫瘠，深根性。对土壤要求不严，喜深厚、肥沃、湿润、排水性良好的酸性土壤或钙质土，尤其在比较湿润而肥沃的黄壤或黄棕壤山地或溪涧旁的水湿地上生长良好。萌芽更新能力较强。可播种繁殖。

【古树资源】 目前，梵净山地区有红椿一级古树 3 棵，分布在梵净山东北（松桃县），详见表 3-47、图 3-12。

表 3-47 梵净山地区红椿（*Toona ciliata* M. Roem.）古树相关信息及地理分布

区　域	古树等级	古树编号	树高/m	胸围/cm	冠幅/m	生长状态	位　置
梵净山东北（松桃县）	一级	新增无编号	28	382	18×16	正常	正大镇薅菜村
	一级	新增无编号	32	347	16×13	正常	正大镇薅菜村
	一级	52222920554	29	367	14×10	正常	正大镇薅菜村

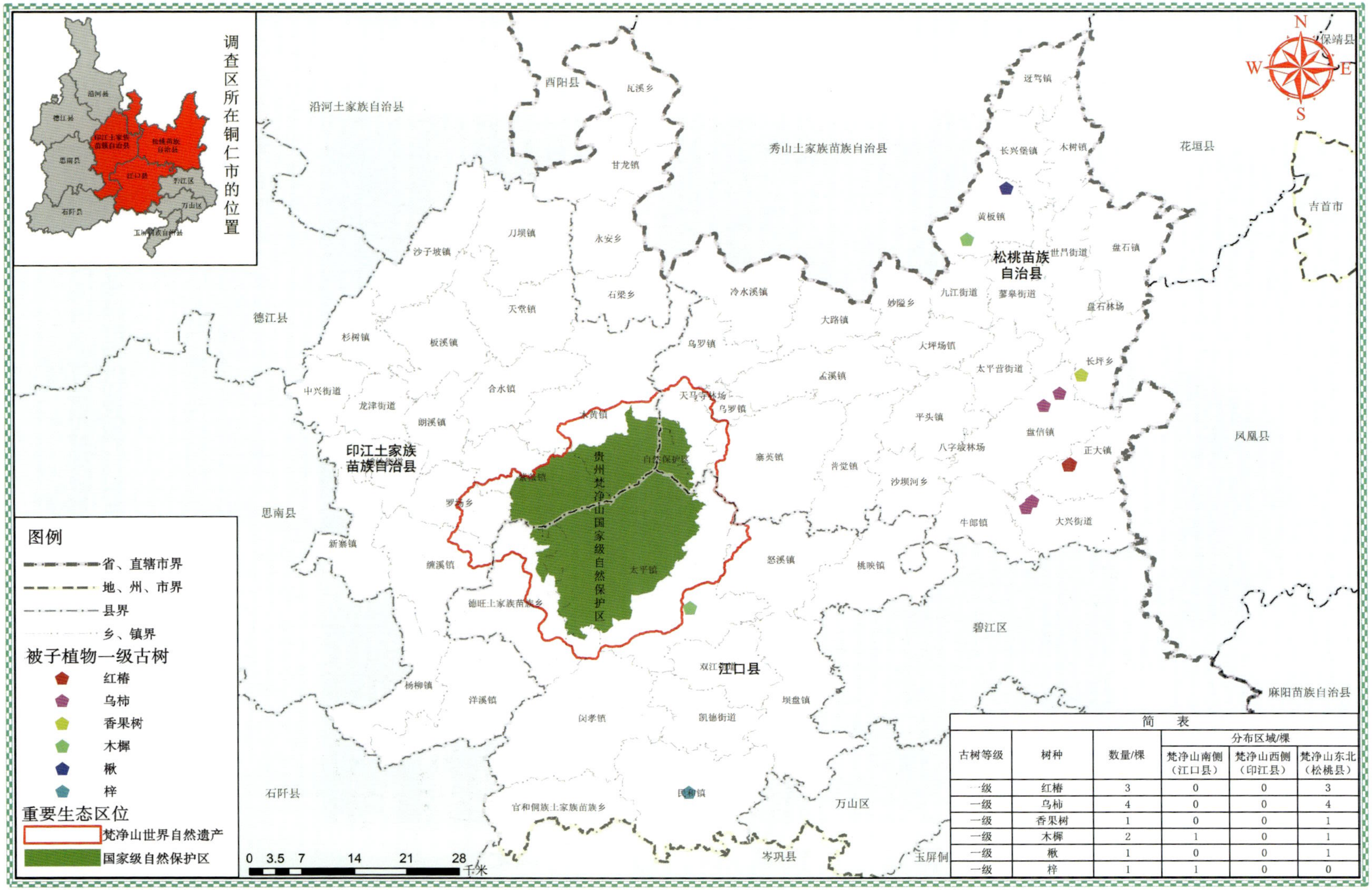

古树等级	树种	数量/棵	分布区域/棵		
			梵净山南侧（江口县）	梵净山西侧（印江县）	梵净山东北（松桃县）
一级	红椿	3	0	0	3
一级	乌柿	4	0	0	4
一级	香果树	1	0	0	1
一级	木樨	2	1	0	1
一级	楸	1	0	0	1
一级	梓	1	1	0	0

制作底图由铜仁市自然资源局提供，审图号：图黔D(2021)001号

比例尺1：45万

图 3-12 梵净山地区被子植物一级古树(红椿、乌柿、香果树、木樨、楸、梓)分布图

(1) 松桃县正大镇蕯菜村红椿

该地的 2 棵红椿位于贵州梵净山东北(松桃县)正大镇蕯菜村苗王城点将台海拔 699 m 的山地杂木林中,土壤类型为黄壤,生长环境良好,权属为集体所有,估测树龄均为 500 余年。

2 棵红椿(新增无编号)树体高大、枝繁叶茂、树形优美。初春的幼叶嫩绿,深秋叶色变红,令人赏心悦目。其中 1 棵(600 余年)树高 28 m、胸围 382 cm(胸径 1.22 m),东西冠幅 18 m、南北冠幅 16 m,树冠投影面积约 290 m^2。在其 10 m 外的另一棵红椿,树高 32 m、胸围 347 cm(胸径 1.11 m),东西冠幅 16 m、南北冠幅 13 m,树冠投影面积约 210 m^2,目前均生长正常、长势良好。

(2) 松桃县正大镇蕯菜村红椿

该红椿(编号 52222920554)位于贵州梵净山东北(松桃县)正大镇蕯菜村海拔 587 m 的苗王府后花园,靠近墙体,土壤类型为黄壤,生长环境差,权属为集体所有,估测树龄为 500 余年。

这棵红椿树体高大、枝繁叶茂。树高 29 m、胸围 367 cm(胸径 1.17 m),东西冠幅 14 m、南北冠幅 10 m,树冠投影面积约 140 m^2,目前生长正常、长势良好。但该古树附近有电线经过,给其正常生长带来了一定的干扰与威胁,建议有条件的情况下尽快调整电线走向以改善其生境。

3.1.46 乌柿 *Diospyros cathayensis* Steward

【俗名】 山柿子、丁香柿。

【科属】 柿科 Ebenaceae 柿属 *Diospyros*。

【形态特征】 常绿或半常绿小乔木。多枝，有刺。叶长圆状披针形，两端钝；叶柄短，有微柔毛。雄花花萼4深裂，裂片三角形；花冠壶状，两面有柔毛，4裂，裂片宽卵形，反曲；雄蕊16枚，分成8对；雌花单生，白色，芳香，花萼4深裂，裂片卵形，有短柔毛，先端急尖；花冠较花萼短，壶状，有短柔毛，4裂，裂片覆瓦状排列，近三角形，反曲。果实球形，嫩时绿色，成熟时黄色，变无毛；种子褐色，长椭圆形，侧扁。花期4—5月，果期8—10月。

【分布】 乌柿产于中国四川西部、湖北西部、云南东北部、贵州、湖南、安徽南部等地。生于海拔600～1500 m的河谷、山地或山谷林中。

【习性】 喜光，耐寒性不强，对土壤适应性较强，在深厚、湿润、肥沃的冲积土上生长最好。可嫁接繁殖。

【古树资源】 目前，梵净山地区有乌柿一级古树4棵，分布在梵净山东北（松桃县），详见图3-12、表3-48。

表 3-48 梵净山地区乌柿(*Diospyros cathayensis* Steward)古树相关信息及地理分布

区 域	古树等级	古树编号	树高/m	胸围/cm	冠幅/m	生长状态	位 置
梵净山东北(松桃县)	一级	52222920614	28	760	25×24	正常	盘信镇麦地村
	一级	52222920617	28	330	10×12	衰弱	盘信镇团塘村
	一级	52222920480	18	380	5×7	正常	大兴街道岩拉村
	一级	新增无编号	20	350	15×13	正常	大兴街道高岩村

(1) 松桃县盘信镇麦地村乌柿

该乌柿(编号 52222920614)位于贵州梵净山东北(松桃县)盘信镇麦地村海拔 682 m 的后山路边,土壤类型为黄壤,生长环境良好,权属为集体所有,估测树龄为 1000 年以上。

该树树冠开展、枝叶浓密、外形优美,具有较高的生态价值和观赏价值。树高 28 m、胸围 760 cm(胸径 2.42 m),东西冠幅 25 m、南北冠幅 24 m,树冠投影面积约 600 m^2,目前生长正常、长势良好。

该树是当地村民祭拜的风水树,其周围的地面铺设了大量石板,砌了石制树池,还在堡坎下砌了一神龛供燃烧纸烛之用,表明当地村民生态意识较强。

(2) 松桃县盘信镇团塘村乌柿

该乌柿(编号 52222920617)位于贵州梵净山东北(松桃县)盘信镇团塘村坳上海拔 579 m 的村民院内,靠近墙体,土壤类型为黄壤,生长环境中等,权属为集体所有,估测树龄为 600 余年。

该树盘根错节、枝叶浓密。树高 28 m、胸围 330 cm(胸径 1.05 m),东西冠幅 10 m、南北冠幅 12 m,树冠投影面积约 120 m^2,枝下高 1 m,主干上部因曾遭遇雷电已自然枯死,目前生长衰弱。

据村民介绍,该古树果实长椭圆形,成熟后金黄色,极具观赏价值,但结果量越来越少,需予以保护。

(3) 松桃县大兴街道岩拉村乌柿

该乌柿(编号 52222920480)位于贵州梵净山东北(松桃县)大兴街道岩拉村一组海拔 568 m 的路边,土壤类型为黄壤,生长环境良好,权属为集体所有,估测树龄为 600 余年。

该树四季常青，郁郁葱葱，枝叶茂密。树高 18 m、胸围 380 cm（胸径 1.21 m），东西冠幅 5 m、南北冠幅 7 m，树冠投影面积约 40 m^2，目前生长正常、长势良好，但结果量少。

（4）松桃县大兴街道高岩村乌柿

该乌柿（新增无编号）位于贵州梵净山东北（松桃县）大兴街道高岩村下高岩组海拔 580 m 的路边，土壤类型为黄壤，生长环境良好，权属为集体所有，估测树龄为 600 余年。

该树树形优美、枝叶浓密，树高 20 m、胸围 350 cm（胸径 1.11 m），东西冠幅 15 m、南北冠幅 13 m，树冠投影面积约 200 m^2，其不远处还生长着一棵柞木（树高 20 m、胸围 180 cm），目前两树均生长正常、长势良好。

3.1.47 香果树 *Emmenopterys henryi* Oliv.

【俗名】 茄子树、水冬瓜、大叶水桐子、丁木。

【科属】 茜草科 Rubiaceae 香果树属 *Emmenopterys*。

【形态特征】 落叶大乔木。小枝有皮孔。叶阔椭圆形、阔卵形或卵状椭圆形，顶端短尖或骤然渐尖，稀钝，基部短尖或阔楔形，全缘；侧脉 5～9 对，在下面凸起；叶柄无毛或有柔毛。圆锥状聚伞花序顶生；花芳香，变态的叶状萼裂片白色、淡红色或淡黄色，匙状卵形或广椭圆形。蒴果长圆状卵形或近纺锤形，无毛或有短柔毛，有纵细棱；种子多数，小而有阔翅。花期 6—8 月，果期 8—11 月。

【分布】 香果树为中国特有的单种属植物，产于中国陕西、甘肃、江苏、安徽、浙江、江西、福建、河南、湖北、湖南、广西、四川、贵州、云南东北部至中部等地。生于海拔 430～1630 m 的山谷林中。

【习性】 喜湿润而肥沃的土壤及凉爽的气候，土壤以黄壤为主，在石灰土、黄棕壤和黄红壤上亦可生长，能耐干旱贫瘠，但不耐积水或土壤过于黏重。在土层深厚肥沃、排水性良好的条件下生长迅速，天然更新能力较强。可播种、扦插繁殖。

【古树资源】 目前，梵净山地区有香果树一级古树1棵，分布在梵净山东北(松桃县)，详见图3-12、表3-49。

表3-49　梵净山地区香果树(*Emmenopterys henryi* Oliv.)古树相关信息及地理分布

区　域	古树等级	古树编号	树高/m	胸围/cm	冠幅/m	生长状态	位　置
梵净山东北(松桃县)	一级	52222920521	19	420	9×11	正常	长坪乡地卡村

松桃县长坪乡地卡村香果树

该香果树(编号52222920521)位于贵州梵净山东北(松桃县)长坪乡地卡村五组海拔756 m的竹林中，土壤类型为黄壤，生长环境良好，权属为个人所有，估测树龄为700余年。

该树主干分为两大枝，形似弹弓。树高19 m、胸围420 cm(胸径1.34 m)，东西冠幅9 m、南北冠幅11 m，树冠投影面积约100 m^2，目前生长正常、长势良好。7月，古树花香四溢，由于生长在竹林中，很难用相机摄下它完整的身影，唯见满树白色繁花，具有极高的生态价值和观赏价值。

3.1.48　木樨 *Osmanthus fragrans* (Thunb.) Lour.

【俗名】 桂花、丹桂、刺桂、四季桂。

【科属】 木樨科 Oleaceae 木樨属 *Osmanthus*。

【形态特征】 常绿乔木或灌木。小枝无毛；芽叠生。单叶对生，椭圆形或椭圆状披针形，先端渐尖，基部楔形，全缘或通常上半部有细锯齿。花簇生于叶腋或形成聚伞状；花小，黄白色，浓香。核果椭圆形，紫黑色。花期9—10月上旬，果期翌年3月。

【分布】 木樨原产于中国西南部，现各地广泛栽培。

【习性】 喜光，适应性强，适生于疏松透气、保水力强的微酸性土壤。可扦插繁殖。

【古树资源】 目前，梵净山地区有木樨一级古树 2 棵，其中梵净山南侧(江口县)、梵净山东北(松桃县)各 1 棵，详见图 3-12、表 3-50。

表 3-50 梵净山地区木樨(*Osmanthus fragrans* (Thunb.) Lour.)古树相关信息及地理分布

区域	古树等级	古树编号	树高/m	胸围/cm	冠幅/m	生长状态	位置
梵净山南侧(江口县)	一级	52222200133	23	442	16×12	正常	太平镇太平社区
梵净山东北(松桃县)	一级	52222920346	14	260	16×12	正常	黄板镇凤凰村

(1) 江口县太平镇太平社区木樨

该木樨(编号 52222200133)位于贵州梵净山南侧(江口县)太平镇太平社区海拔 486 m 的后山，土壤类型为黄壤，生长环境良好，权属为集体所有。据《贵州古树名木》记载，该古树为中国最大的一棵桂花，号称“江口桂花王”，现树龄为 800 余年。

该木樨生长在山地杂木林中，树冠伞形、树体完整、树形端庄、枝叶婆娑。树高 23 m、胸围 442 cm(胸径 1.41 m)，东西冠幅 16 m、南北冠幅 12 m，树冠投影面积约 190 m^2，目前生长正常、长势旺盛。部分树根裸露匍匐盘结，显示出根部的自然美。

木樨是崇高、贞洁、荣誉、友好和吉祥的象征，是中国十大传统名花之一。花色的变化与开花时间有关，颜色不稳定。初开的花纯白色，即将凋落的花呈黄色。每到桂花飘香的季节，根深叶茂的古树被一串串黄中透白的花朵点缀着，散发出阵阵幽香，香气馥郁，方圆数百米都能闻到。

由于该木樨所在地山环水绕、田园风光优美，加之距江口县城至贵州梵净山国家级自然保护区必经之路不到 3 km，因此，该古树具有较高的生态和旅游价值。每逢大小节日，人们常来这棵古树下祈福。

(2) 松桃县黄板镇凤凰村木樨

该木樨(编号 52222920346)位于贵州梵净山东北(松桃县)黄板镇凤凰村三组海拔 487 m 的公路坎下，土壤类型为黄壤，生长环境良好，权属为集体所有，估测树龄为 500 余年。

该木樨树皮灰褐色，树冠浑圆、树形端庄、生长旺盛。树高 14 m、胸围 260 cm(胸径 0.83 m)，东西冠幅 16 m、南北冠幅 12 m，像一把巨大的太阳伞，树冠投影面积约 190 m^2，目前生长正常、长势良好。主干分为四大主枝，一枝向下弯曲生长，三枝向上粗壮有力，显得分外漂亮，是当地村民歇息纳凉的好去处。

由于该木樨处在村寨中，邻近土地庙，人为活动较为频繁，建议设置警示牌，禁止人员攀爬及采摘花枝，并在焚烧香、纸、烛等时远离古树。

3.1.49 楸 *Catalpa bungei* C. A. Mey.

【俗名】 金丝楸。

【科属】 紫葳科 Bignoniaceae 梓属 *Catalpa*。

【形态特征】 乔木。叶三角状卵形或卵状长圆形，顶端长渐尖，基部截形，阔楔形或心形，叶背无毛。伞房状总状花序顶生，有花 2～12 朵。花萼蕾时圆球形，2 唇开裂；花冠淡红色，内面具有 2 条黄色条纹及暗紫色斑点。种子狭长椭圆形，两端生长毛。花期 5—6 月，果期 6—10 月。

【分布】 楸产于中国河北、河南、山东、山西、陕西、甘肃、江苏、浙江、湖南等地。在广西、贵州、云南等地有栽培。

【习性】 喜肥沃土壤，生长迅速。一般用根蘖繁殖。

【古树资源】 目前，梵净山地区有楸一级古树 1 棵，分布在梵净山东北(松桃县)，详见图 3-12、表 3-51。

表 3-51 梵净山地区楸(*Catalpa bungei* C. A. Mey.)古树相关信息及地理分布

区域	古树等级	古树编号	树高/m	胸围/cm	冠幅/m	生长状态	位置
梵净山东北(松桃县)	一级	新增无编号	30	530	13×16	正常	黄板镇妙湾村

松桃县黄板镇妙湾村楸

该楸(新增无编号)位于贵州梵净山东北(松桃县)黄板镇妙湾村一组海拔 583 m 的村民院坝边，土壤类型为黄壤，生长环境中等，权属为集体所有，估测树龄为 600 余年。

该楸(当地称紫桐子)树体高大、树形完整、枝繁叶茂。树高 30 m、胸围 530 cm(胸径 1.69 m)，东西冠幅 13 m、南北冠幅 16 m，树冠投影面积约 210 m²，枝下高 8 m，目前生长正常、长势良好。

3.1.50 梓 *Catalpa ovata* G. Don

【俗名】 梓树、黄花楸、臭梧桐、花楸、楸、火楸。

【科属】 紫葳科 Bignoniaceae 梓属 *Catalpa*。

【形态特征】 乔木。树冠伞形。叶卵形或近圆形，先端凸或渐尖，基部心形或近圆形，常 3～5 浅裂，上面有灰色短柔毛，下面脉上有疏毛，叶掌状脉 5～7 条。圆锥花序顶生；花冠淡黄色，内面有黄色条纹及紫色斑纹。蒴果细长如筷。种子长椭圆形，具毛。花期 4—6 月，果期 8—11 月。

【分布】 梓产于中国长江流域及南岭以北地区，日本也有，生于海拔 500～2500 m 的低山河谷，多栽培于村庄附近及公路两旁。

【习性】 喜光，喜温暖湿润气候，有一定的耐寒能力。深根性，喜深厚、湿润、肥沃、疏松的中性土壤、微酸性土壤，在轻度盐碱土壤上也能生长。

【古树资源】 目前，梵净山地区有梓一级古树 1 棵，分布在梵净山南侧(江口县)，详见图 3-12、表 3-52。

表 3-52　梵净山地区梓(*Catalpa ovata* G. Don)古树相关信息及地理分布

区　域	古树等级	古树编号	树高/m	胸围/cm	冠幅/m	生长状态	位　置
梵净山南侧(江口县)	一级	52222203837	26	477	25×20	正常	民和镇太平寨村

江口县民和镇太平寨村梓

该梓(编号 52222203837)位于贵州梵净山南侧(江口县)民和镇太平寨村海拔 760 m 的董上房屋边,土壤类型为黄壤,生长环境差,权属为个人所有,估测树龄为 500 余年。

该树高 26 m、胸围 477 cm(胸径 1.52 m),东西冠幅 25 m、南北冠幅 20 m,树冠投影面积约 500 m^2,紧挨其旁生长有 2 棵乌柿,目前均生长正常。

由于人为活动较为频繁,且该树存在部分裸根腐烂、树上有枯枝的情况,旁边还有柴火堆放现象,存在极大的安全隐患,需加强古树保护宣传。同时,应注意房屋扩建对该树生长可能造成的威胁。

3.2 二级古树

梵净山地区有二级古树 28 科 50 属 63 种 969 棵(图 3-13),树龄为 300～399 年的有 755 棵,树龄为 400～499 年的有 214 棵。其中裸子植物 4 科 7 属 7 种 240 棵,主要有柏木(165 棵)、银杏(45 棵)、南方红豆杉(18 棵)、柔毛油杉(5 棵)等(图 3-14 至图 3-16);被子植物有 24 科 43 属 56 种 729 棵,主要有枫香树(237 棵)、青冈(68 棵)、楠木(40 棵)、钩锥(37 棵)、榉树(34 棵)、云南樟(28 棵)、黄连木(27 棵)、朴树(26 棵)、湖北锥(19 棵)、大叶榉树(18 棵)、柞木(16 棵)、枫杨(15 棵)、南酸枣(14 棵)、贵州石楠和乌柿(各 12 棵)、木樨(9 棵),青檀和栗(各 8 棵)等。

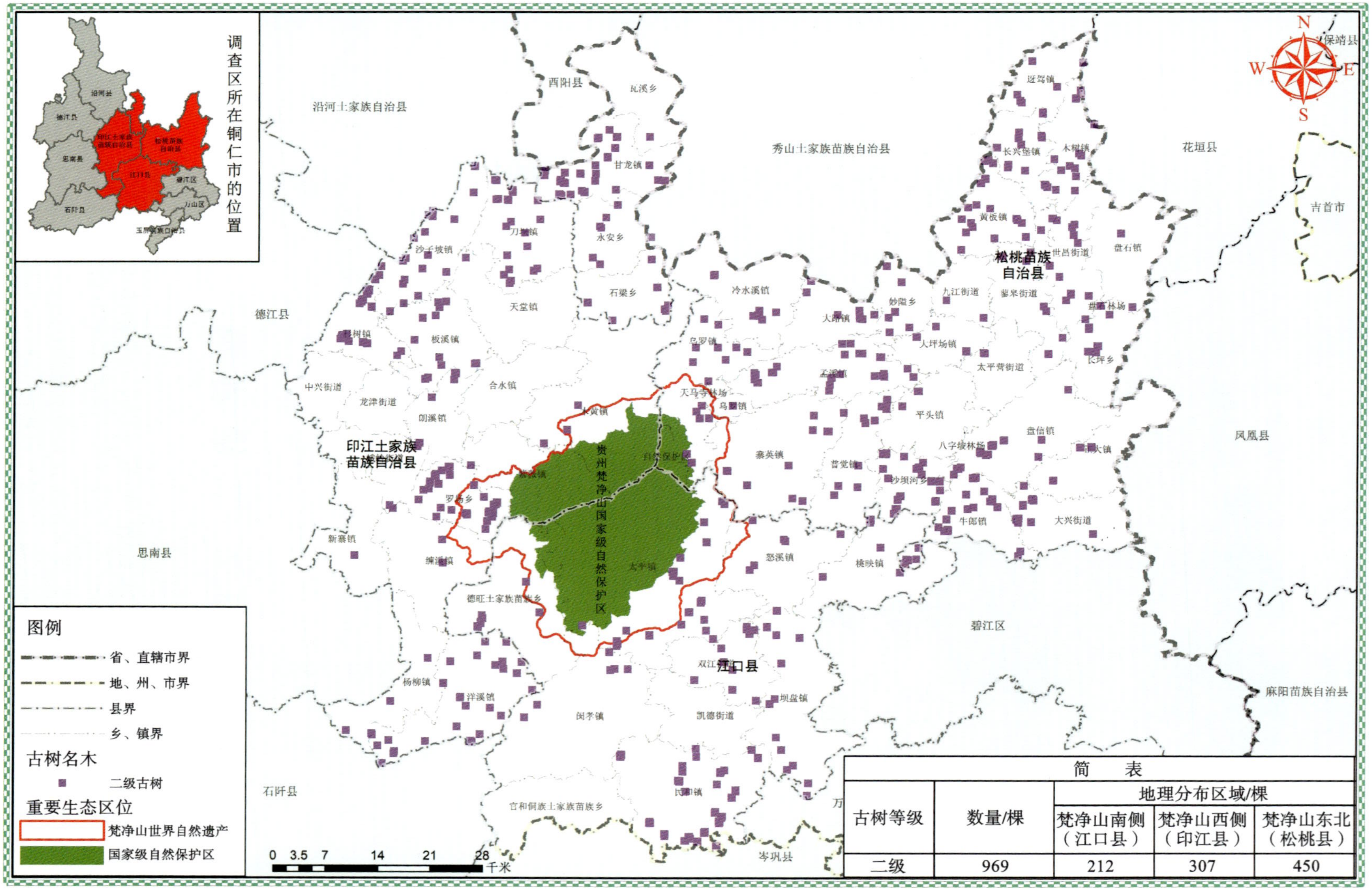

简表				
古树等级	数量/棵	地理分布区域/棵		
		梵净山南侧（江口县）	梵净山西侧（印江县）	梵净山东北（松桃县）
二级	969	212	307	450

制作底图由铜仁市自然资源局提供，审图号：图黔D(2021)001号

比例尺1：45万

图 3-13 梵净山地区二级古树分布图

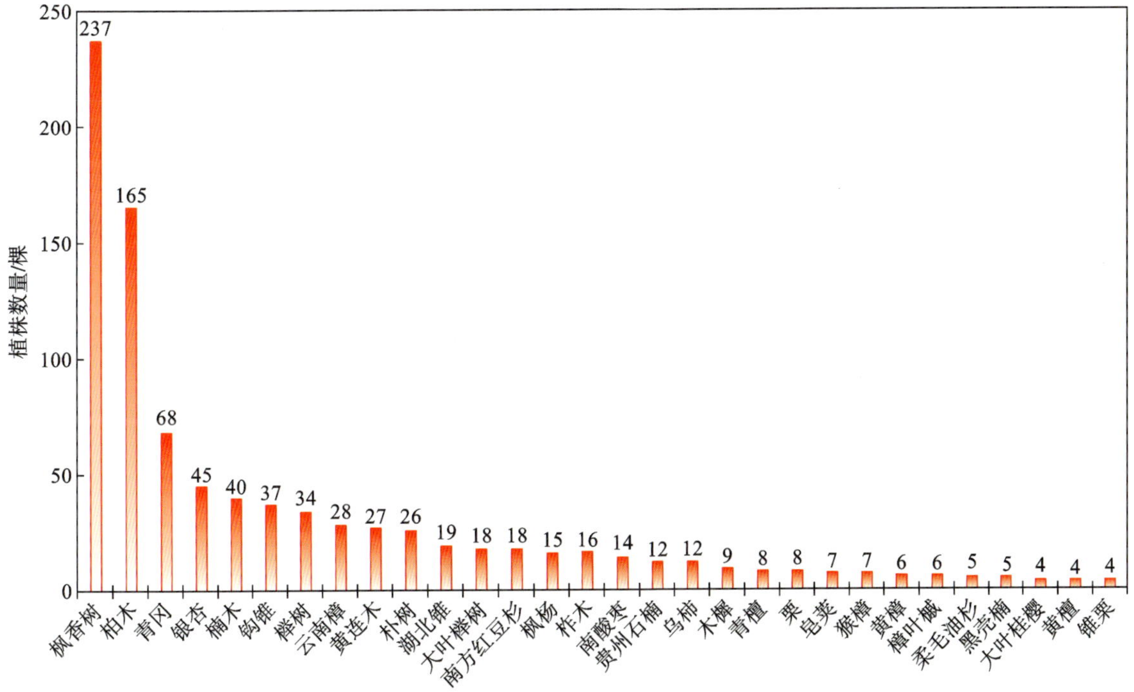

图 3-14 梵净山地区二级古树的主要树种植株数量

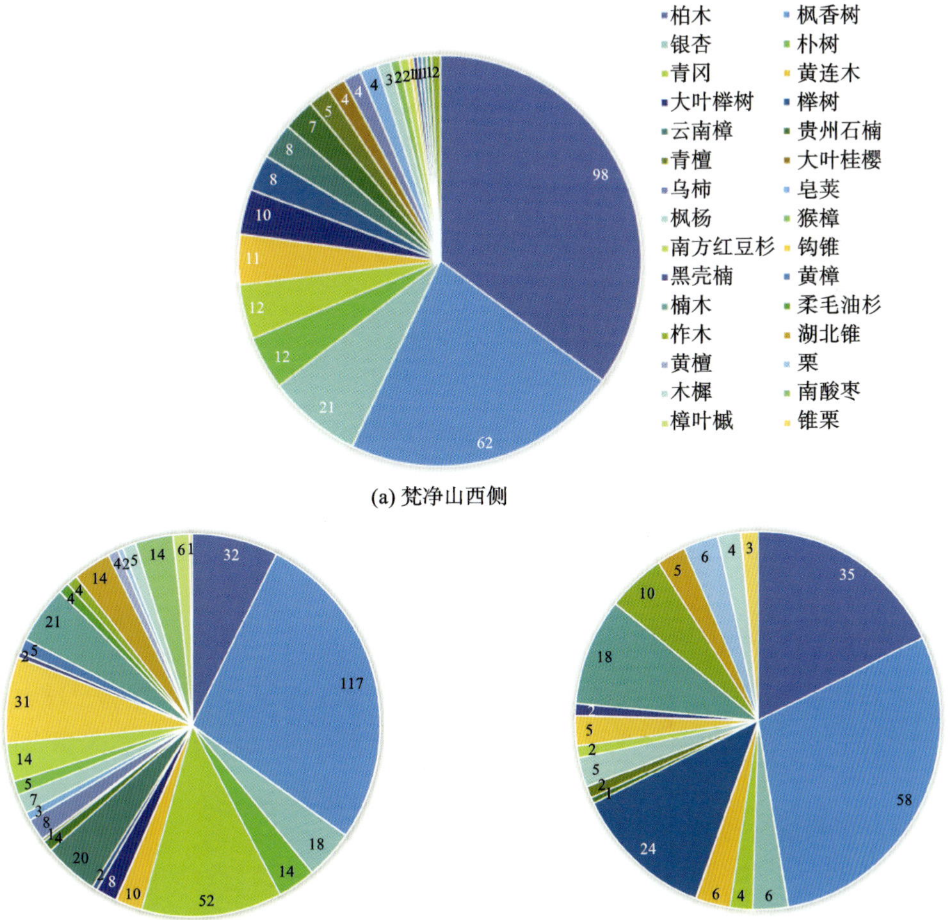

(a) 梵净山西侧

(b) 梵净山东北

(c) 梵净山南侧

图 3-15 梵净山地区二级古树的主要树种及其地理分布

从地理分布格局来看，梵净山地区二级古树主要集中分布在梵净山东北（松桃县），梵净山南侧（江口县）和梵净山西侧（印江县）二级古树相对较少（图 3-13）。

梵净山地区二级古树的物种及数量均较一级古树多，其数量（969 棵）超过一级古树（215 棵）的 4 倍。二级古树同样具有重要的价值，它们不仅丰富了生物多样性的内涵，更为后人提供了珍贵的生态样本，同时也是地方历史文化的见证者。在一级古树的基础上，对每个树种筛选出 1～3 棵具有显著特点和价值（考虑树龄、树高、胸围、冠幅、生长势、故事或传说等多个因素，同时兼顾其在当地生态环境中的地位和作用）的二级古树，以对其进行重点关注和保护。

●裸子植物

梵净山地区裸子植物二级古树共 4 科 7 属 7 种 240 棵，主要有柏木（165 棵）、银杏（45 棵）、南方红豆杉（18 棵）等，其中银杏、柏木、南方红豆杉植株数量占裸子植物二级古树的 95%，主要集中分布在梵净山西侧（印江县）、梵净山南侧（江口县）和梵净山东北（松桃县）（表 3-53）。

表 3-53　梵净山地区裸子植物二级古树的树种及其地理分布

种	拉丁名	科	属	数量/棵	地理分布区域/棵		
					梵净山南侧（江口县）	梵净山西侧（印江县）	梵净山东北（松桃县）
银杏	*Ginkgo biloba* L.	银杏科	银杏属	45	6	21	18
杉木	*Cunninghamia lanceolata* (Lamb.) Hook.	柏科	杉木属	4	1	1	2
柏木	*Cupressus funebris* Endl.	柏科	柏木属	165	35	98	32
南方红豆杉	*Taxus wallichiana* var. *mairei* (Lemée & H. Lév.) L. K. Fu & Nan Li	红豆杉科	红豆杉属	18	2	2	14
柔毛油杉	*Keteleeria pubescens* W. C. Cheng & L. K. Fu	松科	油杉属	5	0	1	4
长苞铁杉	*Nothotsuga longibracteata* (W. C. Cheng) Hu ex C. N. Page	松科	长苞铁杉属	1	0	0	1
马尾松	*Pinus massoniana* Lamb.	松科	松属	2	0	1	1
	合计			240	44	124	72

3.2.1　银杏 *Ginkgo biloba* L.

银杏的俗名、科属、形态特性、分布与习性详见 3.1.1。目前，梵净山地区有银杏二级古树 45 棵，其中梵净山南侧（江口县）6 棵、梵净山西侧（印江县）21 棵、梵净山东北（松桃县）18 棵，详见图 3-16、表 3-53。

（1）江口县怒溪镇河口村银杏

该银杏（编号 52222201253）位于贵州梵净山南侧（江口县）怒溪镇河口村孟家屯海拔 500 m 的庙边，土壤类型为黄壤，生长环境中等，权属为集体所有，估测树龄为 300 余年。

该树为雄株。树高 26 m、胸围 722 cm（胸径 2.30 m），东西冠幅 25 m、南北冠幅 20 m，树冠投影面积约 500 m^2，目前生长正常、长势良好。

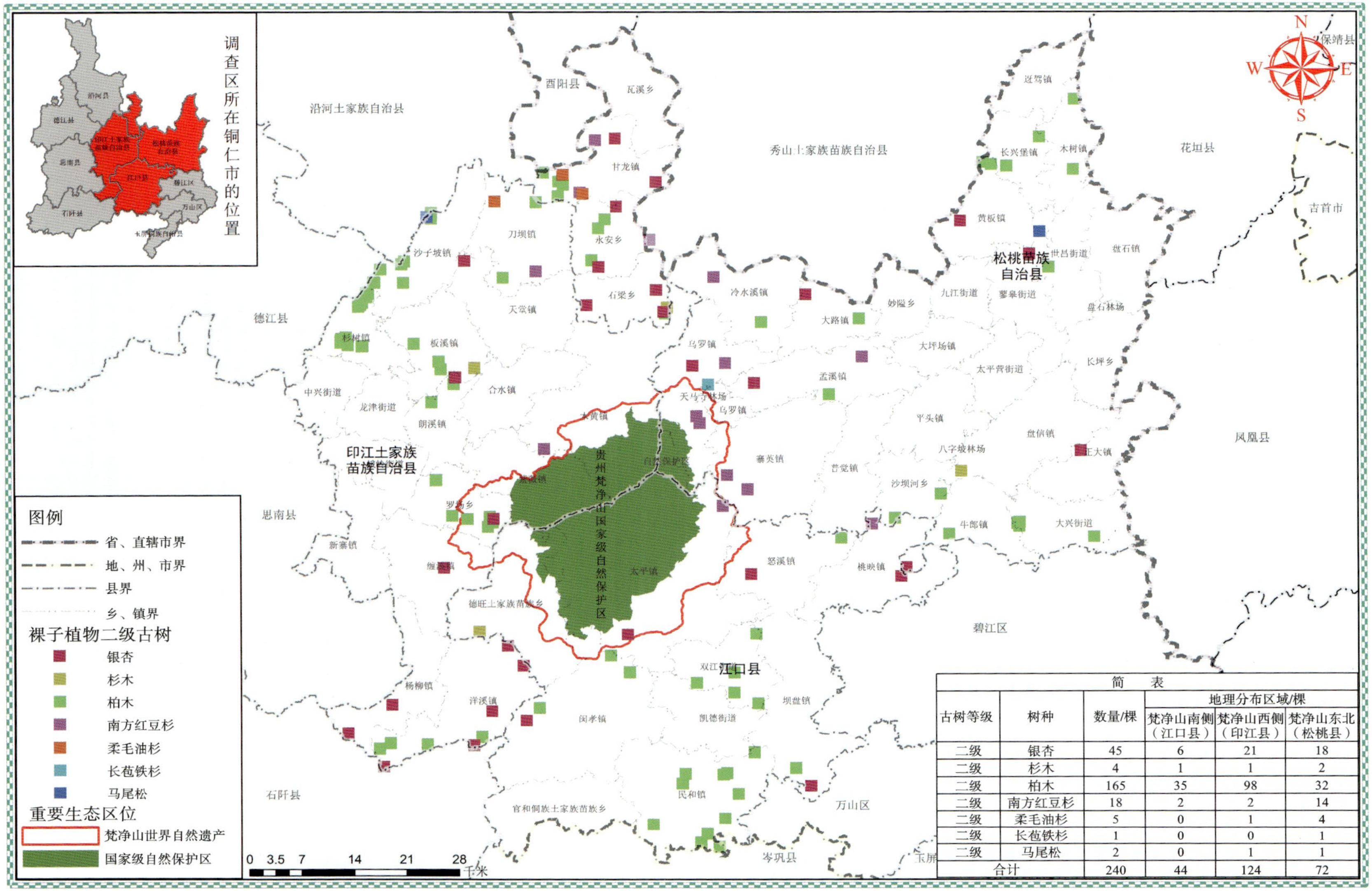

古树等级	树种	数量/棵	地理分布区域/棵		
			梵净山南侧（江口县）	梵净山西侧（印江县）	梵净山东北（松桃县）
二级	银杏	45	6	21	18
二级	杉木	4	1	1	2
二级	柏木	165	35	98	32
二级	南方红豆杉	18	2	2	14
二级	柔毛油杉	5	0	1	4
二级	长苞铁杉	1	0	0	1
二级	马尾松	2	0	1	1
合计		240	44	124	72

制作底图由铜仁市自然资源局提供，审图号：图黔D(2021)001号

比例尺1：45万

图 3-16　梵净山地区裸子植物二级古树分布图

(2) 印江县杨柳镇杨柳村银杏

该银杏(编号 52222607610)位于贵州梵净山西侧(印江县)杨柳镇杨柳村海拔 812 m 处,土壤类型为黄壤,生长环境良好,权属为集体所有,估测树龄为 300 余年。

该树为雄株，凑地分两枝，树高 25 m、胸围 710 cm(大枝胸径 1.53 m、小枝胸径 0.70 m)，东西冠幅 23 m、南北冠幅 21 m，树冠投影面积约 480 m^2，目前生长正常、长势良好。

3.2.2 杉木 *Cunninghamia lanceolata* (Lamb.) Hook.

【俗名】 杉、刺杉、木头树、正木、正杉、沙树、沙木。

【科属】 柏科 Cupressaceae 杉木属 *Cunninghamia*。

【形态特征】 乔木。小枝近对生或轮生，常成 2 列状。叶披针形或条状披针形，先端渐尖，边缘有细缺齿。球果卵圆形；成熟时苞鳞棕黄色，三角状卵形，边缘有锯齿；种鳞小，3 浅裂，腹面着生 3 粒种子；种子扁平，两侧边缘有窄翅，暗褐色，有光泽。花期 4 月，球果 10 月成熟。

【分布】 杉木栽培地区广，北起中国秦岭南坡、河南、安徽、江苏，南至广东、广西、云南，东自江苏南部、浙江、福建西部山区，西至四川大渡河流域(泸定县磨西镇以东地区)及西南部安宁河流域。贵州各地均有。

【习性】 喜温暖湿润的气候及肥沃的土壤，不耐严寒，生长快。可种子繁殖或扦插繁殖，或根株萌芽更新。

【古树资源】 目前，梵净山地区有杉木二级古树 4 棵，其中梵净山南侧(江口县)1 棵、梵净山西侧(印江县)1 棵、梵净山东北(松桃县)2 棵，详见图 3-16、表 3-53。

松桃县石梁乡石梁村杉木

该杉木(编号 52222930136)位于贵州梵净山东北(松桃县)石梁乡石梁村大杉树组海拔 780 m 的土地祠旁，土壤类型为黄壤，生长环境中等，权属为集体所有，估测树龄为 400 余年。

当地称该树为“杉木王”，树皮灰褐色，裂成长条片脱落。树体高大挺拔，树干通直饱满，大枝平展，树冠圆锥形。树高 30 m、胸围 360 cm(胸径 1.15 m)，东西冠幅 10 m、南北冠幅 10 m，树冠投影面积约 100 m^2，目前生长正常、长势良好。

于民国时期，在该树下建有土地祠用于供奉。据说，当地男女婴嫁途经此树时，会前来焚香烧纸，祈福人畜兴旺。

3.2.3 柏木 *Cupressus funebris* Endl.

柏木俗名、科属、形态特征、分布与习性详见 3.1.2。目前，梵净山地区有柏木二级古树共 165 棵，其中梵净山南侧（江口县）35 棵、梵净山西侧（印江县）98 棵、梵净山东北（松桃县）32 棵，详见图 3-16、表 3-53。

江口县坝盘镇龙阳村柏木

该柏木（编号 52222202714）位于贵州梵净山南侧（江口县）坝盘镇龙阳村塘湾二组海拔 710 m 的房屋边，土壤类型为黄壤，生长环境差，权属为集体所有，估测树龄为 400 多年。

该树树根隆起、粗壮有力、枝繁叶茂。树高 17 m、胸围 502 cm（胸径 1.60 m），东西冠幅 11 m、南北冠幅 9 m，树冠投影面积约 100 m^2，目前生长正常、长势良好。

由于人为活动较为频繁，且该树树基周围水泥硬化严重，在一定程度上干扰了古树的正常生长。

3.2.4 南方红豆杉 *Taxus wallichiana* var. *mairei* (Lemée & H. Lév.) L. K. Fu & Nan Li

南方红豆杉的俗名、科属、形态特征、分布与习性详见 3.1.4。目前，梵净山地区有南方红豆杉二级古树 18 棵，其中梵净山南侧（江口县）2 棵、梵净山西侧（印江县）2 棵、梵净山东北（松桃县）14 棵，详见图 3-16、表 3-53。

（1）松桃县石梁乡两岔河村南方红豆杉

该南方红豆杉（编号 52222930137）位于贵州梵净山东北（松桃县）石梁乡两岔河村栗子坪组海拔 1080 m 的公路坎上，土壤类型为黄壤，生长环境良好，权属为集体所有，估测树龄为 400 余年。

该树树皮红褐色，树体高大，枝繁叶茂。树高 36 m、胸围 305 cm（胸径 0.97 m），东西冠幅 25 m、南北冠幅 20 m，树冠投影面积约 500 m^2，目前生长正常、长势良好。但所处地土壤贫瘠，应注意保护生境的稳定性。

(2) 松桃县寨英镇兴家庄村南方红豆杉

该南方红豆杉(编号 52222940156)位于贵州梵净山东北(松桃县)寨英镇兴家庄村上高榜组海拔 742 m 的公路边,土壤类型为黄壤,生长环境中等,权属为集体所有,估测树龄为 300 余年。

该树树形端庄、树体完整、枝繁叶茂。树高 18 m、胸围 260 cm(胸径 0.83 m),东西冠幅 13 m、南北冠幅 12 m,树冠投影面积约 160 m^2,目前生长正常、长势良好。但因其旁修筑公路,路面被提高了 2 m 左右,树体周围水泥硬化严重,给古树的生长带来一定的干扰与影响。

(3) 印江县木黄镇后河村南方红豆杉

该南方红豆杉(编号 52222604481)位于贵州梵净山西侧(印江县)木黄镇后河村道沟坪组海拔 800 m 的路坎下,土壤类型为黄壤,生长环境良好,权属为集体所有,估测树龄为 300 余年。

该树高大挺拔、枝叶浓郁、树形优美。树高 20 m、胸围 267 cm(胸径 0.85 m),东西冠幅 10 m、南北冠幅 12 m,树冠投影面积约 120 m^2,目前生长正常、长势良好。由于此树处在村寨中,果实成熟时易遭采摘,需加大宣传保护力度,提升村民保护古树名木的意识。

3.2.5 柔毛油杉 *Keteleeria pubescens* W. C. Cheng & L. K. Fu

柔毛油杉的俗名、科属、形态特性、分布与习性详见 3.1.7。目前，梵净山地区有柔毛油杉二级古树 5 棵，其中梵净山西侧(印江县)1 棵、梵净山东北(松桃县)4 棵，详见图 3-16、表 3-53。

印江县刀坝镇白金村柔毛油杉

该柔毛油杉(编号 52222603689)位于贵州梵净山西侧(印江县)刀坝镇白金村马上坪组海拔 842 m 的山头上，土壤类型为黄壤，生长环境良好，权属为集体所有，估测树龄为 300 余年。

该树树根隆起，局部树皮脱落。树高 15 m、胸围 380 cm（胸径 1.21 m），东西冠幅 11 m、南北冠幅 12 m，树冠投影面积约 130 m^2，因曾遭遇雷击，主梢断裂枯干，目前生长衰弱。

由于此树树干存在局部中空、腐烂、树皮大面积剥落以及地表裸根长期受雨水冲刷出现架空现象，建议对此树中空、腐烂处等进行修补，以及修建石坎、护坡予以保护。

3.2.6 长苞铁杉 *Nothotsuga longibracteata* (W. C. Cheng) Hu ex C. N. Page

【俗名】 铁油杉、贵州杉。

【科属】 松科 Pinaceae 长苞铁杉属 *Nothotsuga*。

【形态特征】 乔木。叶辐射伸展，条形，直，先端尖或微钝，基部楔形。球果直立，圆柱形；中部种鳞近斜方形，先端宽圆，中部急缩，中上部两侧突出，基部两边耳形；苞鳞长匙形，上部宽，边缘有细齿，先端有渐尖或微急尖的短尖头；种子三角状扁卵圆形，种翅较种子长，先端宽圆，近基部的外侧微增宽。花期 3—4 月，球果 10 月成熟。

【分布】 长苞铁杉为中国特有种，产于中国贵州东北部、湖南南部、广东北部、广西东北部至中部及福建南部山区等地。在贵州产于雷公山、台江县、施秉县等地。多生于海拔 1000～1700 m 的山脊及陡峭的山谷两旁。

【习性】 阳性树种，根系发达，多生于岩石破碎、土层浅薄的山脊或峭壁上，生长缓慢。在山地黄壤、黄棕壤、偏酸性土壤上生长良好。可播种繁殖或嫁接繁殖。

【古树资源】 目前，梵净山地区有长苞铁杉二级古树 1 棵，分布在梵净山东北（松桃县），详见图 3-16、表 3-53。

松桃县乌罗镇毛溪村长苞铁杉

该长苞铁杉（编号 52222930084）位于贵州梵净山东北（松桃县）乌罗镇毛溪村老洋沟组海拔 880 m 的房屋后，土壤类型为黄壤，生长环境良好，权属为集体所有。据《贵州古树名木》记载，树龄为 300 余年。

该树树皮暗深灰色，树干通直、伟岸挺拔、高耸入云。叶片深绿色，四季常青，树高 27 m、胸围 425 cm（胸径 1.35 m），东西冠幅 8 m、南北冠幅 7 m，树冠投影面积约 60 m^2，林下灌木及草本植物稀疏，环境较为稳定，目前生长正常、长势良好。但所处地土壤贫瘠，应注意保护生境的稳定性。

3.2.7 马尾松 *Pinus massoniana* Lamb.

【俗名】 枞松、山松、青松。

【科属】 松科 Pinaceae 松属 *Pinus*。

【形态特征】 乔木。针叶2针一束，稀3针一束，细柔，微扭曲，两面有气孔线，边缘有细锯齿。雄球花淡红褐色，圆柱形，弯垂，聚生于新枝下部苞腋，穗状。球果卵圆形或圆锥状卵圆形，有短梗，下垂，成熟前绿色，成熟时栗褐色；中部种鳞近矩圆状倒卵形或近矩形；鳞盾菱形；种子长卵圆形。花期4—5月，球果翌年10—12月成熟。

【分布】 马尾松产于中国长江中下游各地，南达福建、广东，西至四川、贵州及云南。贵州各地均有分布。越南北部有马尾松人工林。

【习性】 喜光而不耐阴，深根性。喜温暖湿润气候，能生于干旱、贫瘠的红壤、石砾土壤及沙质土壤或岩石缝中。在肥润、深厚的沙质土壤上生长迅速，在钙质土壤上生长不良或不能生长，不耐盐碱。可播种繁殖。

【古树资源】 目前，梵净山地区有马尾松二级古树2棵，其中梵净山西侧（印江县）1棵、梵净山东北（松桃县）1棵，详见图3-16、表3-53。

印江县沙子坡镇红星村马尾松

该马尾松（编号52222602265）位于贵州梵净山西侧（印江县）沙子坡镇红星村芭蕉组海拔651 m处，土壤类型为黄壤，生长环境良好，权属为集体所有，估测树龄为300余年。

该树生于马尾松林中，枝平展或斜展。树体高大挺拔，树干通直圆满，针叶翠绿欲滴。树高 22 m、胸围 188 cm（胸径 0.60 m），东西冠幅 28 m、南北冠幅 30 m，树冠投影面积约 840 m^2，目前生长正常、长势良好。虽饱经沧桑，但依然充满生机。球果卵圆形，下垂，成熟前绿色，成熟时栗褐色，具有较高的观赏价值。

●被子植物

梵净山地区被子植物二级古树共 24 科 43 属 56 种 729 棵，主要有枫香树（237 棵）、青冈（68 棵）、楠木（40 棵）、钩锥（37 棵）、榉树（34 棵）、云南樟（28 棵）、黄连木（27 棵）、朴树（26 棵）、湖北锥（19 棵）、大叶榉树（18 棵）、柞木（16 棵）、枫杨（15 棵）、南酸枣（14 棵）、贵州石楠和乌柿（各 12 棵）、木樨（9 棵）、青檀和栗（各 8 棵）等。

从地理分布格局来看，梵净山地区二级古树主要集中分布在梵净山东北（松桃县）、梵净山南侧（江口县）、梵净山西侧（印江县）（表 3-54）。

表 3-54　梵净山地区被子植物二级古树的树种及其地理分布

树　种	拉　丁　名	科	属	数量/棵	地理分布区域/棵		
					梵净山南侧（江口县）	梵净山西侧（印江县）	梵净山东北（松桃县）
鹅掌楸	*Liriodendron chinense* (Hemsl.) Sarg.	木兰科	鹅掌楸属	3	0	0	3
云南樟	*Camphora glandulifera* (Wall.) Nees	樟科	樟属	28	0	8	20
黄樟	*Camphora parthenoxylon* (Jack) Nees	樟科	樟属	6	0	1	5
猴樟	*Camphora bodinieri* (H. Lév.) Y. Yang, Bing Liu & Zhi Yang	樟科	樟属	7	0	2	5
黑壳楠	*Lindera megaphylla* Hemsl.	樟科	山胡椒属	5	2	1	2
川黔润楠	*Machilus chuanchienensis* S. K. Lee	樟科	润楠属	1	0	1	0
闽楠	*Phoebe bournei* (Hemsl.) Yen C. Yang	樟科	楠属	3	3	0	0
楠木	*Phoebe zhennan* S. K. Lee & F. N. Wei	樟科	楠属	40	18	1	21
檫木	*Sassafras tzumu* (Hemsl.) Hemsl.	樟科	檫木属	2	0	2	0
枫香树	*Liquidambar formosana* Hance	蕈树科	枫香树属	237	58	62	117
黄檀	*Dalbergia hupeana* Hance	豆科	黄檀属	4	0	0	4
皂荚	*Gleditsia sinensis* Lam.	豆科	皂荚属	7	0	4	3

续表

树种	拉丁名	科	属	数量/棵	地理分布区域/棵		
					梵净山南侧（江口县）	梵净山西侧（印江县）	梵净山东北（松桃县）
翅荚香槐	*Platyosprion platycarpum* (Maxim.) Maxim.	豆科	翅荚香槐属	3	0	3	0
刺槐	*Robinia pseudoacacia* L.	豆科	刺槐属	1	0	0	1
槐	*Styphnolobium japonicum* (L.) Schott	豆科	槐属	1	1	0	0
大叶桂樱	*Prunus zippeliana* Miq.	蔷薇科	李属	4	0	4	0
贵州石楠	*Photinia bodinieri* H. Lév.	蔷薇科	石楠属	12	1	7	4
枳椇	*Hovenia acerba* Lindl.	鼠李科	枳椇属	2	0	2	0
多脉榆	*Ulmus castaneifolia* Hemsl.	榆科	榆属	1	0	0	1
大叶榉树	*Zelkova schneideriana* Hand.-Mazz.	榆科	榉属	18	0	10	8
榉树	*Zelkova serrata* (Thunb.) Makino	榆科	榉属	34	24	8	2
糙叶树	*Aphananthe aspera* (Thunb.) Planch.	大麻科	糙叶树属	3	0	1	2
朴树	*Celtis sinensis* Pers.	大麻科	朴属	26	0	12	14
青檀	*Pteroceltis tatarinowii* Maxim.	大麻科	青檀属	8	2	5	1
桑	*Morus alba* L.	桑科	桑属	3	1	1	1
岩栎	*Quercus acrodonta* Seemen	壳斗科	栎属	2	0	2	0
青冈	*Quercus glauca* Thunb.	壳斗科	栎属	68	4	12	52
小叶青冈	*Quercus myrsinifolia* Blume	壳斗科	栎属	3	0	1	2
锥栗	*Castanea henryi* (Skan) Rehder. & E. H. Wilson	壳斗科	栗属	4	3	0	1
栗	*Castanea mollissima* Blume	壳斗科	栗属	8	6	0	2
米槠	*Castanopsis carlesii* (Hemsl.) Hayata	壳斗科	锥属	1	1	0	0
湖北锥	*Castanopsis hupehensis* C. S. Chao	壳斗科	锥属	19	5	0	14
苦槠	*Castanopsis sclerophylla* (Lindl.) Schottky	壳斗科	锥属	3	0	3	0

续表

树　种	拉　丁　名	科	属	数量/棵	地理分布区域/棵		
					梵净山南侧（江口县）	梵净山西侧（印江县）	梵净山东北（松桃县）
钩锥	*Castanopsis tibetana* Hance	壳斗科	锥属	37	5	1	31
青钱柳	*Cyclocarya paliurus* (Batalin) Iljinsk.	胡桃科	青钱柳属	3	1	0	2
胡桃	*Juglans regia* L.	胡桃科	胡桃属	1	0	1	0
枫杨	*Pterocarya stenoptera* C. DC.	胡桃科	枫杨属	15	5	3	7
云贵鹅耳枥	*Carpinus pubescens* Burkill	桦木科	鹅耳枥属	1	0	1	0
柞木	*Xylosma congesta* (Lour.) Merr.	杨柳科	柞木属	16	10	2	4
重阳木	*Bischofia polycarpa* (H. Lév.) Airy Shaw	叶下珠科	秋枫属	1	0	1	0
仿栗	*Sloanea hemsleyana* (Ito) Rehder & E. H. Wilson	杜英科	猴欢喜属	1	0	1	0
川黔紫薇	*Lagerstroemia excelsa* (Dode) Chun ex S. Lee & L. F. Lau	千屈菜科	紫薇属	2	0	1	1
紫薇	*Lagerstroemia indica* L.	千屈菜科	紫薇属	2	1	1	0
南酸枣	*Choerospondias axillaris* (Roxb.) B. L. Burtt & A. W. Hill	漆树科	南酸枣属	14	0	0	14
黄连木	*Pistacia chinensis* Bunge	漆树科	黄连木属	27	6	11	10
樟叶槭	*Acer coriaceifolium* H. Lév.	无患子科	槭属	6	0	0	6
飞蛾槭	*Acer oblongum* Wall. ex DC.	无患子科	槭属	2	0	1	1
无患子	*Sapindus mukorossi* Gaertn.	无患子科	无患子属	1	1	0	0
香椿	*Toona sinensis* (Juss.) Roem.	楝科	香椿属	3	1	1	1
乌柿	*Diospyros cathayensis* Steward	柿科	柿属	12	0	4	8
柿	*Diospyros kaki* Thunb.	柿科	柿属	1	0	0	1
银木荷	*Schima argentea* E. Pritz.	山茶科	木荷属	1	0	0	1
香果树	*Emmenopterys henryi* Oliv.	茜草科	香果树属	1	0	0	1
女贞	*Ligustrum lucidum* W. T. Aiton	木樨科	女贞属	3	2	1	0
木樨	*Osmanthus fragrans* (Thunb.) Lour.	木樨科	木樨属	9	4	0	5
梓	*Catalpa ovata* G. Don	紫葳科	梓属	3	3	0	0
合计				729	168	183	378

3.2.8 鹅掌楸 *Liriodendron chinense*（Hemsl.）Sarg.

【俗名】 马褂木。

【科属】 木兰科 Magnoliaceae 鹅掌楸属 *Liriodendron*。

【形态特征】 乔木。小叶具环状托叶痕。叶马褂形，每侧各具 1 裂片，叶柄长 4～10 cm。花冠杯状。聚合翅状坚果纺锤形。花期 5 月，果期 9—10 月。

【分布】 鹅掌楸产于中国陕西、安徽、浙江、江西、福建、湖北、湖南、广西、四川、贵州、云南等地，台湾有栽培，越南北部也有分布。生于海拔 900～1000 m 的山地林中。

【习性】 喜光，幼树稍耐阴。喜温湿、凉爽气候，适应性较强，尤其在土层深厚、肥沃、湿润、排水性良好的立地条件下生长迅速。适合在肥沃、疏松、排水性良好土壤(pH 4.5～6.5)上生长。可播种、扦插、嫁接繁殖。

【古树资源】 目前，梵净山地区有鹅掌楸二级古树 3 棵，分布在梵净山东北(松桃县)，详见图 3-17、表 3-54。

（1）松桃县长坪乡康金村鹅掌楸

该鹅掌楸(编号 52222920516)位于贵州梵净山东北(松桃县)长坪乡康金村四组海拔 889 m 的公路边，土壤类型为黄壤，生长环境良好，权属为集体所有，估测树龄为 400 多年。

该树高大挺拔、枝繁叶茂。树高 26 m、胸围 330 cm(胸径 1.05 m)，东西冠幅 16 m、南北冠幅 15 m，树冠投影面积约 240 m^2，目前生长正常、长势良好。

2017 年对铜仁市古树名木普查时，仅在松桃县发现 3 棵鹅掌楸古树，另两棵分布在石梁乡百鸟村。因古树数量极少，应着重保护。

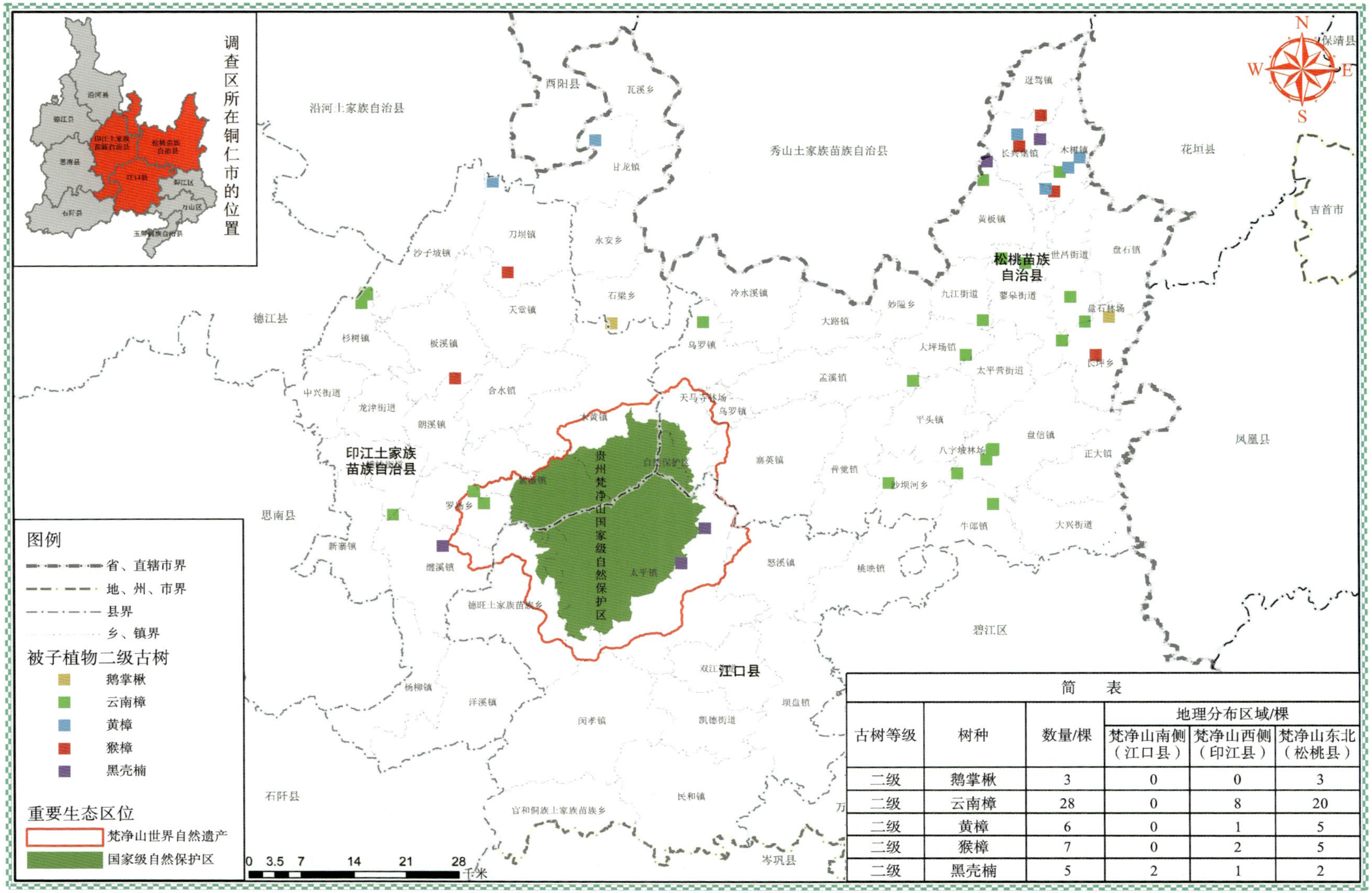

简表					
古树等级	树种	数量/棵	地理分布区域/棵		
			梵净山南侧（江口县）	梵净山西侧（印江县）	梵净山东北（松桃县）
二级	鹅掌楸	3	0	0	3
二级	云南樟	28	0	8	20
二级	黄樟	6	0	1	5
二级	猴樟	7	0	2	5
二级	黑壳楠	5	2	1	2

制作底图由铜仁市自然资源局提供，审图号：图黔D(2021)001号

比例尺1：45万

图 3-17 梵净山地区被子植物二级古树(鹅掌楸、云南樟、黄樟、猴樟、黑壳楠)分布图

(2) 松桃县石梁乡百鸟村鹅掌楸

该鹅掌楸(编号 52222930091)位于贵州梵净山东北(松桃县)石梁乡百鸟村大坡顶组海拔 1060 m 的农土边,土壤类型为黄壤,生长环境良好,权属为集体所有,估测树龄约为 400 年。

该树主干分为三大枝,枝繁叶茂。树高 19 m、胸围 310 cm(胸径 0.99 m),东西冠幅 7 m、南北冠幅 8 m,树冠投影面积约 60 m^2,其旁还有 6 棵鹅掌楸,该棵鹅掌楸胸围最大,最小的胸围为 22 cm,目前均生长正常、长势良好。

3.2.9　云南樟 *Camphora glandulifera* (Wall.) Nees

云南樟的俗名、科属、形态特征、分布与习性详见 3.1.13。目前,梵净山地区有云南樟二级古树 28 棵,其中梵净山西侧(印江县)8 棵、梵净山东北(松桃县)20 棵,详见图 3-17、表 3-54。

(1) 松桃县大坪场镇白腊村云南樟

该云南樟(编号 52222910314)位于贵州梵净山东北(松桃县)大坪场镇白腊村任家院子海拔 380 m 的房屋边,土壤类型为黄壤,生长环境中等,权属为集体所有,估测树龄为 400 余年。

该树主干分为五大枝，枝繁叶茂，树杈上寄生一棵构。树高 30 m、胸围 540 cm(胸径 1.72 m)，东西冠幅 27 m、南北冠幅 28 m，树冠投影面积约 760 m^2，目前生长正常、长势良好。

(2) 松桃县孟溪镇头京村云南樟

该云南樟(编号 52222940105)位于贵州梵净山东北(松桃县)孟溪镇头京村海拔 405 m 的头京古城墙边，土壤类型为黄壤，生长环境差，权属为集体所有，估测树龄为 400 余年。

该树枝繁叶茂，树高 20 m、胸围 310 cm(胸径 0.99 m)，东西冠幅 16 m、南北冠幅 15 m，树冠投影面积约 240 m^2，树干上有绿苔，显得沧桑、斑驳，目前生长正常、长势良好。

头京古城是松桃县著名景点，是孟溪农民起义领袖包茅仙为抵抗清兵进攻而筑(1851—1865 年)。虽古城迄今只有近 200 年历史，但却是贵州境内保留较为完整、规模较大的古城遗址之一，整个古城周长 1.2 km，城内设有封头墙、排水沟、城墙等，有铜仁“小平遥”之称。

由于该树处在城墙边，人为活动较为频繁，且树体外围水泥树池较小，给古树生长造成了较大的影响。建议设置防护围栏，清理树基周围混凝土，扩大树体营养面积以改善立地条件。

(3) 印江县杉树镇大寨村云南樟

该云南樟(编号 52222602102)位于贵州梵净山西侧(印江县)杉树镇大寨村海拔 913 m 的土地老(地名)，土壤类型为黄壤，生长环境良好，权属为集体所有，估测树龄为 400 余年。

该树生长在荒土中，高大挺拔、枝繁叶茂。树高 26 m、胸围 311 cm(胸径 0.99 m)，东西冠幅 32 m、南北冠幅 34 m，树冠投影面积约 1090 m^2，目前生长正常、长势良好。对周边生境中灌木与草本具有较明显的遮阴效果，对局域生境与水汽条件具有较强的“伞护”作用，因此该古树具有极高的保护价值。

3.2.10 黄樟 *Camphora parthenoxylon* (Jack) Nees

【俗名】 香樟、樟脑树、大叶樟、油樟、假樟、黄槁、香喉、樟木。

【科属】 樟科 Lauraceae 樟属 *Camphora*。

【形态特征】 常绿乔木。叶互生，通常为椭圆状卵形或长椭圆状卵形，先端通常急尖或短渐尖，基部楔形或阔楔形，羽状脉，侧脉 4～5 对。圆锥花序于枝条上部腋生或近顶生。花小，绿带黄色。花被筒倒锥形，花被裂片宽长椭圆形。能育雄蕊 9 枚。果实球形，黑色；果托狭长倒锥形，红色，有纵长的条纹。花期 3—5 月，果期 4—10 月。

【分布】 黄樟产于中国广东、广西、福建、江西、湖南、贵州、四川、云南等地。生于海拔 1500 m 以下的常绿阔叶林或灌丛中。巴基斯坦、印度经马来西亚至印度尼西亚也有分布。

【习性】 耐阴，喜湿润肥厚的酸性土壤。

【古树资源】 目前，梵净山地区有黄樟二级古树 6 棵，其中梵净山西侧(印江县)1 棵、梵净山东北(松桃县)5 棵，详见图 3-17、表 3-54。

(1) 松桃县长兴堡镇大地村黄樟

该黄樟(编号 52222920054)位于贵州梵净山东北(松桃县)长兴堡镇大地村五组海拔 482 m 的土地庙边,土壤类型为黄壤,生长环境中等,权属为集体所有,估测树龄为 400 余年。

该树近地分为两大枝,树干粗壮,枝繁叶茂。树高 15 m、胸围 450 cm(胸径 1.43 m),东西冠幅 8 m、南北冠幅 6 m,树冠投影面积约 50 m^2,目前生长正常、长势良好。

由于人为活动较为频繁,且该树受周边水泥硬化、较小的水泥树池等影响,古树生长受到一定的干扰。建议设置防护围栏,扩大树体营养面积以改善立地条件。

(2) 松桃县木树镇滥泥村黄樟

该黄樟(编号 52222920142)位于贵州梵净山东北(松桃县)木树镇滥泥村海拔 712 m 的公路边,土壤类型为黄壤,生长环境中等,权属为集体所有,估测树龄为 300 余年。

该树枝条伸展，枝繁叶茂。树高 16 m、胸围 320 cm(胸径 1.02 m)，东西冠幅 16 m、南北冠幅 11 m，树冠投影面积约 180 m^2，目前生长正常、长势良好。

(3) 印江县刀坝镇白金村黄樟

该黄樟(编号 52222603735)位于贵州梵净山西侧(印江县)刀坝镇白金村唐家寨海拔 757 m 的房屋边，土壤类型为黄壤，生长环境中等，权属为集体所有，估测树龄为 300 余年。

该树生长在岩石边，树体高大、枝繁叶茂。树高 28 m、胸围 355 cm(胸径 1.13 m)，东西冠幅 15 m、南北冠幅 19 m，树冠投影面积约 290 m^2，枝下高 2 m，目前生长正常、长势良好。每到 4 月下旬，该树散发出阵阵幽香，方圆数百米都能闻到，香气馥郁，沁人心脾。

3.2.11 猴樟 *Camphora bodinieri* (H. Lév.) Y. Yang, Bing Liu & Zhi Yang

猴樟的俗名、科属、形态特征、分布与习性详见 3.1.14。目前，梵净山地区有猴樟二级古树 7 棵，其中梵净山西侧(印江县)2 棵、梵净山东北(松桃县)5 棵，详见图 3-17、表 3-54。

印江县朗溪镇甘龙村猴樟

该猴樟(编号 52222605044)位于贵州梵净山西侧(印江县)朗溪镇甘龙村吴家朝组海拔 995 m 的路边，土壤类型为黄壤，生长环境良好，权属为集体所有，估测树龄为 400 余年。

该树树根隆起，树冠呈球形，枝繁叶茂。树高 22 m、胸围 276 cm(胸径 0.88 m)，东西冠幅 20 m、南北冠幅 19 m，树冠投影面积约 380 m^2，目前生长正常、长势良好。由于该树生长于石窖中，土壤较为贫瘠，应注意保护其生境的稳定性。

3.2.12 黑壳楠 *Lindera megaphylla* Hemsl.

【俗名】 枇杷楠、大楠木、鸡屎楠、猪屎楠、花兰、楠木、毛黑壳楠。

【科属】 樟科 Lauraceae 山胡椒属 *Lindera*。

【形态特征】 常绿乔木。叶互生，倒披针形至倒卵状长圆形，有时长卵形，先端急尖或渐尖，基部渐狭，两面无毛；羽状脉，侧脉 15～21 对。伞形花序多花，雄花多达 16 朵，雌花 12 朵，通常着生于叶腋具顶芽的短枝上，两侧各 1，具总梗，花黄绿色。果实椭圆形至卵形，成熟时紫黑色；宿存果托杯状，全缘，略成微波状。花期 2—4 月，果期 9—12 月。

【分布】 黑壳楠产于中国陕西、甘肃、四川、云南、贵州、湖北、湖南、安徽、江西、福建、广东、广西等地。生于海拔 1600～2000 m 的山坡、谷地湿润常绿阔叶林或灌丛中。

【习性】 中性偏阴性树种，喜温暖湿润气候以及深厚、肥沃、排水性良好的酸性至中性土壤，对土壤的适应性较强。可播种繁殖。

【古树资源】 目前，梵净山地区有黑壳楠二级古树 5 棵，其中梵净山南侧(江口县)2 棵、梵净山西侧(印江县)1 棵、梵净山东北(松桃县)2 棵，详见图 3-17、表 3-54。

(1) 印江县缠溪镇周家湾村黑壳楠

该黑壳楠(编号 52222605470)位于贵州梵净山西侧(印江县)缠溪镇周家湾村新塘组海拔 793 m 的房屋边，土壤类型为黄壤，生长环境中等，权属为集体所有，估测树龄为 400 余年。

该树枝叶浓密，生长旺盛。树高 10 m、胸围 320 cm（胸径 1.02 m），东西冠幅 11 m、南北冠幅 11 m，树冠投影面积约 120 m^2，目前生长正常、长势良好。

（2）松桃县长兴堡镇白底村黑壳楠

该黑壳楠（编号 52222920233）位于贵州梵净山东北（松桃县）长兴堡镇白底村下白底组海拔 585 m 处，土壤类型为黄壤，生长环境良好，权属为集体所有，估测树龄为 400 余年。

该树生长在村寨后山杂木林中，树体高大，枝繁叶茂。树高 26 m、胸围 310 cm（胸径 0.99 m），东西冠幅 13 m、南北冠幅 12 m，树冠投影面积约 160 m^2，未受到人为活动干扰，目前生长正常、长势良好。

3.2.13 川黔润楠 *Machilus chuanchienensis* S. K. Lee

【科属】 樟科 Lauraceae 润楠属 *Machilus*。

【形态特征】 乔木。叶常集生于枝梢，长椭圆形，先端钝或钝渐尖，基部楔形，侧脉 8～9 对。聚伞状圆锥花序 5～6 个，生于当年生枝的近基部，少花，在上端分枝；总梗占花序长的 2/3 或 3/4；花被裂片长圆形，等长或近等长，外面无毛，内面有绢毛；花梗纤细。花期 6 月。

【分布】 川黔润楠产于中国四川东南部和贵州东北部。生于海拔约 1800 m 的地区。

【古树资源】 目前，梵净山地区有川黔润楠二级古树 1 棵，分布在梵净山西侧（印江县），详见图 3-18、表 3-54。

印江县刀坝镇青狮村川黔润楠

该川黔润楠（编号 52222603960）位于贵州梵净山西侧（印江县）刀坝镇青狮村中寨组海拔 773 m 的堡坎边，土壤类型为黄壤，生长环境中等，权属为集体所有，估测树龄为 300 余年。

该树树体高大，枝繁叶茂。树高 40 m、胸围 320 cm（胸径 1.02 m），东西冠幅 25 m、南北冠幅 22 m，树冠投影面积约 550 m^2，树干上生长有菌类，主干基部中空、腐烂，目前生长衰弱。

由于该树旁有堆放石灰现象，石灰会随着雨水的下渗腐蚀根系，影响古树的正常生长，需予以清除，并对树木中空及腐烂处进行修补。

3.2.14 闽楠 *Phoebe bournei*（Hemsl.）Yen C. Yang

闽楠的俗名、科属、形态特征、分布与习性详见 3.1.18。目前，梵净山地区有闽楠二级古树 3 棵，分布在梵净山南侧（江口县），详见图 3-18、表 3-54。

（1）江口县太平镇梵净山村闽楠

该闽楠（编号 52222200220）位于贵州梵净山南侧（江口县）太平镇梵净山村海拔 497 m 的寨沙侗寨后路边，土壤类型为黄壤，生长环境中等，权属为集体所有，估测树龄为 300 余年。

该树高大挺拔，枝繁叶茂，树形优美，具有较高的生态与观赏价值。树高 26 m、胸围 289 cm（胸径 0.92 m），东西冠幅 18 m、南北冠幅 14 m，树冠投影面积约 250 m^2，目前生长正常、长势良好。该闽楠树干上存在钉钉悬挂信物现象，且村民在此存放了一些干柴，其旁还建有一座工房，应及时将其移出。

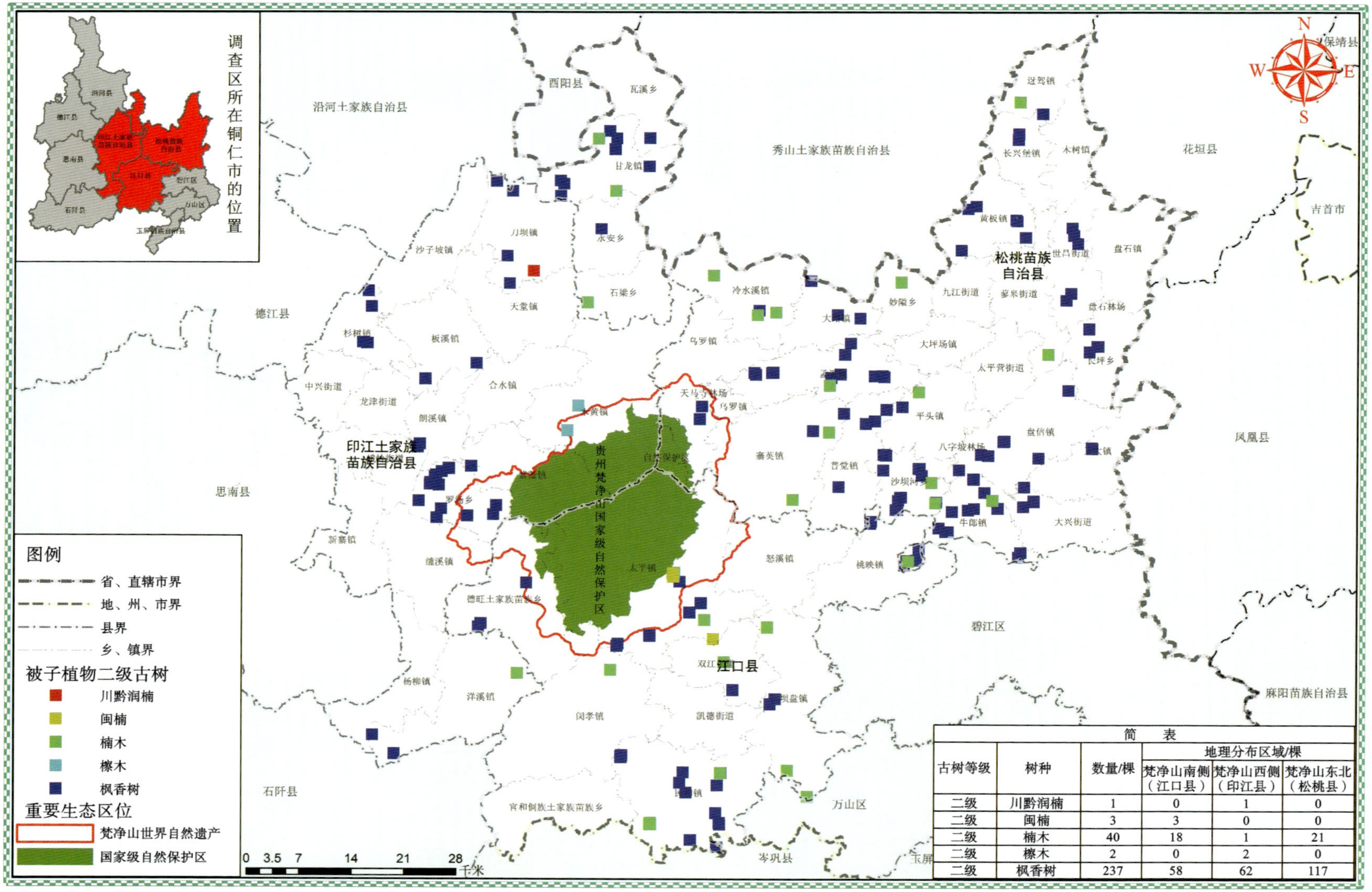

古树等级	树种	数量/棵	地理分布区域/棵		
			梵净山南侧（江口县）	梵净山西侧（印江县）	梵净山东北（松桃县）
二级	川黔润楠	1	0	1	0
二级	闽楠	3	3	0	0
二级	楠木	40	18	1	21
二级	檫木	2	0	2	0
二级	枫香树	237	58	62	117

制作底图由铜仁市自然资源局提供，审图号：图黔D(2021)001号

比例尺1：45万

图 3-18　梵净山地区被子植物二级古树(川黔润楠、闽楠、楠木、檫木、枫香树)分布图

(2) 江口县太平镇梵净山村闽楠

该闽楠(编号 52222200210)位于贵州梵净山南侧(江口县)太平镇梵净山村海拔 470 m 的寨沙侗寨钟鼓楼左侧,土壤类型为黄壤,生长环境中等,权属为集体所有,估测树龄为 400 余年。

该树树干上部弯曲，枝繁叶茂，树形优美。树高 17 m、胸围 251 cm（胸径 0.80 m），东西冠幅 10 m、南北冠幅 8 m，树冠投影面积约 80 m^2，目前生长正常、长势良好。由于此树处在旅游景区，建议设置防护围栏予以保护。

3.2.15 楠木 *Phoebe zhennan* S. K. Lee & F. N. Wei

楠木的俗名、科属、形态特征、分布与习性详见 3.1.19。目前，梵净山地区有楠木二级古树 40 棵，其中梵净山南侧（江口县）18 棵、梵净山西侧（印江县）1 棵、梵净山东北（松桃县）21 棵，详见图 3-18、表 3-54。

（1）江口县双江街道镇江社区楠木

该楠木（编号 52222200407）位于贵州梵净山南侧（江口县）双江街道镇江社区海拔 330 m 的省溪司土司衙门遗址——杨氏祠堂旁，土壤类型为黄壤，生长环境差，权属为集体所有，估测树龄为 400 余年。

该树树根隆起，树体高大，枝繁叶茂。树高 22 m、胸围 376 cm（胸径 1.20 m），东西冠幅 16 m、南北冠幅 12 m，树冠投影面积约 190 m^2，目前生长正常、长势良好。

该树存在偏冠现象，随着树龄增大，偏冠现象可能会更严重，不仅影响树体美观，且易造成树体重心发生偏移，如遇自然灾害，极易出现枝干断裂现象，需着重保护。同时，该树靠近墙体，树基周围全被硬化水泥包围，需改善立地条件。

（2）松桃县甘龙镇英庄村楠木

该楠木（编号 52222930428）位于贵州梵净山东北（松桃县）甘龙镇英庄村坨里组海拔 830 m 处，土壤类型为黄壤，生长环境良好，权属为集体所有，估测树龄为 400 余年。

该树生长在楠竹林中，高大挺拔，枝繁叶茂。树高 48 m、胸围 330 cm（胸径 1.05 m），东西冠幅 16 m、南北冠幅 15 m，树冠投影面积约 240 m^2，枝下高 8 m，目前生长正常。但古树基部存在中空、腐烂现象，需予以修补。

(3) 松桃县平头镇蚂蝗冲村楠木

该楠木(编号52222940234)位于贵州梵净山东北(松桃县)平头镇蚂蝗冲村郭家三组海拔495 m的山地杂林地中,土壤类型为黄壤,生长环境良好,权属为集体所有,估测树龄为300余年。

该树树体高大,枝繁叶茂。树高36 m、胸围310 cm(胸径0.99 m),东西冠幅10 m、南北冠幅9 m,树冠投影面积约90 m^2,主梢被风吹断,目前生长正常。

3.2.16 檫木 *Sassafras tzumu* (Hemsl.) Hemsl.

檫木的俗名、科属、形态特征、分布与习性详见 3.1.20。目前，梵净山地区有檫木二级古树 2 棵，分布在梵净山西侧(印江县)，详见图 3-18、表 3-54。

印江县木黄镇居龙村檫木

该檫木(编号 52222604455)位于贵州梵净山西侧(印江县)木黄镇居龙村海拔 800 m 处的公路坎上，土壤类型为石灰土，生长环境良好，权属为集体所有，估测树龄为 300 余年。

该树高大挺拔，枝繁叶茂。树高 18 m、胸围 392 cm(胸径 1.25 m)，东西冠幅 12 m、南北冠幅 13 m，树冠投影面积约 160 m^2，目前生长正常、长势良好。

3.2.17 枫香树 *Liquidambar formosana* Hance

枫香树的俗名、科属、形态特征、分布与习性详见 3.1.21。目前，梵净山地区有枫香树二级古树 237 棵，其中梵净山南侧(江口县)58 棵、梵净山西侧(印江县)62 棵、梵净山东北(松桃县)117 棵，详见图 3-18、表 3-54。

松桃县长兴堡镇大地村枫香树

该地的 2 棵枫香树位于贵州梵净山东北(松桃县)长兴堡镇大地村海拔 646 m 的松桃苗族自治县特殊教育学校门口，土壤类型为黄壤，生长环境中等，权属为集体所有。

2 棵枫香树(许愿树、定情树)和 1 棵光叶石楠(姻缘树)在当地被称为“情人树”。枫香树估测树龄约为 400 年，位于校门口左侧，光叶石楠位于校门口右侧。许愿树(编号 52222920059)树高 22 m，胸围 290 cm，东西冠幅 10 m、南北冠幅 10 m，树冠投影面积约 100 m^2。定情树(编号 52222920060)树高 22 m，胸围 310 cm，东西冠幅 13 m、南北冠幅 11 m，树冠投影面积约 140 m^2。姻缘树(编号 52222920061)估测树龄约为 200 年，树高 19 m，胸围 210 cm，东西冠幅 10 m、南北冠幅 6 m，树冠投影面积约 60 m^2，目前均生长正常、长势良好。

“情人树”源自一个古老的传说：很久以前，在松桃县长兴堡镇的一个苗族寨子里，有一个英俊潇洒的后生名叫达惹，他忠诚老实，勤劳勇敢，聪明睿智，还爱好打猎，擅长射箭。在某年的 6 月 6 日，达惹去山上打猎，忽然一只大老鹰横空飞来，达惹不慌不忙地张弓搭箭，老鹰被射落下来，只见老鹰嘴里衔着一只绣花鞋。鞋做得精巧，花绣得美丽，绣面上有蓝天、白云、大地、山川、树木、花草、飞禽、走兽、村庄等，

七彩斑斓，栩栩如生。达惹拣起绣花鞋，看了又看，奇巧的刺绣工艺和精妙的设计让达惹从心底佩服，心中暗想，一定要找到绣花鞋的主人。他把绣花鞋带到寨里，见过的人都爱不释手。达惹访了 99 个村，问了 99 个寨，都没有找到绣花鞋的主人，心里十分苦闷。后来，他灵机一动，仿照林中猴子荡葛藤的方式，用了 7 天 7 夜制成一个能坐 8 人且可以转动的高大秋千立在寨口。寨里的男女青年茶余饭后，或早晨傍晚，或农闲时间，都来荡秋千赛歌。秋千两端，插红绿彩旗，横梁上，系一只绣花鞋。青年男女悠然荡漾在空中，把英雄达惹的爱情故事演绎得淋漓尽致。这样，一寨传一寨，十里八乡的青年都纷纷前来，达惹便借机张榜悬鞋，招问失主。来认领花鞋的是一位俏丽的姑娘，她穿着整洁，朴实淡雅，知书达理，能歌善舞。达惹和她对了三天三夜的情歌，互诉衷肠，两人情投意合，最终坠入情网。

在这以后，每年的 6 月 6 日就成了苗族的传统情人节，人们从四面八方赶来，在此欢聚一堂，共庆这一节日盛典。在 6 月 6 日这一天，人们尽情地唱着山歌，年轻人也借此机会寻找心目中的理想伴侣。

3.2.18 黄檀 *Dalbergia hupeana* Hance

【俗名】 檀树、檀木、白檀。

【科属】 豆科 Fabaceae 黄檀属 *Dalbergia*。

【形态特征】 落叶乔木。羽状复叶;小叶 3～5 对,椭圆形至长圆状椭圆形,先端钝或稍凹入,基部圆形或阔楔形,两面无毛。圆锥花序顶生或生于最上部的叶腋,疏被锈色短柔毛;花冠白色或淡紫色;雄蕊 10 枚。荚果长圆形或阔舌状,顶端急尖,基部渐狭成果颈,有 1～2(3)粒种子。花期 5—7 月。

【分布】 黄檀产于中国山东、江苏、安徽、浙江、江西、福建、湖北、湖南、广东、广西、四川、贵州、云南等地。生于海拔 600～1400 m 的山地林中或灌丛中,山沟溪旁及有小树林的坡地常见。

【习性】 对立地条件要求不严,在陡坡、山脊、岩石裸露、干旱贫瘠处均能生长。在天然林生长较慢,在人工林生长快速。

【古树资源】 目前,梵净山地区有黄檀二级古树 4 棵,分布在梵净山东北(松桃县),详见图 3-19、表 3-54。

松桃县太平营街道石马村黄檀

①该黄檀(编号 52222910359)位于贵州梵净山东北(松桃县)太平营街道石马村海拔 350 m 的村民院坝边,土壤类型为黄壤,生长环境中等,权属为集体所有,估测树龄为 300 余年。

该树高大挺拔,树干通直,枝繁叶茂。树高 35 m、胸围 300 cm(胸径 0.96 m),东西冠幅 5 m、南北冠幅 6 m,树冠投影面积约 30 m^2,目前生长正常。但树体上部存在枯残枝,上下均有房屋,存在极大安全隐患。

②该黄檀(编号 52222910386)位于贵州梵净山东北(松桃县)太平营街道石马村二组海拔 354 m 的土地庙,土壤类型为黄壤,生长环境中等,权属为集体所有,估测树龄为 300 余年。

该树高大挺拔,枝繁叶茂。树高 15 m、胸围 370 cm(胸径 1.18 m),东西冠幅 15 m、南北冠幅 8 m,树冠投影面积约 120 m^2。其旁还生长有 1 棵云南樟(编号 52222910385),树高 19 m、胸围 360 cm,东西

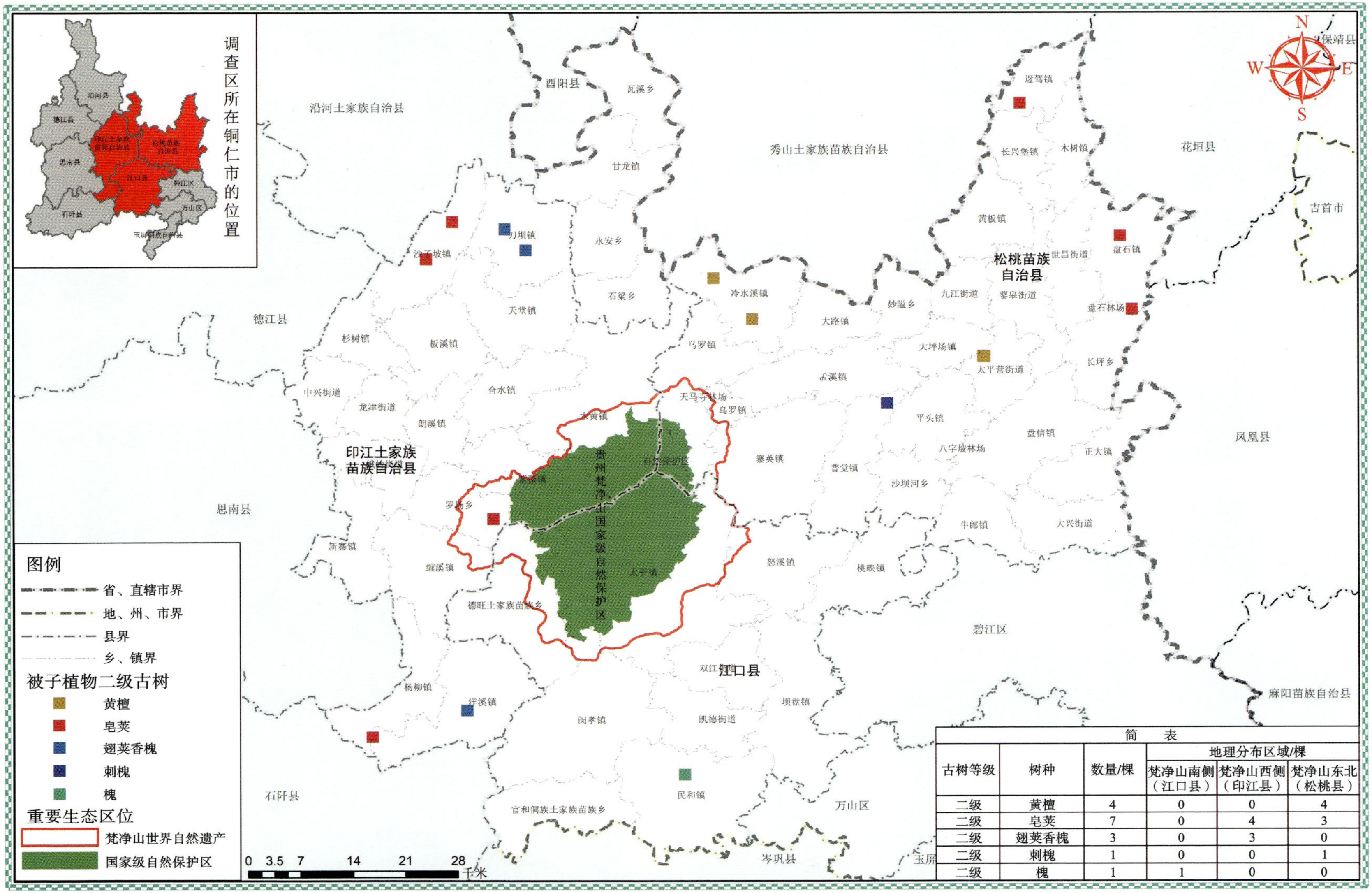

古树等级	树种	数量/棵	地理分布区域/棵		
			梵净山南侧（江口县）	梵净山西侧（印江县）	梵净山东北（松桃县）
二级	黄檀	4	0	0	4
二级	皂荚	7	0	4	3
二级	翅荚香槐	3	0	3	0
二级	刺槐	1	0	0	1
二级	槐	1	1	0	0

制作底图由铜仁市自然资源局提供，审图号：图黔D(2021)001号　　比例尺1：45万

图 3-19　梵净山地区被子植物二级古树（黄檀、皂荚、翅荚香槐、刺槐、槐）分布图

冠幅 16 m、南北冠幅 17 m，树冠投影面积约 270 m^2，目前均生长正常、长势良好。但该古树旁存在堆放杂物现象，应禁止。

3.2.19 皂荚 *Gleditsia sinensis* Lam.

皂荚的俗名、科属、形态特征、分布与习性详见 3.1.22。目前，梵净山地区有皂荚二级古树 7 棵，其中梵净山西侧（印江县）4 棵、梵净山东北（松桃县）3 棵，详见图 3-19、表 3-54。

松桃县迓驾镇牛角村皂荚

该皂荚（编号 52222920047）位于贵州梵净山东北（松桃县）迓驾镇牛角村欧阳院子海拔 606 m 的房屋边，土壤类型为黄壤，生长环境中等，权属为集体所有，估测树龄为 400 余年。

该树生长在岩石上，树根隆起，主干分为三大枝，枝条开展。树杈上生长有一棵植物，更有趣的是，还有鸡在此树杈上下蛋。树高 21 m、胸围 395 cm(胸径 1.26 m)，东西冠幅 8 m、南北冠幅 14 m，树冠投影面积约 110 m^2。在该古树不远处还生长有 1 棵青冈与 1 棵皂荚，树龄分别约为 300 年、200 年，青冈与皂荚(树龄 200 年)根长在一起形成了连理根，青冈胸围 267 cm、皂荚胸围 270 cm，目前此处的 3 棵古树均生长正常、长势良好。

由于该树旁存在水泥硬化、堆放杂物、倾倒污水现象，对古树生长影响较大。建议扩大该树的营养面积，清理树基周围的杂物，禁止倾倒污水，对其予以保护。

3.2.20 翅荚香槐 *Platyosprion platycarpum* (Maxim.) Maxim.

翅荚香槐的科属、形态特征、分布与习性详见 3.1.23。目前，梵净山地区有翅荚香槐二级古树 3 棵，分布梵净山西侧(印江县)，见图 3-19、表 3-54。

印江县刀坝镇共河村翅荚香槐

该翅荚香槐(编号 52222603542)位于贵州梵净山西侧(印江县)刀坝镇共河村白岩组海拔 645 m 的高速公路桥下，土壤类型为黄壤，生长环境差，权属为集体所有，估测树龄为 300 余年。

该树生于沟边，靠近公路。树体高大挺拔，枝繁叶茂。树高 30 m、胸围 411 cm(胸径 1.31 m)，东西冠幅 15 m、南北冠幅 11 m，树冠投影面积约 170 m^2，目前生长正常。但主干下部存在空洞、腐烂和红蚂蚁成群现象，给古树生长带来了一定的干扰与威胁，建议对主干空洞、腐烂处进行修补，并对红蚂蚁进行防治。

3.2.21 刺槐 *Robinia pseudoacacia* L.

【俗名】 洋槐、槐花、伞形洋槐、塔形洋槐。

【科属】 豆科 Fabaceae 刺槐属 *Robinia*。

【形态特征】 落叶乔木。小枝具托叶刺。小叶 2～12 对，常对生，椭圆形、长椭圆形或卵形，先端圆，微凹，具小尖头，基部圆形至阔楔形，全缘；小托叶针芒状，总状花序腋生，下垂，芳香。荚果褐色，线状长圆形，有种子 2～15 粒。花期 4—6 月，果期 8—9 月。

【分布】 刺槐原产于美国东部，17 世纪传入欧洲及非洲。中国于 18 世纪末从欧洲引入青岛栽培，现全国各地广泛栽植。

【习性】 喜光，不耐阴。喜土层深厚、肥沃、疏松、湿润的土壤及沙质土壤、黏质土壤，在中性土壤、酸性土壤、含盐量在 0.3%以下的盐碱性土壤上能正常生长，在积水、通气不良的黏质土壤上生长不良。可播种繁殖。

【古树资源】 目前，梵净山地区有刺槐二级古树仅 1 棵，分布在梵净山东北（松桃县），详见图 3-19、表 3-54。

松桃县普觉镇姜家洞村刺槐

该刺槐（编号 52222940228）位于贵州梵净山东北（松桃县）普觉镇姜家洞村店上组海拔 480 m 的房屋旁，土壤类型为黄壤，生长环境中等，权属为集体所有，估测树龄为 300 余年。

该树树体高大，枝繁叶茂。树高 20 m、胸围 419 cm（胸径 1.33 m），东西冠幅 13 m、南北冠幅 11 m，树冠投影面积约 140 m^2，目前生长正常、长势良好。但由于此树体上有钉钉架设电缆照明现象，需进一步加大对其的保护力度，并提高人民群众保护古树的意识。

3.2.22 槐 *Styphnolobium japonicum*（L.）Schott

【俗名】 国槐、豆槐、槐花树、槐花木、槐树。

【科属】 豆科 Fabaceae 槐属 *Styphnolobium*。

【形态特征】 落叶乔木。羽状复叶，小叶 4～7 对，对生或近互生，卵状披针形或卵状长圆形，先端渐尖，具小尖头，基部宽楔形或近圆形，下面灰白色，初被疏短柔毛，旋变无毛；托叶形状多变，有时呈卵形，叶状，有时线形或钻状，早落。圆锥花序顶生，花冠白色或淡黄色，旗瓣近圆形。荚果串珠状，肉质，不开裂，种子 1～6 粒。花期 7—8 月，果期 8—10 月。

【分布】 槐原产于中国，现南北各地广泛栽培。日本、越南、朝鲜也有分布，欧洲、美洲各国均有引种。

【习性】 可播种、埋根或扦插繁殖。

【古树资源】 目前，梵净山地区有槐二级古树 1 棵，分布在梵净山南侧（江口县），详见图 3-19、表 3-54。

江口县民和镇军屯村槐

该槐（编号 52222203030）位于贵州梵净山南侧（江口县）民和镇军屯村海拔 760 m 处村民屋后，土壤类型为黄壤，生长环境良好，权属为集体所有，估测树龄为 300 余年。

该树生长在山地杂木林中，树体高大挺拔，枝繁叶茂。树高 26 m、胸围 260 cm（胸径 0.83 m），东西冠幅 25 m、南北冠幅 20 m，树冠投影面积约 500 m^2，目前生长正常。但由于此树主干曾遭受砍伐，树体受到破坏，建议对其破损处进行修复。

3.2.23 大叶桂樱 *Prunus zippeliana* Miq.

【俗名】 大叶稠李、黄土树、黑茶树、驳骨木、大驳骨、大叶野樱。

【科属】 蔷薇科 Rosaceae 李属 *Prunus*。

【形态特征】 常绿乔木。小枝黑褐色，无毛，有小皮孔。叶宽长圆形、椭圆状长圆形或宽卵形，先端渐尖或短渐尖，基部宽楔形或近圆形，边缘有粗锯齿，齿尖腺体黑色，两面无毛，侧脉 7～13 对；托叶线形，早落。花序被短柔毛，单一或 2～4 簇生于叶腋，白色。子房上位，核果长圆形或卵状长圆形。花期 7—10 月，果期冬季。

【分布】 大叶桂樱产于中国甘肃、陕西、湖北、湖南、江西、浙江、福建、台湾、广东、广西、贵州、四川、云南等地。生于海拔 600～2400 m 的石灰岩山地阳坡杂木林中或山坡混交林下。日本和越南北部也有分布。

【习性】 可播种繁殖。

【古树资源】 目前，梵净山地区有大叶桂樱二级古树 4 棵，分布在梵净山西侧（印江县），详见图 3-20、表 3-54。

印江县杨柳镇茶山村大叶桂樱

该地的 3 棵大叶桂樱位于贵州梵净山西侧（印江县）杨柳镇茶山村五家沟，生长在山地杂木林中，为野生自然繁殖。其中 2 棵毗邻，分布在公路同侧，另一棵与这两株相距约 100 m（在公路对侧），这是目前贵州发现的最大的 3 棵大叶桂樱。所在地土壤类型为黄壤，生长环境良好，权属为集体所有，估测树龄为 350 余年。

大叶桂樱树干红褐色，呈斑驳状，与周围的植被形成鲜明的对比，非常漂亮。花有特殊香味，白色，挂果期持续整个冬天，成熟时红黑色，是集观干、观花、观果为一体的阔叶常绿树种，具有较高的观赏价值。大叶桂樱（编号 52222607721，毗邻株中胸径大的植株）位于海拔 868 m 处，主干分为两大枝，树体高大，枝繁叶茂。树高 22 m、胸围 339 cm（胸径 1.08 m），东西冠幅 16 m、南北冠幅 15 m，树冠投影面积约 240 m^2。大叶桂樱（编号 52222607720，毗邻株中的另一株）位于海拔 858 m 处，高大挺拔，大枝开展，枝繁叶茂。树高 22 m、胸围 260 cm（胸径 0.83 m），东西冠幅 19 m、南北冠幅 20 m，树冠投影面积约 380 m^2。大叶桂樱（编号 52222607717，公路对面与毗邻株相距 100 m 的植株）位于海拔 880 m 处。该树枝繁叶茂，树干通直圆满，有直入云端之感。树高 21 m、胸围 245 cm（胸径 0.78 m），东西冠幅 14 m、

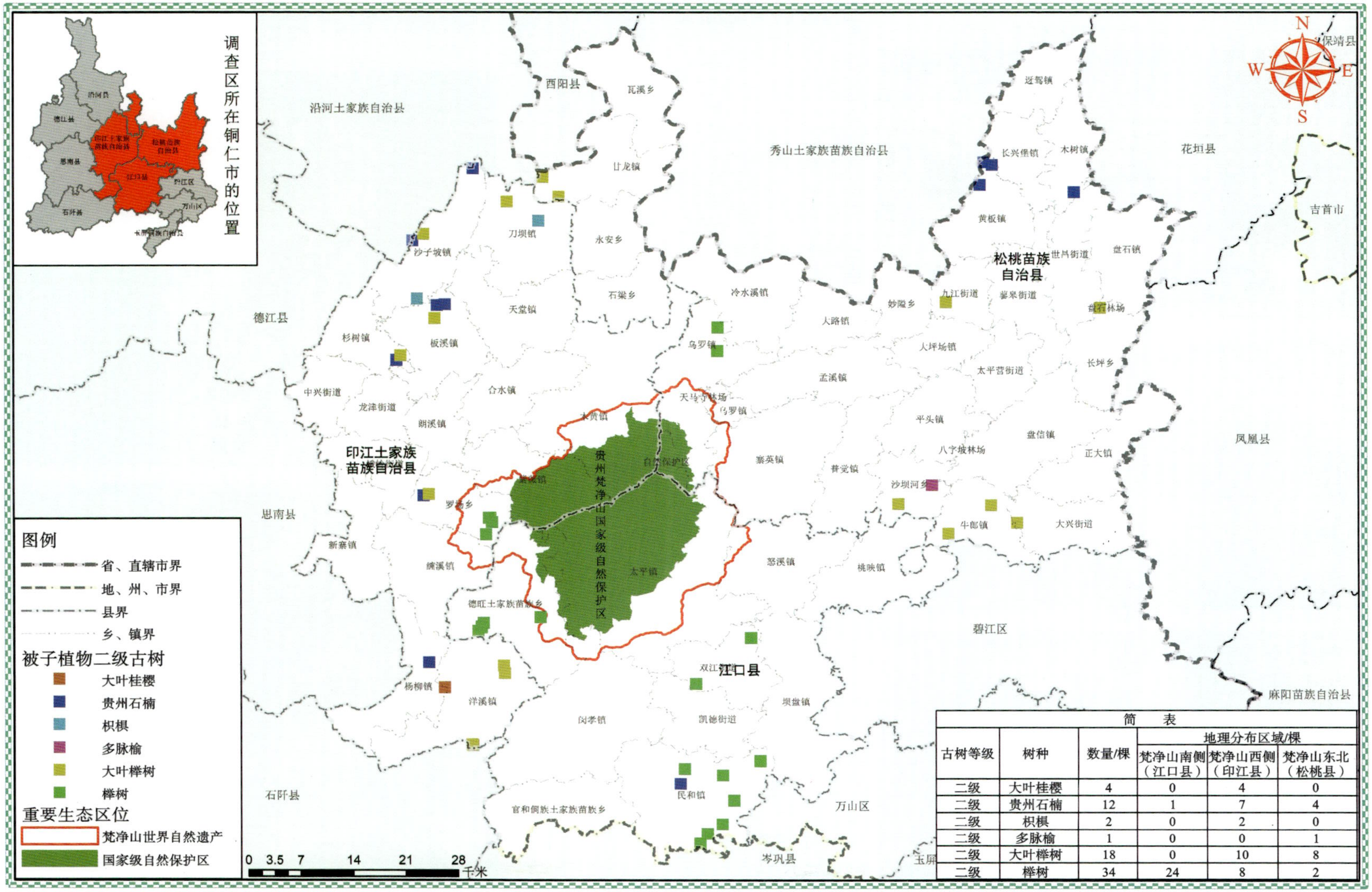

古树等级	树种	数量/棵	地理分布区域/棵		
			梵净山南侧（江口县）	梵净山西侧（印江县）	梵净山东北（松桃县）
二级	大叶桂樱	4	0	4	0
二级	贵州石楠	12	1	7	4
二级	枳椇	2	0	2	0
二级	多脉榆	1	0	0	1
二级	大叶榉树	18	0	10	8
二级	榉树	34	24	8	2

制作底图由铜仁市自然资源局提供，审图号：图黔D(2021)001号

比例尺1：45万

图 3-20 梵净山地区被子植物二级古树（大叶桂樱、贵州石楠、枳椇、多脉榆、大叶榉树、榉树）分布图

南北冠幅 16 m,树冠投影面积约 220 m^2。3 棵大叶桂樱目前均生长正常、长势良好。

大叶桂樱生长缓慢,大树极为罕见。2017 年对古树名木普查时,在该县的洋溪镇曾心村、杨柳镇大兴村及缠溪镇方家岭村还各发现 1 棵大叶桂樱古树,胸径均不及以上 3 棵大。

3.2.24 贵州石楠 *Photinia bodinieri* H. Lév.

贵州石楠的俗名、科属、形态特征、分布与习性详见 3.1.24。目前,梵净山地区有贵州石楠二级古树 12 棵,其中梵净山南侧(江口县)1 棵、梵净山西侧(印江县)7 棵、梵净山东北(松桃县)4 棵,详见图 3-20、表 3-54。

(1) 江口县民和镇洪坪村贵州石楠

该贵州石楠(编号 52222203287)位于贵州梵净山南侧(江口县)民和镇洪坪村黄泥田海拔 514 m 的篮球场坎下,土壤类型为黄壤,生长环境良好,权属为集体所有,估测树龄为 300 余年。

该树树体高大，枝繁叶茂。树高 26 m、胸围 251 cm(胸径 0.80 m)，东西冠幅 18 m、南北冠幅 14 m，树冠投影面积约 250 m^2，目前生长正常、长势良好。春天树木吮吸着甘露，树上吐出的嫩叶向四面舒展，给人以清新、恬淡的感觉，为乡间的春色增添了一抹诗情画意。

(2) 印江县板溪镇岩底村贵州石楠

该贵州石楠(编号 52222601211)位于贵州梵净山西侧(印江县)板溪镇岩底村垓下组海拔 858 m 的房屋边，土壤类型为黄壤，生长环境中等，权属为集体所有，估测树龄为 300 余年。

该树树形端庄，枝繁叶茂，树高 15 m、胸围 339 cm(胸径 1.08 m)，东西冠幅 12 m、南北冠幅 10 m，树冠投影面积约 120 m^2，目前生长正常、长势良好。但该树周围存在堆放干柴和搭建物现象，给古树生长带来一定的干扰与威胁，应及时移除。

3.2.25 枳椇 *Hovenia acerba* Lindl.

【俗名】 南枳椇、鸡爪树、鸡爪子、拐枣。

【科属】 鼠李科 Rhamnaceae 枳椇属 *Hovenia*。

【形态特征】 乔木。叶互生，宽卵形、椭圆状卵形或心形，顶端长渐尖或短渐尖，基部截形或心形，边缘常具整齐浅而钝的细锯齿。二歧式聚伞圆锥花序顶生和腋生，被棕色短柔毛；花两性。浆果状核果近球形，无毛，成熟时黄褐色或棕褐色，种子暗褐色或黑紫色。花期 5—7 月，果期 8—10 月。

【分布】 枳椇产于中国甘肃、陕西、河南、安徽、江苏、浙江、江西、福建、广东、广西、湖南、湖北、四川、云南、贵州等地。生于海拔 2100 m 以下的开旷地、山坡林缘或疏林中。印度、尼泊尔、锡金、不丹和缅甸北部也有分布。

【习性】 喜温暖湿润的气候，喜阳光充足潮湿环境，对土壤要求不严，在酸性、碱性土壤上均能生长，适应性较强。可播种繁殖。

【古树资源】 目前，梵净山地区有枳椇二级古树 2 棵，分布在梵净山西侧(印江县)，详见图 3-20、表 3-54。

印江县刀坝镇勤俭村枳椇

该枳椇(编号 52222603381,当地称拐枣)位于贵州梵净山西侧(印江县)刀坝镇勤俭村南竹坨组海拔 1017 m 的房屋边,土壤类型为黄壤,生长环境中等,权属为集体所有,估测树龄为 300 余年。

该树树体高大,树干弯曲。其果实形状七弯八拐,味甜,深受人们喜爱。树高 28 m、胸围 458 cm(胸径 1.46 m),东西冠幅 10 m、南北冠幅 12 m,树冠投影面积约 120 m^2,目前生长衰弱。树基局部腐烂,宜修补。

3.2.26 多脉榆 *Ulmus castaneifolia* Hemsl.

【科属】 榆科 Ulmaceae 榆属 *Ulmus*。

【形态特征】 落叶乔木。叶长圆状椭圆形、长椭圆形、长圆状卵形、倒卵状长圆形或倒卵状椭圆形,先端长尖或骤凸,基部常偏斜,叶背密被长柔毛,脉腋有簇生毛,边缘具重锯齿,侧脉 16～35 对。翅果长圆状倒卵形、倒三角状倒卵形或倒卵形,除顶端缺口柱头面有毛外,余处无毛,果核部分位于翅果上部,上端接近缺口,宿存花被无毛,4～5 浅裂,裂片边缘有毛。花果期 3—4 月。

【分布】 多脉榆分布于中国湖北西部、四川东部、云南东南部、贵州北部、湖南西部至南部、广西西部及东北部、广东北部、江西南部、安徽南部、福建北部及浙江南部等地。生于海拔 500～1600 m 地带山坡及山谷的阔叶林中。

【习性】 喜光树种。喜深厚、肥沃及有机质含量较多的土壤。可扦插、播种繁殖。

【古树资源】 目前,梵净山地区有多脉榆二级古树仅 1 棵,分布在梵净山东北(松桃县),详见图 3-20、表 3-54。

松桃县沙坝河乡桐木坪村多脉榆

该多脉榆(编号 52222940297)位于贵州梵净山东北(松桃县)沙坝河乡桐木坪村海拔 440 m 的路坎上,土壤类型为黄壤,生长环境中等,权属为集体所有,估测树龄为 300 余年。

该树树高 33 m、胸围 322 cm(胸径 1.03 m),东西冠幅 9 m、南北冠幅 8 m,树冠投影面积约 70 m^2,

主干有树洞，目前生长衰弱。

由于该树有树洞，宜对腐烂树洞进行填补和修复。否则如遇大风或其他不良因素，易造成枝干断裂，给行人或周边建筑带来安全威胁。

3.2.27 大叶榉树 *Zelkova schneideriana* Hand.-Mazz.

大叶榉树的俗名、科属、形态特征、分布与习性详见3.1.26。目前，梵净山地区有大叶榉树二级古树18棵，其中梵净山西侧（印江县）10棵、梵净山东北（松桃县）8棵，详见图3-20、表3-54。

印江县罗场乡岭峰村大叶榉树

该大叶榉树（编号52222606525）位于贵州梵净山西侧（印江县）罗场乡岭峰村海拔945 m的岭山滚牛塘，土壤类型为黄壤，生长环境良好，权属为集体所有，估测树龄为300余年。

该树生长在林缘，树体高大，枝繁叶茂。树高 24 m、胸围 396 cm(胸径 1.26 m)，东西冠幅 30 m、南北冠幅 31 m，树冠投影面积约 930 m^2，目前生长正常、长势良好，对周边生境和灌木与草本具有较明显的遮阴效果，对局域生境与水汽条件具有较强的“伞护”作用，因此该树具有极高的保护价值。

3.2.28 榉树 *Zelkova serrata* (Thunb.) Makino

榉树的俗名、科属、形态特征、分布与习性详见 3.1.27。目前，梵净山地区有榉树二级古树 34 棵，其中梵净山南侧(江口县)24 棵、梵净山西侧(印江县)8 棵、梵净山东北(松桃县)2 棵，详见图 3-20、表 3-54。

(1) 松桃县乌罗镇团龙村榉树

该榉树(编号 52222930086)位于贵州梵净山东北(松桃县)乌罗镇团龙村洞当门组海拔 840 m 处房屋边，土壤类型为黄壤，生长环境良好，权属为集体所有，估测树龄为 400 余年。

该树傲然挺立于乔、灌木林中，开枝散叶。树高 28 m、胸围 350 cm(胸径 1.11 m)，东西冠幅 12 m、南北冠幅 13 m，树冠投影面积约 160 m^2，目前生长正常、长势良好。

(2) 松桃县乌罗镇黔兴村榉树

该榉树(编号 52222930089)位于贵州梵净山东北(松桃县)乌罗镇黔兴村红沙井组海拔 960 m 的房屋边，土壤类型为黄壤，生长环境中等，权属为集体所有，估测树龄为 400 余年。

该树树干粗壮，主干分为两大枝，一枝被雷击断，另一枝生长旺盛。树高 20 m、胸围 360 cm（胸径 1.15 m），东西冠幅 9 m、南北冠幅 8 m，树冠投影面积约 70 m^2，目前生长衰弱。但树干腐烂严重，存在安全隐患，需对腐烂处进行清理、修补。

3.2.29 糙叶树 *Aphananthe aspera*（Thunb.）Planch.

糙叶树科属、形态特征、分布与习性详见 3.1.28。目前，梵净山地区有糙叶树二级古树 3 棵，其中梵净山西侧（印江县）1 棵、梵净山东北（松桃县）2 棵，详见图 3-21、表 3-54。

印江县刀坝镇青狮村糙叶树

该糙叶树（编号 52222603961）位于贵州梵净山西侧（印江县）刀坝镇青狮村中寨组海拔 771 m 的堡坎上，土壤类型为黄壤，生长环境差，权属为集体所有，估测树龄为 300 余年。

该树树基庞大。树高 24 m、胸围 430 cm（胸径 1.37 m），东西冠幅 12 m、南北冠幅 13 m，树冠投影面积约 160 m^2，主干存在中空、腐烂现象，目前生长衰弱。

由于村民房屋扩建，在树旁砌筑了堡坎，并存在堆放杂物现象，改变了树木原有的生环，需对中空、腐烂处进行填补和修复，并加大宣传保护古树的力度，做到人与自然和谐相处。

3.2.30 朴树 *Celtis sinensis* Pers.

朴树的科属、形态特征、分布与习性详见 3.1.30。目前，梵净山区有朴树二级古树 26 棵，其中梵净山西侧（印江县）12 棵、梵净山东北（松桃县）14 棵，详见图 3-21、表 3-54。

松桃县乌罗镇峰岩村朴树

该朴树（编号 52222930085）位于贵州梵净山东北（松桃县）乌罗镇峰岩村余家组海拔 810 m 的竹林里，土壤类型为黄壤，生长环境良好，权属为集体所有，估测树龄为 400 余年。

该树高大挺拔，树干通直，枝繁叶茂。树高 30 m、胸围 320 cm（胸径 1.02 m），东西冠幅 9 m、南北冠幅 8 m，树冠投影面积约 70 m^2，目前生长正常、长势良好。但由于此树所处土壤贫瘠，应注意保护其生境的稳定性。

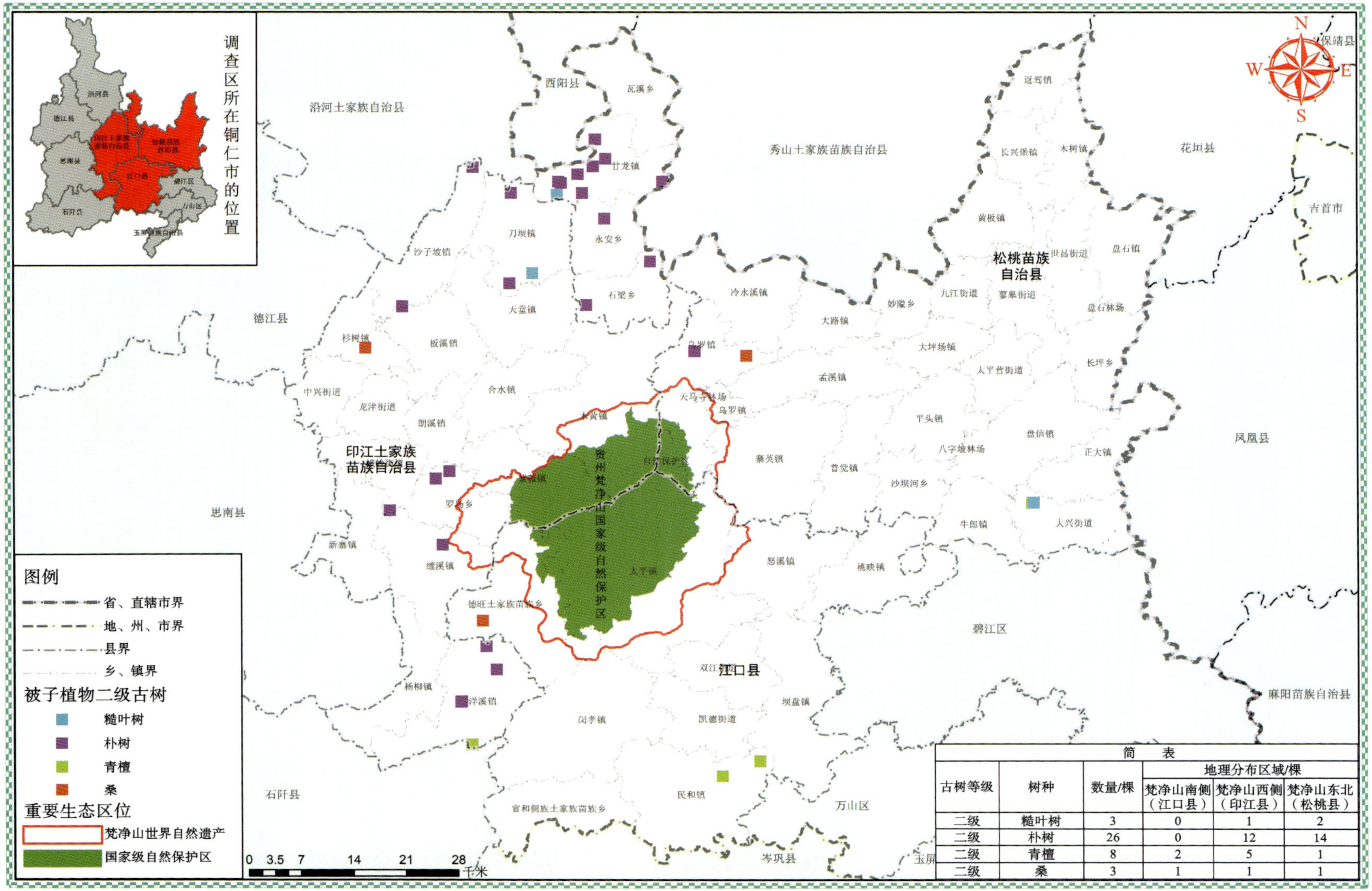

古树等级	树种	数量/棵	地理分布区域/棵		
			梵净山南侧（江口县）	梵净山西侧（印江县）	梵净山东北（松桃县）
二级	糙叶树	3	0	1	2
二级	朴树	26	0	12	14
二级	青檀	8	2	5	1
二级	桑	3	1	1	1

制作底图由铜仁市自然资源局提供，审图号：图黔D(2021)001号

图 3-21 梵净山地区被子植物二级古树（糙叶树、朴树、青檀、桑）分布图

3.2.31 青檀 *Pteroceltis tatarinowii* Maxim.

【科属】 大麻科 Cannabaceae 青檀属 *Pteroceltis*。

【形态特征】 乔木。叶宽卵形至长卵形,先端渐尖至尾状渐尖,基部不对称,楔形、圆形或截形,边缘有不整齐的锯齿,基部三出脉,侧出的 1 对近直伸达叶的上部,侧脉 4～6 对。翅果状坚果近圆形或近四方形,黄绿色或黄褐色,翅宽,有放射线条纹。花期 3—5 月,果期 8—10 月。

【分布】 青檀为中国特有单种属植物,产于辽宁(大连蛇岛)、河北、山西、陕西、甘肃南部、青海东南部、山东、江苏、安徽、浙江、江西、福建、河南、湖北、湖南、广东、广西、四川和贵州等地。常生于海拔 100～1500 m 的山谷溪边石灰岩山地疏林中。在村旁、公园有栽培。

【习性】 阳性树种,喜光,耐干旱、贫瘠,对气候条件要求不高,分布较广,但多为零星分布;喜钙,在石灰岩山地上生长良好,具有较强的萌芽力。可播种繁殖。

【古树资源】 目前,梵净山地区有青檀二级古树 8 棵,其中梵净山南侧(江口县)2 棵、梵净山西侧(印江县)5 棵、梵净山东北(松桃县)1 棵,详见图 3-21、表 3-54。

(1) 印江县洋溪镇曾心村青檀

①该青檀(编号 52222606823)位于贵州梵净山西侧(印江县)洋溪镇曾心村徐家组海拔 775 m 的山地杂木林中,土壤类型为黄壤,生长环境良好,权属为集体所有,估测树龄为 350 余年。

该树树身较小,树干弯曲、古拙。树高 19 m、胸围 182 cm(胸径 0.58 m),东西冠幅 6 m、南北冠幅 8 m,树冠投影面积约 50 m^2,目前生长正常、长势良好。

②该青檀(编号 52222606850)位于贵州梵净山西侧(印江县)洋溪镇曾心村徐家组海拔 775 m 的山地杂木林中,土壤类型为黄壤,生长环境良好,权属为集体所有,估测树龄为 350 多年。

该树主干分为两大枝,枝繁叶茂。树高 35 m、胸围 264 cm(胸径 0.84 m),东西冠幅 15 m、南北冠幅 14 m,树冠投影面积约 210 m^2,目前生长正常、长势良好。

青檀零星分布于我国多地,2017 年对古树名木普查时确认该青檀古树群共有 12 棵青檀古树,建议保护好周边环境,保持生态系统的稳定性。

(2) 松桃县大兴街道岩拉村青檀

该青檀(编号 52222920482)位于贵州梵净山东北(松桃县)大兴街道岩拉村一组海拔 561 m 的公路边,土壤类型为黄壤,生长环境中等,权属为集体所有,估测树龄为 300 年。

该树主干分为两大枝，枝繁叶茂。树高 28 m、胸围 310 cm(胸径 0.99 m)，东西冠幅 7 m、南北冠幅 5 m，树冠投影面积约 40 m^2，目前生长正常、长势良好。

据当地百姓所述，当初修公路时，为了保护好该古树，公路向内移了半米。这棵青檀古树和公路护栏一起守护着过往车辆的安全。

3.2.32 桑 *Morus alba* L.

【俗名】 桑树、家桑、蚕桑。

【科属】 桑科 Moraceae 桑属 *Morus*。

【形态特征】 乔木或灌木。叶卵形或广卵形，先端急尖、渐尖或圆钝，基部圆形至浅心形，边缘锯齿粗钝。花单性，腋生或生于芽鳞腋内，与叶同时生出。聚花果卵状椭圆形，成熟时红色或暗紫色。花期 4—5 月，果期 5—8 月。

【分布】 桑原产于中国中部和北部，现东北至西南各地及西北至新疆均有栽培。朝鲜、日本、蒙古、中亚各国、俄罗斯、欧洲等地以及印度、越南亦有栽培。

【习性】 喜光，幼时稍耐阴。喜温暖湿润气候，耐寒、耐干旱、耐水湿能力强。可播种、扦插、压条繁殖。

【古树资源】 目前，梵净山地区有桑二级古树 3 棵，其中梵净山南侧(江口县)1 棵、梵净山西侧(印江县)1 棵、梵净山东北(松桃县)1 棵，详见图 3-21、表 3-54。

印江县杉树镇新华村桑

该桑(编号 52222601476)位于贵州梵净山西侧(印江县)杉树镇新华村海拔 819 m 的山地杂木林中，土壤类型为黄壤，生长环境良好，权属为集体所有，估测树龄为 300 余年。

该树树高 25 m、胸围 280 cm(胸径 0.89 m)，东西冠幅 22 m、南北冠幅 24 m，树冠投影面积约 530 m^2，目前生长正常、长势良好。

3.2.33 岩栎 *Quercus acrodonta* Seemen

【科属】 壳斗科 Fagaceae 栎属 *Quercus*。

【形态特征】 常绿乔木。叶片椭圆形、椭圆状披针形或长倒卵形，顶端短渐尖，基部圆形或近心形，叶片中部以上有刺状疏锯齿，侧脉 7～11 对。壳斗杯形，包着坚果 1/2，小苞片椭圆形。坚果长椭圆形。花期 3—4 月，果期 9—10 月。

【分布】 岩栎产于中国陕西、甘肃、河南、湖北、四川、贵州和云南等地。生于海拔 300～2300 m 的山谷或山坡。

【古树资源】 目前，梵净山地区有岩栎二级古树 2 棵，分布在梵净山西侧（印江县），详见图 3-22、表 3-54。

印江县沙子坡镇邱家村岩栎

该岩栎（编号 52222602390）位于贵州梵净山西侧（印江县）沙子坡镇邱家村朗树组海拔 778 m 的烂湾（地名），土壤类型为黄壤，生长环境良好，权属为集体所有，估测树龄为 300 余年。

该树树高 35 m、胸围 396 cm（胸径 1.26 m），东西冠幅 30 m、南北冠幅 27 m，树冠投影面积约 810 m^2，因生长于人迹罕至处，目前生长正常、长势良好。

此树枝条虬结，雄踞山林，虽历经岁月沧桑，表皮却并未开裂，主干粗大，分为五枝，如一位伟大的母亲孕育了 5 个子女，枝繁叶茂宛如儿孙满堂，在僻静的深山中远离尘世的喧嚣，安然享受着岁月静好。

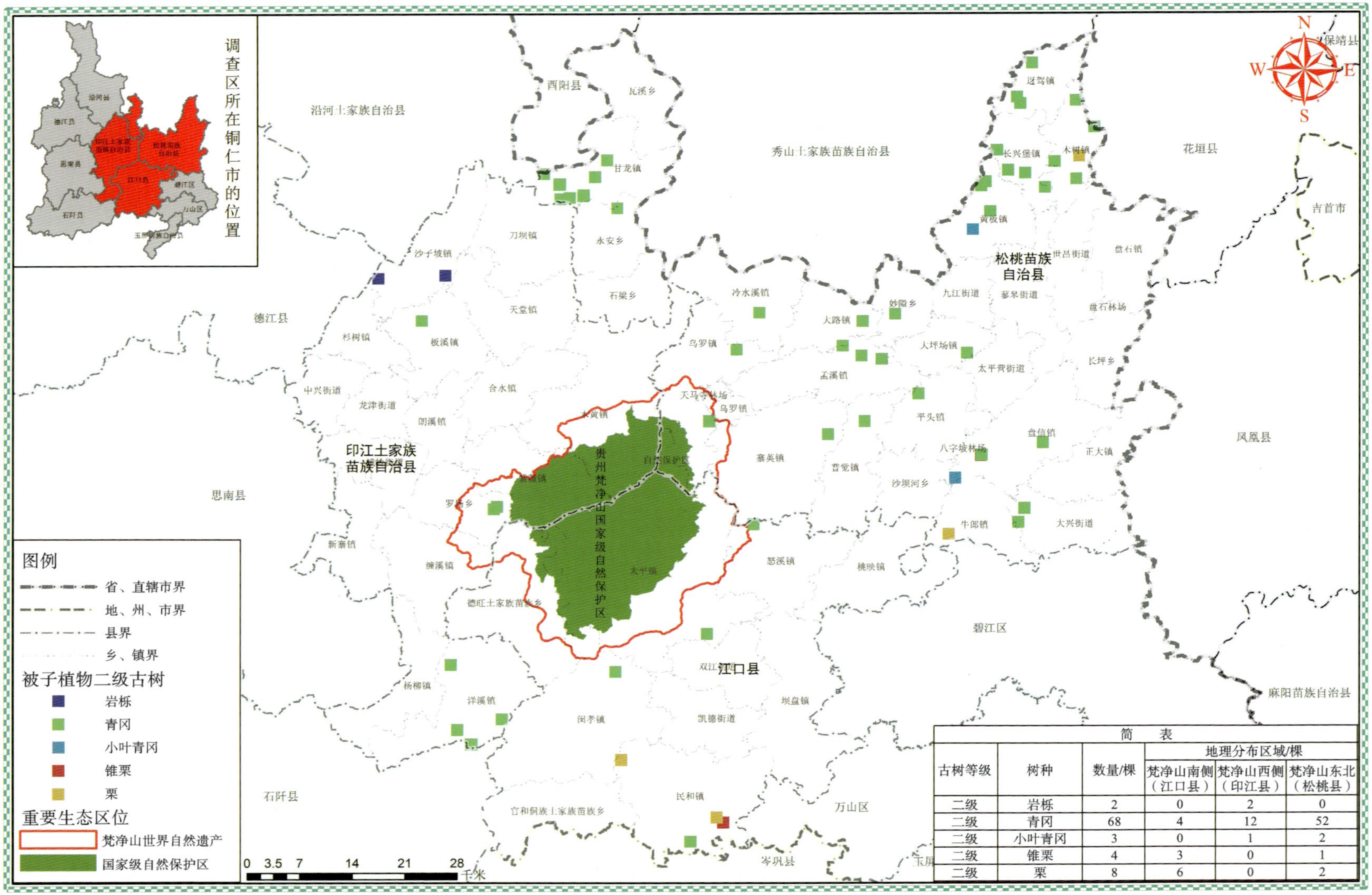

简表					
古树等级	树种	数量/棵	地理分布区域/棵		
			梵净山南侧（江口县）	梵净山西侧（印江县）	梵净山东北（松桃县）
二级	岩栎	2	0	2	0
二级	青冈	68	4	12	52
二级	小叶青冈	3	0	1	2
二级	锥栗	4	3	0	1
二级	栗	8	6	0	2

制作底图由铜仁市自然资源局提供，审图号：图黔D(2021)001号

比例尺1：45万

图 3-22　梵净山地区被子植物二级古树（岩栎、青冈、小叶青冈、锥栗、栗）分布图

3.2.34 青冈 *Quercus glauca* Thunb.

青冈的俗名、科属、形态特征、分布与习性详见 3.1.33。目前，梵净山地区有青冈二级古树 68 棵，其中梵净山南侧(江口县)4 棵、梵净山西侧(印江县)12 棵、梵净山东北(松桃县)52 棵，详见图 3-22、表 3-54。

印江县洋溪镇曾心村青冈

该青冈(编号 52222606829)位于贵州梵净山西侧(印江县)洋溪镇曾心村海拔 787 m 的徐家组，土壤类型为黄壤，生长环境良好，权属为集体所有，估测树龄约为 400 年。

该树高大挺拔，树干通直圆满。树高 35 m、胸围 390 cm(胸径 1.24 m)，东西冠幅 17 m、南北冠幅 16 m，树冠投影面积约 270 m^2，目前生长正常、长势良好。

3.2.35 小叶青冈 *Quercus myrsinifolia* Blume

【俗名】 细叶青冈。

【科属】 壳斗科 Fagaceae 栎属 *Quercus*。

【形态特征】 常绿乔木。叶卵状披针形或椭圆状披针形，顶端长渐尖或短尾状，基部楔形或近圆形，叶缘中部以上有细锯齿，侧脉 9～14 对。壳斗杯形，包着坚果 1/3～1/2，小苞片合生成 6～9 条同心环带，环带全缘。坚果卵形或椭圆形。花期 6 月，果期 10 月。

【分布】 小叶青冈产区很广，在中国北自陕西、河南南部，东自福建、台湾，南至广东、广西，西南至四川、贵州、云南等地。生于海拔 200～2500 m 的山谷、阴坡杂木林中。越南、老挝、日本均有分布。

【习性】 喜光，幼年稍耐阴，好生于土层较深厚、肥沃之处。可播种繁殖。

【古树资源】 目前，梵净山地区有小叶青冈二级古树 3 棵，其中梵净山西侧(印江县)1 棵、梵净山东北(松桃县)2 棵，详见图 3-22、表 3-54。

(1) 松桃县黄板镇茶园村小叶青冈

该小叶青冈(编号 52222920362)位于贵州梵净山东北(松桃县)黄板镇茶园村海拔 618 m 处,土壤类型为黄壤,生长环境中等,权属为集体所有,估测树龄约为 400 年。

该树生长在竹林路边,树高 32 m、胸围 310 cm(胸径 0.99 m),东西冠幅 11 m、南北冠幅 11 m,树冠投影面积约 120 m^2,目前生长正常、长势良好。

(2) 印江县洋溪镇曾心村小叶青冈

该小叶青冈(编号 52222606827)位于贵州梵净山西侧(印江县)洋溪镇曾心村徐家组海拔 780 m 处,土壤类型为黄壤,生长环境良好,权属为集体所有,估测树龄约为 400 年。

该树生长在山地杂木林中，树高 14 m、胸围 289 cm（胸径 0.92 m），东西冠幅 11 m、南北冠幅 10 m，树冠投影面积约 110 m^2。主干存在破裂、中空、腐烂现象，目前生长衰弱，需对破裂、中空、腐烂处进行修补、加固。

（3）松桃县盘信镇三宝营村小叶青冈

该小叶青冈（编号 52222920587）位于贵州梵净山东北（松桃县）盘信镇三宝营村六组海拔 659 m 的竹山田坎下，土壤类型为黄壤，生长环境良好，权属为集体所有，估测树龄为 300 余年。

该树树体高大，枝繁叶茂。树高 23 m、胸围 400 cm（胸径 1.27 m），东西冠幅 16 m、南北冠幅 13 m，树冠投影面积约 210 m^2，与周围的乔木、灌木等混生，目前生长正常、长势良好，但需适当清除邻近杂木予以保护。

3.2.36 锥栗 *Castanea henryi* (Skan) Rehder & E. H. Wilson

【科属】 壳斗科 Fagaceae 栗属 *Castanea*。

【形态特征】 乔木。叶长圆形或披针形，顶部长渐尖至尾状长尖，叶缘的裂齿有线状长尖。成熟壳斗近圆球形；坚果顶部有伏毛。花期 5—7 月，果期 9—10 月。

【分布】 锥栗产于中国秦岭南坡以南、五岭以北各地，但台湾及海南不产。生于海拔 100～1800 m 的丘陵与山地，常见于落叶或常绿的混交林中。

【古树资源】 目前，梵净山地区有锥栗二级古树 4 棵，其中梵净山南侧（江口县）3 棵、梵净山东北（松桃县）1 棵，详见图 3-22、表 3-54。

江口县民和镇明地村锥栗

该锥栗（编号 52222203614）位于贵州梵净山南侧（江口县）民和镇明地村董上（地名）海拔 760 m 处，土壤类型为黄壤，生长环境良好，权属为集体所有，估测树龄为 300 余年。

该树生长在坡坎上，枝繁叶茂。树高 21 m、胸围 207 cm（胸径 0.66 m），东西冠幅 16 m、南北冠幅 12 m，树冠投影面积约 190 m^2，目前生长正常、长势良好。

3.2.37 栗 *Castanea mollissima* Blume

栗的俗名、科属、形态特征、分布与习性详见 3.1.34。目前,梵净山地区有栗二级古树 8 棵,其中梵净山南侧(江口县)6 棵、梵净山东北(松桃县)2 棵,详见图 3-22、表 3-54。

江口县民和镇民和社区栗

该栗(编号 52222203797)位于贵州梵净山南侧(江口县)民和镇民和社区海拔 689 m 的水井竹林中,土壤类型为黄壤,生长环境良好,权属为集体所有,估测树龄为 400 余年。

该树树根隆起,枝繁叶茂。树高 26 m、胸围 370 cm(胸径 1.18 m),东西冠幅 18 m、南北冠幅 14 m,树冠投影面积约 250 m^2,目前生长正常、长势良好。

3.2.38 米槠 *Castanopsis carlesii*（Hemsl.）Hayata

米槠的科属、形态特征、分布与习性详见3.1.35。目前，梵净山地区有米槠二级古树1棵，分布在梵净山南侧（江口县），详见图3-23、表3-54。

江口县坝盘镇张屯村米槠

该米槠（编号52222202319）位于贵州梵净山南侧（江口县）坝盘镇张屯村里屋沟组海拔420 m的路坎上，土壤类型为黄壤，生长环境良好，权属为集体所有，估测树龄为300余年。

该树树体高大，枝繁叶茂。树高25 m、胸围298 cm（胸径0.95 m），东西冠幅18 m、南北冠幅14 m，树冠投影面积约250 m^2，目前生长正常、长势良好。

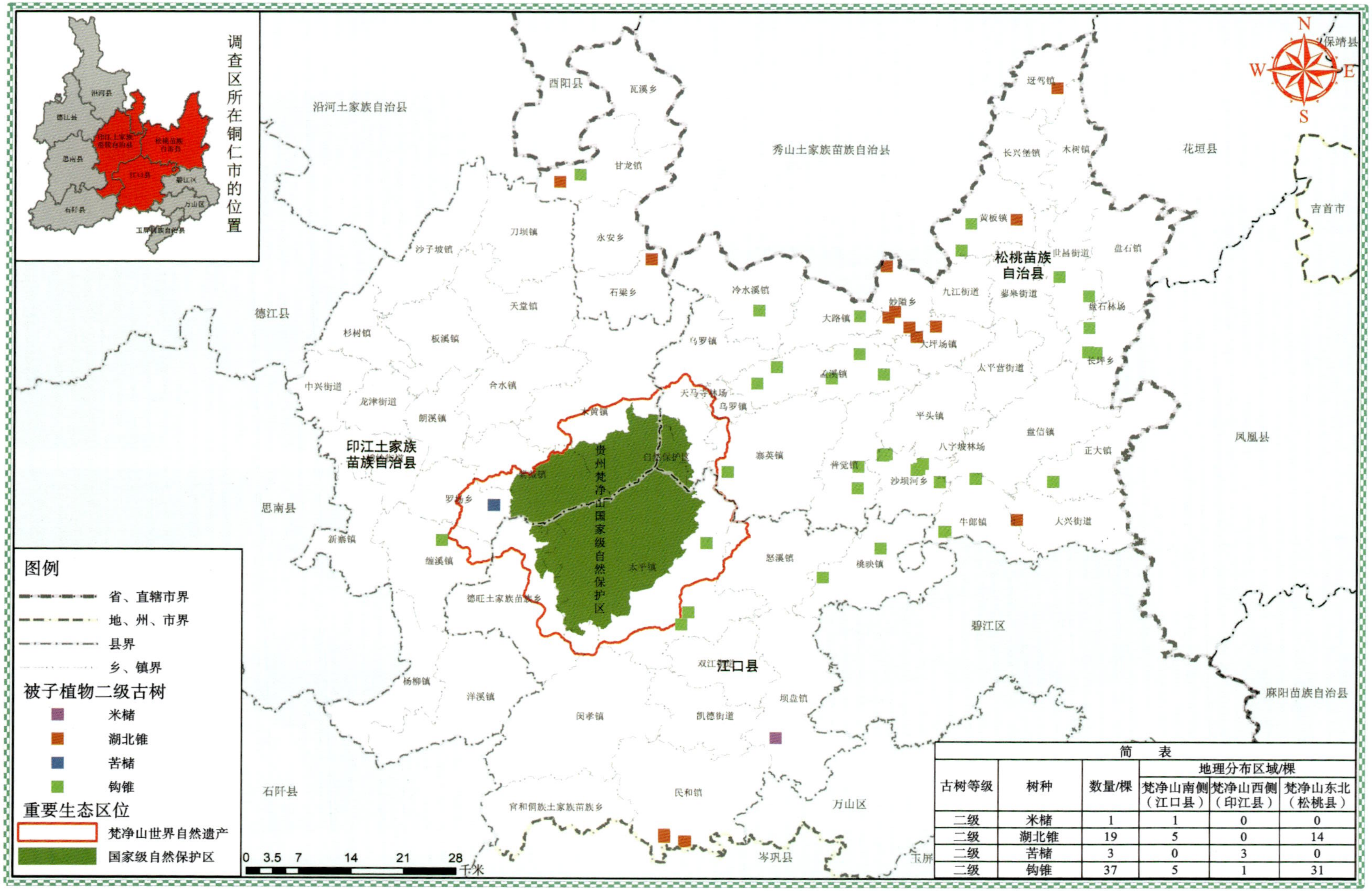

简表					
古树等级	树种	数量/棵	地理分布区域/棵		
			梵净山南侧（江口县）	梵净山西侧（印江县）	梵净山东北（松桃县）
二级	米槠	1	1	0	0
二级	湖北锥	19	5	0	14
二级	苦槠	3	0	3	0
二级	钩锥	37	5	1	31

制作底图由铜仁市自然资源局提供，审图号：图黔D(2021)001号

比例尺1∶45万

图 3-23　梵净山地区被子植物二级古树（米槠、湖北锥、苦槠、钩锥）分布图

3.2.39 湖北锥 *Castanopsis hupehensis* C. S. Chao

湖北锥的科属、形态特征、分布详见 3.1.36。目前,梵净山地区有湖北锥二级古树 19 棵,其中梵净山南侧(江口县)5 棵、梵净山东北(松桃县)14 棵,详见图 3-23、表 3-54。

松桃县迓驾镇硐口村湖北锥

该湖北锥(编号 52222920011)位于贵州梵净山东北(松桃县)迓驾镇硐口村七组海拔 638 m 的路边,土壤类型为黄壤,生长环境中等,权属为集体所有,估测树龄为 450 余年。

该树裸根密布,盘根错节,高大挺拔,枝繁叶茂。树高 20 m、胸围 380 cm(胸径 1.21 m),东西冠幅 12 m、南北冠幅 9 m,树冠投影面积约 110 m^2,树干无空洞、腐烂现象,目前生长正常、长势良好。

3.2.40 苦槠 *Castanopsis sclerophylla* (Lindl.) Schottky

苦槠的科属、形态特征、分布与习性详见 3.1.37。目前,梵净山地区有苦槠二级古树 3 棵,分布在梵净山西侧(印江县),详见图 3-23、表 3-54。

印江县罗场乡岭峰村苦槠

该苦槠(编号 52222606646)位于贵州梵净山西侧(印江县)罗场乡岭峰村开科坝组海拔 863 m 的田边,土壤类型为黄壤,生长环境良好,权属为集体所有,估测树龄为 300 余年。

该树树体高大,主干分为两大枝,枝繁叶茂。树高 22 m、胸围 393 cm(胸径 1.25 m),东西冠幅 19 m、南北冠幅 15 m,树冠投影面积约 290 m^2,与周围乔木、灌木等混生,目前生长正常、长势良好。

3.2.41 钩锥 *Castanopsis tibetana* Hance

钩锥的俗名、科属、形态特征、分布与习性详见 3.1.38。目前，梵净山地区有钩锥二级古树 37 棵，其中梵净山南侧（江口县）5 棵、梵净山西侧（印江县）1 棵、梵净山东北（松桃县）31 棵，详见图 3-23、表 3-54。

印江县缠溪镇周家湾村钩锥

该钩锥（编号 52222605467）位于贵州梵净山西侧（印江县）缠溪镇周家湾村新塘组海拔 791 m 处的路边，土壤类型为黄壤，生长环境中等，权属为集体所有，估测树龄为 400 余年。

该树树干耸直，冠大荫浓。每年初夏，满树白色花序蔚为壮观，极具观赏价值。树高 22 m、胸围 459 cm（胸径 1.46 m），东西冠幅 23 m、南北冠幅 23 m，树冠投影面积约 530 m^2，目前生长正常、长势良好。

3.2.42 青钱柳 *Cyclocarya paliurus* (Batalin) Iljinsk.

青钱柳的科属、形态特征、分布与习性详见 3.1.39。目前,梵净山地区有青钱柳二级古树 3 棵,其中梵净山南侧(江口县)1 棵、梵净山东北(松桃县)2 棵,详见图 3-24、表 3-54。

松桃县牛郎镇红卫村青钱柳

该青钱柳(编号 52222920645)位于贵州梵净山东北(松桃县)牛郎镇红卫村海拔 669 m 的路坎下,土壤类型为黄壤,生长环境良好,权属为集体所有,估测树龄为 350 年以上。

该树生长在山地杂木林中,树皮灰色,树体高大,枝繁叶茂。其果实像一串串"铜钱"挂在树上,迎风摇曳,颇具观赏价值。高 22 m、胸围 320 cm(胸径 1.02 m),东西冠幅 18 m、南北冠幅 15 m,树冠投影面积约 270 m^2,目前生长正常、长势良好。

3.2.43 胡桃 *Juglans regia* L.

【俗名】 核桃。

【科属】 胡桃科 Juglandaceae 胡桃属 *Juglans*。

【形态特征】 乔木。小枝髓心片状分隔。奇数羽状复叶,小叶 5~9 枚,椭圆状卵形至长椭圆形,先端钝圆或急尖、短渐尖,基部歪斜、近圆形,边缘全缘或在幼树上者具稀疏细锯齿,无毛,侧脉 11~15 对,顶生小叶具柄。单性花,雌雄同株。核果圆球,无毛;果核具两纵棱及皱状刻纹,顶端具尖头。花期 5 月,果期 10 月。

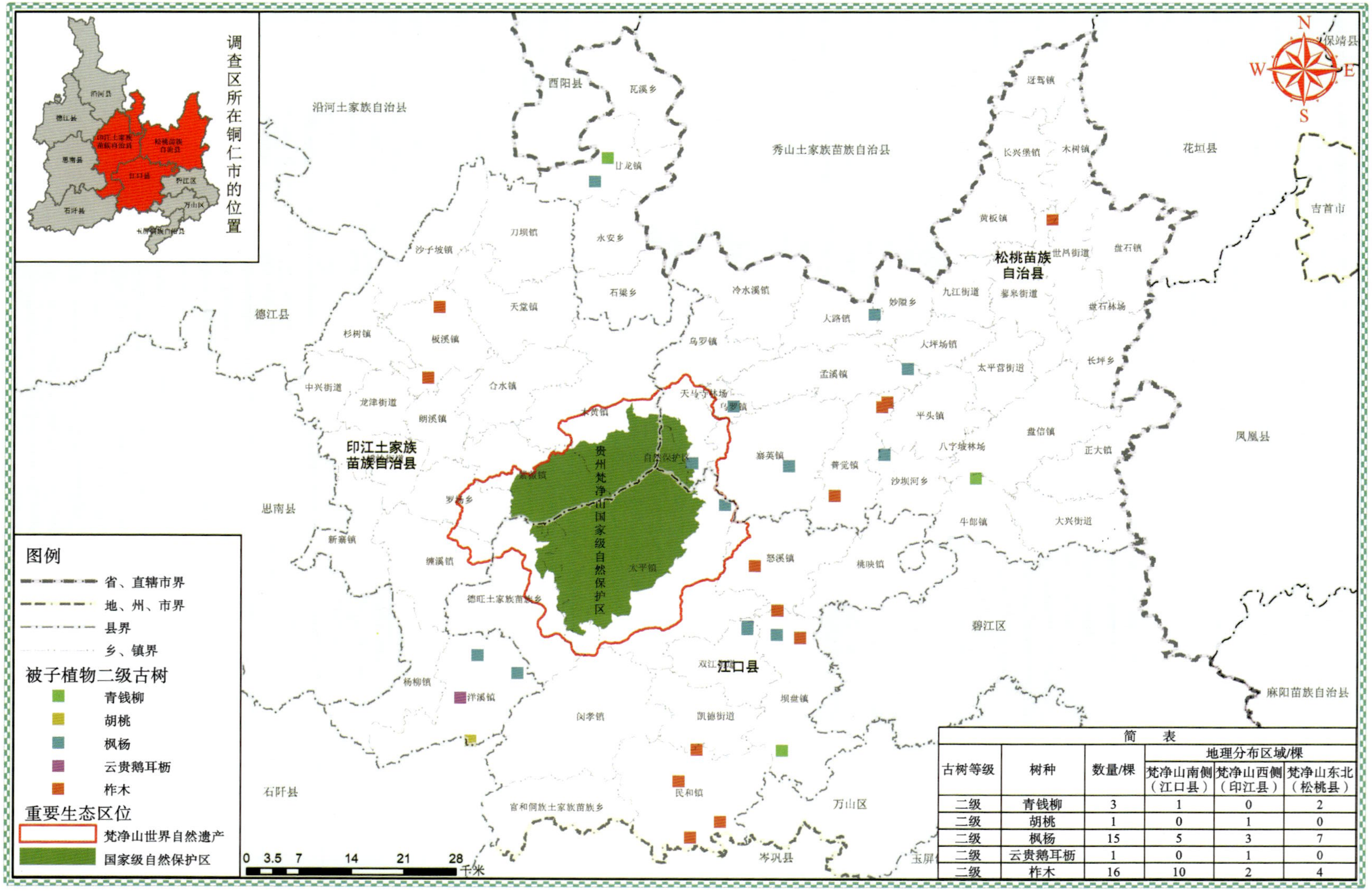

简表					
古树等级	树种	数量/棵	地理分布区域/棵		
			梵净山南侧（江口县）	梵净山西侧（印江县）	梵净山东北（松桃县）
二级	青钱柳	3	1	0	2
二级	胡桃	1	0	1	0
二级	枫杨	15	5	3	7
二级	云贵鹅耳枥	1	0	1	0
二级	柞木	16	10	2	4

制作底图由铜仁市自然资源局提供，审图号：图黔D(2021)001号

比例尺1：45万

图 3-24　梵净山地区被子植物二级古树（青钱柳、胡桃、枫杨、云贵鹅耳枥、柞木）分布图

【分布】 胡桃产于中国华北、西北、西南、华中、华南和华东等地。生于海拔 400～1800 m 的山坡及丘陵地带，中国平原及丘陵地区常见栽培。中亚、西亚、南亚和欧洲有分布。

【习性】 喜光，耐寒、抗旱、抗病能力强，适生于多种土壤，喜肥沃、湿润的沙质土壤，对水肥要求不严，常见于山区河谷两旁土层深厚的地方。可播种、嫁接、扦插繁殖。

【古树资源】 目前，梵净山地区有胡桃二级古树 1 棵，分布在梵净山西侧（印江县），详见图 3-24、表 3-54。

印江县洋溪镇曾心村胡桃

该胡桃（编号 52222606818）位于贵州梵净山西侧（印江县）洋溪镇曾心村徐家组海拔 775 m 处，土壤类型为黄壤，生长环境中等，权属为集体所有，估测树龄为 300 余年。

该树主干粗壮，虽已鳞片斑驳，霜皮半脱，但却逾老弥健，生机盎然。树高 20 m、胸围 273 cm（胸径 0.87 m），东西冠幅 19 m、南北冠幅 17 m，树冠投影面积约 320 m^2，目前生长正常、长势良好。

3.2.44 枫杨 *Pterocarya stenoptera* C. DC.

枫杨的俗名、科属、形态特征、分布与习性详见 3.1.41。目前，梵净山地区有枫杨二级古树 15 棵，其中梵净山南侧（江口县）5 棵、梵净山西侧（印江县）3 棵、梵净山东北（松桃县）7 棵，详见图 3-24、表 3-54。

（1）松桃县甘龙镇官坟村枫杨

该枫杨（编号 52222930391）位于贵州梵净山东北（松桃县）甘龙镇官坟村水井湾组海拔 880 m 的井边，土壤类型为黄壤，所处地水源充足，生长环境中等，权属为集体所有，估测树龄为 400 余年。

该树树体高大，枝繁叶茂。树高 33 m、胸围 368 cm（胸径 1.17 m），东西冠幅 13 m、南北冠幅 10 m，树冠投影面积约 130 m^2，目前生长正常。它既有杨柳的飘逸，又有枫树的坚挺，体现了柔中有刚、刚中有柔的特性，至今仍生机盎然。

(2) 印江县洋溪镇蒋家坝村枫杨

该枫杨(编号 52222607268)位于贵州梵净山西侧(印江县)洋溪镇蒋家坝村长坳组海拔 907 m 的公路边,土壤类型为黄壤,生长环境良好,权属为集体所有,估测树龄为 300 余年。

该树主干粗壮，苍劲有力。树高 30 m、胸围 550 cm（胸径 1.75 m），东西冠幅 19 m、南北冠幅 21 m，树冠投影面积约 400 m^2，凭借着喜光、略耐阴的特性挺立于石土混杂的生长环境中，目前生长正常、长势良好。但仍需加大保护力度，防止人为活动对其产生干扰和破坏，并增强病虫害的监测和防治以及森林火灾的防控。

3.2.45 云贵鹅耳枥 *Carpinus pubescens* Burkill

云贵鹅耳枥的科属、形态特征、分布详见 3.1.42。目前，梵净山地区有云贵鹅耳枥二级古树 1 棵，分布在梵净山西侧（印江县），详见图 3-24、表 3-54。

印江县洋溪镇合心村云贵鹅耳枥

该云贵鹅耳枥（编号 52222606931）位于贵州梵净山西侧（印江县）洋溪镇合心村邓家棚组海拔 917 m 的山坡上，土壤类型为黄壤，生长环境良好，权属为集体所有，估测树龄为 300 余年。

该树生长在林缘，树皮暗灰褐色、粗糙。大枝开展、枝叶茂密。树高 19 m、胸围 327 cm（胸径 1.04 m），东西冠幅 11 m、南北冠幅 12 m，树冠投影面积约 130 m^2，目前生长正常、长势良好。

3.2.46 柞木 *Xylosma congesta* (Lour.) Merr.

柞木的俗名、科属、形态特征、分布与习性详见 3.1.43。目前，梵净山地区有柞木二级古树 16 棵，其中梵净山南侧（江口县）10 棵、梵净山西侧（印江县）2 棵、梵净山东北（松桃县）4 棵，详见图 3-24、表 3-54。

(1) 松桃县蓼皋街道木溪村柞木

该柞木（编号 52222910018）位于贵州梵净山东北（松桃县）蓼皋街道木溪村郭家组海拔 330 m 的路坎上，土壤类型为黄壤，生长环境中等，权属为集体所有，估测树龄为 300 余年。

该树主干底部有瘤状突起，充满了岁月沧桑感，树体高大，枝繁叶茂。树高 19 m、胸围 260 cm（胸径 0.83 m），东西冠幅 14 m、南北冠幅 12 m，树冠投影面积约 170 m^2，目前生长正常、长势良好。

（2）江口县怒溪镇河口村柞木

该柞木（编号 52222201264）位于贵州梵净山南侧（江口县）怒溪镇河口村海拔 455 m 的石拱桥边，土壤类型为黄壤，生长环境中等，权属为集体所有，估测树龄为 300 余年。

该树树体高大，主干分为两大枝，枝繁叶茂。树高 26 m、胸围 354 cm（胸径 1.13 m），东西冠幅 18 m、南北冠幅 14 m，树冠投影面积约 250 m^2，目前生长正常、长势良好。

3.2.47 重阳木 *Bischofia polycarpa* (H. Lév.) Airy Shaw

重阳木的科属、形态特征、分布与习性详见 3.1.11。目前,梵净山地区有重阳木二级古树 1 棵,分布在梵净山西侧(印江县),详见图 3-25、表 3-54。

印江县新寨镇撕栗村重阳木

该重阳木(编号 52222600945)位于贵州梵净山西侧(印江县)新寨镇撕栗村海拔 455 m 处的河边,土壤类型为黄壤,生长环境良好,权属为集体所有,估测树龄为 400 余年。

该树树身幽幽向河中前俯,却屹立不倒,树形优美。树高 29 m、胸围 521 cm(胸径 1.66 m),东西冠幅 20 m、南北冠幅 21 m,树冠投影面积约 420 m^2,目前生长衰弱。

此树主干分为两大枝,靠河下游的侧枝被风折断,另一侧枝存在部分腐烂现象,加之长年被河水冲刷,庞大的根系拱出地面,且树干下部被垃圾缠绕,建议对其裸根进行保护,并清除树体上的垃圾,为古树创造良好的生存环境。

3.2.48 仿栗 *Sloanea hemsleyana* (Ito) Rehder & E. H. Wilson

【科属】 杜英科 Elaeocarpaceae 猴欢喜属 *Sloanea*。

【形态特征】 乔木。叶簇生于枝顶,常为狭窄倒卵形或倒披针形,先端急尖,无毛,侧脉 7~9 对,边缘有不规则钝齿,有时为波状钝齿。花生于枝顶,多朵排成总状花序,花瓣白色。蒴果大小不一,4~5 爿裂开,稀为 3 或 6 爿;种子黑褐色,发亮,下半部有黄褐色假种皮。花期 7 月。

【分布】 仿栗产于中国湖南、湖北、四川、云南、贵州及广西等地。生长于海拔 1000~1400 m 的常绿林里。越南有分布。

【习性】 适生于气候温暖、湿润、土层深厚、排水性良好的中性、微酸性红壤、黄壤或微碱性的林地。可播种繁殖。

【古树资源】 目前,梵净山地区有仿栗二级古树 1 棵,分布在梵净山西侧(印江县),详见图 3-25、表 3-54。

印江县罗场乡茶元村仿栗

该仿栗(编号 52222606432)位于贵州梵净山西侧(印江县)罗场乡茶元村龙洞(小地名)海拔 1008 m 处山坡上,土壤类型为黄壤,生长环境良好,权属为集体所有,估测树龄为 300 余年。

该树裸根粗壮,主干分为两大枝,枝条下垂。树高 20 m、胸围 380 cm(胸径 1.21 m),东西冠幅 16 m、南北冠幅 15 m,树冠投影面积约 240 m^2,目前生长正常、长势良好。

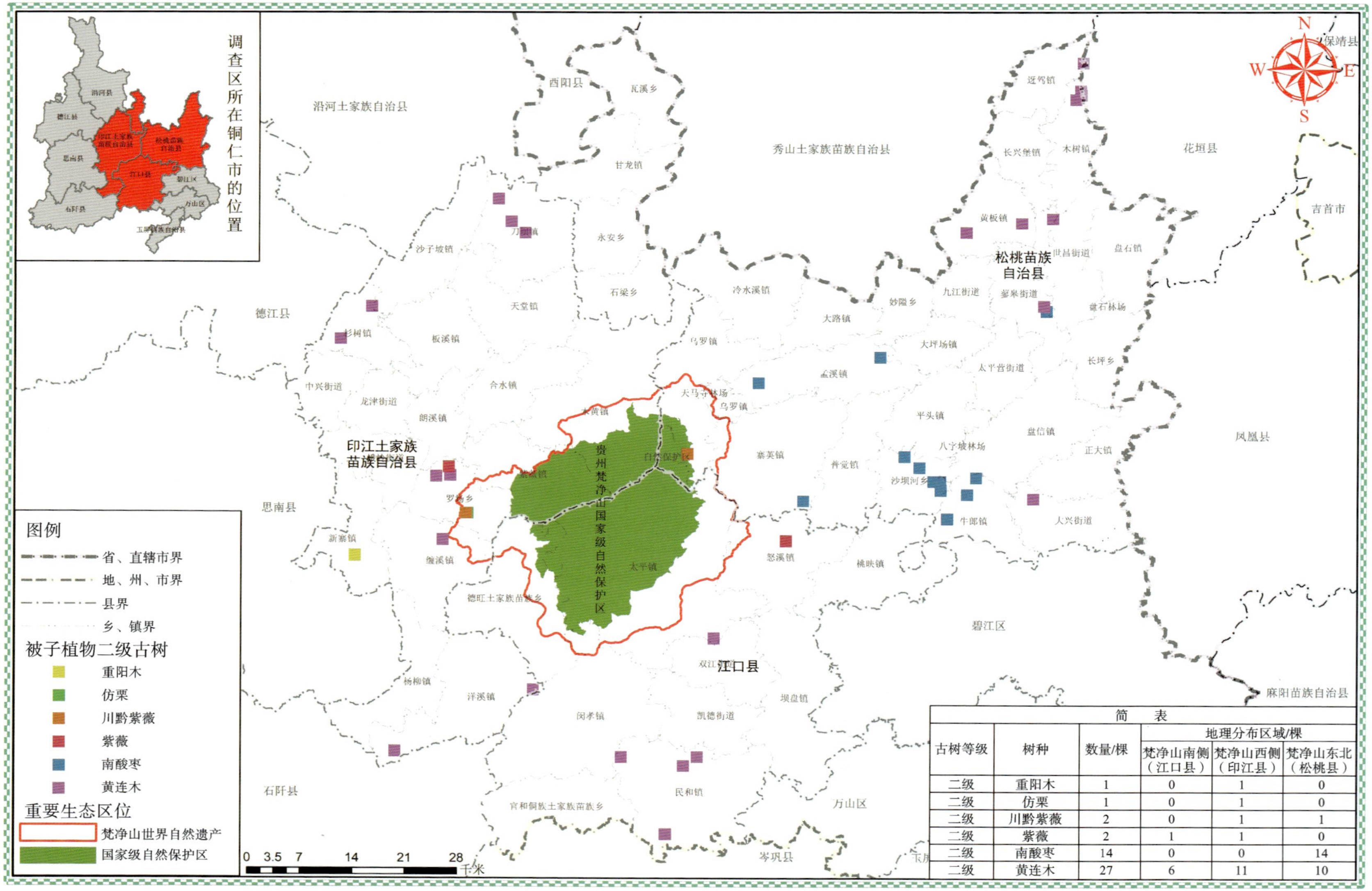

简表					
古树等级	树种	数量/棵	地理分布区域/棵		
			梵净山南侧（江口县）	梵净山西侧（印江县）	梵净山东北（松桃县）
二级	重阳木	1	0	1	0
二级	仿栗	1	0	1	0
二级	川黔紫薇	2	0	1	1
二级	紫薇	2	1	1	0
二级	南酸枣	14	0	0	14
二级	黄连木	27	6	11	10

制作底图由铜仁市自然资源局提供，审图号：图黔D(2021)001号

比例尺1：45万

图 3-25　梵净山地区被子植物二级古树(重阳木、仿栗、川黔紫薇、紫薇、南酸枣、黄连木)分布图

3.2.49 川黔紫薇 *Lagerstroemia excelsa* (Dode) Chun ex S. Lee & L. F. Lau

川黔紫薇的科属、形态特征、分布与习性详见 3.1.9。目前，梵净山地区有川黔紫薇二级古树 2 棵，其中梵净山西侧(印江县)1 棵、梵净山东北(松桃县)1 棵，详见图 3-25、表 3-54。

印江县罗场乡茶元村川黔紫薇

该川黔紫薇(编号 52222606429)位于贵州梵净山西侧(印江县)罗场乡茶元村茶元组海拔 1083 m 的路边，土壤类型为黄壤，生长环境良好，权属为集体所有，估测树龄为 300 余年。

该树树皮光滑，树形优美，枝繁叶茂。树高 24 m、胸围 374 cm(胸径 1.19 m)，东西冠幅 17 m、南北冠幅 16 m，树冠投影面积约 270 m^2，目前生长正常、长势良好。

3.2.50 紫薇 *Lagerstroemia indica* L.

紫薇的俗名、科属、形态特征、分布与习性详见 3.1.10。目前，梵净山地区有紫薇二级古树 2 棵，其中梵净山南侧（江口县）1 棵、梵净山西侧（印江县）1 棵，详见图 3-25、表 3-54。

江口县怒溪镇怒溪社区紫薇

该紫薇（编号 52222201217）位于贵州梵净山南侧（江口县）怒溪镇怒溪社区汪家组海拔 354 m 的农土边，土壤类型为黄壤，生长环境良好，权属为集体所有，估测树龄为 400 余年。

该树树皮光滑、灰褐色，枝干扭曲，筋骨嶙峋。2017 年对古树名木进行普查时，该树高 10 m；2021 年 2 月，该树树干被风折断，现树桩高仅 5 m、胸围 125 cm（胸径 0.40 m），已萌发新枝。

3.2.51 南酸枣 *Choerospondias axillaris* (Roxb.) B. L. Burtt & A. W. Hill

【俗名】 醋酸果、酸枣、五眼睛果、枣、山枣子、山枣。

【科属】 漆树科 Anacardiaceae 南酸枣属 *Choerospondias*。

【形态特征】 落叶乔木。奇数羽状复叶，小叶 3～6 对，卵形、卵状披针形或卵状长圆形，先端长渐尖，基部阔楔形或近圆形，全缘或幼株叶边缘具粗锯齿，侧脉 8～10 对。核果椭圆形或倒卵状椭圆形，成熟时黄色，顶端具 5 个小孔。

【分布】 南酸枣产于中国西藏、云南、贵州、广西、广东、湖南、湖北、江西、福建、浙江、安徽等地。生于海拔 300～2000 m 的山坡、丘陵或沟谷林中。分布于印度、中南半岛和日本。

【习性】 喜光，略耐阴。喜温暖湿润气候，不耐寒。适生于深厚、肥沃而排水性良好的酸性或中性土壤，不耐涝。浅根性，萌芽力强，生长迅速。

【古树资源】 目前，梵净山地区有南酸枣二级古树 14 棵，分布在梵净山东北（松桃县），详见图 3-25、表 3-54。

(1) 松桃县牛郎镇黄腊溪村南酸枣

该南酸枣（编号 52222920619）位于贵州梵净山东北（松桃县）牛郎镇黄腊溪村殷家组海拔 435 m 的小路边，土壤类型为黄壤，生长环境良好，权属为集体所有，估测树龄为 400 余年。

该树主干分为两大枝，枝繁叶茂。树高 22 m、胸围 486 cm(胸径 1.55 m)，东西冠幅 18 m、南北冠幅 17 m，树冠投影面积约 310 m^2，主干上有瘤状突起，树干扭曲，充满了沧桑感，目前生长正常、长势良好。

(2) 松桃县蓼皋街道牛场村南酸枣

该南酸枣(编号 52222910071)位于贵州梵净山东北(松桃县)蓼皋街道牛场村三组海拔 463 m 的田边，土壤类型为黄壤，生长环境差，权属为集体所有，估测树龄为 300 余年。

该树栖身于村寨边，大枝开展，枝繁叶茂。树高 13 m、胸围 470 cm(胸径 1.50 m)，东西冠幅 12 m、南北冠幅 14 m，树冠投影面积约 170 m^2，因曾发生过火灾，主干中空、腐烂严重，存在极大的安全隐患，目前生长衰弱，需对中空、腐烂处进行填补和修复。

(3) 松桃县孟溪镇和尚坪村南酸枣

该南酸枣(编号 52222940151)位于贵州梵净山东北(松桃县)孟溪镇和尚坪村塘边组海拔 688 m 的竹林中，土壤类型为黄壤，生长环境良好，权属为集体所有，估测树龄为 300 余年。

该树树体高大，枝繁叶茂。树高 28 m、胸围 330 cm(胸径 1.05 m)，东西冠幅 17 m、南北冠幅 16 m，树冠投影面积约 270 m^2，目前生长正常、长势良好。村民常来这棵古树下挂红、祈祷，应注意预防森林火灾的发生。

3.2.52　黄连木 *Pistacia chinensis* Bunge

黄连木的俗名、科属、形态特征、分布与习性详见 3.1.44。目前，梵净山地区有黄连木二级古树 27 棵，其中梵净山南侧(江口县)6 棵、梵净山西侧(印江县)11 棵、梵净山东北(松桃县)10 棵，详见图 3-25、表 3-54。

(1) 印江县刀坝镇共和村黄连木

该黄连木(编号 52222603535)位于贵州梵净山西侧(印江县)刀坝镇共和村一组海拔 826 m 的农土边，土壤类型为黄壤，生长环境良好，权属为集体所有，估测树龄为 300 余年。

该树树体高大，枝繁叶茂，弯曲的粗枝如巨蟒蜿蜒盘绕。树高 30 m、胸围 459 cm(胸径 1.46 m)，东西冠幅 12 m、南北冠幅 13 m，树冠投影面积约 160 m^2，枝下高 3 m，周边无高大乔木，目前生长正常、长势良好。

逢年过节，附近的人们常来此许愿，红布带是他们寄托美好愿望的信物。村民委员会计划在古树 5 m 外铺设一条观光步道，将其打造成一个乡村生态旅游景点。

(2) 印江县刀坝镇刀坝村黄连木

该黄连木(编号 52222603543)位于贵州梵净山西侧(印江县)刀坝镇刀坝村小刀坝组海拔 794 m 处，土壤类型为黄壤，生长环境良好，权属为集体所有，估测树龄为 300 余年。

该树生长在水井边，水源充足。树体高大，主干分为两大枝，枝叶浓密。树高 37 m、胸围 537 cm(胸径 1.71 m)，东西冠幅 13 m、南北冠幅 17 m，树冠投影面积约 220 m^2，周边无乔木、灌木，目前生长正常、长势良好。

(3) 松桃县牛郎镇黄腊溪村黄连木

该黄连木(编号 52222920618)位于贵州梵净山东北(松桃县)牛郎镇黄腊溪村殷家组海拔 433 m 的路坎上,土壤类型为黄壤,生长环境中等,权属为集体所有,估测树龄为 300 余年。

该树主干分为两大枝,枝繁叶茂。树高 27 m、胸围 550 cm(胸径 1.75 m),东西冠幅 20 m、南北冠幅 18 m,树冠投影面积约 360 m^2,目前生长正常、长势良好。

3.2.53 樟叶槭 *Acer coriaceifolium* H. Lév.

【俗名】 桂叶槭、小果革叶槭、革叶槭。

【科属】 无患子科 Sapindaceae 槭属 *Acer*。

【形态特征】 常绿乔木。叶长圆状椭圆形或长圆状披针形，基部圆形、钝形或阔楔形，先端钝形，具有短尖头，全缘或近全缘，侧脉 3～4 对。翅果淡黄褐色，常成被茸毛的伞房果序；小坚果凸起；翅和小坚果张开成锐角或近直角。花期不明，果期 7—9 月。

【分布】 樟叶槭产于中国浙江南部、福建、江西、湖北西南部、湖南、贵州、广东北部和广西东北部等地。生于海拔 300～1200 m 比较潮湿的阔叶林中。

【习性】 喜充足日照及温暖、多湿环境。可播种繁殖。

【古树资源】 目前，梵净山地区有樟叶槭二级古树 6 棵，分布在梵净山东北(松桃县)，详见图 3-26、表 3-54。

松桃县世昌街道龙亭村樟叶槭

该地的 2 棵樟叶槭位于贵州梵净山东北(松桃县)世昌街道龙亭村老寨(地名)海拔 436 m 的房屋边，土壤类型为黄壤，生长环境中等，权属为集体所有，估测树龄为 300 余年。

樟叶槭(编号 52222910333)主干分为两大枝，树高 28 m、胸围 240 cm(胸径 0.76 m)，东西冠幅 15 m、南北冠幅 5 m，树冠投影面积约 80 m^2。

樟叶槭(编号 52222910334)树高 32 m、胸围 340 cm(胸径 1.08 m)，东西冠幅 20 m、南北冠幅 16 m，树冠投影面积约 320 m^2，目前均生长正常、长势良好。但由于所处地土壤贫瘠，裸根密布，营养面积小，需保护其生境的稳定性。

3.2.54 飞蛾槭 *Acer oblongum* Wall. ex DC.

【俗名】 飞蛾树、宽翅飞蛾槭、三裂飞蛾槭、绿叶飞蛾槭。

【科属】 无患子科 Sapindaceae 槭属 *Acer*。

【形态特征】 常绿乔木。叶长圆状卵形，全缘，基部钝形或近圆形，先端渐尖或钝尖，侧脉 6～7 对，小叶脉显著，呈网状。花杂性，绿色或黄绿色，雄花与两性花同株，常成被短毛的伞房花序，顶生于具叶的小枝。翅果嫩时绿色，成熟时淡黄褐色；小坚果凸起成四棱形；翅与小坚果张开近直角。花期 4 月，果期 9 月。

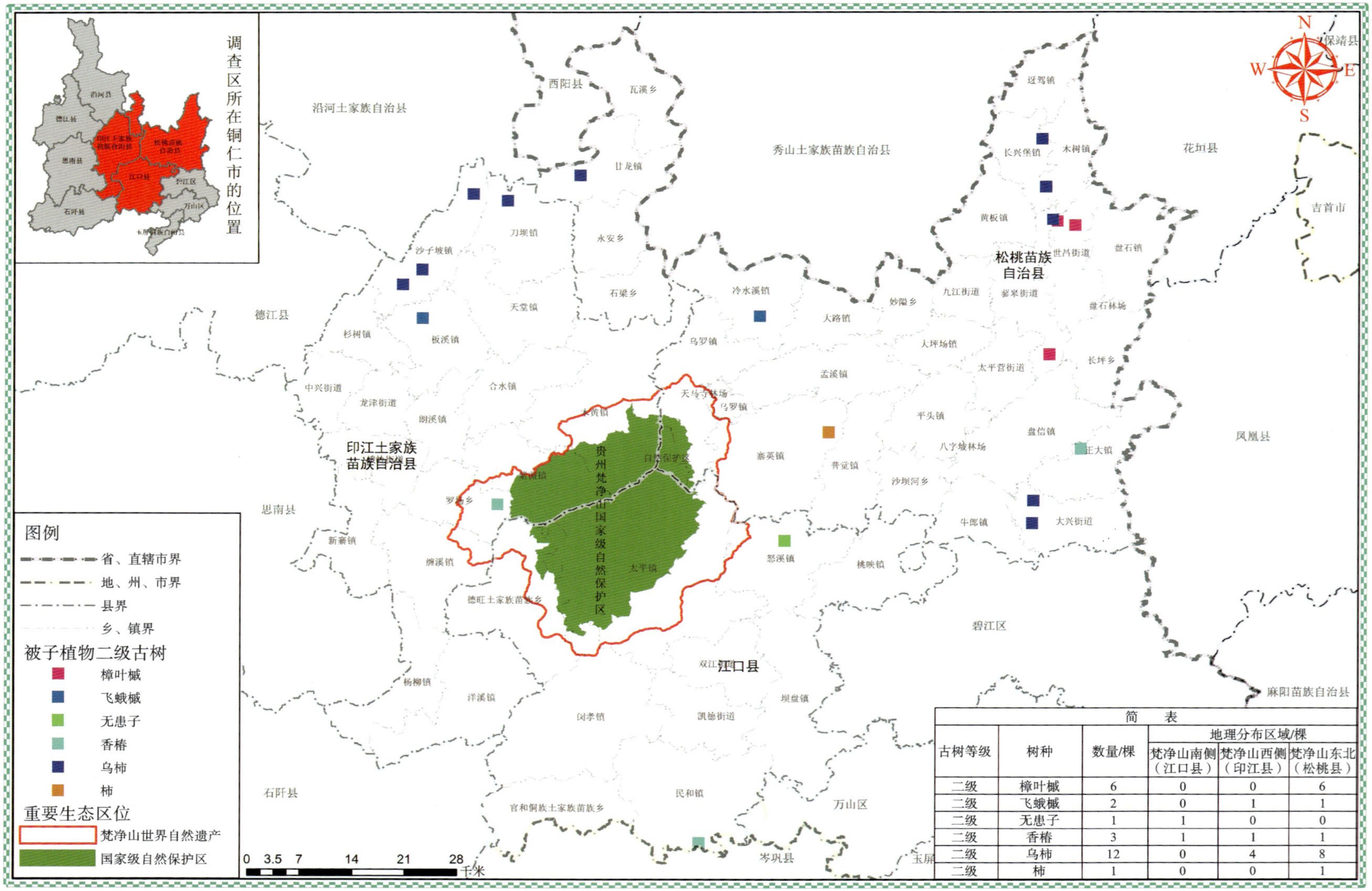

简表					
古树等级	树种	数量/棵	地理分布区域/棵		
			梵净山南侧（江口县）	梵净山西侧（印江县）	梵净山东北（松桃县）
二级	樟叶槭	6	0	0	6
二级	飞蛾槭	2	0	1	1
二级	无患子	1	1	0	0
二级	香椿	3	1	1	1
二级	乌柿	12	0	4	8
二级	柿	1	0	0	1

制作底图由铜仁市自然资源局提供，审图号：图黔D(2021)001号　　比例尺1：45万

图 3-26　梵净山地区被子植物二级古树（樟叶槭、飞蛾槭、无患子、香椿、乌柿、柿）分布图

【分布】 飞蛾槭产于中国陕西南部、甘肃南部、湖北西部、四川、贵州、云南和西藏南部。生于海拔1000～1800 m的阔叶林中。尼泊尔和印度北部等地也有分布。

【习性】 喜阳耐阴,喜湿怕涝,喜土壤肥厚、疏松地段。可播种、扦插繁殖。

【古树资源】 目前,梵净山地区有飞蛾槭二级古树2棵,其中梵净山西侧(印江县)1棵、梵净山东北(松桃县)1棵,详见图3-26、表3-54。

(1)印江县板溪镇岑塘村飞蛾槭

该飞蛾槭(编号52222601117)位于贵州梵净山西侧(印江县)板溪镇岑塘村坳上组海拔766 m处,土壤类型为黄壤,生长环境良好,权属为集体所有,估测树龄为400余年。

该树树皮粗糙,花似蝴蝶,枝干苍劲,尽显岁月痕迹。树高22 m、胸围219 cm(胸径0.70 m),东西冠幅12 m、南北冠幅12 m,树冠投影面积约140 m^2,目前生长正常、长势良好。

(2)松桃县冷水溪镇双龙村飞蛾槭

该飞蛾槭(编号52222930170)位于贵州梵净山东北(松桃县)冷水溪镇双龙村大院子组海拔500 m的房屋旁,土壤类型为黄壤,生长环境中等,权属为集体所有,估测树龄为300余年。

该树树皮深灰色、粗糙。树高 19 m、胸围 270 cm(胸径 0.86 m),东西冠幅 3 m、南北冠幅 5 m,树冠投影面积约 20 m^2,目前生长正常、长势良好。由于人为活动较频繁,且通风、采光受到一定限制,故需对附近水土条件进行优化。

3.2.55 无患子 *Sapindus mukorossi* Gaertn.

【俗名】 洗手果、油罗树、苦患树、油患子、木患子。

【科属】 无患子科 Sapindaceae 无患子属 *Sapindus*。

【形态特征】 落叶大乔木。小叶 5~8 对,常近对生,长椭圆状披针形或稍呈镰形,顶端短尖或短渐尖,基部楔形,稍不对称。花小,花瓣 5,披针形,有长爪,鳞片 2 个。果实橙黄色,干时变黑。花期春季,果期夏秋季。

【分布】 无患子产于中国东部、南部至西南部等地。各地寺庙、庭园和村边常见栽培。日本、朝鲜、中南半岛和印度等地也常栽培。

【习性】 喜光,稍耐阴,耐寒能力较强,不耐水湿,耐干旱。对土壤要求不严,深根性,抗风力强,萌芽力弱。可播种繁殖。

【古树资源】 目前,梵净山地区有无患子二级古树仅 1 棵,分布在梵净山南侧(江口县),详见图 3-26、表 3-54。

江口县怒溪镇怒溪社区无患子

该无患子(编号 52222201218)位于贵州梵净山南侧(江口县)怒溪镇怒溪社区郑家屯海拔 356 m 的祠堂边,土壤类型为黄壤,生长环境良好,权属为集体所有,估测树龄为 400 余年。

该树生长在山地杂木林中,树体高大挺拔,枝繁叶茂。树高 26 m、胸围 402 cm(胸径 1.28 m),东西冠幅 18 m、南北冠幅 14 m,树冠投影面积约 250 m^2,目前生长正常、长势良好。

3.2.56 香椿 *Toona sinensis* (Juss.) Roem.

【俗名】 毛椿、椿芽、春甜树、椿、椿树。

【科属】 楝科 Meliaceae 香椿属 *Toona*。

【形态特征】 落叶乔木。偶数羽状复叶互生;小叶 16~20,对生或互生,叶揉之有香气,卵状披针形或卵状长椭圆形,先端尾尖,基部不对称,全缘或有疏离的小锯齿,两面均无毛。花小,两性,圆锥花序顶生或腋生。蒴果狭椭圆形,深褐色,种子上端有膜质的长翅,下端无翅。花期 6—8 月,果期 10—12 月。

【分布】 香椿产于中国华北、华东、中部、南部和西南部各地。生于山地杂木林或疏林中,各地广泛栽培。朝鲜也有分布。

【习性】 喜光,较耐湿,适宜生长于河边、宅院周围肥沃、湿润的土壤中,一般以沙质土壤为宜。

【古树资源】 目前,梵净山地区有香椿二级古树 3 棵,其中梵净山南侧(江口县)1 棵、梵净山西侧

(印江县)1 棵、梵净山东北(松桃县)1 棵,详见图 3-26、表 3-54。

印江县罗场乡岭峰村香椿

该香椿(编号 52222606631)位于贵州梵净山西侧(印江县)罗场乡岭峰村开科坝海拔 976 m 处,土壤类型为黄壤,生长环境良好,权属为集体所有,估测树龄为 300 余年。

该树生长在山地杂木林中,树体高大,枝繁叶茂。树高 30 m、胸围 320 cm(胸径 1.02 m),东西冠幅 16 m、南北冠幅 8 m,树冠投影面积约 130 m^2,目前生长正常。但树干存在中空、腐烂现象,宜对其中空、腐烂处进行填充和修补。

3.2.57 乌柿 *Diospyros cathayensis* Steward

乌柿的俗名、科属、形态特征、分布与习性详见 3.1.46。目前,梵净山地区有乌柿二级古树 12 棵,其中梵净山西侧(印江县)4 棵、梵净山东北(松桃县)8 棵,详见图 3-26、表 3-54。

(1) 松桃县长兴堡镇椰木村乌柿

该乌柿(编号 52222920229)位于贵州梵净山东北(松桃县)长兴堡镇椰木村二组海拔 658 m 的路边,土壤类型为黄壤,生长环境良好,权属为集体所有,估测树龄为 400 余年。

该树生长在岩石之上,裸根密布,枝繁叶茂,具有较高的观赏价值。树高 14 m、树干基部 320 cm(胸径 1.02 m),东西冠幅 20 m、南北冠幅 12 m,树冠投影面积约 240 m^2,目前生长正常、长势良好。

(2) 松桃县甘龙镇坝木村乌柿

该乌柿(编号 52222930271)位于贵州梵净山东北(松桃县)甘龙镇坝木村村民委员会旁海拔 630 m 的农土边,土壤类型为黄壤,生长环境良好,权属为集体所有,估测树龄为 400 余年。

该树高大挺拔,枝繁叶茂。树高 21 m、胸围 330 cm(胸径 1.05 m),东西冠幅 9 m、南北冠幅 11 m,树冠投影面积约 100 m^2,目前生长正常、长势良好。

(3) 印江县沙子坡镇冷草村乌柿

该乌柿(编号 52222602316)位于贵州梵净山西侧(印江县)沙子坡镇冷草村寨上组海拔 888 m 的路边,土壤类型为黄壤,生长环境良好,权属为集体所有,估测树龄为 300 余年。

该树生长在野外环境中,树体分枝低,枝叶浓密,果实成熟时为橘红色,具有较高的生态和观赏价值。树高 17 m、胸围 346 cm(胸径 1.10 m),东西冠幅 6 m、南北冠幅 7 m,树冠投影面积约 40 m^2,目前生长正常、长势良好。

3.2.58 柿 *Diospyros kaki* Thunb.

【俗名】 柿子。

【科属】 柿科 Ebenaceae 柿属 *Diospyros*。

【形态特征】 落叶乔木。叶卵状椭圆形至倒卵形或近圆形,先端渐尖或钝,基部楔形。花雌雄异株,花序腋生,为聚伞花序;雄花序小;花萼钟状,深4裂,裂片卵形;花冠钟状,黄白色,4裂,雄蕊16～24枚,着生于花冠管的基部,连生成对。雌花单生于叶腋,花萼绿色,深4裂,萼管近球状钟形。果实球形、扁球形、卵形等,基部通常有棱。花期5—6月,果期9—10月。

【分布】 柿原产于中国长江流域,各地多有栽培。朝鲜、日本、东南亚、大洋洲、法国、美国等有栽培。

【习性】 喜光,喜温暖气候及深厚、肥沃、湿润、排水性良好的土壤,适生于中性土壤,较能耐寒,耐贫瘠,抗旱性强。可嫁接繁殖。

【古树资源】 目前,梵净山地区有柿二级古树仅1棵,分布在梵净山东北(松桃县),详见图3-26、表3-54。

松桃县寨英镇蕉溪村柿

该柿(编号52222940204)位于贵州梵净山东北(松桃县)寨英镇蕉溪村平王组海拔440 m的河边,土壤类型为黄壤,所处地水源充足,生长环境良好,权属为集体所有,估测树龄为300余年。

该树树皮黄灰褐色,树根隆起,树体高大,枝条开展。树高27 m、胸围440 cm(胸径1.40 m),东西冠幅15 m、南北冠幅18 m,树冠投影面积约270 m^2,目前生长正常、长势良好。此树生长在农土中,因修筑河堤此处被沙石垫高了3 m左右。

3.2.59 银木荷 *Schima argentea* E. Pritz.

【俗名】 竹叶木荷。

【科属】 山茶科 Theaceae 木荷属 *Schima*。

【形态特征】 乔木。嫩枝有柔毛，老枝有白色皮孔。叶长圆形或长圆状披针形，先端尖锐，基部阔楔形，侧脉 7～9 对，在两面明显，全缘。花数朵生于枝顶，有毛；苞片 2，卵形，有毛。蒴果。花期 7—8 月。

【分布】 银木荷产于中国四川、云南、贵州和湖南等地。生于阔叶林或针阔混交林中。

【习性】 喜光，喜温暖气候，在较热地方不见生长。对土壤要求较高，常分布于森林红壤、森林黄壤、森林紫壤、森林棕壤的湿润、肥沃处。在干燥贫瘠土壤上亦有分布，但长势很差，石灰山地少见。可播种繁殖。

【古树资源】 目前，梵净山地区有银木荷二级古树 1 棵，分布在梵净山东北（松桃县），见图 3-27、表 3-54。

松桃县盘信镇新场村银木荷

该银木荷（新增无编号，右）位于贵州梵净山东北（松桃县）盘信镇新场村八组海拔 658 m 的分水岭路边，土壤类型为黄壤，生长环境良好，权属为集体所有，估测树龄为 300 余年。

（银木荷为照片中右侧植物）

该树分为两大枝，树体高大，枝繁叶茂。树高 38 m、胸围 360 cm（胸径 1.15 m），东西冠幅 8 m、南北冠幅 6 m，树冠投影面积约 50 m^2。其旁还生长 1 棵树龄为 300 年的云南樟（树高 38 m、胸围 410 cm（胸径 1.31 m），东西冠幅 12 m、南北冠幅 8 m，树冠投影面积约 100 m^2）和 1 棵树龄为 300 年的枫香树（树高 40 m、胸围 380 cm（胸径 1.21 m），东西冠幅 10 m、南北冠幅 8 m，树冠投影面积约 80 m^2），目前均生长正常、长势良好。

3.2.60 香果树 *Emmenopterys henryi* Oliv.

香果树的俗名、科属、形态特征、分布与习性详见 3.1.47。目前，梵净山地区有香果树二级古树 1 棵，分布在梵净山东北（松桃县），详见图 3-27、表 3-54。

松桃县冷水溪镇三脚坡村香果树

该香果树（编号 52222930467）位于贵州梵净山东北（松桃县）冷水溪镇三脚坡村梁家土组海拔 500 m 的公路边，土壤类型为黄壤，生长环境良好，权属为集体所有，估测树龄为 300 余年。

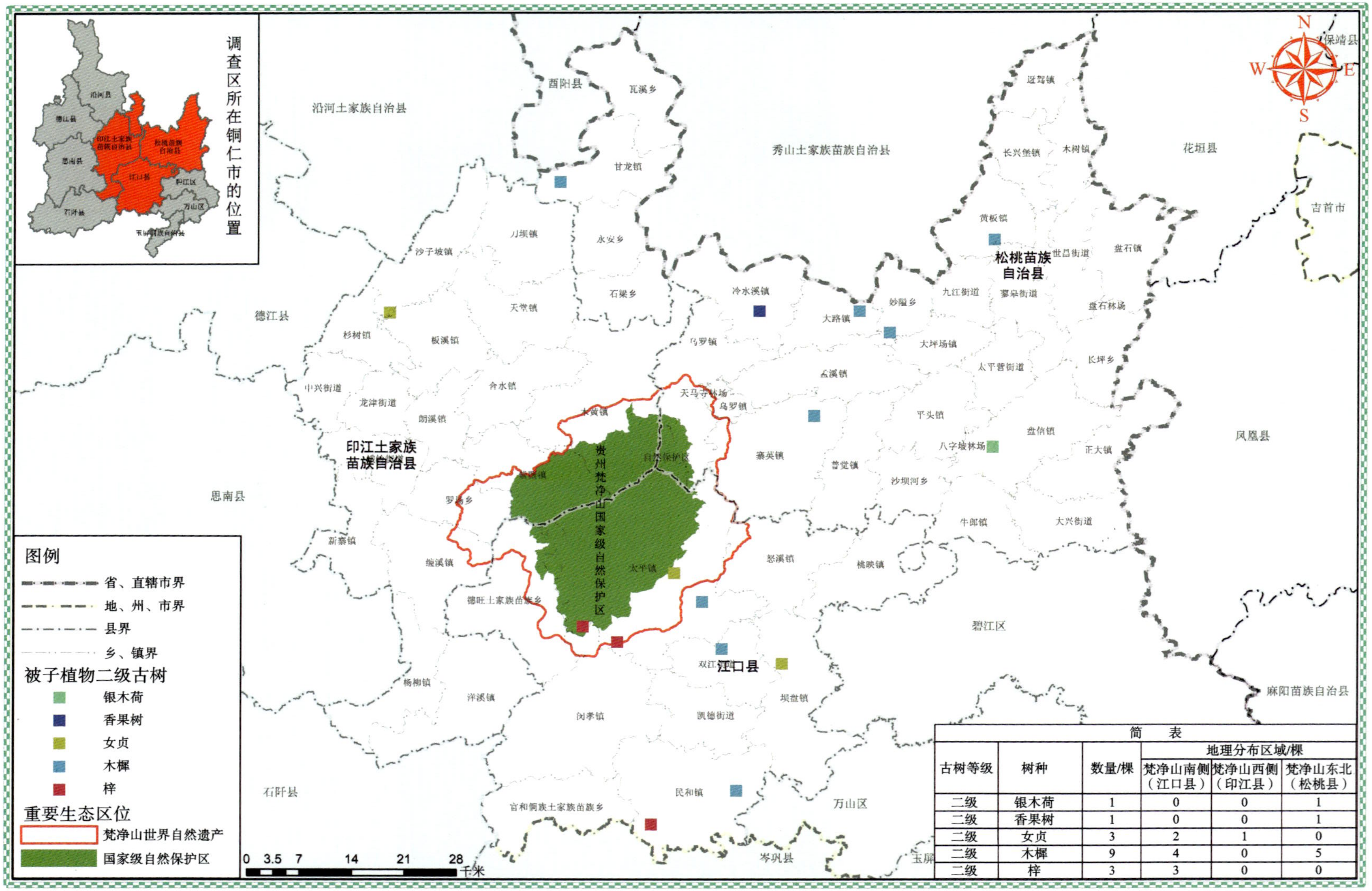

古树等级	树种	数量/棵	地理分布区域/棵		
			梵净山南侧（江口县）	梵净山西侧（印江县）	梵净山东北（松桃县）
二级	银木荷	1	0	0	1
二级	香果树	1	0	0	1
二级	女贞	3	2	1	0
二级	木樨	9	4	0	5
二级	梓	3	3	0	0

制作底图由铜仁市自然资源局提供，审图号：图黔D(2021)001号

比例尺1：45万

图 3-27　梵净山地区被子植物二级古树（银木荷、香果树、女贞、木樨、梓）分布图

该树枝繁叶茂，树高 20 m、胸围 135 cm(胸径 0.43 m)，东西冠幅 8 m、南北冠幅 9 m，树冠投影面积约 70 m^2，目前生长正常、长势良好。

3.2.61 女贞 *Ligustrum lucidum* W. T. Aiton

【俗名】 大叶女贞、白蜡树、冬青、青蜡树、大叶蜡树。

【科属】 木樨科 Oleaceae 女贞属 *Ligustrum*。

【形态特征】 乔木。单叶对生，卵形、宽卵形至卵状披针形，顶端尖，基部圆形或阔楔形，全缘，无毛。圆锥花序顶生，花白色，几乎无柄，花冠裂片与花冠筒近等长。核果长圆形，蓝黑色。花期 5—7 月，果期 9—11 月。

【分布】 女贞产于中国长江以南至华南、西南各地，向西北分布至陕西、甘肃。生于海拔 2900 m 以下的疏、密林中。朝鲜有分布，印度、尼泊尔有栽培。

【习性】 喜光、耐阴，喜温暖湿润气候，耐寒性好，耐水湿。深根性，生长快，萌芽力强，耐修剪，但不耐贫瘠。对土壤要求不严，以沙质土壤或黏质土壤栽培为宜，在红、黄壤土中也能生长。可播种繁殖。

【古树资源】 目前，梵净山地区有女贞二级古树 3 棵，其中梵净山南侧(江口县)2 棵、梵净山西侧(印江县)1 棵，详见图 3-27、表 3-54。

印江县沙子坡镇庹家村女贞

该女贞(编号 52222602495)位于贵州梵净山西侧(印江县)沙子坡镇庹家村平洞坡组海拔 960 m 的公路边，土壤类型为黄壤，生长环境中等，权属为集体所有，估测树龄为 300 余年。

该树树皮灰褐色，枝繁叶茂。树高 9 m、胸围 267 cm(胸径 0.85 m)，东西冠幅 11 m、南北冠幅 9 m，树冠投影面积约 100 m^2，主梢被雪压断，树干存在中空、腐烂现象，四季常青，目前生长正常。

3.2.62 木樨 *Osmanthus fragrans*（Thunb.）Lour.

木樨的俗名、科属、形态特征、分布与习性详见 3.1.48。目前，梵净山地区有木樨二级古树 9 棵，其中梵净山南侧（江口县）4 棵、梵净山东北（松桃县）5 棵，详见图 3-27、表 3-54。

江口县太平镇太平社区木樨

该木樨（编号 52222200104）位于贵州梵净山南侧（江口县）太平镇太平社区曾家组海拔 500 m 的房屋边，土壤类型为黄壤，生长环境良好，权属为集体所有，据《贵州古树名木》记载，树龄为 300 余年。

该树长势良好，树高 13 m、胸围 320 cm(胸径 1.02 m)，东西冠幅 8 m、南北冠幅 6 m，树冠投影面积约 50 m^2，目前生长正常、长势良好。

3.2.63 梓 *Catalpa ovata* G. Don

梓的俗名、科属、形态特征、分布与习性详见 3.1.50。目前，梵净山地区有梓二级古树 3 棵，分布在梵净山南侧(江口县)，详见图 3-27、表 3-54。

江口县闵孝镇峰坝村梓

该梓(编号 52222201932)位于贵州梵净山南侧(江口县)闵孝镇峰坝村柏子坪组海拔 977 m 处，土壤类型为黄壤，生长环境良好，权属为集体所有，估测树龄为 300 余年。

该树生长在林缘，主干分为两大枝，枝繁叶茂。树高 26 m、胸围 314 cm(胸径 1.00 m)，东西冠幅 18 m、南北冠幅 14 m，树冠投影面积约 250 m^2，目前生长正常、长势良好。

3.3 三级古树

梵净山地区有三级古树 44 科 91 属 134 种 12130 棵(图 3-29)，其中有裸子植物 5 科 9 属 11 种 4876

棵，主要有柏木(4281 棵)、银杏(185 棵)、南方红豆杉(172 棵)、杉木(163 棵)、马尾松(46 棵)、柔毛油杉(11 棵)等(表 3-55)，其中柏木、南方红豆杉、银杏、杉木这四个种的植株数量占了所有裸子植物三级古树的 98.5%；被子植物 39 科 82 属 123 种 7254 棵，主要有枫香树(2124 棵)、青冈(732 棵)、朴树(370 棵)、榉树(295 棵)、楠木(267 棵)、黄连木(254 棵)、云南樟(234 棵)、湖北锥(222 棵)、柞木(214 棵)、大叶榉树(202 棵)、钩锥(152 棵)、岩栎(127 棵)、小叶青冈(124 棵)、贵州石楠(122 棵)、枫杨和垂柳(各 96 棵)、女贞(94 棵)、麻栎(89 棵)、闽楠(75 棵)、青檀(86 棵)、木樨(69 棵)、皂荚(64 棵)、榆(61 棵)、栗(59 棵)、珊瑚朴(56 棵)、飞蛾槭(55 棵)、黑壳楠(54 棵)、柿和香果树(各 44 棵)、翅荚香槐(36 棵)、刺楸和紫薇(各 34 棵)、乌柿(30 棵)等(图 3-28、表 3-56)。

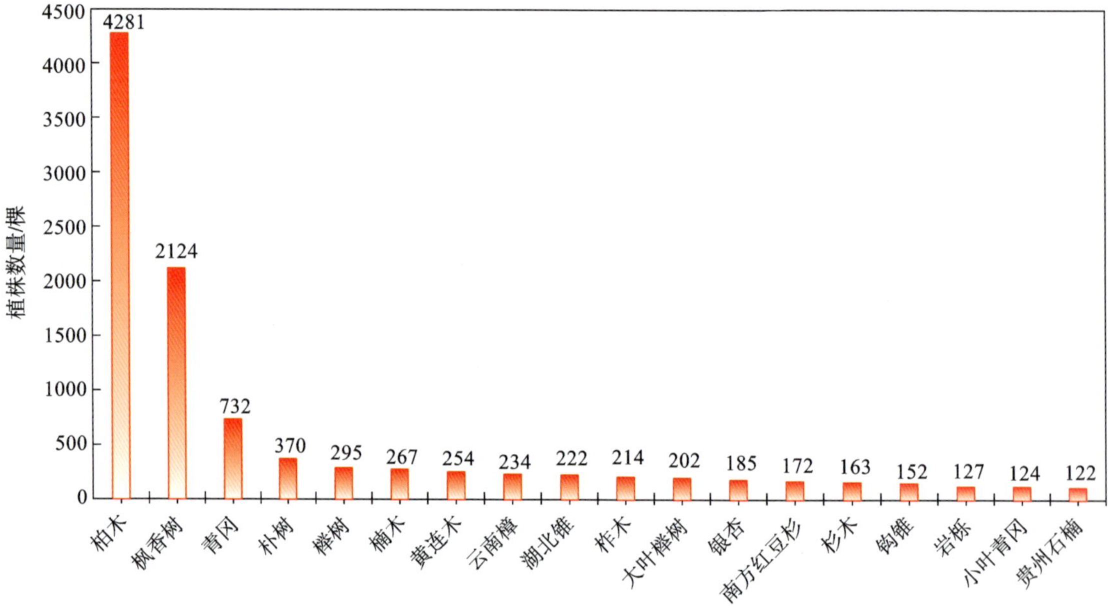

(a) 植株数量在100棵以上

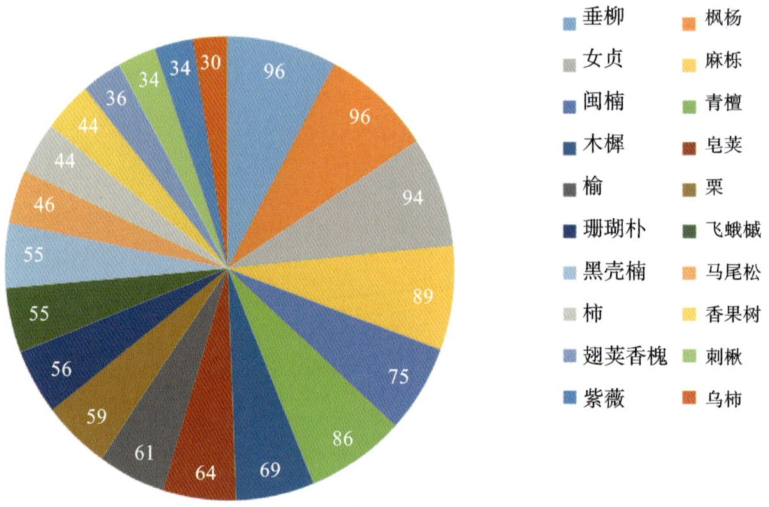

(b) 植株数量在100棵以下、30棵以上

图 3-28 梵净山地区三级古树主要树种组成

从地理分布格局来看，梵净山地区三级古树主要集中分布在梵净山南侧(江口县)和梵净山西侧(印江县)，梵净山东北(松桃县)三级古树较少(图 3-29)。

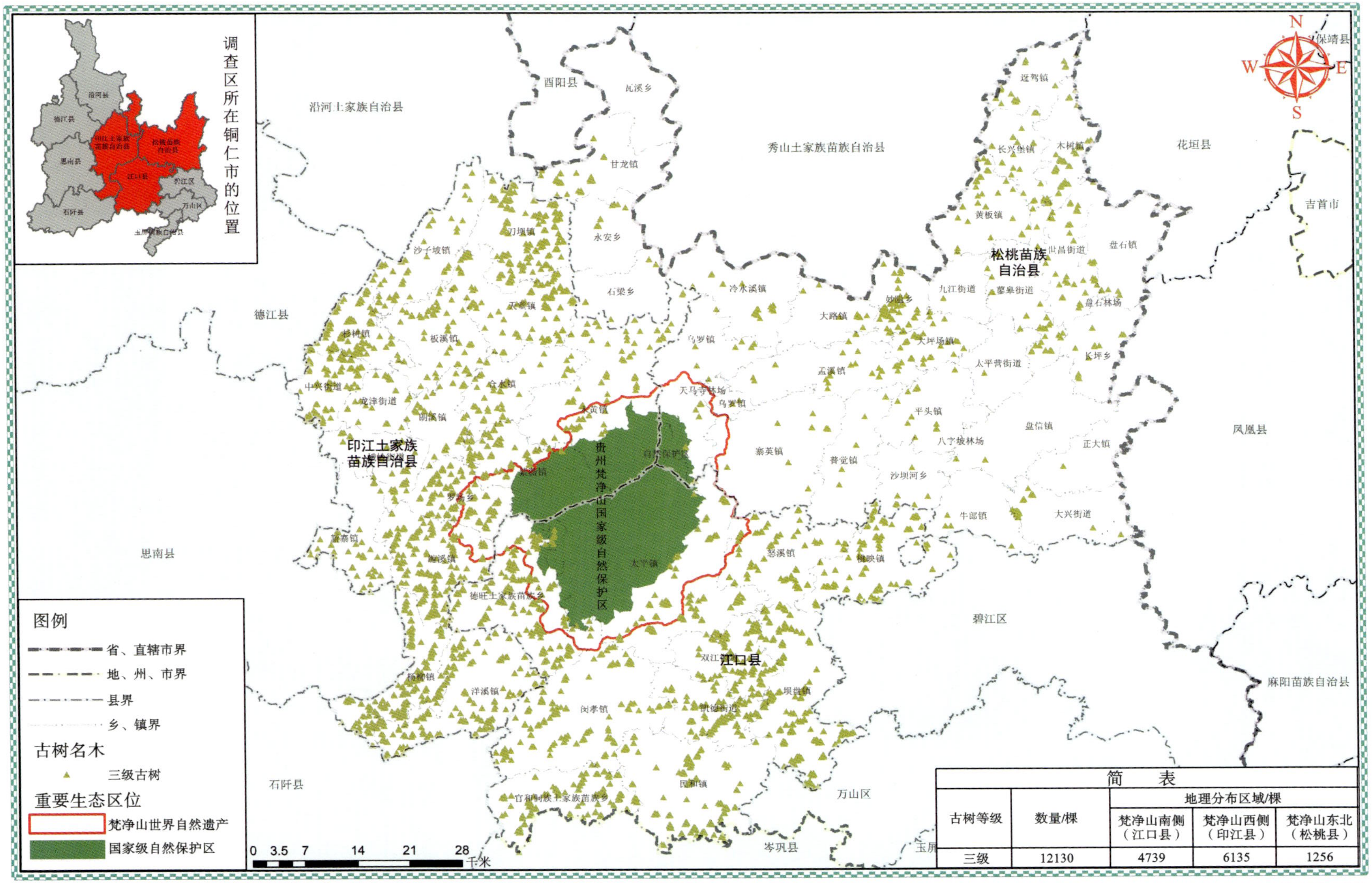

制作底图由铜仁市自然资源局提供，审图号：图黔D(2021)001号

比例尺1：45万

图 3-29　梵净山地区三级古树分布图

简表

古树等级	数量/棵	地理分布区域/棵		
		梵净山南侧（江口县）	梵净山西侧（印江县）	梵净山东北（松桃县）
三级	12130	4739	6135	1256

梵净山地区三级古树的树种及数量均较一级古树和二级古树多，其中有一些不常见的树种，或因其稀有性、独特的形态特征、深厚的文化底蕴而显得尤为珍贵，是大自然多样性的重要体现。在三级古树中，主要选取一些珍稀和在一级和二级古树中不常见的以及在当地具有特殊生态价值的树种，以期通过重点保护，促进其种群的恢复与发展。

表 3-55 梵净山地区裸子植物三级古树的树种及其地理分布

树种	拉丁文	科	属	数量/棵	地理分布区域/棵		
					梵净山南侧（江口县）	梵净山西侧（印江县）	梵净山东北（松桃县）
银杏	*Ginkgo biloba* L.	银杏科	银杏属	185	63	112	10
罗汉松	*Podocarpus macrophyllus* (Thunb.) Sweet	罗汉松科	罗汉松属	1	0	0	1
杉木	*Cunninghamia lanceolata* (Lamb.) Hook.	柏科	杉木属	163	111	50	2
柏木	*Cupressus funebris* Endl.	柏科	柏木属	4281	1101	2961	219
圆柏	*Juniperus chinensis* L.	柏科	刺柏属	4	1	3	0
刺柏	*Juniperus formosana* Hayata	柏科	刺柏属	9	7	2	0
侧柏	*Platycladus orientalis* (L.) Franco	柏科	侧柏属	3	0	2	1
南方红豆杉	*Taxus wallichiana* var. *mairei* (Lemée & H. Lév.) L. K. Fu & Nan Li	红豆杉科	红豆杉属	172	133	25	14
铁坚油杉	*Keteleeria davidiana* (C. E. Bertrand) Beissn.	松科	油杉属	1	0	1	0
柔毛油杉	*Keteleeria pubescens* W. C. Cheng & L. K. Fu	松科	油杉属	11	0	9	2
马尾松	*Pinus massoniana* Lamb.	松科	松属	46	29	15	2
	合计			4876	1445	3180	251

表 3-56 梵净山地区被子植物三级古树的树种及其地理分布

树种	拉丁文	科	属	数量/棵	地理分布区域/棵		
					梵净山南侧（江口县）	梵净山西侧（印江县）	梵净山东北（松桃县）
深山含笑	*Michelia maudiae* Dunn	木兰科	含笑属	1	0	1	0
武当玉兰	*Yulania sprengeri* (Pamp.) D. L. Fu	木兰科	玉兰属	1	0	1	0
珙桐	*Davidia involucrata* Baill.	蓝果树科	珙桐属	2	0	0	2
云南樟	*Camphora glandulifera* (Wall.) Nees	樟科	樟属	234	24	161	49

续表

树种	拉丁文	科	属	数量/棵	地理分布区域/棵		
					梵净山南侧（江口县）	梵净山西侧（印江县）	梵净山东北（松桃县）
黄樟	*Camphora parthenoxylon* (Jack) Nees	樟科	樟属	1	0	0	1
猴樟	*Camphora bodinieri* (H. Lév.) Y. Yang, Bing Liu & Zhi Yang	樟科	樟属	22	0	7	15
川桂	*Cinnamomum wilsonii* Gamble	樟科	桂属	3	0	2	1
檫木	*Sassafras tzumu* (Hemsl.) Hemsl.	樟科	檫木属	10	5	4	1
山胡椒	*Lindera glauca* (Siebold & Zucc.) Blume	樟科	山胡椒属	1	0	0	1
黑壳楠	*Lindera megaphylla* Hemsl.	樟科	山胡椒属	55	33	17	5
毛豹皮樟	*Litsea coreana* var. *lanuginosa* (Migo) Yen C. Yang & P. H. Huang	樟科	木姜子属	1	0	1	0
豹皮樟	*Litsea coreana* var. *sinensis* (C. K. Allen) Yen C. Yang & P. H. Huang	樟科	木姜子属	18	18	0	0
利川润楠	*Machilus lichuanensis* W. C. Cheng ex S. K. Lee	樟科	润楠属	1	0	0	1
润楠	*Machilus nanmu* (Oliv.) Hemsl.	樟科	润楠属	11	5	6	0
闽楠	*Phoebe bournei* (Hemsl.) Yen C. Yang	樟科	楠属	75	75	0	0
楠木	*Phoebe zhennan* S. K. Lee & F. N. Wei	樟科	楠属	267	171	42	54
羽叶泡花树	*Meliosma pinnata* (Roxb.) Maxim.	清风藤科	泡花树属	1	0	1	0
黄杨	*Buxus sinica* (Rehder & E. H. Wilson) M. Cheng	黄杨科	黄杨属	5	4	1	0
枫香树	*Liquidambar formosana* Hance	蕈树科	枫香树属	2124	1050	748	326
合欢	*Albizia julibrissin* Durazz.	豆科	合欢属	2	0	2	0
紫荆	*Cercis chinensis* Bunge	豆科	紫荆属	4	0	4	0
湖北紫荆	*Cercis glabra* Pamp.	豆科	紫荆属	2	0	2	0
香槐	*Cladrastis wilsonii* Takeda	豆科	香槐属	7	0	7	0
黄檀	*Dalbergia hupeana* Hance	豆科	黄檀属	11	3	3	5
皂荚	*Gleditsia sinensis* Lam.	豆科	皂荚属	64	17	41	6
花榈木	*Ormosia henryi* Hemsl. &E. H. Wilson	豆科	红豆属	2	0	2	0

续表

树　种	拉　丁　文	科	属	数量/棵	地理分布区域/棵		
					梵净山南侧（江口县）	梵净山西侧（印江县）	梵净山东北（松桃县）
木荚红豆	*Ormosia xylocarpa* Chun ex H. Y. Chen	豆科	红豆属	1	0	1	0
翅荚香槐	*Platyosprion platycarpum* (Maxim.) Maxim.	豆科	翅荚香槐属	36	0	34	2
槐	*Styphnolobium japonicum* (L.) Schott	豆科	槐属	10	8	2	0
大叶桂樱	*Prunus zippeliana* Miq.	蔷薇科	李属	2	0	2	0
稠李	*Prunus padus* L.	蔷薇科	李属	7	0	0	7
贵州石楠	*Photinia bodinieri* H. Lév.	蔷薇科	石楠属	122	4	107	11
光叶石楠	*Photinia glabra* (Thunb.) Maxim.	蔷薇科	石楠属	19	0	10	9
石楠	*Photinia serratifolia* (Desf.) Kalkman	蔷薇科	石楠属	22	0	20	2
梨属	*Pyrus* L.	蔷薇科	梨属	2	0	2	0
白梨	*Pyrus bretschneideri* Rehder	蔷薇科	梨属	2	2	0	0
豆梨	*Pyrus calleryana* Decne.	蔷薇科	梨属	1	0	0	1
沙梨	*Pyrus pyrifolia* (Burm. F.) Nakai	蔷薇科	梨属	6	4	2	0
枳椇	*Hovenia acerba* Lindl.	鼠李科	枳椇属	26	7	18	1
多脉猫乳	*Rhamnella martini* (H. Lév.) C. K. Schneid.	鼠李科	猫乳属	1	0	1	0
酸枣	*Ziziphus jujuba* var. *spinosa* (Bunge) Hu ex H. F. Chow	鼠李科	枣属	19	19	0	0
榆	*Ulmus pumila* L.	榆科	榆属	61	44	13	4
大叶榉树	*Zelkova schneideriana* Hand. -Mazz.	榆科	榉属	202	0	202	0
榉树	*Zelkova serrata* (Thunb.) Makino	榆科	榉属	295	263	9	23
糙叶树	*Aphananthe aspera* (Thunb.) Planch.	大麻科	糙叶树属	16	1	10	5
珊瑚朴	*Celtis julianae* C. K. Schneid.	大麻科	朴属	56	1	55	0
朴树	*Celtis sinensis* Pers.	大麻科	朴属	370	0	351	19
青檀	*Pteroceltis tatarinowii* Maxim.	大麻科	青檀属	86	69	17	0
构	*Broussonetia papyrifera* (L.) L'Hér. ex Vent.	桑科	构属	3	3	0	0
榕树	*Ficus microcarpa* L. f.	桑科	榕属	1	0	0	1
桑	*Morus alba* L.	桑科	桑属	27	7	20	0
硬壳柯	*Lithocarpus hancei* (Benth.) Rehder	壳斗科	柯属	1	0	1	0

续表

树种	拉丁文	科	属	数量/棵	地理分布区域/棵		
					梵净山南侧（江口县）	梵净山西侧（印江县）	梵净山东北（松桃县）
岩栎	*Quercus acrodonta* Seemen	壳斗科	栎属	127	0	127	0
麻栎	*Quercus acutissima* Carruth.	壳斗科	栎属	89	65	15	9
白栎	*Quercus fabri* Hance	壳斗科	栎属	4	1	2	1
赤皮青冈	*Quercus gilva* Blume	壳斗科	栎属	1	0	0	1
青冈	*Quercus glauca* Thunb.	壳斗科	栎属	732	270	275	187
大叶青冈	*Quercus jenseniana* Hand.-Mazz.	壳斗科	栎属	2	2	0	0
小叶青冈	*Quercus myrsinifolia* Blume	壳斗科	栎属	124	89	34	1
乌冈栎	*Quercus phillyraeoides* A. Gray	壳斗科	栎属	1	0	0	1
细叶青冈	*Quercus shennongii* C. C. Huang & S. H. Fu	壳斗科	栎属	13	13	0	0
锥栗	*Castanea henryi* (Skan) Rehder & E. H. Wilson	壳斗科	栗属	28	15	13	0
栗	*Castanea mollissima* Blume	壳斗科	栗属	59	40	10	9
水青冈	*Fagus longipetiolata* Seemen	壳斗科	水青冈属	10	10	0	0
短刺米槠	*Castanopsis carlesii* var. *spinulosa* W. C. Cheng & C. S. Chao	壳斗科	锥属	6	6	0	0
米槠	*Castanopsis carlesii* (Hemsl.) Hayata	壳斗科	锥属	2	0	0	2
甜槠	*Castanopsis eyrei* (Champ. ex Benth.) Tutcher	壳斗科	锥属	1	0	1	0
湖北锥	*Castanopsis hupehensis* C. S. Chao	壳斗科	锥属	222	166	21	35
苦槠	*Castanopsis sclerophylla* (Lindl.) Schottky	壳斗科	锥属	5	0	5	0
钩锥	*Castanopsis tibetana* Hance	壳斗科	锥属	152	101	0	51
山核桃	*Carya cathayensis* Sarg.	胡桃科	山核桃属	1	0	1	0
青钱柳	*Cyclocarya paliurus* (Batalin) Iljinsk.	胡桃科	青钱柳属	8	0	5	3
胡桃	*Juglans regia* L.	胡桃科	胡桃属	19	4	12	3
化香树	*Platycarya strobilacea* Siebold & Zucc.	胡桃科	化香树属	11	9	2	0
枫杨	*Pterocarya stenoptera* C. DC.	胡桃科	枫杨属	96	42	23	31
云贵鹅耳枥	*Carpinus pubescens* Burkill	桦木科	鹅耳枥属	11	0	6	5
绒毛华榛	*Corylus chinensis* Franch. var. *fargesii* (Franch.) Hu	桦木科	榛属	1	0	1	0

续表

树　种	拉　丁　文	科	属	数量/棵	地理分布区域/棵		
					梵净山南侧（江口县）	梵净山西侧（印江县）	梵净山东北（松桃县）
垂柳	*Salix babylonica* L.	杨柳科	柳属	96	95	1	0
紫柳	*Salix wilsonii* Seemen ex Diels	杨柳科	柳属	3	0	3	0
毛白杨	*Populus tomentosa* Carrière	杨柳科	杨属	3	2	1	0
柞木	*Xylosma congesta*（Lour.）Merr.	杨柳科	柞木属	214	201	7	6
乌桕	*Triadica sebifera*（L.）Small	大戟科	乌桕属	5	5	0	0
重阳木	*Bischofia polycarpa*（H. Lév.）Airy Shaw	叶下珠科	秋枫属	3	0	3	0
杜英	*Elaeocarpus decipiens* Hemsl.	杜英科	杜英属	10	10	0	0
灰毛杜英	*Elaeocarpus limitaneus* Hand.-Mazz.	杜英科	杜英属	1	0	0	1
川黔紫薇	*Lagerstroemia excelsa*（Dode）Chun ex S. Lee & L. F. Lau	千屈菜科	紫薇属	6	0	3	3
紫薇	*Lagerstroemia indica* L.	千屈菜科	紫薇属	34	21	13	0
南酸枣	*Choerospondias axillaris*（Roxb.）B. L. Burtt & A. W. Hill	漆树科	南酸枣属	23	1	10	12
黄连木	*Pistacia chinensis* Bunge	漆树科	黄连木属	254	64	149	41
漆	*Toxicodendron vernicifluum*（Stokes）F. A. Barkley	漆树科	漆树属	2	0	2	0
阔叶槭	*Acer amplum* Rehder	无患子科	槭属	2	0	0	2
樟叶槭	*Acer coriaceifolium* H. Lév.	无患子科	槭属	20	2	8	10
飞蛾槭	*Acer oblongum* Wall. ex DC.	无患子科	槭属	55	16	33	6
七叶树	*Aesculus chinensis* Bunge	无患子科	七叶树属	15	0	15	0
复羽叶栾	*Koelreuteria bipinnata* Franch.	无患子科	栾属	1	0	1	0
栾	*Koelreuteria paniculata* Laxm.	无患子科	栾属	7	0	6	1
柚	*Citrus maxima*（Burm.）Merr.	芸香科	柑橘属	1	1	0	0
臭椿	*Ailanthus altissima*（Mill.）Swingle	苦木科	臭椿属	3	1	1	1
楝	*Melia azedarach* L.	楝科	楝属	22	0	22	0
香椿	*Toona sinensis*（Juss.）Roem.	楝科	香椿属	7	6	0	1
梧桐	*Firmiana simplex*（L.）W. Wight	锦葵科	梧桐属	1	1	0	0
椆树桑寄生	*Loranthus delavayi* Tiegh	桑寄生科	桑寄生属	2	2	0	0
蓝果树	*Nyssa sinensis* Oliver	蓝果树科	蓝果树属	6	0	6	0
光皮梾木	*Cornus wilsoniana* Wangerin	山茱萸科	山茱萸属	9	0	9	0
乌柿	*Diospyros cathayensis* Steward	柿科	柿属	30	0	22	8

续表

树种	拉丁文	科	属	数量/棵	地理分布区域/棵		
					梵净山南侧（江口县）	梵净山西侧（印江县）	梵净山东北（松桃县）
柿	*Diospyros kaki* Thunb.	柿科	柿属	44	30	12	2
野柿	*Diospyros kaki* var. *silvestris* Makino	柿科	柿属	1	0	1	0
君迁子	*Diospyros lotus* L.	柿科	柿属	16	0	14	2
银木荷	*Schima argentea* E. Pritz.	山茶科	木荷属	9	0	9	0
木荷	*Schima superba* Gardner & Champ.	山茶科	木荷属	17	1	16	0
油茶	*Camellia oleifera* Abel	山茶科	山茶属	1	0	1	0
山矾	*Symplocos sumuntia* Buch.-Ham. ex D. Don	山矾科	山矾属	1	0	1	0
粗糠树	*Ehretia dicksonii* Hance	紫草科	厚壳树属	5	3	2	0
香果树	*Emmenopterys henryi* Oliv.	茜草科	香果树属	44	15	28	1
白蜡树	*Fraxinus chinensis* Roxb.	木樨科	梣属	2	0	2	0
女贞	*Ligustrum lucidum* W. T. Aiton	木樨科	女贞属	94	72	20	2
木樨	*Osmanthus fragrans* (Thunb.) Lour.	木樨科	木樨属	69	30	28	11
楸	*Catalpa bungei* C. A. Mey.	紫葳科	梓属	1	0	0	1
梓	*Catalpa ovata* G. Don	紫葳科	梓属	12	12	0	0
灰毛牡荆	*Vitex canescens* Kurz	唇形科	牡荆属	5	4	1	0
白花泡桐	*Paulownia fortunei* (Seem.) Hemsl.	泡桐科	泡桐属	15	9	4	2
冬青	*Ilex chinensis* Sims	冬青科	冬青属	5	1	3	1
刺楸	*Kalopanax septemlobus* (Thunb.) Koidz.	五加科	刺楸属	34	19	15	0
合计				7254	3294	2955	1005

3.3.1 罗汉松 *Podocarpus macrophyllus* (Thunb.) Sweet

【俗名】 土杉、罗汉杉、狭叶罗汉松。

【科属】 罗汉松科 Podocarpaceae 罗汉松属 *Podocarpus*。

【形态特征】 常绿乔木。叶螺旋状着生，条状披针形，先端尖，基部楔形，上面深绿色，有光泽，中脉显著隆起，下面带白色、灰绿色或淡绿色，中脉微隆起。雄球花穗状、腋生，常3～5个簇生于极短的总梗上，基部有数枚三角状苞片；雌球花单生于叶腋，有梗，基部有少数苞片。种子卵圆形，成熟时肉质假种皮紫黑色，有白粉，种托肉质圆柱形，红色或紫红色。花期4—5月，种子8—9月成熟。

【分布】 罗汉松产于中国江苏、浙江、福建、安徽、江西、湖南、四川、云南、贵州、广西、广东等地，栽培于庭园作为观赏树。野生的树木极少。日本也有分布。

【习性】 较耐阴，喜温暖湿润气候，对土壤适应性强。可种子、扦插繁殖。

松桃县孟溪镇孟溪社区罗汉松

孟溪社区位于贵州梵净山东北(松桃县)孟溪镇,境内地势低平,气候温热多雨,自然环境优越。该罗汉松是梵净山地区仅有的1棵罗汉松古树(编号52222940075),处在海拔430 m的孟溪镇中心完小校园内,土壤类型为黄壤,生长环境中等,权属为集体所有,估测树龄为150余年。

罗汉松因其果实形似打坐的罗汉而得名。该树树干扭曲、树枝开展或斜展、树叶浓密,树形古雅、苍古矫健,极具观赏价值。树高13 m、胸围170 cm(胸径0.54 m),东西冠幅8 m、南北冠幅9 m,树冠投影面积约70 m^2,目前生长正常、长势良好。

但因人为活动较为频繁,且该树树体周围被水泥硬化且树池较小,给古树生长带来一定的干扰。建议设置防护围栏,扩大树体营养面积予以保护。

3.3.2 柏木 *Cupressus funebris* Endl.

柏木的俗名、科属、形态特征、分布与习性详见3.1.2。

印江县缠溪镇冷水溪村柏木

该地的2棵柏木位于贵州梵净山西侧(印江县)缠溪镇冷水溪村杨家坪组海拔956 m的农田边,土壤类型为黄壤,生长环境良好,权属为集体所有,估测树龄为100余年。

①柏木(编号52222605511,右)树冠广圆形,树干微弯曲、倾斜生长。树高11 m、胸围138 cm(胸径0.44 m),东西冠幅3 m、南北冠幅2 m,树冠投影面积不足10 m^2,主梢已枯死,目前生长衰弱。可能是所处生境并非最佳,需注意对附近水土条件进行优化,并开展古树复壮技术研究,延缓古树衰老。

②柏木(编号 52222605510,左)树干斜向上生长。树高 12 m、胸围 151 cm(胸径 0.48 m),东西冠幅 4 m、南北冠幅 5 m,树冠投影面积约 20 m^2,目前生长正常、长势良好。

3.3.3 圆柏 *Juniperus chinensis* L.

【俗名】 珍珠柏、红心柏、刺柏、塔柏。

【科属】 柏科 Cupressaceae 刺柏属 *Juniperus*。

【形态特征】 常绿乔木。树冠尖塔形或圆柱形。具刺叶及鳞叶,生鳞叶的小枝近圆柱形或近四棱形。叶二型,刺叶生于幼树之上,老龄树则全为鳞叶,壮龄树兼有刺叶与鳞叶;鳞叶交互对生;刺叶 3 叶交互轮生,上面微凹,有 2 条白粉带。雌雄异株,稀同株;雄球花黄色,椭圆形。球果近圆球形,种子卵圆形。

【分布】 圆柏产于中国内蒙古乌拉山、河北、山西、山东、江苏、浙江、福建、安徽、江西、河南、陕西南部、甘肃南部、四川、湖北西部、湖南、贵州、广东、广西北部及云南等地。朝鲜、日本也有分布。

【习性】 喜光,较耐阴,喜温凉、温暖气候及湿润土壤,对土壤要求不严,能生长在酸性、中性及石灰质土壤上,对土壤的干旱及潮湿均有一定的抗性。可种子、扦插繁殖。

(1) 江口县凯德街道白云村圆柏

该圆柏(编号 52222200865)位于贵州梵净山南侧(江口县)凯德街道白云村海拔 614 m 的土坎边,土壤类型为黄壤,生长环境良好,权属为集体所有,估测树龄为 100 余年。

该树枝条斜展或直展,小枝下垂。树高 9 m、胸围 219 cm(胸径 0.70 m),东西冠幅 5 m、南北冠幅 4 m,树冠投影面积约 20 m^2,主梢已断,目前生长正常。

(2) 印江县木黄镇乌溪村圆柏

该圆柏(编号 52222604382)位于贵州梵净山西侧(印江县)木黄镇乌溪村下官组海拔 800 m 的路边，土壤类型为石灰土，生长环境中等，权属为集体所有，估测树龄为 100 余年。

该树小枝稍呈弧状弯曲，主干中部膨出生长。树高 13 m、胸围 258 cm（胸径 0.82 m），东西冠幅 4 m、南北冠幅 5 m，树冠投影面积约 20 m^2，主梢被大风折断，树干中空、腐烂、破裂严重，目前生长衰弱。需对此树中空、腐烂、破裂处进行修补、支撑，以免带来安全隐患。同时，由于附近有电线经过，建议在有条件的情况下，尽快调整电线走向，并开展古树复壮技术研究。

3.3.4 铁坚油杉 *Keteleeria davidiana*（C. E. Bertrand）Beissn.

铁坚油杉的俗名、科属、形态特征、分布与习性详见 3.1.6。

印江县刀坝镇天坪村铁坚油杉

该铁坚油杉（编号 52222603422）位于贵州梵净山西侧（印江县）刀坝镇天坪村插腊坪组海拔 766 m 的山地杂木林中，土壤类型为黄壤，生长环境良好，权属为集体所有，估测树龄约为 300 年。

该树生长在悬崖上，是一棵双杈木。树体高大，枝繁叶茂。树高 22 m、胸围 311 cm（胸径 0.99 m），东西冠幅 35 m、南北冠幅 38 m，树冠投影面积约 1330 m^2，目前生长正常、长势良好，对周边生境和灌木与草本具有较明显的遮阴效果，对局域生境与水汽条件具有较强的“伞护”作用，因此该古树具有极高的保护价值。

3.3.5 深山含笑 *Michelia maudiae* Dunn

【俗名】 莫夫人含笑花、光叶白兰花。

【科属】 木兰科 Magnoliaceae 含笑属 *Michelia*。

【形态特征】 乔木。各部均无毛。叶长圆状椭圆形，很少卵状椭圆形，先端骤狭短渐尖或短渐尖而尖头钝，基部楔形、阔楔形或近圆钝，被白粉，侧脉 7～12 对，无托叶痕。花芳香，花被片 9 片，纯白色，基部稍呈淡红色、具长约 1 cm 的爪。聚合果蓇葖长圆形、倒卵圆形、卵圆形，顶端圆钝或具短突尖头。种子红色，斜卵圆形，稍扁。花期 2—3 月，果期 9—10 月。

【分布】 深山含笑产于中国浙江南部、福建、湖南、广东(北部、中部及南部沿海岛屿)、广西、贵州等地。生于海拔 600～1500 m 的密林中。

【习性】 喜深厚、疏松、肥沃而湿润的酸性沙质土壤。根系发达，萌芽力强。可种子繁殖。

印江县缠溪镇驷马村深山含笑

该深山含笑(编号 52222605246)位于贵州梵净山西侧(印江县)缠溪镇驷马村梓木坪组海拔 572 m 的沟边，土壤类型为黄壤，生长环境良好，权属为集体所有，估测树龄为 200 余年。

该树枝繁叶茂，花开时节，花纯白艳丽，极具观赏价值。树高 20 m、胸围 173 cm(胸径 0.55 m)，东西冠幅 11 m、南北冠幅 11 m，树冠投影面积约 120 m^2，目前生长正常、长势良好。

3.3.6 武当玉兰 *Yulania sprengeri*（Pamp.）D. L. Fu

【俗名】 迎春树、湖北木兰、武当木兰、五峰玉兰。

【科属】 木兰科 Magnoliaceae 玉兰属 *Yulania*。

【形态特征】 落叶乔木。叶倒卵形，先端急尖或急短渐尖，基部楔形；托叶痕细小。花先叶开放，杯状，有芳香，花被片 12(14)，近相似，外面玫瑰红色，有深紫色纵纹，倒卵状匙形或匙形，花丝紫红色，宽扁；雌蕊群圆柱形，淡绿色，花柱玫瑰红色。聚合果圆柱形；蓇葖扁圆，成熟时褐色。花期 3—4 月，果期 8—9 月。

【分布】 武当玉兰产于中国陕西（略阳县、留坝县、平利县、陇县）、甘肃南部、河南西南部、湖北西部、湖南西北部（桑植县）、四川东部和东北部。生于海拔 1300～2400 m 的山林间或灌丛中。

【习性】 喜光，怕高温，不耐寒，适合微酸性土壤。喜温暖、湿润，不耐干旱和水涝。可压条和嫁接繁殖。

印江县杨柳镇杨家寨村武当玉兰

该武当玉兰（编号 52222607575）位于贵州梵净山西侧（印江县）杨柳镇杨家寨村店子组海拔 1086 m 的房屋边，土壤类型为黄壤，生长环境中等，权属为集体所有，估测树龄为 100 余年。

该树高大挺拔，枝繁叶茂。早春开花时，满树紫红色花朵，幽姿淑态，具有较高的生态与观赏价值。树高 26 m、胸围 229 cm（胸径 0.73 m），东西冠幅 9 m、南北冠幅 10 m，树冠投影面积约 90 m^2，目前生长正常、长势良好。

3.3.7 珙桐 *Davidia involucrata* Baill.

【俗名】 鸽子树、空桐、柩梨子。

【科属】 蓝果树科 Nyssaceae 珙桐属 *Davidia*。

【形态特征】 落叶乔木。叶纸质，无托叶，常密集于幼枝顶端，阔卵形或近圆形，顶端急尖或短急尖，具微弯曲的尖头，基部心形或深心形，边缘有三角形而尖端锐尖的粗锯齿，侧脉 8～9 对。两性花与雄花同株，由多数的雄花与 1 朵雌花或两性花成近球形的头状花序，两性花位于花序的顶端，雄花环绕于其周围，苞片 2～3 枚，初淡绿色，继变为乳白色，后变为棕黄色而脱落。果实为长卵圆形核果，紫绿色，具黄色斑点，外果皮很薄，中果皮肉质，内果皮骨质，具沟纹，种子 3～5 粒。花期 4 月，果期 10 月。

珙桐花由两片大小不一的乳白色苞片包裹着一颗紫色的花蕊，花期较短，初开时呈淡绿色，盛开时变成乳白色，凋谢时则转为棕褐色。因其花序圆似鸟头，苞片洁白，硕大如翅，宛如展翅欲飞的白鸽。1869 年，法国的大卫(博物学家、动植物研究学者)将中国的珙桐命名为“中国鸽子花”,“鸽子花”是中国乃至世界著名的观赏树木。

【分布】 珙桐为中国特有的单属植物，产于湖北西部、湖南西部、四川以及贵州和云南的北部。生于海拔 1500～2200 m 湿润的常绿阔叶、落叶阔叶混交林中。

【习性】 喜中性或微酸性腐殖质深厚的土壤。可种子和扦插繁殖。

(1) 松桃县乌罗镇毛溪村珙桐

该珙桐(编号 52222930016)位于贵州梵净山东北(松桃县)乌罗镇毛溪村老洋沟组海拔 848 m 的村民院坝边,土壤类型为黄壤,生长环境良好,权属为个人所有,估测树龄为 100 余年。

该树枝繁叶茂,春末夏初,珙桐花开,枝头大型的白色苞片随风摇曳,宛如飞翔的白鸽,具有较高的观赏价值。树高 16 m、胸围 60 cm(胸径 0.19 m),东西冠幅 10 m、南北冠幅 11 m,树冠投影面积约 110 m^2,目前生长正常、长势良好。每年 4 月,花香馥郁,为村里一道亮丽的自然景观,也是人们艺术创作的对象。

(2) 松桃县寨英镇阳雀村珙桐

该珙桐(编号 52222940278)位于贵州梵净山东北(松桃县)寨英镇阳雀村国营阳雀林场海拔 1154 m 的宋家河,土壤类型为黄壤,生长环境良好,权属为集体所有,估测树龄为 100 余年。

该树枝繁叶茂,树高 15 m、胸围 178 cm(胸径 0.57 m),东西冠幅 13 m、南北冠幅 15 m,树冠投影面积约 200 m^2,目前生长正常。但根部有空洞,宜修补以促进其正常生长。

3.3.8 山胡椒 *Lindera glauca* (Siebold & Zucc.) Blume

【俗名】 香叶子、野胡椒、雷公子、牛筋树、药树。

【科属】 樟科 Lauraceae 山胡椒属 *Lindera*。

【形态特征】 落叶乔木。叶互生,宽椭圆形、椭圆形、倒卵形至狭倒卵形,被白色柔毛,羽状脉,侧脉(4)5~6 对;伞形花序腋生,每总苞有 3~8 朵花。雄花花被片黄色,椭圆形;雄蕊 9。雌花花被片黄色,椭圆形或倒卵形;子房椭圆形;花梗成熟时黑褐色。花期 3—4 月,果期 7—8 月。

【分布】 山胡椒产于中国山东昆嵛山以南、河南嵩县以南,以及甘肃、山西、江苏、安徽、浙江、江西、福建、台湾、广东、广西、湖北、湖南、四川、贵州等地。生于海拔 900 m 以下山坡、林缘、路旁。印度、朝鲜、日本也有分布。

【习性】 可种子繁殖。

松桃县木树镇美意村山胡椒

该山胡椒(编号 52222920188)位于贵州梵净山东北(松桃县)木树镇美意村三组海拔 593 m 杂木林中,土壤类型为黄壤,生长环境良好,权属为集体所有,估测树龄为 200 余年。

该树生长在石缝中，树高 20 m、胸围 220 cm（胸径 0.70 m），东西冠幅 15 m、南北冠幅 12 m，树冠投影面积约 180 m^2，目前生长正常、长势良好。

3.3.9　毛豹皮樟 *Litsea coreana* var. *lanuginosa* (Migo) Yen C. Yang & P. H. Huang

【科属】 樟科 Lauraceae 木姜子属 *Litsea*。

【形态特征】 常绿乔木。树皮灰色，呈小鳞片状剥落，脱落后呈鹿皮瘢痕。叶互生，倒卵状椭圆形或倒卵状披针形，先端钝渐尖，基部楔形。伞形花序腋生；苞片 4，交互对生，近圆形，外面被黄褐色丝状短柔毛，内面无毛；花被裂片 6，卵形或椭圆形，外面被柔毛；雄蕊 9。果实近球形；果托扁平，宿存有 6 裂花被裂片。花期 8—9 月，果期翌年夏季。与原变种不同在于嫩枝密被灰黄色长柔毛，嫩叶两面均有灰黄色长柔毛。

【分布】 毛豹皮樟产于中国浙江、安徽、河南、江苏、福建、江西、湖南、湖北、四川、广东北部、广西、贵州、云南等地。生于海拔 300～2300 m 的山谷杂木林中。

【习性】 喜温、喜阴、喜湿，怕渍，抗逆性强，适应性广。适宜在弱酸性土壤的生态条件下生长。比较耐贫瘠，少量生长在土壤较贫瘠的坡地上。可扦插繁殖。

印江县紫薇镇田家湾村毛豹皮樟

该毛豹皮樟（编号 52222604857）位于贵州梵净山西侧（印江县）紫薇镇田家湾村田家湾组海拔 796 m 的山地杂木林中，土壤类型为黄壤，生长环境良好，权属为集体所有，估测树龄约为 200 年。

该树枝繁叶茂，树皮脱落后呈鹿皮瘢痕。树高 15 m、胸围 179 cm（胸径 0.57 m），东西冠幅 20 m、南北冠幅 22 m，树冠投影面积约 440 m^2，目前生长正常、长势良好。

3.3.10 檫木 *Sassafras tzumu*（Hemsl.）Hemsl.

檫木的俗名、科属、形态特征、分布与习性详见 3.1.20。

江口县官和乡江溪屯村檫木

该檫木(编号 52222204464)位于贵州梵净山南侧(江口县)官和乡江溪屯村三组海拔 730 m 处，土壤类型为黄壤，生长环境良好，权属为集体所有，估测树龄为 100 余年。

该树位于竹林中，高大挺拔，枝繁叶茂。树高 26 m、胸围 251 cm(胸径 0.80 m)，东西冠幅 22 m、南北冠幅 18 m，树冠投影面积约 400 m^2，目前生长正常、长势良好。

3.3.11 合欢 *Albizia julibrissin* Durazz.

【俗名】 马缨花、绒花树、夜合合。

【科属】 豆科 Fabaceae 合欢属 *Albizia*。

【形态特征】 落叶乔木。二回羽状复叶，羽片 4～12 对，小叶 10～30 对，线形至长圆形，向上偏斜，先端有小尖头，有缘毛。头状花序于枝顶排成圆锥花序；花粉红色；花冠长裂片三角形，花萼、花冠外均被短柔毛。荚果带状，嫩荚有柔毛，老荚无毛。花期 6—7 月，果期 8—10 月。

【分布】 合欢产于中国东北至华南及西南部各地，生于山坡或栽培。非洲、中亚至东亚均有分布，北美亦有栽培。

【习性】 喜温暖湿润和阳光充足的环境，对气候和土壤适应性强，宜在排水性良好、肥沃土壤上生长，耐干旱、贫瘠，但不耐涝，生长迅速。可种子繁殖。

印江县缠溪镇冷水溪村合欢

该合欢（编号 52222605516）位于贵州梵净山西侧（印江县）缠溪镇冷水溪村杨家坪组海拔 1026 m 的公路边，土壤类型为黄壤，生长环境良好，权属为集体所有，估测树龄为 100 余年。

该树树高 19 m、胸围 154 cm（胸径 0.49 m），东西冠幅 10 m、南北冠幅 10 m，树冠投影面积约 100 m^2，目前生长正常、长势良好。但此树存在树皮破损、藤本植物攀缘现象，需及时修复及清除。

3.3.12 湖北紫荆 *Cercis glabra* Pamp.

【俗名】 云南紫荆、乌桑树、箩筐树。

【科属】 豆科 Fabaceae 紫荆属 *Cercis*。

【形态特征】 丛生或单生灌木。叶较大，心形或三角状圆形，先端钝或急尖，基部浅心形至深心形。总状花序短，有花数朵至 10 余朵，花淡紫红色或粉红色，先于叶或与叶同时开放。荚果狭长圆形，紫红色，先端渐尖，基部圆钝；种子 1～8 粒，近圆形，扁。花期 3—4 月，果期 9—11 月。

【分布】 湖北紫荆产于中国东南部，北至河北，南至广东、广西，西至云南、四川，西北至陕西，东至浙江、江苏和山东等地。

印江县板溪镇勤丰村湖北紫荆

该湖北紫荆(编号 52222601087)位于贵州梵净山西侧(印江县)板溪镇勤丰村天星组海拔 1186 m 的路坎下,土壤类型为黄壤,生长环境良好,权属为集体所有,估测树龄为 100 年以上。

该树枝繁叶茂,树高 14 m、胸围 229 cm(胸径 0.73 m),东西冠幅 7 m、南北冠幅 10 m,树冠投影面积约 70 m^2,目前生长正常、长势良好。

3.3.13 皂荚 *Gleditsia sinensis* Lam.

皂荚的俗名、科属、形态特征、分布与习性详见 3.1.22。

松桃县盘石镇响水洞村皂荚

该皂荚(编号 52222910401)位于贵州梵净山东北(松桃县)盘石镇响水洞村村委会旁海拔 476 m 的路边,土壤类型为黄壤,生长环境差,权属为集体所有,估测树龄为 100 余年。

该树枝繁叶茂，树高 23 m、胸围 220 cm(胸径 0.70 m)，东西冠幅 16 m、南北冠幅 10 m，树冠投影面积约 160 m^2，年年结满皂荚，目前生长正常，但该树上寄生植物多，需及时清除。

3.3.14 花榈木 *Ormosia henryi* Hemsl. & E. H. Wilson

【俗名】 红豆树、花梨木。

【科属】 豆科 Fabaceae 红豆属 *Ormosia*。

【形态特征】 常绿乔木。奇数羽状复叶；小叶(1)2～3 对，椭圆形或长圆状椭圆形，先端钝或短尖，基部圆形或宽楔形，叶缘微反卷，上面光滑无毛，下面及叶柄均密被黄褐色茸毛，侧脉 6～11 对。圆锥花序顶生或总状花序腋生；花萼钟形，5 齿裂。荚果扁平，长椭圆形；种子椭圆形或卵形，种皮鲜红色，有光泽，种脐位于短轴一端。花期 7—8 月，果期 10—11 月。

【分布】 花榈木产于中国安徽、浙江、江西、湖南、湖北、广东、四川、贵州、云南(东南部)等地。生于海拔 100～1300 m 的山坡、溪谷两旁杂木林内。越南、泰国也有分布。

【习性】 中性树种，深根性，根系发达。喜湿润、温暖、土层深厚、排水性良好的环境，在环境干燥、土层贫瘠时则生长不良，易染病虫害。可种子繁殖。

印江县缠溪镇梨坪村花榈木

该花榈木(编号 52222605390)位于贵州梵净山西侧(印江县)缠溪镇梨坪村万家屋基海拔 796 m 的田边，土壤类型为黄壤，附近水源充足，生长环境良好，权属为集体所有，估测树龄为 150 余年。

该树树高 19 m、胸围 204 cm(胸径 0.65 m)，东西冠幅 9 m、南北冠幅 12 m，树冠投影面积约 110 m^2，目前生长正常、长势良好。树体上有攀缘植物缠绕，需及时清除。

3.3.15 木荚红豆 *Ormosia xylocarpa* Chun ex H. Y. Chen

【俗名】 琼州红豆、牛角木、羊胆木、野油坛树、黄姜树。

【科属】 豆科 Fabaceae 红豆属 *Ormosia*。

【形态特征】 常绿乔木。奇数羽状复叶；小叶(1)2～3 对，长椭圆形或长椭圆状倒披针形，先端钝圆或急尖，基部楔形或宽楔形。圆锥花序顶生，被短柔毛；花大，芳香；花冠白色或粉红色。荚果倒卵形至长椭圆形或菱形，压扁；种子横椭圆形或近圆形，微扁，种皮红色，光亮，种脐小。花期 6—7 月，果期 10—11 月。

【分布】 木荚红豆产于中国江西(南部)、福建、湖南(南部)、广东、海南、广西、贵州(东部)等地。生于海拔 230～1600 m 的山坡、山谷、路旁、溪边疏林或密林内。

印江县缠溪镇冷水溪村木荚红豆

该木荚红豆(编号 52222605518)位于贵州梵净山西侧(印江县)缠溪镇冷水溪村杨家坪组海拔 1012 m 的公路边,土壤类型为黄壤,生长环境良好,权属为集体所有,估测树龄为 200 余年。

该树树体高大,枝繁叶茂,树形优美。树高 20 m、胸围 245 cm(胸径 0.78 m),东西冠幅 13 m、南北冠幅 13 m,树冠投影面积约 170 m^2,目前生长正常、长势良好。树体上有攀缘植物,需及时清除。

3.3.16 翅荚香槐 *Platyosprion platycarpum* (Maxim.) Maxim.

翅荚香槐的科属、形态特征、分布与习性详见 3.1.23。

印江县杉树镇大罗村翅荚香槐

该翅荚香槐(编号 52222601745)位于贵州梵净山西侧(印江县)杉树镇大罗村中组海拔 538 m 的张金成屋对面,土壤类型为黄壤,生长环境中等,权属为集体所有,估测树龄约为 300 年。

该树树体高大，枝繁叶茂。树高 30 m、胸围 336 cm（胸径 1.07 m），东西冠幅 21 m、南北冠幅 21 m，树冠投影面积约 440 m^2，目前生长衰弱。但树体基部中空、腐烂严重，存在安全隐患，需修补保护。

3.3.17 光叶石楠 *Photinia glabra* (Thunb.) Maxim.

光叶石楠的俗名、科属、形态特征、分布与习性详见 3.1.25。

印江县板溪镇文武村光叶石楠

该地的 3 棵光叶石楠位于贵州梵净山西侧（印江县）板溪镇文武村世林组海拔 586 m 的屋边，土壤类型为黄壤，生长环境中等，权属为集体所有，估测树龄约为 200 年。

光叶石楠（编号 52222601063，左）枝叶浓密，树高 18 m、胸围 270 cm（胸径 0.86 m），东西冠幅 14 m、南北冠幅 16 m，树冠投影面积约 220 m^2，树体上有寄生植物；光叶石楠（编号 52222601064，右）树高 17 m、胸围 198 cm（胸径 0.63 m），东西冠幅 12 m、南北冠幅 10 m，树冠投影面积约 120 m^2；光叶石楠（编号 52222601065）树高 18 m、胸围 188 cm（胸径 0.60 m），东西冠幅 8 m、南北冠幅 10 m，树冠投影面积约 80 m^2，目前均生长正常、长势良好。但由于古树旁有建筑物，宜改善古树立地条件。

3.3.18 沙梨 *Pyrus pyrifolia*（Burm. F.）Nakai

【俗名】 麻安梨、黄金梨。

【科属】 蔷薇科 Rosaceae 梨属 *Pyrus*。

【形态特征】 乔木。叶片卵状椭圆形或卵形，先端长尖，基部圆形或近心形，稀宽楔形，边缘有刺芒状锯齿。伞形总状花序，具花 6～9 朵，苞片膜质，线形；萼片三角状卵形，先端渐尖，边缘有腺齿；花瓣卵形，先端啮齿状，基部具短爪，白色；雄蕊 20，长约等于花瓣之半。果实近球形，先端微向下陷，萼片脱落；种子卵形，微扁，深褐色。花期 4 月，果期 8 月。

【分布】 沙梨产于中国安徽、江苏、浙江、江西、湖北、湖南、贵州、四川、云南、广东、广西、福建等地。适宜生长在海拔 100～1400 m 的温暖、多雨地区。

【习性】 喜光，喜温暖湿润气候，耐寒，耐涝。

印江县天堂镇曹家村沙梨

该沙梨（编号 52222602594）位于贵州梵净山西侧（印江县）天堂镇曹家村坨里组海拔 667 m 处石窖田（小地名），土壤类型为黄壤，生长环境良好，权属为集体所有，估测树龄为 200 余年。

该树生长在农田边，枝繁叶茂，树高 15 m、胸围 311 cm（胸径 0.99 m），东西冠幅 6 m、南北冠幅 6 m，树冠投影面积约 40 m^2，目前生长正常。花开时满树洁白，夏、秋季硕果累累，具有较高的观赏价值，但树基部分已腐烂，需修补。

3.3.19 多脉猫乳 *Rhamnella martini*（H. Lév.）C. K. Schneid.

【俗名】 香叶树。

【科属】 鼠李科 Rhamnaceae 猫乳属 *Rhamnella*。

【形态特征】 灌木或小乔木。叶长椭圆形、披针状椭圆形或矩圆状椭圆形，顶端锐尖或渐尖，基部圆形或近圆形，边缘具细锯齿，两面无毛，侧脉 6～8 对；托叶钻形，基部宿存。腋生聚伞花序，无毛；花小，黄绿色，萼片卵状三角形，顶端锐尖，花瓣倒卵形。核果近圆柱形，成熟时或干后变黑紫色。花期 4—6 月，果期 7—9 月。

【分布】 多脉猫乳产于中国湖北西部、四川、云南、西藏东南部、贵州、广东北部。生于海拔 800～2800 m 的山地灌丛或杂木林中。

印江县缠溪镇冷水溪村多脉猫乳

该多脉猫乳(编号 52222605534)位于贵州梵净山西侧(印江县)缠溪镇冷水溪村朗星组海拔 966 m 的路边，土壤类型为黄壤，生长环境良好，权属为集体所有，估测树龄为 200 余年。

该树枝繁叶茂。树高 12 m、胸围 223 cm(胸径 0.71 m)，东西冠幅 12 m、南北冠幅 12 m，树冠投影面积约 140 m^2，目前生长正常、长势良好。

3.3.20 榉树 *Zelkova serrata* (Thunb.) Makino

榉树的俗名、科属、形态特征、分布与习性详见 3.1.27。

江口县坝盘镇龙阳村榉树

该榉树(编号 52222202789)位于贵州梵净山南侧(江口县)坝盘镇龙阳村上坝海拔 740 m 的公路边，土壤类型为黄壤，生长环境良好，权属为集体所有，估测树龄为 100 余年。

该树生于岩石上，高大挺拔，枝繁叶茂。树高 22 m、胸围 267 cm(胸径 0.85 m)，东西冠幅 16 m、南北冠幅 12 m，树冠投影面积约 190 m^2，目前生长正常、长势良好。因所处地土壤贫瘠，应注意保护生境的稳定性。

3.3.21 珊瑚朴 *Celtis julianae* C. K. Schneid.

珊瑚朴的科属、形态特征、分布与习性详见 3.1.29。

(1) 印江县紫薇镇石前村珊瑚朴

该珊瑚朴(编号 52222604764)位于贵州梵净山西侧(印江县)紫薇镇石前村付家组海拔 725 m 的公路边,土壤类型为黄壤,生长环境中等,权属为集体所有,估测树龄约为 300 年。

该树树体高大,枝繁叶茂。原树高 32 m、胸围 421 cm(胸径 1.34 m),东西冠幅 22 m、南北冠幅 23 m,树冠投影面积约 510 m^2,由于树干中空、腐烂至树杈以上,存在极大的安全隐患,2021 年紫薇镇林业环保站已对其做了截枝处置,对中空、腐烂处进行清理灭菌,采用新鲜泥土、生石灰与硫酸铜进行填补,目前复壮效果良好。

(2) 江口县双江街道城郊社区珊瑚朴

该珊瑚朴(编号 52222200359)位于贵州梵净山南侧(江口县)双江街道城郊社区老江中海拔 369 m 的人行道上,土壤类型为黄壤,生长环境中等,权属为集体所有,估测树龄为 200 余年。

该树枝繁叶茂,树高 30 m、胸围 301 cm(胸径 0.96 m),东西冠幅 10 m、南北冠幅 7 m,树冠投影面积约 70 m^2,目前生长正常、长势良好。

由于该古树处在县城中,树体周围存在铺装面过大的现象,在一定程度上干扰了古树的正常生长,建议设置防护围栏,以改善其生境。

3.3.22 青钱柳 *Cyclocarya paliurus* (Batalin) Iljinsk.

青钱柳的科属、形态特征、分布与习性详见 3.1.39。

松桃县甘龙镇英庄村青钱柳

该地的 2 棵青钱柳位于贵州梵净山东北(松桃县)甘龙镇英庄村坨里组海拔 810 m 的房屋边，土壤类型为黄壤，生长环境中等，权属为集体所有，估测树龄均为 200 余年。

青钱柳(编号 52222930410，左)树高 36 m、胸围 230 cm(胸径 0.73 m)，东西冠幅 12 m、南北冠幅 10 m，树冠投影面积约 120 m^2；青钱柳(编号 52222930412，右)树高 32 m、胸围 189 cm(胸径 0.60 m)，东西冠幅 11 m、南北冠幅 12 m，树冠投影面积约 130 m^2。树体均高大，枝繁叶茂，目前生长正常、长势良好。

3.3.23 绒毛华榛 *Corylus chinensis* Franch. var. *fargesii* (Franch.) Hu

【科属】 桦木科 Betulaceae 榛属 *Corylus*。

【形态特征】 落叶乔木。小枝紫褐色，被柔毛及腺体，基部常密被黄色丝状毛。叶长圆形，先端渐尖，基部心形，极不对称，边缘有钝齿，密被黄色短柔毛及腺体。果实 2～4 枚簇生，总苞在坚果上端收缩并延伸成长管状，外面被黄色柔毛，少数无腺毛或无毛，上部浅裂，裂片三角形，无小裂片。

【分布】 绒毛华榛产于中国甘肃、陕西、四川、河南、湖北等地。生于海拔 2000～3500 m 的湿润山坡林中。

印江县罗场乡靛厂村绒毛华榛

该绒毛华榛(编号 52222606682)位于贵州梵净山西侧(印江县)罗场乡靛厂村海拔 795 m 的靛厂组岭上，土壤类型为黄壤，生长环境良好，权属为集体所有，估测树龄为 100 余年。

该树生长在林缘，枝繁叶茂。树高 18 m、胸围 160 cm(胸径 0.51 m)，东西冠幅 8 m、南北冠幅 7 m，树冠投影面积约 60 m^2，目前生长正常、长势良好。

3.3.24 紫柳 *Salix wilsonii* Seemen ex Diels

【科属】 杨柳科 Salicaceae 柳属 *Salix*。

【形态特征】 乔木。叶椭圆形、广椭圆形至长圆形，先端急尖至渐尖，基部楔形至圆形，上面绿色，下面苍白色，边缘有圆锯齿或圆齿；托叶不发达，卵形，早落。花与叶同时开放。蒴果卵状长圆形。花期 3 月底至 4 月上旬，果期 5 月。

【分布】 紫柳产于中国湖北、湖南、江西、安徽、浙江、江苏等地。生于平原及低山地区的水边堤岸上。

【习性】 喜光照充足的环境，适应性强，耐干旱，但多生于湿润环境，对土壤要求不严。可扦插、种子繁殖。

印江县天堂镇茶元村紫柳

该紫柳(编号 52222602614)位于贵州梵净山西侧(印江县)天堂镇茶元村茶元组海拔 640 m 的水井边，土壤类型为黄壤，生长环境中等，权属为集体所有，估测树龄为 250 余年。

该树枝繁叶茂。树高 13 m、胸围 270 cm(胸径 0.86 m)，东西冠幅 16 m、南北冠幅 16 m，树冠投影面积约 260 m^2，主干中空，目前生长正常。

3.3.25 乌桕 *Triadica sebifera* (L.) Small

【俗名】 桕子树、腊子树、木子树。

【科属】 大戟科 Euphorbiaceae 乌桕属 *Triadica*。

【形态特征】 乔木。叶互生，叶菱形、菱状卵形，稀菱状倒卵形，顶端骤然紧缩，具长短不等的尖头，基部阔楔形或钝，全缘；侧脉 6～10 对；叶柄纤细，顶端具 2 腺体。花单性，雌雄同株，聚集成顶生的总状花序，黄绿色。蒴果梨状球形，成熟时黑色；种子扁球形，黑色，外被白色、蜡质的假种皮。花期 4—8 月。

【分布】 乌桕主要产于中国黄河以南各地，北达陕西、甘肃。生于旷野、塘边或疏林中。日本、越南、印度也有分布，欧洲、美洲和非洲亦有栽培。

【习性】 性喜光，深根性，侧根发达，对土壤适应性较强。可种子繁殖。

江口县双江街道槐枫社区乌桕

该乌桕(编号 52222200565)位于贵州梵净山南侧(江口县)双江街道槐枫社区新寨组海拔 704 m 的路边，土壤类型为黄壤，生长环境中等，权属为集体所有，估测树龄为 100 余年。

该树树体高大，枝繁叶茂。树高 25 m、胸围 251 cm(胸径 0.80 m)，东西冠幅 18 m、南北冠幅 14 m，树冠投影面积约 250 m^2，目前生长正常，但树基中空，需及时修补。

3.3.26 灰毛杜英 *Elaeocarpus limitaneus* Hand.-Mazz.

【科属】 杜英科 Elaeocarpaceae 杜英属 *Elaeocarpus*。

【形态特征】 常绿小乔木。叶椭圆形或倒卵形，先端宽广且有 1 个短尖头，基部阔楔形，下面被灰褐色紧贴茸毛，侧脉 6～8 对，边缘有稀疏小钝齿。总状花序生于枝顶叶腋内及无叶的去年枝条上；苞片 1 枚，极细小；花瓣白色，裂片 12～16 条；雄蕊 30 枚，有柔毛，花药无附属物；花盘 5 裂，被毛。核果椭圆状卵形，外果皮秃净无毛，顶端圆形，内果皮坚骨质，表面有沟纹。花期 7 月。

【分布】 灰毛杜英产于中国海南、广西东南部及云南东南部等地。生于海拔 1050～1650 m 的森林中。越南也有分布。灰毛杜英在贵州主要分布于黄平县、黎平县、从江县及雷公山国家级自然保护区等地。

松桃县盘石镇响水洞村灰毛杜英

该灰毛杜英(编号 52222910400)位于贵州梵净山东北(松桃县)盘石镇响水洞村咀榜组海拔 512 m 的路边，土壤类型为黄壤，生长环境良好，权属为集体所有，估测树龄为 200 余年。

该树枝繁叶茂，树高 19 m、胸围 220 cm（胸径 0.70 m），东西冠幅 15 m、南北冠幅 12 m，树冠投影面积约 180 m^2，目前生长正常，但主干存在中空、腐烂现象，需及时修补。

3.3.27 川黔紫薇 *Lagerstroemia excelsa* (Dode) Chun ex S. Lee & L. F. Lau

川黔紫薇的科属、形态特征、分布与习性详见 3.1.9。

松桃县乌罗镇石塘村川黔紫薇

该地的 3 棵川黔紫薇位于贵州梵净山东北（松桃县）乌罗镇石塘村雷钵底组海拔 830 m 的路边，土壤类型为黄壤，生长环境良好，权属为集体所有，估测树龄为 150 余年。

3 棵川黔紫薇均枝繁叶茂。川黔紫薇（编号 52222930081，左）生长在田边，树干笔直挺拔，树高 32 m，胸围 300 cm（胸径 0.96 m）；川黔紫薇（编号 52222930082，中）生长在沟边，树干微弯曲，树高 31 m，胸围 287 cm（胸径 0.91 m）。以上 2 棵川黔紫薇东西冠幅均约 4 m、南北冠幅均约 5 m，树冠投影面积约 20 m^2，据《贵州古树名木》记载，树龄均约为 200 年。川黔紫薇（编号 52222930083，右）生长在田坎边，树高 32 m、胸围 230 cm（胸径 0.73 m），东西冠幅约 6 m、南北冠幅约 5 m，树冠投影面积约 30 m^2，据《贵州古树名木》记载，树龄约为 150 年。目前 3 棵川黔紫薇均生长正常、长势良好。

3.3.28 紫薇 *Lagerstroemia indica* L.

紫薇的俗名、科属、形态特征、分布与习性详见 3.1.10。

（1）印江县杨柳镇竹林村紫薇

该紫薇（新增无编号）位于贵州梵净山西侧（印江县）杨柳镇竹林村芋头湾海拔 726 m 的土边，土壤类型为黄壤，生长环境良好，权属为集体所有，估测树龄为 100 余年。

该树树干扭曲，树高 8 m、胸围 123 cm（胸径 0.39 m），东西冠幅 8 m、南北冠幅 10 m，树冠投影面积约 80 m^2，目前生长正常、长势良好。

(2) 江口县德旺乡德旺社区紫薇

该紫薇(编号 52222204816)位于贵州梵净山南侧(江口县)德旺乡德旺社区海拔 627 m 的乡政府院内,土壤类型为黄壤,生长环境良好,权属为集体所有,估测树龄为 100 余年。

该树树干弯曲，树高 5 m、胸围 100 cm(胸径 0.32 m)，东西冠幅 5 m、南北冠幅 4 m，树冠投影面积约 20 m^2，目前生长正常、长势良好。

3.3.29 黄连木 *Pistacia chinensis* Bunge

黄连木的俗名、科属、形态特征、分布与习性详见 3.1.44。

印江县杨柳镇杨家寨村黄连木

该地的 2 棵黄连木位于贵州梵净山西侧(印江县)杨柳镇杨家寨村杨家寨海拔 1098 m 的小路边，土壤类型为黄壤，生长环境良好，权属为集体所有，估测树龄为 200 余年。

2 棵黄连木紧挨在一起，盘根错节，枝繁叶茂。黄连木（编号 52222607574，左）树高 25 m、胸围 380 cm（胸径 1.21 m），东西冠幅 14 m、南北冠幅 14 m，树冠投影面积约 200 m^2；黄连木（编号 52222607573，右）树高 25 m、胸围 239 cm（胸径 0.76 m），东西冠幅 7 m、南北冠幅 14 m，树冠投影面积约 100 m^2。目前 2 棵黄连木均生长正常、长势良好。

3.3.30 复羽叶栾 *Koelreuteria bipinnata* Franch.

【俗名】 风吹果。

【科属】 无患子科 Sapindaceae 栾属 *Koelreuteria*。

【形态特征】 乔木。二回羽状复叶，羽片 5～10 对，每羽片有小叶 5～17 片，小叶斜卵形，边缘有小锯齿，下面密被柔毛，叶轴和叶柄被短柔毛。大型圆锥花序，开展，花瓣有爪形物。蒴果椭圆形或近球形，具 3 棱，红色，先端钝或圆，果瓣椭圆形至近圆形，膜质，有网纹。种子球形。花期 7—9 月，果期 8—10 月。

【分布】 复羽叶栾产于中国云南、贵州、四川、湖北、湖南、广西、广东等地。生于海拔 400～2500 m 的山地疏林中。

印江县杉树镇新宅村复羽叶栾

该复羽叶栾（编号 52222601871）位于贵州梵净山西侧（印江县）杉树镇新宅村海拔 636 m 的新宅小学对面，土壤类型为黄壤，生长环境良好，权属为集体所有，估测树龄为 200 余年。

该树生长在沟边，主干在离地面 1.6 m 处分为 3 枝，枝繁叶茂。树高 20 m、胸围 260 cm（胸径 0.83 m），东西冠幅 17 m、南北冠幅 18 m，树冠投影面积约 310 m^2，目前生长正常、长势良好。

3.3.31 蓝果树 *Nyssa sinensis* Oliver

【俗名】 柅萨木、紫树。

【科属】 蓝果树科 Nyssaceae 蓝果树属 *Nyssa*。

【形态特征】 落叶乔木。叶互生，椭圆形或长椭圆形，稀卵形或近披针形，顶端短急锐尖，基部近圆形，侧脉 6～10 对。花序伞形或短总状；花单性；雄花着生于叶已脱落的老枝上；雄蕊 5～10 枚，生于肉质花盘的周围。雌花生于具叶的幼枝上，基部有小苞片。核果矩圆状椭圆形或长倒卵圆形，成熟时深蓝色，后变深褐色，常 3～4 枚。种子外壳坚硬，骨质，稍扁，有 5～7 条纵沟纹。花期 4 月下旬，果期 9 月。

【分布】 蓝果树产于中国江苏南部、浙江、安徽南部、江西、湖北、四川东南部、湖南、贵州、福建、广东、广西、云南等地。常生于海拔 300～1700 m 的山谷或溪边潮湿混交林中。

【习性】 喜温暖湿润气候，根系发达，较耐干旱、贫瘠，在黄壤、黄棕壤等肥沃的土壤上生长迅速。可种子繁殖。

印江县洋溪镇桅杆村蓝果树

该蓝果树（编号 52222607216）位于贵州梵净山西侧（印江县）洋溪镇桅杆村石家山组海拔 966 m 的山地杂木林中，土壤类型为黄壤，生长环境良好，权属为集体所有，估测树龄为 100 余年。

该树枝繁叶茂。树高 17 m、胸围 160 cm（胸径 0.51 m），东西冠幅 14 m、南北冠幅 12 m，树冠投影面积约 170 m^2，目前生长正常、长势良好。蓝果树是季节性彩叶植物，果实成熟时呈深蓝色，非常美观。

3.3.32 光皮梾木 *Cornus wilsoniana* Wangerin

【俗名】 光皮树。

【科属】 山茱萸科 Cornaceae 山茱萸属 *Cornus*。

【形态特征】 落叶乔木。叶纸质，椭圆形或卵状椭圆形，先端渐尖或突尖，基部楔形或宽楔形，边缘波状，微反卷，侧脉 3～4 对。顶生圆锥状聚伞花序，被灰白色疏柔毛；花小，白色；花萼裂片 4，三角形；雄蕊 4 枚。核果球形，成熟时紫黑色至黑色；核骨质，球形，肋纹不显明。花期 5 月，果期 10—11 月。

【分布】 光皮梾木产于中国陕西、甘肃、浙江、江西、福建、河南、湖北、湖南、广东、广西、四川、贵州等地。生于海拔 130～1130 m 的森林中。

【习性】 喜深厚、肥沃而湿润的土壤，在酸性土壤及石灰土上生长良好。

印江县峨岭街道青杠林村光皮梾木

该光皮梾木(编号52222600142)位于贵州梵净山西侧(印江县)峨岭街道青杠林村村民委员会旁海拔860 m的山地杂木林中,土壤类型为石灰土,生长环境良好,权属为集体所有,估测树龄为100余年。

该树高大挺拔,枝繁叶茂。树高23 m、胸围182 cm(胸径0.58 m),东西冠幅11 m、南北冠幅9 m,树冠投影面积约100 m^2,目前生长正常、长势良好。

3.3.33 君迁子 *Diospyros lotus* L.

【俗名】 牛奶柿。

【科属】 柿科 Ebenaceae 柿属 *Diospyros*。

【形态特征】 落叶乔木。叶椭圆形至长椭圆形，先端渐尖或急尖，基部钝，宽楔形至近圆形，侧脉 7～10 对。雄花 1～3 朵腋生，簇生，近无梗；花萼钟形，4 裂，裂片卵形；花冠壶形，带红色或淡黄色，4 裂，裂片近圆形；雄蕊 16 枚，每 2 枚连生成对，腹面 1 枚较短，无毛。果实近球形或椭圆形，初熟时为淡黄色，后则变为蓝黑色，常被白色薄蜡层，8 室。花期 5—6 月，果期 10—11 月。

【分布】 君迁子产于中国山东、辽宁、河南、河北、山西、陕西、甘肃、江苏、浙江、安徽、江西、湖南、湖北、贵州、四川、云南、西藏等地。亚洲西部、欧洲南部等地亦有分布。

【习性】 阳性树种，抗寒、抗旱能力较强，耐贫瘠，生长快，存活时间较长。

印江县杨柳镇茶山村君迁子

该君迁子(编号 52222607765)位于贵州梵净山西侧(印江县)杨柳镇茶山村茂林山海拔 918 m 的路边，土壤类型为黄壤，生长环境良好，权属为集体所有，估测树龄为 200 余年。

该树树体高大，枝繁叶茂，树形优美，具有极高的观赏价值。树高 25 m、胸围 229 cm(胸径 0.73 m)，东西冠幅 12 m、南北冠幅 15 m，树冠投影面积约 180 m^2，目前生长正常、长势良好。

3.3.34 木荷 *Schima superba* Gardner & Champ.

【俗名】 荷树、荷木、信宜木荷。

【科属】 山茶科 Theaceae 木荷属 *Schima*。

【形态特征】 乔木。叶狭长圆形，先端渐尖，基部楔形，侧脉约7对，边缘疏生钝齿。蒴果生于枝顶叶腋，苞片2，近球形。

【分布】 木荷产于中国浙江、福建、台湾、江西、湖南、广东、海南、广西、贵州等地，在亚热带常绿林中是建群种。

【习性】 喜光，幼年稍耐阴。对土壤适应性较强，在红壤、红黄壤、黄壤上均可生长，但在肥厚、湿润、疏松的沙性土壤上生长良好。以种子繁殖为主。

印江县缠溪镇周家湾村木荷

该木荷(编号 52222605472)位于贵州梵净山西侧(印江县)缠溪镇周家湾村新塘组海拔 779 m 处，土壤类型为黄壤，生长环境良好，权属为集体所有，估测树龄为 200 余年。

该树生长在林缘，树干挺拔，枝繁叶茂。树高 8 m、胸围 320 cm(胸径 1.02 m)，东西冠幅 6 m、南北冠幅 6 m，树冠投影面积约 40 m^2，由于主干中空，主梢断枯，目前生长衰弱。

3.3.35 油茶 *Camellia oleifera* Abel

【俗名】 野油茶、山油茶、单籽油茶。

【科属】 山茶科 Theaceae 山茶属 *Camellia*。

【形态特征】 灌木或乔木。叶椭圆形、长圆状椭圆形或倒卵状椭圆形，先端渐尖或急尖，基部阔楔形，边缘具锯齿。花 1～2 朵生于小枝上部叶腋，白色；小苞片和萼片 9～11 枚，星月形、半圆形或卵圆形，外面常被金黄色绢状茸毛；花瓣 5～7 片，基部近离生，倒卵形或倒披针状楔形，先端倒心形或 2 深裂。蒴果近球形；种子半球形，褐色，有光泽。花期 11 月至翌年 1 月，果期 9—10 月。

【分布】 油茶生长在中国南方亚热带地区的高山及丘陵地带，是中国特有的一种纯天然高级油料树种。

【习性】 喜温暖，怕寒冷。对土壤要求不严，适宜生长于土层深厚的酸性土壤，不适宜生长于石块多和土质坚硬的地方。可种子繁殖、扦插繁殖、嫁接繁殖。

印江县洋溪镇柏杨村油茶

该油茶(编号 52222607292)位于贵州梵净山西侧(印江县)洋溪镇柏杨村构树湾组海拔 855 m 的农土中，土壤类型为黄壤，生长环境良好，权属为集体所有，估测树龄为 200 余年。

该树枝条开展，枝繁叶茂，树高 12 m、胸围 185 cm(胸径 0.59 m)，东西冠幅 12 m、南北冠幅 12 m，树冠投影面积约 140 m^2，部分枝条已干枯，结果量少，目前生长衰弱，建议组织专家会诊，开展古树复壮技术研究，延缓古树衰老。

3.3.36　山矾 *Symplocos sumuntia* Buch.-Ham. ex D. Don

【俗名】 坛果山矾、总状山矾、葫芦果山矾、银色山矾、毛轴山矾。

【科属】 山矾科 Symplocaceae 山矾属 *Symplocos*。

【形态特征】 乔木。叶卵形、狭倒卵形、倒披针状椭圆形，先端常呈尾状渐尖，基部楔形或圆形，边缘具浅锯齿或波状齿，有时近全缘；侧脉 4～6 对。总状花序。核果卵状坛形，外果皮薄而脆，顶端宿萼裂片直立，有时脱落。花期 2—3 月，果期 6—7 月。

【分布】 山矾产于中国江苏、浙江、福建、台湾、广东、海南、广西、江西、湖南、湖北、四川、贵州、云南等地。生于海拔 200～1500 m 的山林间。尼泊尔、不丹、印度也有分布。

印江县紫薇镇田家湾村山矾

该山矾(编号 52222604866)位于贵州梵净山西侧(印江县)紫薇镇田家湾村焦家山海拔 809 m 的田边，土壤类型为黄壤，生长环境良好，权属为集体所有，估测树龄为 200 余年。

该树枝繁叶茂。树高 21 m、胸围 220 cm(胸径 0.70 m)，东西冠幅 16 m、南北冠幅 18 m，树冠投影面积约 290 m^2，目前生长正常、长势良好。

3.3.37 女贞 *Ligustrum lucidum* W. T. Aiton

女贞的俗名、科属、形态特征、分布与习性详见 3.2.61。

江口县闵孝镇新田村女贞

该女贞(编号 52222201525)位于贵州梵净山南侧(江口县)闵孝镇新田村青杠坳海拔 723 m 的路边,土壤类型为黄壤,生长环境中等,权属为集体所有,估测树龄约为 200 年。

该树主干分为3大枝，枝繁叶茂。树高15 m、胸围239 cm(胸径0.76 m)，东西冠幅12 m、南北冠幅10 m，树冠投影面积约120 m^2，目前生长正常，但部分树根存在中空、腐烂现象，需予以修补。

3.3.38 灰毛牡荆 *Vitex canescens* Kurz

【俗名】 灰布荆、灰牡荆。

【科属】 唇形科 Lamiaceae 牡荆属 *Vitex*。

【形态特征】 乔木。掌状复叶，小叶3～5，卵形、椭圆形或椭圆状披针形，顶端渐尖或骤尖，基部宽楔形或近圆形，侧生的小叶基部常不对称，全缘，侧脉8～19对。圆锥花序顶生，花序梗密生灰黄色细柔毛；花冠黄白色；雄蕊4枚，二强，着生于花冠管的喉部。核果近球形或长圆状倒卵形，表面淡黄色或紫黑色，有光泽。花期4—5月，果期5—6月。

【分布】 灰毛牡荆产于中国江西、湖北、湖南、广东、广西、贵州、四川、云南、西藏等地。生于海拔200～1550 m的混交林中。印度、缅甸、泰国、老挝、越南及马来西亚等地也有分布。

(1) 印江县紫薇镇幕龙村灰毛牡荆

该灰毛牡荆(编号52222604825)位于贵州梵净山西侧(印江县)紫薇镇幕龙村上寨组海拔610 m的路边，土壤类型为黄壤，生长环境中等，权属为集体所有，估测树龄为100余年。

该树枝繁叶茂，树高18 m、胸围229 cm(胸径0.73 m)，东西冠幅20 m、南北冠幅20 m，树冠投影面积约400 m^2，目前生长正常、长势良好。

(2) 江口县闵孝镇峰坝村灰毛牡荆

该灰毛牡荆(编号52222201858)位于贵州梵净山南侧(江口县)闵孝镇峰坝村岩董组海拔468 m的路边，土壤类型为黄壤，生长环境中等，权属为集体所有，估测树龄为100余年。

该树树根隆起，形成根抱石景观。树体高大挺拔，枝繁叶茂。树高20 m、胸围376 cm(胸径1.20 m)，东西冠幅16 m、南北冠幅12 m，树冠投影面积约190 m^2，目前生长正常、长势良好。

第 4 章 梵净山地区的古树群

古树群是指在一个较小的区域空间范围内相对集中生长，形成特定群落的古树群体。古树群通过长期的自然选择，不仅可为古代地理、气候、植物区系的研究提供重要的科学依据，还是一种独特的自然景观资源，具有较高的观赏和游憩价值，对推进当地的乡村振兴战略和全域旅游发展也具有重大作用。古树群通常是当地人精心保护的“风水林”，是自然植被的残存和人类有意识筛选保留与栽种共同作用的结果，是反映局域原始植被和生物变迁历史的宝贵资源，同时也承载着当地的文化发展历史。

与单株生长的古树相比，古树群往往形成了较为郁闭的群落，影响着局域生境和小气候。因此，古树群具有更高的保护价值和可持续利用价值。一般而言，古树群的保护标志应当标明群内古树的数量、主要树种种类、树龄等，并设置电子信息码。对于古树群内的重要古树，如一级古树、名木、冠幅最大或生态位置最显著的“树王”，应当单独设立保护标志。古树群的保护范围的划定需要慎重，一般由市（县）级或以上林业部门根据实际情况划定。

梵净山地区的古树群共有 121 个，其中 5 个分布在梵净山南侧（江口县）、103 个分布在梵净山西侧（印江县）、13 个分布在梵净山东北（松桃县）（图 4-1）。梵净山南侧的 5 个古树群集中分布在梵净山山麓下的怒溪镇（4 个）和太平镇（1 个）。梵净山西侧古树群的数量远远多于另外 2 个区域，是梵净山地区保存古树群最多的地区，集中分布在刀坝镇（17 个）、杉树镇（15 个）、缠溪镇（10 个）、天堂镇（10 个）、洋溪镇（9 个）、杨柳镇（9 个）、罗场乡（8 个）、中兴街道（6 个）等地（图 4-2）。梵净山东北的 13 个古树群则非常分散，较为均匀地分布在甘龙镇（2 个）、大路镇（2 个）、大兴街道（2 个）、孟溪镇（1 个）、平头镇（1 个）、乌罗镇（1 个）、迓驾镇（1 个）、黄板镇（1 个）、石梁乡（1 个）、木树镇（1 个）。

由于每个古树群的物种组成、群落结构、生态功能等差异很大，本章将针对部分古树群进行分析，以揭示梵净山地区古树群的主要特征，为古树群生态学的分析和保护利用等奠定基础。

4.1 梵净山南侧（江口县）

4.1.1 江口县太平镇太平社区楠木古树群

该楠木群（编号 5222200005）位于贵州梵净山南侧（江口县）太平镇太平社区新街组闷龙水井，距贵州梵净山—太平河风景名胜区约 210 m，处于太平镇的中心区域。该楠木古树群中楠木数量为 40 棵，活立木蓄积量共 77.6 m^3，单株蓄积量最大为 5.48 m^3、最小为 0.42 m^3，其中有 20 棵楠木（三级古树），相对集中地分布在太平社区平均海拔 408 m 的新街组闷龙水井寨子房屋旁及路边等地。土壤类型为石灰土，土层厚度 40 cm，质地疏松，生长环境良好，权属为集体所有，估测平均树龄为 100 余年。

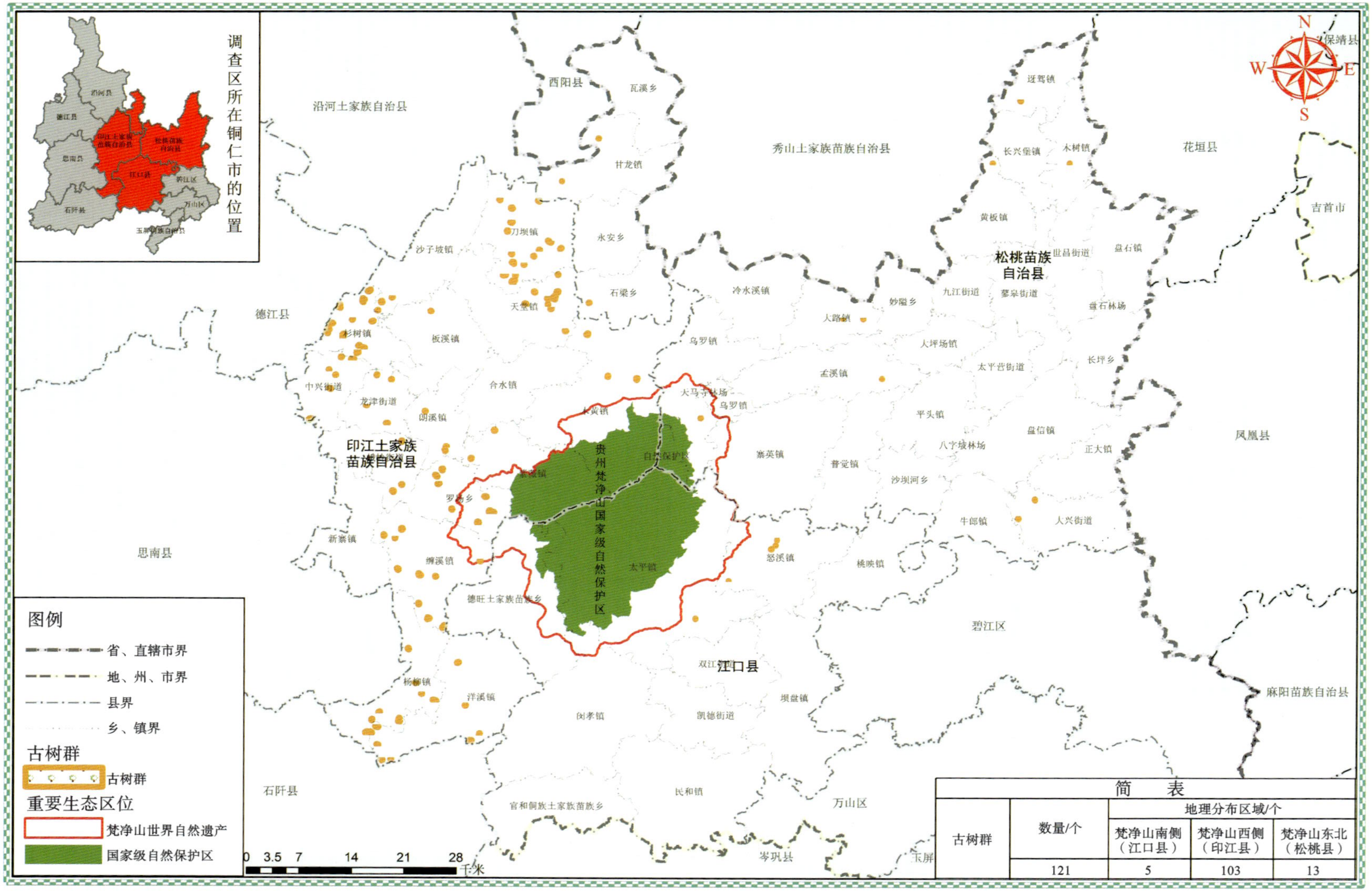

古树群	数量/个	地理分布区域/个		
		梵净山南侧（江口县）	梵净山西侧（印江县）	梵净山东北（松桃县）
	121	5	103	13

制作底图由铜仁市自然资源局提供，审图号：图黔D(2021)001号

比例尺1：45万

图 4-1　梵净山地区古树群分布图

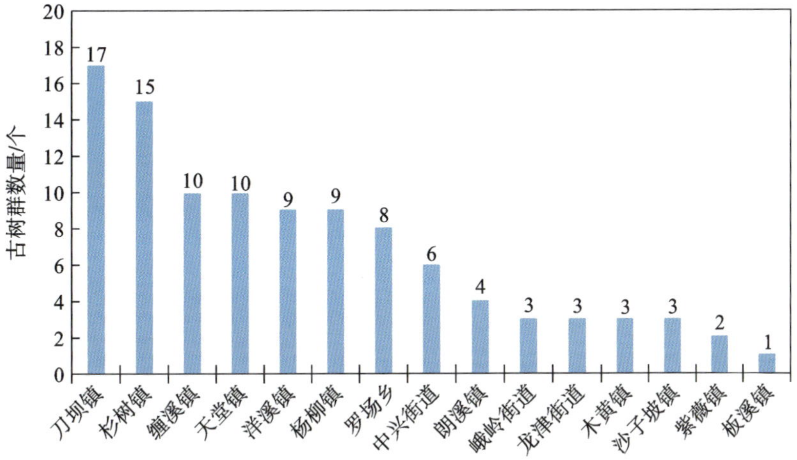

图 4-2 梵净山西侧古树群的分布

该楠木古树群树高 10～40 m，平均树高 38 m，胸围 77～212 cm，其中双杈木(同蔸)4 棵，另有 2 棵楠木被切干、5 棵树干空腐及 1 棵根部树皮有损坏，其余均生长正常。

该楠木古树群中有一口水井，为当地群众的主要饮用水源，对于太平河水源的保护尤为重要。楠木古树群自然景观观赏度高，是江口县为数不多的楠木群自然景观，当地群众对其有着深厚的感情。江口县太平小城镇项目建设计划占用该楠木古树群部分区域，因移植后古树能否成活无法保障，江口县林业局建议进行就地景观打造，对有树干空腐、虫害的部分树木进行救治，并对其土壤条件进行改善等。

4.1.2 江口县怒溪镇河口村钩锥和楠木古树群

该古树群(编号 5222200001)位于贵州梵净山南侧(江口县)怒溪镇河口村，由 11 棵钩锥和 1 棵楠木共 12 棵三级古树组成。该古树群占地面积 1500 m^2，相对集中地分布在河口村寨子山地杂木林中、房屋旁及路边等，海拔 500～706 m，平均海拔 546 m。该古树群土壤类型为黄壤，土层较厚，质地疏松，生长环境良好，权属为集体所有，估测树龄为 100 余年。

该古树群树高 24～26 m，胸围 119～424 cm，平均胸围 322 cm，其中 1 棵钩锥最高，达 26 m，胸围最大，达 424 cm，估测树龄为 100 余年。该古树群中有 11 棵钩锥，平均树高 26 m，平均胸围 340 cm，估测树龄为 100 余年；还有 1 棵楠木，树高 24 m，胸围 119 cm，估测树龄为 100 余年。目前均生长正常、长势良好。该古树群树种极少，古树年龄非常接近，应为前人有意栽种并保存至今。

4.1.3 江口县怒溪镇河口村柏木和南方红豆杉等古树群

该古树群（编号 5222200002）位于贵州梵净山南侧（江口县）怒溪镇河口村，由柏木、南方红豆杉、钩锥、柞木、青冈、枫香树、粗糠树共 37 棵三级古树组成。该古树群占地面积 4100 m^2，相对集中地分布在河口村寨子大湾后山杂木林中、房屋旁、坳上路边、水井边及庙边等，海拔 418～500 m，平均海拔 496 m。该古树群土壤类型为黄壤，土层较厚，质地疏松，生长环境良好，权属为集体所有，估测树龄为 100～200 年，平均树龄为 100 余年。

该古树群树高 8～28 m，平均树高 21 m，胸围 75～329 cm，平均胸围 178 cm，其中 1 棵柏木最高，达 28 m，胸围最大，达 329 cm，估测树龄为 100 余年。该古树群有 20 棵柏木（树高 13～28 m，平均树高 24 m，胸围 122～329 cm，平均胸围 189 cm，估测树龄为 100～200 年，平均树龄为 100 余年）、7 棵南方红豆杉（树高 8～12 m，平均树高 11 m，胸围 75～119 cm，平均胸围 98 cm，估测树龄为 100 余年）、5 棵钩锥、2 棵柞木、1 棵青冈、1 棵枫香树和 1 棵粗糠树。目前均生长正常、长势良好。

该古树群具有极为复杂的群落结构，林下有较多的构幼树及禾本科与莎草科植物。

4.1.4　江口县怒溪镇怒溪社区柏木和南方红豆杉等古树群

该古树群(编号 5222200003)位于贵州梵净山南侧(江口县)怒溪镇怒溪社区,由柏木、南方红豆杉、榉树、柞木、小叶青冈、黄连木、杉木、楠木、钩锥、女贞、湖北锥、枫香树、白栎共 71 棵三级古树组成。古树群占地面积 3700 m^2,相对集中地分布在怒溪社区村寨山地杂木林中、房屋旁、路边等,海拔 431～500 m。该古树群土壤类型为黄壤,土层较厚,质地疏松,生长环境良好,权属为集体所有,估测树龄为 100～150 年,平均树龄约为 150 年。

该古树群树高 8～28 m,平均树高 21 m,胸围 59～339 cm,平均胸围 170 cm,其中 1 棵柏木最高,达 28 m(胸围 219 cm),湖北锥胸围最大,达 339 cm(树高 26 m),估测树龄分别为 150 年和 100 年。该古树群有 41 棵柏木(树高 13～28 m,平均树高 21 m,胸围 59～311 cm,平均胸围 159 cm,估测树龄为 100～150 年,平均树龄约为 150 年)、7 棵南方红豆杉(树高 8～14 m,平均树高 11 m,胸围 62～219 cm,平均胸围 109 cm,估测树龄为 100 余年)、5 棵榉树(树高 18～26 m,平均树高 24 m,胸围 185～241 cm,平均胸围 210 cm,估测树龄约为 150 年)、2 棵杉木、4 棵柞木,小叶青冈和黄连木各 3 棵,楠木、钩锥、女贞、枫香树、湖北锥和白栎各 1 棵,其中楠木高 23 m、胸围 163 cm,估测树龄为 100 余年。目前均生长正常、长势良好。

该古树群发育完整、保护良好、林分结构稳定,形成了较为郁闭和原始的植被,是梵净山地区南侧古树数量最多、规模最大的古树群。该古树群生物多样性丰富,景观优美。

4.1.5 江口县怒溪镇怒溪社区柏木和柞木古树群

该古树群(编号 5222200004)位于贵州梵净山南侧(江口县)怒溪镇怒溪社区,由 14 棵柏木和 1 棵柞木共 15 棵三级古树组成。该古树群占地面积 2200 m^2,相对集中地分布在怒溪社区村寨山地杂木林中、房屋旁、路边等,海拔 388～500 m,平均海拔 478 m。该古树群土壤类型为黄壤,土层较厚,质地疏松,生长环境良好,权属为集体所有,估测树龄为 100～200 年,平均树龄为 100 余年。

该古树群树高 20～28 m,平均树高 25 m,胸围 109～229 cm,平均胸围 182 cm,其中 1 棵柏木最高达 28 m、胸围最大达 229 cm。该古树群有 14 棵柏木,树高 20～28 m,平均树高 25 m,胸围 109～229

cm，平均胸围 183 cm，估测树龄为 100 余年；还有 1 棵柞木，树高 23 m，胸围 169 cm，估测树龄约为 200 年。目前均生长正常、长势良好。

4.2 梵净山西侧(印江县)

4.2.1 印江县洋溪镇曾心村青檀和枫香树等古树群

该古树群(编号 5222260009)位于贵州梵净山西侧(印江县)洋溪镇曾心村，由青檀、枫香树、青冈、大叶榉树、胡桃、朴树、川黔紫薇、大叶桂樱、桑、翅荚香槐、小叶青冈、云贵鹅耳枥共 45 棵一级古树、二级古树、三级古树组成，其中一级古树 1 棵(见 3.1.23 翅荚香槐，编号 52222606844)，占 2%，二级古树 16 棵，占 36%，三级古树 28 棵，62%。该古树群占地面积 49200 m^2，相对集中地分布在曾心村徐家山地杂木林中、房屋旁及路边等，海拔 772～832 m，平均海拔 791 m。该古树群土壤类型为黄壤，岩石裸露，土层厚度 10～30 cm 不等，质地疏松，生长环境良好，权属为集体所有，估测树龄为 100～500 年，平均树龄为 200 余年。

该古树群保存有较为丰富的植物种类，数量较多，千姿百态，苍劲古拙，形成了农村特有的风水林景象。该古树群树高 12～41 m，平均树高 27 m，胸围 135～390 cm，平均胸围 231 cm，其中 1 棵川黔紫薇最高，达 41 m(胸围 371 cm)，1 棵青冈胸围最大，达 390 cm(树高 35 m)，估测树龄分别为 100 年、400 年。乔木层中青檀为主要优势种，零星分布有大叶桂樱、桑、珊瑚朴、山核桃、川黔紫薇等，另有棕榈、山胡椒、扶芳藤及多种草本等。

该古树群中数量最多的是青檀 12 棵(有的直生矗立，有的横生倒挂，造化神秀)，占 27%，在山间无拘无束地生长，盘根错节，树高 12～35 m，平均树高 23 m，胸围 135～289 cm，平均胸围 187 cm，估测树龄为 100～350 年，平均树龄为 200 余年；还有 8 棵枫香树、6 棵青冈、6 棵大叶榉树(树高 23～38 m，平均树高 29 m，胸围 176～324 cm，平均胸围 247 cm，估测树龄为 100～400 年，平均树龄为 250 余年）、5 棵胡桃、2 棵朴树，以及川黔紫薇、大叶桂樱、桑、翅荚香槐、云贵鹅耳枥、小叶青冈各 1 棵。目前，除青檀、青冈存在树干中空、腐烂现象外，其余均生长正常、长势良好。

该古树群原生性相对较强，这与当地得天独厚的地理位置、气候条件、周边环境以及生态系统结构有关。近年来，由于当地政府、林业部门加大宣传保护力度，植被自然恢复较好。春天花木吐艳，夏天绿叶争荣，秋天层林尽染，冬天银装素裹，四季颜色变化无穷，原生态感染力强，其中青檀为中国特有的珍稀树种，在落叶阔叶林树种中具有特殊的观赏价值。

4.2.2 印江县杨柳镇大兴村枫香树和青冈等古树群

该古树群（编号 5222260017）位于贵州梵净山西侧（印江县）杨柳镇大兴村，由枫香树、青冈、柏木、大叶榉树、麻栎、朴树、黄连木、桑共 43 棵三级古树组成。该古树群占地面积 58900 m^2，相对集中地分布在大兴村李家山寨子山地杂木林中、房屋旁及路边等，海拔 750～864 m，平均海拔 782 m。该古树群土壤类型为黄壤，土层较厚，质地疏松，生长环境良好，权属为集体所有，估测树龄为 100～280 年，平均树龄为 150 余年。

该古树群物种丰富，数量较多，千姿百态，有的两两生长在一起，绿叶相衬相映，比肩而立，虬枝苍劲，形成夫妻树，为古老的村庄增添了生机与灵性。古树群树高 8～38 m，平均树高 27 m，胸围 151～421 cm，平均胸围 220 cm，其中 1 棵大叶榉树最高、胸围最大（高度达 38 m、胸围达 421 cm），估测树龄约为 280 年。林内混生有马尾松、杉木、黄连木等。古树群中有枫香树 15 棵，占 35%，主要分布在山脊和较为平缓的斜坡上，树干常通直，林冠较整齐，树高 17～35 m，平均树高 28 m，胸围 154～239 cm，平均胸围 200 cm，估测树龄为 100～200 年，平均树龄约为 150 年，有时阳光透过枫香树洒落在林间，斑驳一地；还有 8 棵青冈、6 棵柏木、5 棵大叶榉树（树高 27～38 m，平均树高 34 m，胸围 251～421 cm，平均胸围 329 cm，估测树龄约为 250 年），及麻栎和朴树各 3 棵，黄连木 2 棵，桑 1 棵。长期以来，该古树群被村民视为“风水林”加以保护。目前，除几棵柏木树干存在腐烂，枫香树和麻栎断梢，桑存在树干基部空洞、腐烂以及大叶榉树有枯枝现象外，其余均生长正常、长势良好。

4.2.3 印江县罗场乡岭峰村银杏和柏木等古树群

三花山位于贵州梵净山西侧(印江县)罗场乡岭峰村,距印江县城 35 km。三花山四周被银杏、柏木、枫香树等古树簇拥,站在茶元坨坳上远眺,美景尽收眼底。特别是深秋时节,金灿灿的银杏树与枫香树等树木相互交织,古树与古朴的山村相映生辉,漫步在金色树叶铺成的"地毯"上,心情格外舒畅。

该古树群(编号 5222260067)由银杏、柏木、枫香树、君迁子、皂荚、朴树共 23 棵古树组成,其中一级古树 1 棵(见 3.1.1 银杏,编号 52222606594),占 4%,二级古树、三级古树各 11 棵,共占 96%。古树群占地面积 27800 m^2,相对集中地分布在岭峰村三花山村寨房屋旁及路边等,海拔 984~1009 m,平均海拔 998 m。该古树群土壤类型为黄壤,土层较厚,质地疏松,生长环境良好,是当地有名的"风水树",估测树龄为 100~600 年,平均树龄为 250 余年。

三花山自然条件优越,适宜多种树木生长。该古树群树高 11~29 m,平均树高 21 m,胸围 154~506 cm,平均胸围 254 cm,其中 1 棵枫香树最高,达 29 m(胸围 289 cm),1 棵银杏胸围最大,达 506 cm(树高 21 m),估测树龄分别为 300 余年、600 余年。古树群中有银杏 11 棵,占 48%,树高 11~22 m,平均树高 20 m,胸围 170~506 cm,平均胸围 306 cm,估测树龄为 150~600 年,平均树龄 300 余年;还有 5

棵柏木(平均树高 20 m,平均胸围 192 cm,估测平均树龄为 250 余年)、3 棵枫香树、2 棵君迁子、1 棵皂荚和 1 棵朴树。目前均生长正常、长势良好,该古树群是当地一道亮丽的风景线。

该村寨人杰地灵,英才辈出。据廖氏族谱记载,从明代成化年间到清代咸丰年间十三代中有 23 人入学,入贡以上 8 人,清末贵州四诗人之一“戎马书生”廖云鹏(字凌霄)是其中的杰出代表。他少年饱读诗书,文采飞扬,清代光绪二年(1876 年)参与梵净山清剿太平军刘盛残部有功,受云贵总督岑毓英奏保,亲笔颁题“戎马书生”的金匾,著有格律诗一至四卷,集成《花山投戈集》;清代道光二十年(1840 年),廖文藻在三花山创办“花山书院”,遗址于 2000 年被毁。

4.2.4 印江县罗场乡岭峰村柏木和榉树等古树群

该古树群(编号 5222260068)位于贵州梵净山西侧(印江县)罗场乡岭峰村,由柏木、榉树、枫香树、君迁子、青冈、木荷、南酸枣、大叶榉树、朴树、湖北锥共 71 棵二级古树、三级古树组成,其中二级古树 9 棵,占 13%;三级古树 62 棵,占 87%。该古树群占地面积 72800 m^2,相对集中地分布在岭峰村封神堡、滚牛塘、云盘堡、对门堡、梅子湾山地杂木林中、路边及房屋旁等地,海拔 927~984 m,平均海拔 953 m。该古树群土壤类型为黄壤,土层较厚,质地疏松,生长环境良好,权属为集体所有,估测树龄为 100~300 年,平均树龄为 200 余年。

该古树群物种丰富,数量较多,千姿百态,苍劲古拙。古树群树高 12~34 m,平均树高 23 m,胸围 138~471 cm,平均胸围 203 cm,其中 1 棵枫香树最高,达 34 m(胸围 251 cm),1 棵大叶榉树胸围最大,达 471 cm(树高 26 m),估测树龄分别为 150 余年、300 余年。古树群中有柏木 48 棵,占 68%,树高 13~32 m,平均树高 21 m,胸围 138~317 cm,平均胸围 178 cm,估测树龄为 100~300 年,平均树龄 200 余年;还有 6 棵榉树(树高 24~31 m,平均树高 28 m,胸围 267~471 cm,平均胸围 343 cm,估测树龄为 300 余年)、4 棵枫香树,及君迁子和青冈各 3 棵,木荷、南酸枣各 2 棵,朴树、大叶榉树和湖北锥各 1 棵。目前,除 7 棵柏木、1 棵大叶榉树和 1 棵朴树受水泥硬化影响外(存在安全隐患的已做排险处理),其余均生长正常、长势良好。

该古树群可能存在人为补充种植的情况,进一步增加了树种多样性,提高了古树群植被结构的复杂性,使该地的古树群能够较为完好地保存至今。同时,维持了其极高的物种多样性和半自然的原生植被状态。

4.2.5 印江县罗场乡岭峰村柏木和木荷等古树群

该古树群(编号 5222260069)位于贵州梵净山西侧(印江县)罗场乡岭峰村,由柏木、木荷、云南樟、黄连木、湖北锥、青冈、南酸枣、柿共33棵二级古树、三级古树组成，其中二级古树1棵，占3%；三级古树32棵，占97%。该古树群占地面积39900 m^2，相对集中地分布在岭峰村廖家山山地杂木林中、房屋旁及路边等，海拔902～948 m，平均海拔921 m。该古树群土壤类型为黄壤，土层较厚，质地疏松，生长环境良好，权属为集体所有，估测树龄为100～300年，平均树龄为150余年。

由于交通不便，人为活动较少，该地保存有较为丰富的植物种类，数量较多。古树群树高12～34 m，平均树高23 m，胸围141～349 cm，平均胸围188 cm，其中1棵木荷最高，达34 m(胸围201 cm)，1棵云南樟胸围最大，达349 cm(树高27 m)，估测树龄分别为200余年、300余年。古树群中柏木占优势，共15棵，占45%，树高16～30 m，平均树高22 m，胸围141～236 cm，平均胸围176 cm，估测树龄为100～200年，平均树龄约为150年；还有9棵木荷(平均树高30 m，平均胸围202 cm，估测平均树龄约为200年)、3棵云南樟、2棵黄连木，及湖北锥、青冈、南酸枣、柿各1棵。目前均生长正常、长势良好。

4.2.6 印江县峨岭街道青杠林村柏木和云南樟等古树群

该古树群(编号5222260074)位于贵州梵净山西侧(印江县)峨岭街道青杠林村，由柏木、云南樟、光叶石楠、黄连木、川桂、南方红豆杉、光皮梾木、杉木、樟叶槭、楝共47棵三级古树组成。该古树群占地面积51300 m^2，相对集中地分布在青杠林村村民委员会旁、房屋旁、山地杂木林中及路边等，海拔844～919 m，平均海拔869 m。该古树群土壤类型为石灰土和黄壤，土层较厚，质地较疏松，生长环境良好，权属为集体所有，估测树龄为100～200年。

该古树群树高15～28 m，平均树高22 m，胸围138～324 cm，平均胸围184 cm，古树形态各异，其中1棵云南樟最高，达28 m，胸围最大，达324 cm，估测树龄为200余年。该古树群物种丰富，数量较多，林层结构可明显地划分为乔木层、灌木层、草本层。林下复杂，灌木层成小群聚状。林内混生有云南樟、黄连木、光皮梾木等，可见少量柏木幼苗。该古树群中有柏木20棵，占43%，树高20～25 m，平均树高23 m，胸围138～192 cm，平均胸围164 cm，估测树龄为100～200年，所处地岩石裸露、土壤贫瘠；还有

10 棵云南樟(树体高大、树形优美)、7 棵光叶石楠、3 棵黄连木、2 棵川桂,以及南方红豆杉(树高 22 m,胸围 185 cm,树龄为 200 余年)、光皮梾木、杉木、樟叶槭、楝各 1 棵。目前均生长正常、长势良好。

分布在村民委员会旁的古树,由于地面水泥硬化的影响,其生长受到了一定干扰。另外,有 1 棵光叶石楠被攀缘植物包住了整个树体,几乎认不出是什么树种,虽韵味无穷,但随着时间的推移,这种现象会越来越严重,当地政府需加强保护力度,改善古树群的生长环境。

4.2.7　印江县缠溪镇冷水溪村大叶榉树和枫香树等古树群

该古树群(编号 5222260057)位于贵州梵净山西侧(印江县)缠溪镇冷水溪村,由大叶榉树、枫香树、川黔紫薇、多脉猫乳、君迁子、岩栎等 24 棵三级古树组成。该古树群占地面积 23600 m^2,较为集中地分布在冷水溪村朗星组竹林中、房屋旁及路边等,海拔 954～972 m,平均海拔 964 m。该古树群土壤类型为黄壤,土层较厚,质地疏松,生长环境良好,权属均为集体所有,估测树龄为 100～250 年,平均树龄约为 200 年。

该古树群部分处在竹林中,其间有一条水泥小道,漫步在竹林中,绿草如茵,古树葱郁,是外乡游子对家乡的寄托。古树群树高 12～29 m,平均树高 25 m,胸围 145～330 cm,平均胸围 211 cm,其中 1 棵枫香树最高,达 29 m(胸围 163 cm),1 棵大叶榉树胸围最大,达 330 cm(树高 27 m),估测树龄分别为 150 余年、300 年。林层结构可划分为乔木层、灌木层、草本层,大叶榉树为优势树种,枯枝落叶厚度为 3 cm 左右,裸露的母岩被苔藓覆盖。林内混生有朴树、君迁子、枫香树等,常见灌木有棕榈、常春藤、地瓜藤、杜鹃等。草本组成丰富，种类较多。古树群中有 15 棵大叶榉树，占 63%，树高 22～28 m，平均树高 26 m，胸围 145～330 cm，平均胸围 225 cm，估测树龄为 150～250 年，平均树龄约为 200 年，大叶榉树是当地常见的乔木树种，林冠整齐；还有 5 棵枫香树，及川黔紫薇、多脉猫乳、君迁子和岩栎各 1 棵。目前除川黔紫薇部分枝干枯外，其余均生长正常、长势良好。

该古树群结构稳定，攀爬藤本随处可见，古树上生长的苔藓、蕨类、菌类等见证着岁月的沧桑。但生长于竹林中的古树，需注意控制竹林生长，避免其破坏古树群原生植被的生态环境，从而保持生物多样性。

4.2.8 印江县朗溪镇泡木村柏木古树群

该古树群（编号 5222260071）位于贵州梵净山西侧（印江县）朗溪镇泡木村，由 20 棵柏木一级古树、三级古树组成，其中一级古树 1 棵（见 3.1.2 柏木，编号 52222604998），占 5%；三级古树 19 棵，占 95%。该古树群占地面积 20500 m^2，较为集中地分布在泡木村半牙（地名）房屋旁及村寨公路上下两侧，海拔 833～859 m，平均海拔 845 m。该古树群土壤类型为黄壤，岩石裸露，土层贫瘠，生长环境中等，权属为集体所有，估测树龄为 150～500 年，平均树龄约为 200 年。

该古树群树高 8～22 m，平均树高 17 m，胸围 141～320 cm，平均胸围 181 cm。古树群结构简单，柏木主要呈小群聚状分布，树形高大，是当地有意识保护的“风水林”。灌木层高度 1～3 m，盖度为 40%左右，主要有棕榈、火棘、杜鹃、地瓜藤等，草本层中有白茅等。除发现 1 棵柏木主干断梢外，目前其余均生长正常、长势良好。但该古树群多生于因侵蚀形成的岩石隙缝中，林下乔木、灌木、草本植物较少，存在土层浅薄、缺乏养分等情况。因此需加强保护和管理，促进古树群的稳定生长。

4.2.9 印江县缠溪镇水塘村柏木和大叶榉树等古树群

该古树群(编号 5222260076)位于贵州梵净山西侧(印江县)缠溪镇水塘村,由柏木、大叶榉树、黄连木、飞蛾槭、贵州石楠共 63 棵三级古树组成。该古树群占地面积 44000 m^2,相对集中地分布在水塘村马家山村寨房屋旁、路边及山地杂木林中,海拔 743～800 m,平均海拔 762 m。该古树群土壤类型为黄壤,土层较厚,质地疏松,生长环境良好,权属均为集体所有,估测树龄为 100～300 年,平均树龄约为 200 年。

该古树群曲干虬枝,树形各异,形态丰富,树高 13～21 m,平均树高 16 m,胸围 135～336 cm,平均胸围 165 cm,其中 1 棵柏木最高,达 21 m(胸围 138 cm),1 棵黄连木胸围最大,达 336 cm(树高 13 m),估测树龄分别为 100 余年、250 余年。该古树群中有 59 株柏木,占 94%,树高 13～21 m,平均树高 17 m,胸围 135～229 cm,平均胸围 160 cm,估测树龄为 100～250 年,平均树龄约为 200 年;1 棵大叶榉树树高 17 m、胸围 248 cm,估测树龄约为 300 年;还有黄连木、飞蛾槭、贵州石楠各 1 棵。目前均生长正常、长势良好。

该古树群中大叶榉树、黄连木、飞蛾槭、贵州石楠等生长于杂木林中,周围山石较多,所处土壤贫瘠。随着天然林保护工程等的实施,该地的生态环境得到了有效保护,为古树的生长创造了良好的条件。但古树群中可见坟墓及庙宇,是非常典型的受到当地人有意识保护的“风水林”,应注意安全用火,防止森林火灾的发生。

4.2.10 印江县杨柳镇茶山村枫香树和柏木等古树群

该古树群(编号5222260011)位于贵州梵净山西侧(印江县)杨柳镇茶山村,由枫香树、柏木、杉木、青冈、锥栗、飞蛾槭、紫荆、桑、银杏、女贞、麻栎、榆共54棵三级古树组成。该古树群占地面积52400 m^2,相对集中地分布在茶山村茂林山寨子杂木林中、路边及房屋旁,海拔888~941 m,平均海拔905 m。该古树群土壤类型为黄壤,土层较厚,质地疏松,生长环境良好,权属为集体所有,估测树龄为100~250年,平均树龄为150余年。

该古树群树高15~42 m,平均树高26 m,胸围135~314 cm,平均胸围188 cm,其中1棵枫香树最高,达42 m(胸围210 cm),1棵锥栗胸围最大,达314 cm(树高21 m),估测树龄均为200余年。该古树群中有枫香树20棵,占37%,平均树高28 m,平均胸围181 cm,估测平均树龄约为150年;还有柏木、杉木各7棵,青冈6棵,锥栗4株,飞蛾槭、紫荆、桑各2棵,银杏、女贞、麻栎、榆各1棵。目前,除9棵枫香树(其中1棵枫香树基部存在中空、腐烂现象)、1棵麻栎和1棵锥栗有病虫害现象外,其余均生长正常、长势良好。

该古树群内生物多样性丰富,其结构稳定。古树上攀爬藤本植物清晰可见,林下朴树、七叶树、杜鹃、棕榈、小杂竹、蕨类等植物形成不同的小群落,构成一个较为稳定的森林生态系统。

4.2.11 印江县杨柳镇中心村大叶榉树和柏木等古树群

该古树群(编号5222260101)位于贵州梵净山西侧(印江县)杨柳镇中心村九岭岗,由大叶榉树、柏木、黄连木、翅荚香槐、麻栎、南酸枣、青冈、枳椇、岩栎共19棵三级古树组成。该古树群占地面积29100 m^2,相对集中地分布在中心村九岭岗山地杂木林中、村寨房屋旁及路边,海拔802~865 m,平均海拔845 m。该古树群土壤类型为黄壤,土层较厚,质地疏松,生长环境中等,权属均为集体所有,估测树龄为100~250年,平均树龄为150余年。

该古树群树高15~32 m,平均树高21 m,胸围145~330 cm,平均胸围206 cm,其中1棵大叶榉树最高,达32 m(胸围201 cm),1棵柏木胸围最大,达330 cm(树高20 m),估测树龄分别为150余年、250余年。古树群中有6棵大叶榉树,占32%,树高16~32 m,平均树高21 m,胸围145~210 cm,平均胸围177 cm,估测树龄为100~200年,平均树龄约为150年,其中3棵大叶榉树所处土壤贫瘠;柏木和黄连木各3棵,其中1棵柏木尽管生长在石壁上,但依然生长正常,展示着生命的傲然;还有2棵翅荚香槐,麻栎、南酸枣、青冈、枳椇、岩栎各1棵。目前除1棵柏木生长衰弱外,其余均生长正常、长势良好。

该古树群中还有众多的中、幼林和伴生树种，形成比较完整的古树优势群落。因此，深入挖掘古树群的珍贵资源，展示古树群的自然之美，对增强全社会保护古树的意识有较大作用。

4.2.12 印江县杉树镇新宅村柏木和翅荚香槐等古树群

该古树群(编号 5222260093)位于贵州梵净山西侧(印江县)杉树镇新宅村，由柏木、翅荚香槐、栾、珊瑚朴、黑壳楠、黄连木共 27 棵三级古树组成。该古树群占地面积 54400 m^2，相对集中地分布在新宅村上庙林、下庙林、当门沟、房屋旁及路边等，海拔 620～657 m，平均海拔 638 m。该古树群土壤类型为黄壤，土层较厚，质地疏松，生长环境中等，权属为集体所有，估测树龄为 100～250 年。

该古树群树高 14～37 m，平均树高 22 m，胸围 138～280 cm，平均胸围 193 cm，其中 1 棵翅荚香槐最高，达 37 m，胸围最大，达 280 cm，估测树龄约为 300 年。古树群中有柏木 13 棵，占 48%，树高 14～21 m，平均树高 17 m，胸围 138～214 cm，平均胸围 166 cm，估测树龄为 200～250 年；还有 8 棵翅荚香槐，及栾和珊瑚朴各 2 棵，黑壳楠和黄连木各 1 棵。目前均生长正常、长势良好。

该古树群具有显著的物种多样性，是以自然形成为主，人类后期保护和选择性筛选、保留为辅形成的，具有重要的保护价值和利用价值。

4.2.13 印江县杨柳镇杨家寨村银杏和枫香树等古树群

该古树群(编号 5222260099)位于贵州梵净山西侧(印江县)杨柳镇杨家寨村，由银杏、枫香树、黄连木、武当木兰、桑共 19 棵三级古树组成。该古树群占地面积 30300 m^2，较为集中地分布在杨家寨村台上山地杂木林中、房屋旁及路边等，海拔 1060～1104 m，平均海拔 1091 m。该古树群土壤类型为黄壤，土层较厚，质地疏松，生长环境中等，权属为集体所有，估测树龄为 150～250 年，平均树龄为 200 余年。

该古树群树高 19～31 m，平均树高 26 m，胸围 160～521 cm，平均胸围 275 cm，其中 1 棵枫香树最高，达 31 m，胸围最大，达 521 cm，估测树龄约为 300 年。该古树群中有银杏 8 棵，占 42%，树高 21～30 m，平均树高 25 m，胸围 160～371 cm，平均胸围 229 cm，估测树龄为 150～250 年，平均树龄约为 200 年；还有 6 棵枫香树、3 棵黄连木，及武当木兰和桑各 1 棵。目前均生长正常、长势良好。

4.2.14 印江县杉树镇大寨村柏木和云南樟等古树群

该古树群(编号 5222260021)位于贵州梵净山西侧(印江县)杉树镇大寨村,由柏木、云南樟、枫香树、珊瑚朴、皂荚共 40 棵二级古树、三级古树组成,其中二级古树 17 棵,占 43%,三级古树 23 棵,占 58%。该古树群占地面积 48900 m^2,相对集中地分布在大寨村尧孔、土地坳寨子山地杂木林中、房屋旁及路边等,海拔 840~913 m,平均海拔 863 m。该古树群土壤类型为黄壤,土层较厚,质地疏松,生长环境良好,权属为集体所有,估测树龄为 100~400 年,平均树龄为 250 余年。

该古树群树高 7~36 m,平均树高 24 m,胸围 135~421 cm,平均胸围 222 cm,其中 1 棵柏木最高,达 36 m(胸围 302 cm),1 棵云南樟胸围最大,达 421 cm(树高 18 m),估测树龄均为 400 余年。古树群中柏木占优势,共 30 棵,占 75%,树高 7~36 m,平均树高 24 m,胸围 135~302 cm,平均胸围 207 cm,估测树龄为 100~400 年,平均树龄 250 余年;还有 5 棵云南樟、3 棵枫香树,及珊瑚朴和皂荚各 1 棵。目前均生长正常、长势良好。

该古树群明显以一个树种(柏木)占据绝对优势,在群落结构与物种多样性指数方面与纯林接近,这主要是以人类选择性保护和补充种植为主而形成的。

4.2.15 印江县杨柳镇崔山村朴树和青冈等古树群

该古树群(编号 5222260015)位于贵州梵净山西侧(印江县)杨柳镇崔山村,由朴树、青冈、翅荚香槐、银杏、黄连木、枫香树共 18 棵三级古树组成。该古树群占地面积 33100 m^2,较为集中地分布在崔山村张家寨长沟、水井湾山地杂木林中、路边等,海拔 789~837 m,平均海拔 806 m。该古树群土壤类型为黄壤,土层较厚,质地疏松,生长环境良好,权属为集体所有,估测树龄为 100~250 年,平均树龄为 150 余年。

该古树群树高 10~45 m,平均树高 31 m,胸围 141~349 cm,平均胸围 207 cm,其中 1 棵黄连木最高,达 45 m,胸围最大,达 349 cm。古树群中朴树占优势,共 11 棵,占 61%,树高 22~45 m,平均树高 34 m,胸围 151~261 cm,平均胸围 198 cm,估测树龄为 100~250 年,平均树龄为 150 余年;还有 3 棵青冈,及翅荚香槐、银杏、黄连木、枫香树各 1 棵。目前,除 1 棵朴树树干下部中空、腐烂外,其余均生长正常、长势良好。

4.2.16 印江县天堂镇茶元村小叶青冈、柏木和岩栎古树群

该古树群(编号5222260013)位于贵州梵净山西侧(印江县)天堂镇茶元村,由小叶青冈、柏木和岩栎共25棵三级古树组成。该古树群占地面积35700 m^2,相对集中地分布在茶元村茶元组巷子和学校后山地杂木林中,海拔638～741 m,平均海拔688 m。该古树群土壤类型为黄壤,土层较厚,质地疏松,生长环境良好,权属为集体所有,估测树龄为100～250年,平均树龄为150余年。

该古树群树高9～22 m,平均树高17 m,胸围135～204 cm,平均胸围156 cm,其中1棵岩栎最高,达22 m,胸围最大,达204 cm,估测树龄为250年左右。该古树群中有小叶青冈19棵,占76%,树高9～21 m,平均树高16 m,胸围135～176 cm,平均胸围151 cm,估测树龄为100～200年,平均树龄为150余年;柏木4棵(平均树高21 m,平均胸围169 cm,估测平均树龄为200余年);岩栎2棵(1棵树高19 m,胸围160 cm,估测树龄约为200年;另1棵树高22 m,胸围204 cm,估测树龄为250年左右)。目前均生长正常、长势良好。

4.2.17 印江县缠溪镇两路口村大叶榉树和枫香树等古树群

该古树群(编号 5222260060)位于贵州梵净山西侧(印江县)缠溪镇两路口村,由大叶榉树、枫香树、朴树、岩栎、君迁子、云南樟、紫荆共 26 棵三级古树组成。该古树群占地面积 47600 m^2,相对集中地分布在两路口村仙洞岩、岩底下和汤家井等处的房屋前、路边等,海拔 1106～1208 m,平均海拔 1153 m。该古树群土壤类型为黄壤,土层较厚,质地疏松,生长环境中等,权属均为集体所有,估测树龄为 150～250 年,平均树龄为 200 余年。

该古树群树高 11～27 m,平均树高 18 m,胸围 151～478 cm,平均胸围 238 cm,其中 1 棵朴树最高,达 27 m(胸围 349 cm),1 棵枫香树胸围最大,达 478 cm(树高 23 m),估测树龄为 250 余年。古树群中有 14 棵大叶榉树,占 54%,树高 11～23 m,平均树高 17 m,胸围 151～251 cm,平均胸围 212 cm,估测树龄为 200～250 年,平均树龄为 200 余年;还有 4 棵枫香树,朴树、岩栎、君迁子各 2 棵,云南樟和紫荆各 1 棵。目前除 1 棵紫荆断梢外,其余均生长正常、长势良好。

4.2.18 印江县中兴街道夫子坝村柏木和枫香树等古树群

该古树群(编号 5222260031)位于贵州梵净山西侧(印江县)中兴街道夫子坝村,由柏木、枫香树、贵州石楠、黄连木、青冈共 33 棵三级古树组成。该古树群占地面积 57400 m^2,较为集中地分布在夫子坝村榜上组和郑家湾等处的房屋旁、路边及山地杂木林中等,海拔 466～800 m,平均海拔 513 m。该古树群土壤类型为黄壤,土层较厚,质地疏松,生长环境中等,权属为集体所有,估测树龄为 100～200 年,平均树龄为 150 余年。

该古树群树高 14～31 m,平均树高 21 m,胸围 135～286 cm,平均胸围 188 cm,其中 1 棵枫香树最

高，达 31 m，胸围最大，达 286 cm，估测树龄约为 200 年。该古树群中有柏木 18 棵，占 55%，树高 15～28 m，平均树高 21 m，胸围 135～245 cm，平均胸围 171 cm，估测树龄为 100～200 年，平均树龄为 150 余年；还有 6 棵枫香树、4 棵贵州石楠、3 棵黄连木、2 棵青冈。目前，除 2 棵柏木断梢外，其余均生长正常、长势良好。

4.2.19 印江县刀坝镇田坝村柏木古树群

该古树群(编号 5222260079)位于贵州梵净山西侧(印江县)刀坝镇田坝村，由 15 棵三级柏木古树组成，占地面积 16600 m^2，相对集中地分布在田坝村公路旁、山地杂木林中及房屋边，海拔 521～542 m，平均海拔 530 m。该古树群土壤类型为黄壤，土层贫瘠，生长环境中等，权属为集体所有，估测树龄为 100～200 年，平均树龄为 150 余年。

该古树群树高 16～25 m，平均树高 19 m，胸围 141～280 cm，平均胸围 173 cm，目前均生长正常、长势良好。

4.2.20 印江县紫薇镇尖峰村青冈和珊瑚朴等古树群

该古树群(编号 5222260047)位于贵州梵净山西侧(印江县)紫薇镇尖峰村，由青冈、珊瑚朴、枫香树、云南樟、黄连木、贵州石楠、马尾松、柿共 23 棵三级古树组成。该古树群占地面积 36700 m^2，相对集中地分布在尖峰村快泽溪组斑竹林沟山地杂木林中、寨中房屋旁及路边等，海拔 642～668 m，平均海拔 652 m。该古树群土壤类型为黄壤，土层较厚，质地疏松，生长环境良好，权属均为集体所有，估测树龄为 100～200 年，平均树龄为 150 余年。

该古树群树高 18～32 m，平均树高 25 m，胸围 141～330 cm，平均胸围 201 cm，其中 1 棵枫香树最高，达 32 m(胸围 182 cm)，1 棵黄连木胸围最大，达 330 cm(树高 25 m)，估测树龄分别为 100 余年、200 余年。该古树群中有 6 棵青冈，占 26%，平均树高 26 m，平均胸围 188 cm，估测平均树龄为 150 余年；5 棵珊瑚朴，平均树高 27 m，平均胸围 185 cm，估测平均树龄为 150 余年，其中 1 棵树干基部有人为挖掘的地窖，1 棵树干被藤蔓缠绕；4 棵枫香树；3 棵云南樟，其中 1 棵生长在岩石之上，所处地土壤贫瘠；2 棵黄连木，生长在杂木林中的植株树干被藤蔓缠绕，生长在路边的植株半边树根被水泥硬化；贵州石楠、马尾松、柿各 1 棵。目前均生长正常、长势良好。

4.2.21　印江县中兴街道杨家坪村柏木和香槐古树群

该古树群(编号 5222260098)位于贵州梵净山西侧(印江县)中兴街道杨家坪村,由柏木和香槐共 45 棵三级古树组成。该古树群占地面积 47800 m^2,相对集中地分布在杨家坪村烂坝沟山地杂木林中、房屋旁及路边等,海拔 772～841 m,平均海拔 806 m。该古树群土壤类型为黄壤,土层较厚,质地疏松,生长环境良好,权属为集体所有,估测树龄为 100～250 年,平均树龄约为 200 年。

该古树群树高 14～30 m,平均树高 26 m,胸围 135～302 cm,平均胸围 188 cm,其中 1 棵柏木最高,达 30 m,胸围最大,达 302 cm,估测树龄为 200 余年。古树群中有 44 棵柏木,占 98%,树高 14～30 m,平均树高 26 m,胸围 135～302 cm,平均胸围 186 cm,估测树龄为 100～250 年,平均树龄约为 200 年;还有香槐 1 棵,树高 21 m,胸围 261 cm,估测树龄约为 200 年。目前均生长正常、长势良好。

4.2.22　印江县杉树镇杨家村柏木和光皮梾木等古树群

该古树群(编号 5222260097)位于贵州梵净山西侧(印江县)杉树镇杨家村,由柏木、光皮梾木、翅荚香槐、黄连木共 44 棵二级古树、三级古树组成,其中二级古树 9 棵,占 20%;三级古树 35 棵,占 80%。

该古树群占地面积 88100 m^2，相对集中地分布在杨家村上寨、下寨等处的山地杂木林中、房屋旁及路边等，海拔 731～812 m，平均海拔 780 m。该古树群土壤类型为黄壤，土层较厚，质地疏松，生长环境中等，权属为集体所有，估测树龄为 100～300 年，平均树龄为 200 余年。

该古树群树高 15～39 m，平均树高 29 m，胸围 138～286 cm，平均胸围 183 cm，其中 1 棵柏木最高，达 39 m，胸围最大，达 286 cm。该古树群中有 39 棵柏木，占 89%，树高 15～39 m，平均树高 29 m，胸围 138～286 cm，平均胸围 180 cm，估测树龄为 100～300 年，平均树龄为 200 余年；还有光皮梾木、翅荚香槐各 2 棵，黄连木 1 棵。目前均生长正常、长势良好。

4.2.23 印江县中兴街道大坑村柏木古树群

该柏木古树群(编号 5222260001)位于贵州梵净山西侧(印江县)中兴街道大坑村环路，由 31 棵柏木三级古树组成。该古树群占地面积 33700 m^2，较为集中地分布在大坑村环路(小地名)房屋旁、路边及山地杂木林中，海拔 570～628 m，平均海拔 593 m。该古树群土壤类型为黄壤，土层较为贫瘠，生长环境中等，权属为集体所有，估测树龄为 150～200 年，平均树龄为 150 余年。

该古树群树高 18～36 m，平均树高 30 m，胸围 141～210 cm，平均胸围 163 cm，目前均生长正常、长势良好。

4.2.24 印江县木黄镇凤仪村柏木和朴树等古树群

该古树群(编号 5222260030)位于贵州梵净山西侧(印江县)木黄镇凤仪村,由柏木、朴树、珊瑚朴、银杏、木樨共 37 棵一级古树、三级古树组成,其中一级古树 1 棵(见 3.1.1 银杏,编号 52222604338),占 3%;三级古树 36 棵,占 97%。该古树群占地面积 42700 m^2,较为集中地分布在凤仪村海拔 800 m 的喻家寨子房屋旁及路边等。该古树群土壤类型为石灰土,土层较厚,质地疏松,生长环境中等,权属为集体所有,估测树龄为 100~1000 年,平均树龄约为 150 年。

该古树群树高 10~25 m,平均树高 17 m,胸围 135~1366 cm,平均胸围 220 cm,其中 1 棵银杏最高,达 25 m,胸围最大,达 1366 cm,估测树龄为 1000 余年。古树群中有柏木 28 棵,占 76%,树高 10~20 m,平均树高 15 m,胸围 135~295 cm,平均胸围 179 cm,估测树龄 100~200 年,平均树龄为 100 余年,其中 12 棵柏木连成一排,似围墙状,3 棵柏木树干从屋顶穿过,1 棵柏木树干被堡坎夹住,生长受到一定的影响;还有朴树 4 棵、珊瑚朴 3 棵,及银杏和木樨各 1 棵。目前除 1 棵柏木树干基部腐烂、一枝条被砍伐外,其余均生长正常、长势良好。

4.2.25 印江县杉树镇新村村柏木和银杏古树群

该古树群(编号 5222260089)位于贵州梵净山西侧(印江县)杉树镇新村村,由柏木和银杏一级古树、三级古树 32 棵组成,其中一级古树 1 棵(见 3.1.1 银杏,编号 52222601331),占 3%;三级古树 31 棵,占 97%。该古树群占地面积 50800 m^2,相对集中地分布在新村村新下组、胡头坨、公坟房屋旁、路边及土边等,海拔 762~812 m,平均海拔 774 m。该古树群土壤类型为黄壤、黄棕壤,土层较厚,质地疏松,生长环境中等,权属为集体所有,估测树龄为 100~1000 年,平均树龄为 200 余年。

该古树群树高 11~46 m,平均树高 22 m,胸围 135~1021 cm,平均胸围 196 cm,其中 1 棵银杏最高,达 46 m,胸围最大,达 1021 cm,估测树龄为 1000 余年。古树群中有柏木 31 棵,占 97%,树高 11~37 m,平均树高 21 m,胸围 135~251 cm,平均胸围 170 cm,估测树龄为 100~250 年,平均树龄约为 200 年。目前均生长正常、长势良好。

4.2.26 印江县天堂镇九龙村柏木古树群

该古树群(编号 5222260051)位于贵州梵净山西侧(印江县)天堂镇九龙村,由 24 棵柏木三级古树组成,占地面积 42700 m^2,较为集中地分布在九龙村文家沟房屋旁及路边等,海拔 663~700 m,平均海拔 679 m。该古树群土壤类型为黄壤,土层较为贫瘠,生长环境中等,权属均为集体所有,估测树龄为150~200 年。

该古树群树高 20~33 m,平均树高 28 m,胸围 135~226 cm,平均胸围 163 cm,目前均生长正常、长势良好。但该古树群多生于岩石缝中,林下乔木、灌木、草本植物极少,所处地土壤贫瘠,应注意保护其生境的稳定性。

4.2.27 印江县刀坝镇白金村柏木和大叶榉树等古树群

该古树群(编号 5222260007)位于贵州梵净山西侧(印江县)刀坝镇白金村,由柏木、大叶榉树、黄连木、皂荚共 25 棵二级古树、三级古树组成,其中二级古树 1 棵,占 4%;三级古树 24 棵,占 96%。该古树群占地面积 34300 m^2,相对集中地分布在白金村马上坪村寨房屋旁、路边及山地杂木林中等,海拔 729~797 m,平均海拔 740 m。该古树群土壤类型为黄壤,土层较厚,质地疏松,生长环境良好,权属均为集体所有,估测树龄为 150~300 年,平均树龄约为 250 年。

该古树群树高 18~32 m,平均树高 27 m,胸围 135~380 cm,平均胸围 199 cm,其中 1 棵黄连木最高,达 32 m,胸围最大,达 380 cm,估测树龄为 300 余年。该古树群中有 20 棵柏木,占 80%,树高 18~32 m,平均树高 27 m,胸围 135~340 cm,平均胸围 181 cm,估测树龄为 150~250 年;大叶榉树和黄连木各 2 棵,其中 1 棵大叶榉树树高 32 m,胸围 239 cm,另 1 棵树高 18 m,胸围 261 cm,估测树龄约为 300 年;1 棵皂荚,树高 25 m,胸围 220 cm,估测树龄约为 300 年。目前除 1 棵柏木和大叶榉树生长衰弱外,其余均生长正常、长势良好。

4.3 梵净山东北(松桃县)

4.3.1 松桃县石梁乡红石村楠木和柏木等古树群

该古树群(编号 5222293004)位于贵州梵净山东北(松桃县)石梁乡红石村,由楠木、柏木、朴树、乌柿、银杏共 17 棵一级古树、二级古树、三级古树组成,其中一级古树 1 棵(见 3.1.19 楠木,编号 52222930095),占 6%;二级古树 6 棵,占 35%;三级古树 10 棵,占 59%。该古树群占地面积 4000 m^2,分布在红石村叶家寨山地杂木林中、房屋旁及路边等,海拔 820~830 m,平均海拔 822 m。该古树群土壤类型为黄壤,土层较厚,质地疏松,生长环境良好,权属为集体所有,估测树龄为 100~500 年,平均树龄为 250 余年。

该古树群乔木层树种较为丰富,优势种为楠木,混生有柏木、乌柿、银杏等;灌木层有扶芳藤、棕榈等;草本层主要有蝴蝶花、乌蕨等,体现出自然完整的植被群落结构,似以自然形成为主。该古树群树高 19~30 m,平均树高 24 m,胸围 120~360 cm,平均胸围 231 cm,其中 1 棵楠木最高,达 30 m(胸围 295 cm),1 棵朴树胸围最大,达 360 cm(树高 28 m),估测树龄均为 400 余年。古树群中有楠木和柏木各 6 棵,楠木树干通直、树冠浑圆,树高 19~30 m,平均树高 24 m,胸围 140~340 cm,平均胸围 241 cm,估测树龄为 150~500 年,平均树龄约为 300 年,其中 1 棵楠木为一级古树;朴树和乌柿各 2 棵;1 棵银杏高 26 m、胸围 320 cm,估测树龄为 300 余年,目前均生长正常、长势良好。

4.3.2 松桃县平头镇西溪村楠木古树群

该楠木古树群(新增无编号)位于贵州梵净山东北(松桃县)平头镇西溪村,由11棵楠木一级古树、三级古树组成,其中一级古树1棵(见3.1.19楠木,编号52222940250),占9%;三级古树10棵,占91%。该古树群占地面积5000 m^2,主要分布在西溪村西溪五组、六组小山沟两边山地杂木林中、房屋旁及路边等,海拔508～536 m,平均海拔518 m。该古树群土壤类型为黄壤,土层深厚、肥沃,生长环境良好,权属为集体所有,估测树龄为100～500年,平均树龄为200余年。

该古树群树种为楠木。林内灌木层高度2～3 m,种类组成简单,可见大量的楠木及少量的枫香树幼树等;草本层有蝴蝶花、乌蕨等。古树群树高23～33 m、平均树高28 m,胸围150～410 cm,平均胸围210 cm,树干挺拔,枝繁叶茂。林内浓荫蔽日,林冠枝干交错连接,郁闭度0.5以上。西溪村五组、六组有大大小小楠木近百棵，胸围在 20 cm 以上的楠木 70～80 棵，最小的楠木树高 3.2 m，目前均生长正常、长势良好，是松桃县目前发现最为集中、保存最好的野生楠木古树群。

4.3.3 松桃县迓驾镇牛角村青冈和楠木等古树群

该古树群(编号 5222292001)位于贵州梵净山东北(松桃县)迓驾镇牛角村，由青冈、楠木、枫香树、光叶石楠、湖北锥共 21 棵二级古树、三级古树组成，其中二级古树 4 棵，占 19%；三级古树 17 棵，占 81%。该古树群占地面积 12100 m^2，分布在牛角村青冈山村寨房屋旁、路边及山地杂木林中等，海拔 620～641 m，平均海拔 627 m。该古树群土壤类型为黄壤和黄棕壤，土层较薄，岩石多，生长环境中等，权属为集体所有，估测树龄为 100～400 年，平均树龄约为 250 年。

该古树群树高 12～26 m，平均树高 17 m，胸围 180～375 cm，平均胸围 262 cm，其中 1 棵湖北锥最高，达 26 m(胸围 270 cm)，1 棵青冈胸围最大，达 375 cm(树高 18 m)，估测树龄分别为 250 余年、350 余年。古树群中有 14 棵青冈，占 67%，树高 12～19 m，平均树高 16 m，胸围 180～375 cm，平均胸围 262 cm，估测树龄为 100～400 年，平均树龄为 250 余年；3 棵楠木，树高 13～25 m，平均树高 19 m，胸围 190～290 cm，平均胸围 257 cm，估测树龄为 150～350 年，平均树龄为 250 余年；还有 2 棵枫香树，及光叶石楠和湖北锥各 1 棵。目前除 1 棵青冈断枝、1 棵楠木存在腐烂现象外，其余均生长正常、长势良好。

但该古树群整体位于东北坡和西坡位置，光照较少，青冈、枫香树等树上蚂蚁数量较多，再加上楠木及部分青冈所处土地贫瘠，岩石裸露程度较高，古树生长受到一定的威胁。建议对有蚂蚁的古树采取有效措施予以治理，并注意保护生境的稳定性。

4.3.4 松桃县甘龙镇英庄村南方红豆杉和枫香树等古树群

该古树群(编号 5222293010)位于贵州梵净山东北(松桃县)甘龙镇英庄村，由南方红豆杉、枫香树、青钱柳、黄檀、黄樟、皂荚、朴树共 14 棵二级古树、三级古树组成，其中二级古树 4 棵，占 29%；三级古树 10 棵，占 71%。该古树群占地面积 7400 m^2，较为集中地分布在英庄村坨里组房屋旁、路边及山地杂木林中等，海拔 780～810 m，平均海拔 794 m。该古树群土壤类型为黄壤，土层较厚，质地疏松，生长环境中等，权属为集体所有，估测树龄为 150～400 年，平均树龄约为 250 年。

该古树群树高 22～37 m，平均树高 30 m，胸围 158～320 cm，平均胸围 236 cm，其中 1 棵青钱柳最高，达 37 m(胸围 230 cm)，1 棵枫香树胸围最大，达 320 cm(树高 30 m)，估测树龄均为 250 余年。古树群中有 5 棵南方红豆杉，占 36%，树高 25～35 m，平均树高 28 m，胸围 171～302 cm，平均胸围 221 cm，估测树龄为 200～350 年，平均树龄为 250 余年；还有 3 棵枫香树、2 棵青钱柳，及黄檀、黄樟、皂荚和朴树各 1 棵。目前均生长正常、长势良好。

该古树群体现出较高的物种多样性和较为自然与完整的植被结构，保存了弥足珍贵的本底珍稀物种和本底植被。同时，该古树群在一年四季中，叶、花、果颜色交替变换，营造出多姿多彩的景象。

4.3.5 松桃县甘龙镇猫山村枫香树和青冈等古树群

该古树群(编号 5222293009)位于贵州梵净山东北(松桃县)甘龙镇猫山村，由枫香树、青冈、柏木、朴树、楠木、枫杨、湖北锥和栗等 23 棵二级古树、三级古树组成，其中二级古树 5 棵，占 22%；三级古树 18 棵，占 78%。该古树群占地面积 1500 m^2，分布在猫山村当门湾山地杂木林中、土坎边、路边及房屋旁等，海拔 600～660 m，平均海拔 642 m。该古树群土壤类型为黄壤，土壤较为贫瘠，生长环境中等，权属为集体所有，估测树龄为 150～480 年，平均树龄约为 250 年。

该古树群树高 19～48 m，平均树高 35 m，胸围 180～500 cm，平均胸围 263 cm，其中 1 棵枫香树最高，达 48 m(胸围 280 cm)，1 棵湖北锥胸围最大，达 500 cm(树高 39 m)，估测树龄分别为 200 余年、480 余年。该古树群有 9 棵枫香树(占 39%)、5 棵青冈、3 棵柏木、2 棵朴树，及楠木、枫杨、湖北锥和栗各 1 棵，目前均生长正常、长势良好。

该古树群表现出物种多样性和结构多样性，可能是以自然形成为主、人类后期保护和补充种植为辅而形成的半自然古树群，但其所处地土壤贫瘠、岩石多，应注意保护其生境的稳定性。

第 5 章 梵净山地区的名木

稀有、珍贵树木和具有重要历史、文化价值或具有重要纪念意义的树木，以及在当地具有较高知名度与被积极保护的树木通常被称为名木。一般而言，名木往往是古树，但与古树相比，名木具有更加突出的历史和文化价值。名木往往与特定的历史事件或历史人物相关，是历史信息的记录者和传递者。有些名木还与民俗文化融为一体，散生于景区、庙宇、祠堂或村寨，是民族和地域的重要文化标志，是时代和地域文化的印记。

梵净山地区的名木分布有 16 处，其中，在梵净山南侧（江口县）有 5 处、梵净山西侧（印江县）有 5 处、梵净山东北（松桃县）有 6 处（图 5-1）。名木主要以柏木为主，共 36 棵（其中 31 棵聚集生长形成“风水林”），其次是闽楠 4 棵、桂花树（木樨）3 棵、枫香树 2 棵、川黔紫薇 1 棵、银杏 1 棵、重阳木（乌杨树）2 棵、楠木 1 棵、飞蛾槭 1 棵。

从古树等级来看，梵净山地区名木属于一级古树的有 10 棵，属于二级古树的有 35 棵，其余的为三级古树。在地理分布格局上，梵净山南侧（江口县）7 棵、梵净山西侧（印江县）37 棵、梵净山东北（松桃县）7 棵。

由于独特的形象和价值，名木一般都被单独保护起来，形成独立生长、木秀于林的壮美景观。位于梵净山西侧印江县中兴街道虹穴村付家沟的 31 棵柏木形成“风水林”，位于梵净山西侧（印江县）板溪镇小毛村的 2 棵柏木和 1 棵飞蛾槭组合成“贺龙桥”，位于梵净山南侧（江口县）寨沙侗寨的 3 棵闽楠形成“一家三口”，这体现了梵净山地区名木形成过程的特殊性。因此，深入研究梵净山地区的名木及其地理分布特点，对于揭示梵净山地区生物多样性的特点及总结保护经验具有重要意义。

5.1 梵净山南侧（江口县）

5.1.1 江口县双江街道“红军树”

“红军树”是一棵楠木古树（编号 52222200406，属于一级古树），位于贵州梵净山南侧（江口县）双江街道镇江社区海拔 399 m 的省溪司土司衙门遗址（杨氏祠堂）土著庙旁。据当地人介绍，此楠木是建庙初期所植，树龄为 740 余年（与《贵州古树名木》记载一致）。现树高 18 m，胸围 659 cm，冠径 10 m，在树干 4 m 处分为两大主枝，右侧主枝于 1956 年被雷击断，因之前被火烧，树干已中空，但剩下的另一枝仍青枝绿叶，当地人用水泥柱作为支撑，目前生长正常。

1936 年 1 月，红二、红六军团长征经过江口县，曾住在磨湾、省溪一带。贺龙、任弼时、萧克、关向应住在省溪司衙门内，他们的战马就拴在了这棵楠木上。从此，大家把这棵树叫作“红军树”。省溪老百姓

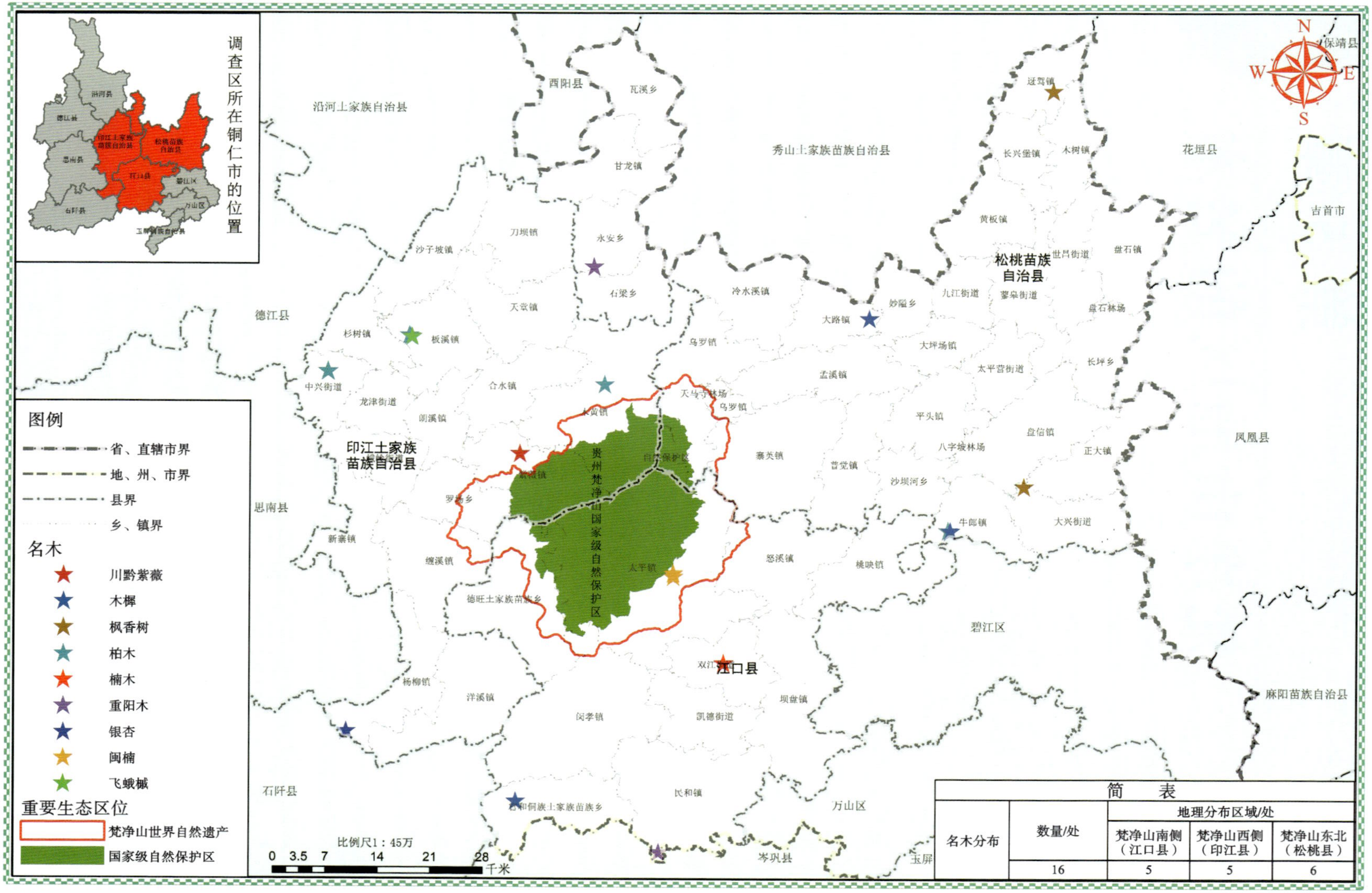

制作底图由铜仁市自然资源局提供，审图号：图黔D(2021)001号

比例尺1：45万

图 5-1 梵净山地区名木分布图

至今仍认为:这棵楠木树心空了却没有死,还长得这么大,是因为拴过将军们的战马,得到了将军们的庇护,才长得这么枝繁叶茂。

1985 年,江口县人民政府将省溪司土司衙门遗址公布为县级文物保护单位。

5.1.2　江口县官和乡“军民同心树”

“军民同心树”是红军转战梵净山南侧(江口县),路过官和乡江溪屯时与村民栽下的桂花树(木樨),位于江溪屯廖强烈家院子边堡坎上,树龄约为 100 年。此树树高 10 m,胸围 130 cm,冠径 9 m,长得枝繁叶茂。每年 9 月散发出阵阵幽香,沁人心脾,格外引人注目。

说到军民同心树,当地无人不知。1934 年冬天的一个下午,老族长廖雄武正在地里干活,忽见两个陌生青年汉子从大顶山上的垭口下来,说他们是从江西来贵州采药的药客,几天前在石阡县被土匪抢光了盘缠,翻山越岭来到此处,已两天没吃饭了,希望能在此歇息两天。廖雄武爽快地把两人带到家里,给他们烧水做饭,晚上也让他们住在家中。

第二天上午,伪乡长张金昌带着乡丁来到江溪屯,把廖雄武和其他村民聚集到一起,告诉他们,最近几年江西、湖南“赤匪”闹得很凶,已逃窜至贵州,要是发现操外地口音的陌生人,须立即报告乡政府,若谁藏匿不报,以通匪罪论处。廖雄武表态,如发现一定报告。躲在他家后屋的两个“药客”等伪乡长

走远后，立马从后屋出来向廖雄武道谢。临行前，他们从大山里挖来一棵桂花树苗栽在廖家屋边作为纪念。

1936年春天，红二、红六军团长征过江口，途经江溪屯时，两名身穿灰色军装、头戴嵌红五星八角帽的红军战士来到廖雄武家，说他们是之前的两个“药客”，特来道谢。临行前，红军还为这棵桂花树浇水施肥。从此，廖雄武与村民们便精心呵护该树。之后，有人举报廖雄武有通匪嫌疑，他也受尽了折磨。乡丁还把桂花树拔掉，又被当地群众偷偷栽回了原处。有一年突发山洪，桂花树被冲倒，廖雄武又将其扶正。几经磨难，1949年9月，该树的花开得比往年更加繁茂，十里飘香。1987年，高龄的廖雄武病重之时，把儿子和孙子叫到床前说：“我死后，要管好这棵桂花树，这是红军与百姓的‘军民同心树’”。后来，村里一些村民也相继在自家屋边栽下桂花树。

如今，这棵桂花树远近闻名，红军精神也因此得以代代相传。

5.1.3 江口县民和镇“红军树”

在梵净山南侧（江口县）民和镇韭菜村腊岩组寨前的小河对岸，高高耸立着一棵至今仍枝繁叶茂的重阳木古树（编号52222203052，属于一级古树），位于山地杂木林中，树龄为800余年。该树树高26 m，胸围740 cm，主干中空，可容七八人围桌吃饭，目前长势良好。这棵古树不仅是红二、红六军团长征途中短暂休整的地方，更是红军的临时卫生所。古树旁还生长有 4 棵碗口粗的乌柿(亦称“金弹子”)，似四位卫士在此日夜守护。

1936 年，贺龙、任弼时率领红二军团，从贵州玉屏朱家场出发，下午进入岑巩县，在水尾、羊桥一带宿营。第二天凌晨，军团直属机关及红四师经岑巩羊桥、郑家屯、胡家屯、半坡、肖家坳进入江口县境，在民和镇韭菜村腊岩组宿营。除红二军团直属机关、红四师师部及几位军团首长住在寨上的农户家里外，所有红军战士们都驻扎在寨前腊岩河对岸的田坝里。田坝左上方有一个庙，这棵古重阳木就在庙旁。重阳木宽阔的树洞，则成了红军伤病员的临时卫生所，有 2 名负伤的小红军躺在树洞里。因部队严重缺药，腊岩一姓方的土医生被红军请去，用土家族的草药给他们疗伤，小红军战士的伤势才得以缓解。红军还利用吃饭、休息时间开展革命宣传，在一农户房屋后留下“红军是工人农民自己的武装”的红色标语。吃过饭，红军队伍经短暂休息后，浩浩荡荡翻越金银窝，经岑巩平牙、凯阳屯、板栗坪，再入江口县官和乡泗渡、江溪屯。

为纪念这一段可歌可泣的红色革命往事，当地村民把这棵高大的重阳木称为“红军树”。

5.1.4 江口县太平镇“一家三口”

寨沙侗寨是梵净山南侧(江口县)太平镇梵净山村一个侗族群众聚居的自然村寨，是国家 3A 级旅游景区、“中国少数民族特色村寨”。寨沙侗寨大门入口广场钟鼓楼旁有 5 棵苍老而遒劲的闽楠古树，它们相隔最远距离不足 30 m，其中 3 棵闽楠(属于一级古树)紧挨在一起，村民们形象地称为“一家三口”，树龄为 500 年以上。“夫妻”高大挺拔，树干通直，分枝少，树形优美。“孩子”明显矮小，可能为天然更新保存的植株。“夫妻”(右、中)树高、胸围、冠径分别为 22 m、20 m，219 cm、194 cm，14 m、10 m；“孩子”(左)树高 9 m、胸围 150 cm、冠径 4 m，目前均生长正常、长势良好，形成一道独特的植物景观。

据古树前碑文介绍，明代洪武初年，西南边境余留少部残敌，皇后微服私访边关至贵州铜仁，沿江而上途经寨沙，被罕见高大的大树吸引。此刻暮色将至，夕阳倒映如明镜般的水中，河里映现天将下界、骏马腾飞、仙女下凡之景。次日皇后登梵净山，会见高僧长老，长老告知云贵川残敌之处，皇后派人火速回京禀报圣上，五日后朝廷派八员大将，用短短时间扫清了残敌。至此，大明江山稳固，人民安居乐业。

为纪念此事，洪武帝派工匠刻碑立于此。后来，来梵净山朝山的人们都会在此跪拜百年古树。有人还作《定江山》这首诗：大明初定洪武帝，皇后私访云贵川。禀报金銮元璋章，精兵悍将镇边关。

5.1.5 江口县太平镇“将军树”

“将军树”是一棵闽楠古树（编号 52222200211，属于一级古树），位于梵净山南侧（江口县）太平镇梵净山村，国家 3A 级旅游景区寨沙侗寨钟鼓楼右侧，树龄为 600 余年。此树树高 26 m，胸围 314 cm，冠径 16 m，主干分为两大枝，其南侧大枝已明显枯萎，目前生长衰弱。

碑文大意：清代道光年间，朝廷腐败，起义将领夏麻山曾在此古树下焚香祭旗，义旗顺势而立，迎风招展。大军直奔京都，势如破竹，夏麻山自命统兵都督大元帅，后因叛徒出卖起义失败。人们为纪念夏麻山，将这棵树称为“将军树”。每逢重要节庆日，侗族儿女均会在树下烧香跪拜，纪念先祖。

2021年5月20日，该树遇雷击致一主枝及部分侧枝枯死。2022年8月，江口县林业局制定了详细的处置方案，并要求做好日常养护管理。

5.2 梵净山西侧(印江县)

5.2.1 印江县木黄镇“会师柏”

“会师柏”是一棵柏木古树(编号52222604184，属于一级古树)，位于梵净山西侧(印江县)木黄镇五甲村公路边。据《印江土家族苗族自治县志(1988—2008)》记载，树龄为1400余年。此树树高25 m，胸围628 cm，冠径18 m，是远近闻名的古树，一直受到当地老百姓的敬拜，人们在古树下焚香祭祀，在枝杈上挂红祈福，寄托着对美好生活的向往。

1934年8月，由任弼时、萧克和王震率领的红六军团奉党中央之命，作为长征先遣部队，由湘赣苏区突围西进，在历尽艰难进入黔东后，终于在同年与贺龙、关向应率领的红二军团在木黄胜利会师。当时，贺龙就是在这棵古树下焦急等待、翘首远眺，迎来了红军长征中的第一次胜利会师。这次会师，形成了一支活跃在湘鄂川黔的重要革命力量，有力策应了中央红军长征。

1982年，萧克将军重返黔东苏区时，写下了《题木黄会师》：二六军团，历尽艰险。木黄会师，三军欢唱。八千健儿，挥戈东向。沅澧汹涌，狂飙燎原。赤区重建，湘鄂川黔。抚今追昔，怀梵净山。印江县诗人阙灿洪有诗云：“参天古柏赛青松，见证会师心向东。傲雪巍巍冰里骨，凌云勃勃日边葱。从来自信三千岁，了断谁查些许虫。倒地苍枝持本色，身留一半屹长空。”

1986年，印江县人民政府将该柏木古树公布为县级文物保护单位。

1987年，老红军陈靖故地重游，感慨万分，将此树命名为“会师柏”。

2017年9月，会师柏遭受雷击，加之道路扩建，干扰了古树的正常生长，长势明显衰弱。2021年，当地政府对其采取了生境改善、复壮的处理，目前正常生长。

5.2.2 印江县紫薇镇“紫薇王”

“紫薇王”是一棵川黔紫薇古树(编号 52222604651,属于一级古树),位于梵净山西侧(印江县)紫薇镇(原永义乡)政府驻地永义村,处于贵州印江木黄风景名胜区紫薇园内,树龄约为 1400 年。此树树高 35 m,胸围 628 cm,冠径 18 m,目前生长正常。据《印江土家族苗族自治县志(1988—2008)》记载,如此高大的川黔紫薇世界上仅有两棵,另一棵在日本福冈,但那棵不及中国印江的这棵高大、生机勃勃,是名副其实的“紫薇王”。

紫薇王被科学界视为活化石,有着很高的历史、社会、经济、生态、科研、观赏和人文价值,该树集古、大、珍、稀、奇、神、灵于一体,是无可替代的古生物活标本。1998 年,紫薇王被选入贵州省古、大、珍、稀树名录,2014 年被列入全国 100 株国家级人文古树保护对象,2016 年入选“最美古树名木(古树之冠类)”。西南政法大学王者香教授有诗云:“奇峰天植自洪荒,梵净钟灵毓秀长,莽莽千柯浓荫碧,昂昂十丈劲凌苍,花开红白年三复,皮蜕新陈岁一常,应许中华为国宝,何甘屈作贵州王。”(《咏永义贵州紫薇》)

树神山也奇,紫薇王正对面的山形状酷似人的心脏,与紫薇王遥相呼应,人们称之为“紫薇心”,保佑神树千年常青。1998 年,当地政府以紫薇王为中心建成了紫薇园,种植了大量的紫薇属植物。古树周围有石砌栏杆,正面石栏上用隶书镌刻“龙凤呈祥、心心相印、紫薇高照、吉祥如意”16 个大字。紫薇王东西两边各有一块采于梵净山的天然巨石,一块似龙,一块似凤,寓意龙凤呈祥;紫薇王主干形同心脏,遥对正前方的“紫薇心”,寓意心心相印。紫薇树通紫薇星,紫薇星耀,关照一方百姓吉祥,寓意紫薇高照、吉祥如意。

2008 年,印江县将紫薇园公布为县级文物保护单位。

5.2.3 印江县中兴街道“官树”

在梵净山西侧(印江县)有一处神奇的村落,偎依在一片柏木古树旁,树根下有一古井,泉水长流不断,雨后日出,常会在此出现一道彩虹,将该村庄衬托得格外美丽,人们便将该村庄唤名“虹(方言读 gàng)穴”。走进虹穴村,这里群山环抱,坡陡谷深,草木葱茏,云雾缭绕,古树参天,人杰地灵。这片柏木古树又称为“官树”,由 31 棵柏木组成(属于三级古树),处在该村付家沟村寨中。林内枯枝落叶常被附近群众拾走,林地地面多裸露,生长环境中等。古树群占地面积 15000 m^2,分布集中,有的深嵌在石缝中,有的生长在石壁上,古老的树根纵横交错,树冠相互拥抱,郁闭度 0.5 以上,浓荫蔽日,目前均生长正常、长势良好。古树大小虽有差异,但其苍劲程度并无显著差别,树龄为 250 余年。

虹穴村能有这片柏木林,得益于时任知县乔汝为的英明决策,具体情节得从流传的“古柏、古井、石刻”故事说起。

据传，李氏先祖入黔择居此地已有300余年。这里原本是一个独立的寨子，后经世代繁衍，后人沿着柏木林不断扩展建房，久而久之自然形成了上、下两个寨子。虽有柏木林相隔，但上、下两个寨子的人们一直睦邻相处，礼尚往来，世代融洽。

光绪二十二年(1896年)仲春的一天，上寨一伙人大刀阔斧地砍伐古柏，惊动了下寨人，他们好言相劝：砍了风水树就会破坏当地的风水格局，影响本族后代的繁荣昌盛，这是不当的行为。而上寨人根本听不进去，砍的砍，撬的撬，眼看这些古柏就要毁于一旦。下寨人为保住古柏林，挥舞大刀、斧头、锄头、扦担等农具，正与上寨人激烈对抗时，只听"咔嚓"一声，一棵大树倒下当即压死两人，重伤多人，一向和睦的上、下寨人也因此产生了难以调和的矛盾。

据当地老人们回忆，这场争斗闹到了印江县衙。时任印江知县的乔汝为大人接到状纸，前往现场查勘了几十棵柏木的生长状态，验了死者尸体，走访了重伤者家庭，并逐一做了妥善安置。然后在寨中一大院坝摆上高凳子，两旁站着卫士，集中上、下寨民，将破坏风水的人各打四十扁担，并当众认错，以示惩罚。乔知县当场宣布："今天本县令不收你们付我断案的车马费，用此费买下这片柏木林。即日起，此柏木林为官树，尔后不准任何人砍伐。"言毕，提笔批示："不上不下，非人非鬼，示禁砍伐，以培风水，虽本县买作官树，但永培介上下之风水，日后即衙门中人亦不准沽卖砍伐。"

因乔知县的英明决策，为虹穴村保住了这"风水林"，村里人便将乔知县的批示刻于该古柏木林中的岩石上。1989年，印江县林业部门为更好地保护该林，依据村民记忆恢复了摩崖石刻。2008年，印江县人民政府将此摩崖石刻公布为县级文物保护单位。

从此，虹穴村因这古柏、古井、石刻而远近闻名，柏木古树群自然成了虹穴村的地理标志。如今通组路、联户路四通八达、蜿蜒交错，一栋栋经修葺的精致老木屋在"官树"的衬托下，显得格外静谧、温馨。

5.2.4　印江县板溪镇"贺龙桥"

"贺龙桥"原名"活龙桥"，是由2棵柏木和1棵飞蛾槭古树(属于三级古树)的树根并排横跨在一条水沟上方形成的天然树根桥，位于梵净山西侧(印江县)板溪镇小毛村。树根的长度超过了树高，树根的直径超过了胸径，是当地远近闻名的天然奇观，树龄为100余年。现桥面已被水泥硬化，但桥边一侧仍可见粗大的树根跨越河沟。2棵柏木中较大的1棵树高17 m，胸围113 cm，冠径8 m；飞蛾槭树高9 m，胸围123 cm，冠径6 m，目前均生长正常、长势良好，被当地老百姓视为神树、风水树而经常祭拜。

1934年5月，贺龙、夏曦、关向应率领红三军(原红二军团)进入黔东，同年6月收编了印江县沙子坡冉少波(印江县杉树镇冉家坡人)的"神兵"，将其组建为黔东纵队(后改编为黔东独立师)。黔东苏区经常遭到国民党黔、湘、川军阀部队的"围剿"，红三军一度陷入困境。一日，贺龙和冉少波来到小毛村。当晚贺龙在桥上反复行走，思考红三军的发展战略。

此后，红三军在广泛发动群众的基础上，于 1934 年 7 月 21—22 日召开了黔东特区第一次工农兵苏维埃代表大会，选举产生了黔东特区革命委员会，诞生了包括印江、沿河、德江、松桃、酉阳、秀山等县在内，纵横 200 余里的黔东革命根据地。当地百姓为纪念贺龙元帅当年率领红三军在此进行革命活动，将“活龙桥”改名为“贺龙桥”。

5.2.5　印江县杨柳镇“赵氏银杏”

该银杏古树（编号 52222607914，属于二级古树）位于梵净山西侧（印江县）杨柳镇大兴村赵家沟组赵氏墓前，树龄为 400 余年。此树为雄株，树高 20 m，胸围 619 cm，冠径 25 m，目前生长正常、长势良好。

相传，明代万历年间，张氏八大弟兄其中一支人马进入印江县杨柳镇大兴村，发现这里背靠风岩主峰（海拔 1200 m）。此地山高林密，峰脚平缓，水草丰茂，适合居住。于是就在这片土地上定居下来，并取名张家沟。张氏一门在此开荒辟地，取石造田。由于当时技术所限，耕田开垦一直只能在河谷少量进行。随着人口的增多，人们对耕地的渴求越来越强烈。

一个偶然的机会，有位姓赵的石匠路过此地歇脚，被张氏一门盛情款待，盘桓多日。张氏族长见赵石匠为人憨厚，力大无比，便邀请其传授开山劈石技艺，而赵石匠孑然一身，无所牵绊，便索性住了下来。张氏族人为其择偶，分其茅屋及土地，让其定居，以长久传授石匠技艺。在族长的精心谋划下，赵石匠积极参与张氏的造田活动。赵石匠率领张氏族人开山辟石，处处身先士卒，凿石造田，历时数载，终于造出了百余亩梯田。为防止水土流失，每一条田埂全部用长石所砌，长 2 m 有余，厚 0.5 m，小条石有近百斤，大条石重约 1 吨。这些石堡坎差不多都高达 20 m，长约 200 m。在造田过程中，为制造和加工

开山凿石的铁制工具，赵石匠还将打铁的技艺传授给了张氏族人，建起了铁炉房，成就了张氏一门的手工业雏形。在此基础上，张氏又发展了制糖业、养牛牧羊等畜牧业以及售卖大米、贩卖牛羊等商业活动。

在梯田快造完时，赵石匠积劳成疾，不治而终。张氏一门视赵石匠为恩人，隆重厚葬。为纪念赵石匠为村子所做的巨大贡献，张氏一族将张家沟改名为赵家沟，并在村前左右各栽了一棵银杏树，左曰青龙，右曰白虎。青龙高过白虎，将青龙银杏喻为赵氏，白虎银杏喻为张氏，遥相守候，世代相传。赵氏墓前的这棵银杏，虽历经风雨，仍健壮挺拔，树形似一座大碑，仿佛在缅怀石匠深恩。

张氏族人视此树为赵石匠化身，逢年过节都给祭拜它。土地下放后，张氏族人把代表自己的那棵银杏树砍了用于建材，却也没舍得动赵氏银杏。如今这棵赵氏银杏依然守护着赵家沟的张氏族人。

5.3　梵净山东北(松桃县)

5.3.1　松桃县迓驾镇“红军树”

该“红军树”是一棵枫香树古树(编号52222920530，属于一级古树)，位于梵净山东北(松桃县)迓驾镇达车村石号坡红军烈士纪念塔左侧海拔496 m的山坡上，树龄为500余年。此树高大挺拔、枝繁叶茂，树高22 m，胸围375 cm，冠径12 m，目前生长正常、长势良好。

1934年10月，贺龙、关向应及任弼时、萧克、王震等同志率领红二、红六军团在印江县木黄胜利会师之后，转移至松桃县石梁、重庆酉阳，之后率领主力挺进湖南，在成立中共黔东特委后，黔东独立师继续在黔东苏区中心区和梵净山一带坚持斗争。后因形势变化，11 月 27 日，黔东独立师师长王光泽率领部队进入湘西，但途中受到伪区长姚雨珍和民团龙海青等武装的追击，5 名红军战士牺牲。先头部队抵达石号坡时，受到民团麻秀成部拦截，前后之敌形成对独立师的夹击。第三团团长马吉山率领一个排担任阻击任务，掩护主力部队前进。因敌众我寡，地形生疏，弹药耗尽，马吉山和 20 多名战士壮烈牺牲。第二团的潘团长在战斗中与部队失散，被土匪抓到，就绑在石号坡这棵枫香树上。匪众用刀一点点地割肉，英勇的潘团长高喊着“共产党万岁”“红军万岁”等口号，慷慨就义。

红军在石号坡的战斗，是黔东独立师在黔东的最后一次战斗。1978 年 4 月，当地政府为了缅怀革命先烈，在石号坡战斗遗址旁建纪念塔和烈士墓。纪念碑为石质宝塔式，碑高 7.9 m，底基座为 2.25 m 高的正方形，碑题为“革命烈士永垂不朽”，碑座四面刻有各式图案及毛泽东的《七律 · 到韶山》、《七律 · 长征》、碑文及烈士简历。

1988 年 6 月，石号坡红军烈士纪念塔公布为县级文物保护单位。2018 年 7 月，该地被公布为省级文物保护单位。

5.3.2 松桃县永安乡“乌杨树下忆贺龙”

该乌杨树古树（重阳木，编号 52222930258，属于一级古树）位于梵净山东北（松桃县）永安乡永安村老街组海拔 624 m 的河边，树体高大雄伟，枝繁叶茂，树龄为 800 余年。此树树高 28 m，胸围 720 cm，冠径 13 m，目前生长正常、长势良好。因贺龙曾多次到这棵乌杨树下的大石头上钓鱼而出名。

1934 年 5 月，贺龙、关向应率领红三军来到黔东地区开展革命，建立了包括贵州松桃及重庆酉阳、秀山等地的黔东革命根据地。创建根据地期间，红三军曾多次出入和驻扎在松桃县甘龙、永安等地，军部就设立在永安任家院子（原火烧桥旁）。出于安全考虑，军部白天在任家院子办公，晚上贺龙及部分工作人员撤住在舒家沟。任家院子坐东朝西，由正堂和两厢组成，与前一幢民房合成一四合院，贺龙在正屋办公。1934 年 8 月，贺龙在此亲自指挥红三军在岩柯坝、火烧桥一带击溃李成章、柏辉章部队，保卫了革命根据地。现遗址板壁上可见红军战士刻的组字画，还有鱼、螃蟹、蝴蝶、茶壶等木刻画。

离任家院子约 150 m 处即永安河，在河的转弯处形成了一口塘，而该乌杨树恰能遮住这口塘。树下有一块大石头，许多老百姓曾多次见到留着八字胡，脚穿布鞋，打着绑腿，身材壮实的贺龙坐在此处钓鱼，老百姓就把乌杨树下的大石头称为“贺龙钓鱼台”。

1981 年，红三军军部驻地遗址和红军战士木刻画被公布为县级文物保护单位和爱国主义教育基地。2006 年，松桃县委、县政府对该地进行了维修。

5.3.3 松桃县牛郎镇“苗汉友谊树”

该“苗汉友谊树”位于梵净山东北(松桃县)牛郎镇岑朵村安平寨古城堡东门外，它是安平寨人为纪念杨耀武和龙老布的深厚情谊而栽的2棵柏木(属于二级古树)，其树体高大雄伟、郁郁葱葱，树龄为470余年。左边古树树高32 m、胸围330 cm、冠径8 m，右边古树树高38 m、胸围300 cm、冠径6 m，相距1.2 m，目前生长正常、长势良好。

安平寨原名安塘坪，史称军安寨，系杨姓汉人为躲避战乱居住地。整个村落背山而居，与山麓下的老屋场、油榨湾和新寨的杨氏为同一个祖先，统称岑朵杨家。一日，杨氏始迁祖第三代孙杨耀武去对门山中打猎，被毒蛇咬伤，山南面鸬鹚岩的苗族老人和其儿子龙老布路过这里，用随身带的祖传蛇药救了他。因见其伤势严重不能行走，龙老布便背着杨耀武送其回家。杨耀武伤好后，来到苗族老人家里，与龙老布结拜为兄弟。从此，这一带的苗汉两族相帮相扶，和睦团结，代代相传。

明代嘉靖十九年(1540 年)，铜仁府松桃龙塘的龙西波(又名龙许保)发动苗民起义。龙老布参加了义军并成为龙西波的得力助手。义军一部分由龙西波带领驻守于地势险要的正大营新寨，另一部分由龙老布带领来到牛栏场岑朵一带。杨氏家族竭力支持义军，龙老布与杨耀武在安塘坪同吃同住，情同手足。后来，杨氏家族把安塘坪改建为一座城堡，与明军长期斗争，改安塘坪为安平寨。寨内古军事建筑保存完好，整个村落皆用石块砌成长约 2500 m 的古寨城墙，墙宽 0.8 m，均高 5 m 以上，最高处达 9 m。城墙东西两侧开有四个外寨门，一个内寨门，寨门上有碉楼。寨内四合院连接成片，且房有多高，围墙就有多高。城墙内用石块和石板砌铺而成的巷道条条相连，还有水井供水，水池备消防之用，排水沟渠完善。

后龙西波、龙老布被叛徒设计擒获，起义失败，嘉靖三十一年(1552 年)在沅州英勇就义。杨耀武听到此消息，顿时口吐鲜血，一病不起，临终前嘱咐子孙，岑朵杨家一定要以兄弟之礼对待周围苗家，于是就有了“苗汉友谊树”。

铜仁的明军总兵官沈希仪曾多次派兵来牛栏场围剿义军。龙西波牺牲后，明军对龙姓苗人实行斩草除根的酷令。为保住龙姓血脉，当地苗族多改为杨姓藏于汉族寨内。至今龙姓和杨姓的字辈完全相同，古寨也成了苗汉两族世代和睦、团结、友好的象征。2019 年，岑朵村被列入第三批中国少数民族特色村寨。

5.3.4 松桃县大路镇“故居桂花树”

该桂花树(木樨，属于三级古树)位于梵净山东北(松桃县)大路镇寨冠村陈家董，黔东著名革命烈士李光庭故居院内，据说为李光庭所栽植，树龄为 100 年。此树主干分为两大枝，枝繁叶茂，树高 15 m，胸围 185 cm，冠径 12 m，目前生长正常、长势良好。

李光庭(1906—1950)，汉族，中共党员，黔东著名革命烈士，出生于贵州省松桃县大路镇寨冠村陈家董的一个贫寒农民家庭。1925 年，贺龙在铜仁驻军时，李光庭加入了部队，1926 年随军北伐。1927 年参加了南昌起义，后打入黔军四十三军八十五师。1931 年协助舒保初策动八十五师官兵起义投奔红军。1935 年，中央红军长征北上后，回到凯里，从事建立党的组织工作和开展武装斗争，后经中共贵州省工委批准，正式建立凯里党小组，任主要负责人。通过不断争取和改造民间武装力量，1936 年创建了雷山武装根据地，积极宣传和投身抗日。解放战争时期，频繁往返于贵阳、凯里、麻江之间进行革命活动，出色地执行了党的统战政策，迎接贵州解放，为革命工作做出了卓越的贡献。1950 年 5 月，李光庭奉命到贵阳执行新任务，在北郊大关侦察匪情时壮烈牺牲，年仅 44 岁。

李光庭故居始建于清末，为李光庭祖父所建，有木屋 3 间，约 90 m^2。新中国成立后，一直为烈士后人居住，他们对故居及该桂花树一直进行日常保养和维护。

1988 年，李光庭故居被公布为县级文物保护单位。

5.3.5 松桃县大兴街道“马鞭树”

该“马鞭树”是一棵枫香树古树（编号 52222920495，属于二级古树），位于梵净山东北（松桃县）大兴街道岩拉村龙塘。据传龙西波一次骑马从父亲的坟前走过，把用来赶马的枫香树枝条插在坟边，长成了如今的参天大树，当地人称“马鞭树”，树龄为 480 余年。此树高大雄伟，枝繁叶茂，生长旺盛，树高 38 m，胸围 400 cm，冠径 21 m，部分枝条下垂生长，树形优美，目前生长正常、长势良好。

传说千年以前，一群古苗人为了躲避战乱，向着太阳落山的方向寻找新的住地，他们到了龙塘，见此地背靠的山脉好似卧着一条快要游动的龙，认为风水很好，于是就在此安顿下来。1513 年，寨上的一位私塾先生喜得第三个儿子，取名龙西波。龙西波自幼好学，又练就武功，还精通军事，后来成为苗王。

明代初期的朱元璋以“防苗叛”为借口，向苗族地区驻兵，并要求苗民缴纳各种苛捐杂税，不顺者则强行镇压，于是苗族各部落纷纷起义。明代嘉靖十九年（1540 年），龙西波与吴黑苗在这里树起义旗，与明军奋战了十余年之久。他们横扫了湘、黔、川三省边区十余个府厅，所到之处“俘官夺印，劫库纵囚”，深得群众拥护。但官府用财物收买了龙西波手下的一些小人，用计抓住了龙西波。1552 年，龙西波在沅州被杀害。

由于这些起义，明代在嘉靖三十三年（1554 年）于湘黔交界的腊尔山区修筑了一条长超过 380 km 的苗疆边墙——中国南方长城。

2017 年，大兴街道龙许保起义纪念地被公布为县级文物保护单位。

5.3.6 松桃县牛郎镇“苗汉同心桂花树”

该桂花树（木樨，属于三级古树）位于梵净山东北（松桃县）牛郎镇岑朵村安塘坪，处在杨氏宗祠院内。安塘坪史称“军安寨”，寨内居民皆为杨氏，寨门刻有“关西世第”四个大字。该树主干凑地分为三大主枝，枝繁叶茂。据村民介绍，该桂花树为原寨主杨五魁所植，树龄约为 100 年。此树树高 15 m，胸围 270 cm（一主枝胸围 140 cm，另外两主枝胸围各为 110 cm），冠径 9 m，目前生长正常、长势良好。

20 世纪初，杨五魁 20 岁出头，就当上了牛郎区区长兼团防局局长，成为军安寨寨主。1932 年，铜仁城遭匪首李老久（人称“勾子九”）围攻，杨五魁带领牛郎区 300 多名苗汉民众，打着“杨”字大旗，解了铜仁城的围，受到官府特别奖励。1934 年前后，铜仁地区发生大饥荒，各地经常发生盗贼、土匪偷抢事件。铜仁官吏不做调查便轻信地方官吏的话，发出“剿匪灭苗”的命令。苗族人听到消息，十分着急，便派人向杨五魁求助。杨五魁爽快地让他们来岑朵避难，他一边吩咐各保甲将来人分到各户安顿，一边飞马赶往铜仁为苗族人辩解。铜仁主政官员自知理亏，又因杨五魁曾有解除勾子九土匪围城的功劳，便撤销了围剿命令。至 1953 年，矮红鸬鸶岩苗族人来岑朵玩花灯，在谢灯酒时还唱道：“玩起花灯喜盈盈，苗汉两家是亲人，放条生路保我们，子孙万代不忘恩。”可见当地的苗汉两族交好，和睦团结。

第 6 章 梵净山地区的古树与古树群生态学分析

古树和古树群能够历经百年风霜仍然生生不息、枝繁叶茂，其中一个重要的原因是生境较为适宜，环境未受明显破坏。因此，研究古树和古树群及其保护工作，必须先掌握古树和古树群的生长特征、生理生态适应特性、生境等，深入分析古树和古树群的立地条件、人类干扰和保护因素等，才能有效指导古树和古树群的保护工作，并为研究珍稀濒危物种的濒危机制、当地气候变化和环境演变规律等提供重要信息和理论依据。

本章将按照一级古树、二级古树、三级古树以及古树群的分类，分别研究梵净山地区古树的树高、胸围、冠幅及其与海拔分布区域、坡向、坡位、土壤类型等环境特征的相关性，并通过研究古树群物种组成与群落结构等，揭示古树和古树群的分布规律与主要生境特征。同时，结合人类活动因素，解释梵净山地区古树与古树群得以长期保存的原因，为后续开展保护和发掘古树相关的传统文化、生物多样性保护奠定基础。

6.1 一级古树的生态学分析

6.1.1 树高

梵净山地区一级古树共有 215 棵，树高在 10～20 m 的有 41 棵、20～30 m 的有 84 棵、30～40 m 的有 70 棵、40 m 以上的有 14 棵，树高在 10 m 以下的仅有 6 棵（图 6-1(a)）。树高在 10 m 以下的有生长于梵净山南侧（江口县）民和镇龙兴村的 1 棵贵州石楠和位于梵净山东北（松桃县）黄板镇彭宗村的 1 棵龙柏，树高仅有 7 m。另外 4 棵树高低于 10 m 的一级古树分别为紫薇、闽楠、云南樟和云贵鹅耳枥，其中印江县板溪镇柏果村的云南樟、松桃县冷水溪镇石门村的云贵鹅耳枥，因曾遭遇雷击，树高分别只有 4 m、7 m。这些树的分枝方式以合轴分枝为主，导致树高较低。合轴分枝方式的特点是主茎的顶芽生长到一定高度就停止生长或生长极慢，而毗邻顶芽的腋芽却迅速生长为新枝，代替主茎优势。其后，新枝顶芽同样停止生长，再被它下面的腋芽所代替，逐渐形成四面伸展的枝干，使树冠呈现开展、浑圆状态。这种分枝方式能有效扩大树冠面积和光合作用面积（是比较进化的分枝方式），降低树高，减小受力面树干被风吹断的压力，并通过树冠遮阴抑制其他植物的生长，以提高自身竞争力，进而迅速占领群落中的空间位置。

树高最高的一级古树是位于梵净山东北（松桃县）甘龙镇张家湾村的 1 棵黄杉，高达 48 m，该地另外 2 棵黄杉的树高也在 40 m 以上。树高高于 40 m 的一级古树还有 3 棵银杏，其中 2 棵位于梵净山西侧（印江县）杉树镇新村村、合水镇三坪村，1 棵位于梵净山东北（松桃县）长坪乡塘寨村。黄杉和银杏都

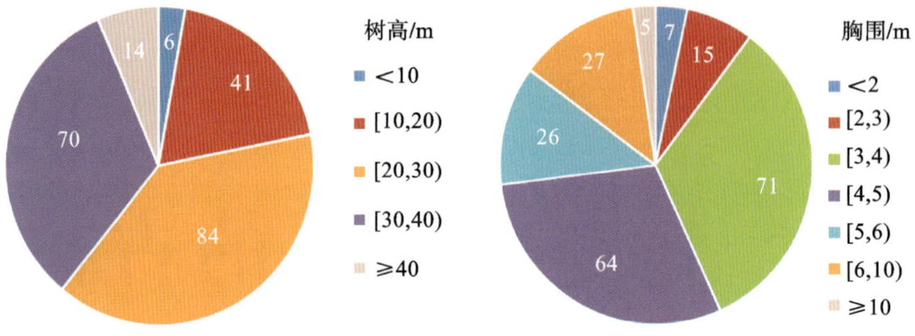

(a) (b)

图 6-1 梵净山地区一级古树树高和胸围的分布

属于裸子植物，分枝方式属于主干和顶芽能一直保持顶端优势的单轴分枝。这种分枝方式是从幼苗形成开始，主茎的顶芽不断向上生长，形成直立而明显的主干，主茎上的腋芽形成侧枝，侧枝再形成各级分枝，但它们的生长均不超过主茎，主茎的顶芽活动始终占优势，可以快速占据群落的上层，不被其他植物树冠遮阴。因此，单轴分枝方式的植物通常都是喜阳物种。黄杉和银杏的这种单轴分枝方式使得植株呈尖塔形，主干高大挺直，可形成良好的木材。

(1) 树高和主要环境因素的关系

从海拔分布区间上来看，树高在 40 m 以上的 14 棵一级古树分布在海拔 300～900 m 处，树高低于 10 m 的一级古树分布在海拔 500～900 m 处，表明海拔对树高没有明显影响。实际上，树高与海拔的关系受多种因素影响。例如，温度(海拔越高，气温通常越低，会减缓树木的生长速度)、土壤(高山上的土壤通常比较贫瘠，不利于树木吸收养分，进而影响树木的生长)、风(高山上风大，为了防止被风吹倒，树木的茎可能会有缩短的趋势，这也是高山植物普遍较矮的一个原因)、水分(海拔高的地方降水量较少，土壤中存留的水分也较少，同样限制了植物的生长速度)等。随着海拔的升高，树木的生长速度会减慢，树高通常也会相对较小。这一现象在植物学中有所描述，并且与上述环境因素紧密相关。要深入研究海拔对一级古树树高的影响规律，可能需要针对具体树种和生长环境来分析。

从坡向上来看，生长于没有明显坡向的平坡的一级古树占了半数以上，有 128 棵，其他坡向的一级古树数量分布则较为均匀(图 6-2(a))。这说明，坡向对一级古树的分布没有明显影响。树高在 30 m 以上的一级古树主要集中分布在光照较强的南坡或西南坡一带，如树高 40 m 以上的有 5 棵、树高 30～40 m 的有 8 棵，表明光照较好的南坡和西南坡有利于古树(通常是喜阳树种)的生长和保存。这可能是因为不同坡向具有不同的光照条件，影响了温度、水分等环境因子，从而影响古树的生长状况。

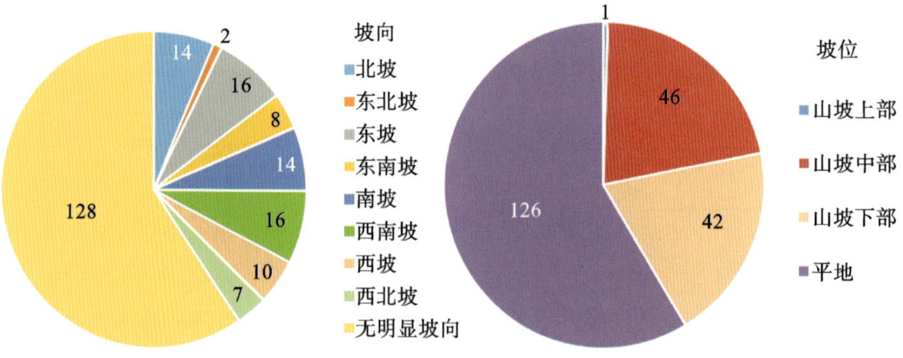

(a) (b)

图 6-2 梵净山地区一级古树的坡向与坡位分布

从坡位上来看，没有一级古树生长在山脊位置，位于山坡上部的一级古树只有 1 棵，可能原因是山脊和山坡上部具有强风、土层薄、地质条件不稳定等特点，使树木难以生长和存活。分布于山坡中部和山坡下部的一级古树分别有46棵、42棵，其余大多数(126棵)一级古树生长在海拔较低的平地(图6-2(b))。这说明，风速较低、环境条件较稳定的平地和山坡中、下部有利于一级古树的保存。坡位不仅是简单代表坡地高低不同的地形位置，更可反映局域生境风速、水分、土层深浅等的生态梯度变化，同时还会影响光照及土壤营养成分的再分配，因而对一级古树生长的影响较大。

从土壤类型上来看，绝大多数的一级古树生长在黄壤上，只有5棵生长在石灰土上、1棵(糙叶树)生长在黄棕壤上。生长在石灰土上的5棵一级古树分别是柏木、龙柏、银杏、川桂、枫香树。一般而言，石灰土是由石灰岩被带酸性的河水或雨水长期冲刷与溶解后形成的粉末状土壤，含钙量大，呈强碱性，养分含量较低。而且，石灰土所在的区域往往土层薄、土壤保水性差，容易出现干旱胁迫状态，只有适应能力较强、生长缓慢的树木才能在石灰土上长期生存下来。与石灰土相反，黄棕壤呈酸性，主要是由在落叶或常绿阔叶林下的土壤经强度淋溶形成的盐基不饱和弱富铝化土壤。黄棕壤对于大多数植物来说，不容易获取养分，对一级古树的生长支持较弱。

黄壤是在亚热带常年湿润的气候条件下形成的地带性土壤，在梵净山地区分布最为广泛。梵净山地区一级古树主要出现在黄壤上，黄壤比黄棕壤和石灰土含有更多养分，其黏土矿物以蛭石为主，高岭石、水云母其次，pH为4.5～5.5，表层氮、磷、钾等养分含量较高，有机质可达5%以上，并且持水量较高，不容易出现干旱状态。因此，黄壤能够较好地支持一级古树的生长与保存。

(2) 树高与胸围的关系

梵净山地区一级古树的树高和胸围虽呈一定的正相关关系($R^2=0.0652$)，但是，在大多数一级古树所处的树高范围(10～40 m)，树高与胸围的数值离散程度极大，两者并不存在明显的相关关系(图6-3(a))。这可能是由异速生长规律决定的。异速生长是指在新陈代谢和生活史等生物固有生长规律决定下的植物和动物不同部位不成比例的生长速率的现象。对于植物而言，树高由顶芽和腋芽的生长决定，远比胸围的增粗(需要经历维管形成层分化、次生生长等过程实现)要简单、快速得多。因此，树高和胸围存在着明显的异速生长现象，而且在不同物种中两者表现出来的差异程度也有所不同。

通过对一级古树中植株数最多的银杏和黄连木物种进行树高与胸围相关性分析发现，梵净山地区这两个物种的异速生长规律较为一致，树高和胸围的相关系数为0.055～0.06(图6-3(b)(c))，且与所有物种的树高-胸围相关系数(0.0652)非常相近(图6-3(a))。这说明，即使是不同种类的树种(裸子植物和被子植物)，树高-胸围之间的相关性在梵净山地区一级古树所有物种中表现得较为一致，这反映出树龄超过500年的一级古树往往处于较为一致的新陈代谢速率(生长都比较缓慢)。同时，反映出梵净山地区的生境较为稳定，能够在很大程度上影响不同树种的异速生长率。

6.1.2 胸围

梵净山地区一级古树的胸围集中在3～5 m(图6-1(b))，胸围10 m以上的粗大一级古树只有5棵，其中银杏4棵、重阳木1棵。这4棵银杏均位于梵净山西侧(印江县)，重阳木则位于梵净山东北(松桃县)寨英镇。这和古树与古树群数量的分布特征一致，显示出梵净山的西侧和东北是一级古树的主要保存地。银杏具有较大胸围的可能原因：银杏是裸子植物中少有的具有维管形成层和次生生长的树木，胸围可以不断增粗；另外，银杏可以从主干旁边的地面再长出分蘖，随着岁月的变迁，分蘖和主干往往紧挨在一起，野外测量胸围的时候，一般都会将银杏分蘖树干和主干一起进行测量，因此银杏胸围测量值较大(如印江县杨柳镇新屯村银杏一级古树胸围12 m，其根部为17丛，最大一枝主干胸围680 cm)。

梵净山地区胸围最大(13.66 m)的银杏一级古树位于梵净山西侧(印江县)木黄镇凤仪村，与被载入上海吉尼斯纪录的位于贵州省福泉市黄丝镇李家湾的“世界最粗大的银杏树”(胸围为16.1 m，树高50 m，树龄约为3000年)胸围相差不到3 m，与另1棵位于贵州省长顺县广顺镇石板村天台的“中华银杏王”(由2棵硕大的银杏“老祖树”和周边无数棵高矮不等、粗细不一的“孙子辈”枝干紧紧包裹着生长而成，胸围16.8 m，树高约为50 m，树龄为4700多年)胸围也只相差3 m多。还有1棵银杏一级古树位于梵净山西侧(印江县)杉树镇新村村，胸围达10.21 m，这样胸围级别的银杏在全国范围也是比较罕见

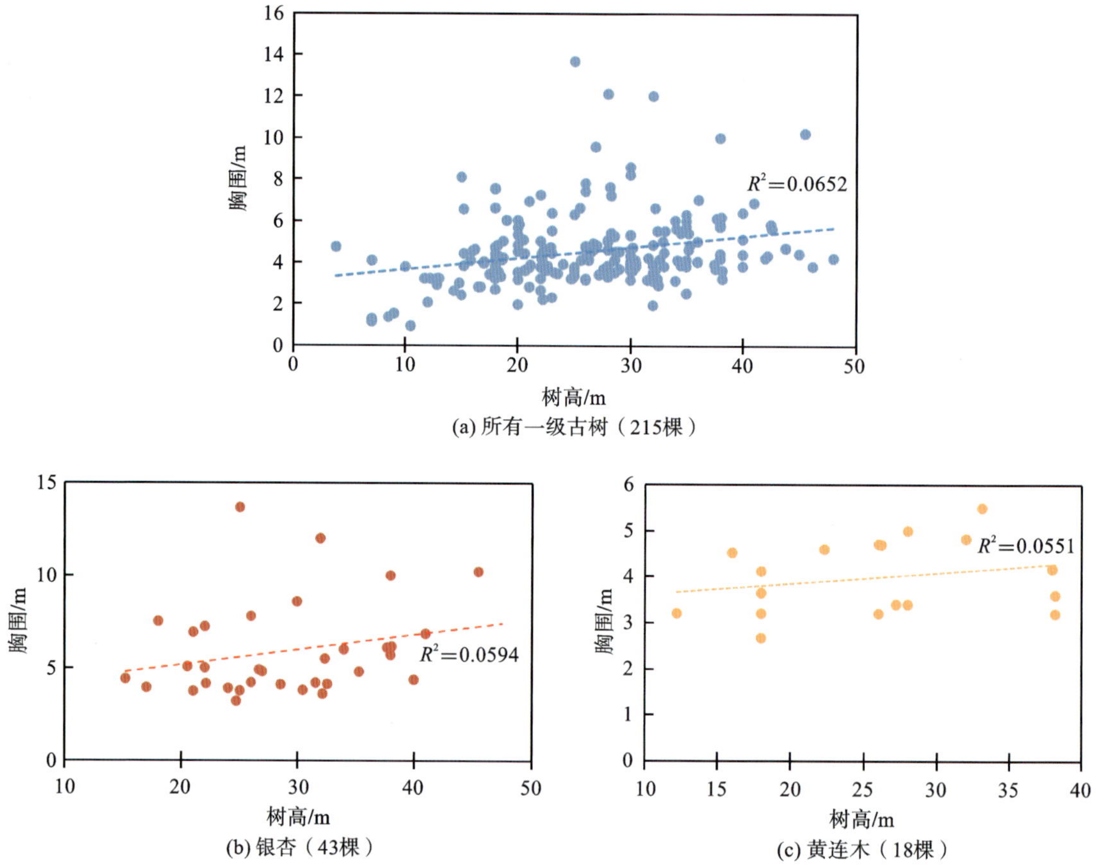

(a) 所有一级古树（215棵）

(b) 银杏（43棵）

(c) 黄连木（18棵）

图 6-3　梵净山地区一级古树树高和胸围之间的相关性

的。由此可见，梵净山地区保存着多棵胸围、树高都在全国范围内名列前茅的银杏一级古树，反映了梵净山地区是银杏自然种群的孑遗地之一，在第四纪冰期和随后的历史风雨中成为这一著名“活化石”的避难所。

胸围小于 2 m 的一级古树有 7 棵，其中紫薇和闽楠各 2 棵，川黔紫薇、龙柏、贵州石楠各 1 棵。对于已经生长了 500 年以上的一级古树而言，2 m 以下的胸围一方面表明该植物茎干的形成层可能活跃度较低，次生生长速率较慢；另一方面，也有可能是该一级古树所处环境并非该物种的最佳生境，使得古树生长慢、胸围小。因此，对于这类胸围较小的一级古树来说，除了深入分析其物种内在的生长规律之外，可能还需注意改善其生境。

(1) 胸围和主要环境因素的关系

从海拔分布区间上来看，胸围最大的 5 棵一级古树分布在海拔 500～1100 m 处，胸围最小的一级古树分布在海拔 500～800 m 处，其余一级古树则分布在海拔 310～1200 m 处。因此，胸围与海拔不存在显著的相关关系。但树木在水分充足的情况下，胸围随海拔的升高而减小；在水分受限的情况下，树木胸围随海拔的升高而增大。

从坡向上来看，胸围最大的 5 棵一级古树位于西坡的有 2 棵，是位于梵净山西侧（印江县）的 2 棵银杏，在北坡、西南坡和无明显坡向的地点各有 1 棵分布，其余不同胸围级别的一级古树以分布在无明显坡向的平坡上居多，表明坡向对胸围没有明显影响。实际上，树木胸围与坡向的关系可能还因树种和环境条件而异。例如，一些树种更适应阳光充足的环境，在阳坡上生长得更好。因此，树木胸围与坡向的关系需要根据具体树种和生长环境来分析。

从坡位上来看，胸围最大的 5 棵一级古树有 4 棵均分布在山坡中部；胸围小于 2 m 的 7 棵一级古树有 4 棵位于山坡下部，3 棵位于平地；其余胸围范围的一级古树主要分布在平地。这说明，平地的立地条件可能相对较好，更有利于一级古树的生长与保存。但是，胸围最大的一级古树主要分布在山坡中部，可能是因为山坡中部树木密度较低，树木竞争较小，植株生长缓慢，反而有利于胸围增粗。

从土壤类型上来看，由于绝大多数一级古树(209 棵)生长在黄壤上，只有 5 棵生长在石灰土上、1 棵(糙叶树)生长在黄棕壤上，所以很难看出土壤类型对一级古树胸围的影响情况。但从胸围最大的银杏生长在石灰土上的事实来看，一级古树胸围受土壤类型的影响不明显。

(2) 胸围和冠幅的关系

胸围和冠幅是衡量古树生长状态的重要指标，两者往往也存在一定的相关性。从 215 棵一级古树的整体分析来看，胸围与平均冠幅呈现出一定的正相关关系，即随着胸围的增大，平均冠幅通常也会明显增大(图 6-4(a))。

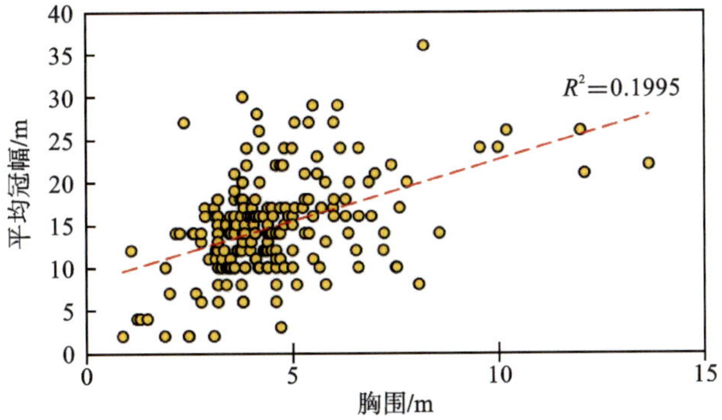

(a) 所有一级古树（215棵）

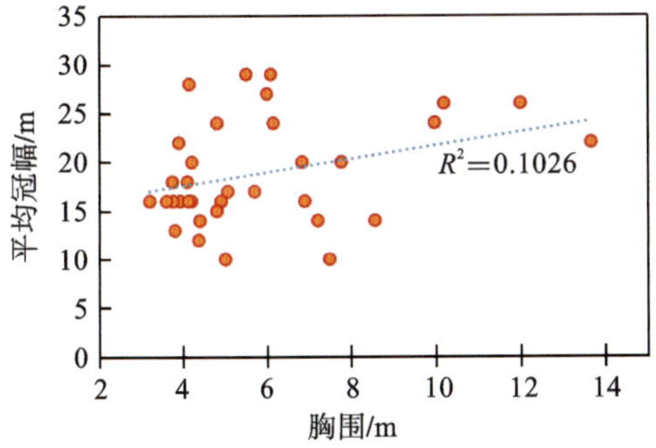

(b) 银杏（34棵）

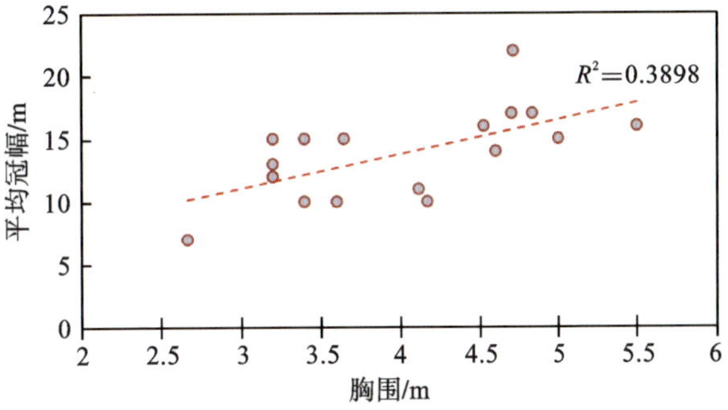

(c) 黄连木（18棵）

图 6-4 梵净山地区一级古树胸围和平均冠幅的相关性

从数量最多的一级古树银杏(裸子植物)和数量第二多的一级古树黄连木(被子植物)来看，冠幅显然受到了分枝方式的显著影响(图 6-4(b)(c))。银杏是典型的单轴分枝方式植物，顶芽一直保持旺盛生长，所形成的顶端优势抑制了侧枝的生长，导致树形呈现塔状，平均冠幅的增幅远小于胸围的增速(R^2=0.1026)。黄连木的分枝方式是典型的合轴分枝，侧枝能够在主干(顶芽)生长到一定阶段后，快速生长并向两侧分枝，使得整个树冠浑圆，导致平均冠幅随着胸围增加而表现出较大的增长(R^2=0.3898)。类似地，属于裸子植物的柏木、龙柏、黄杉、南方红豆杉、榧等的平均冠幅都略小；而属于合轴分枝方式的被子植物，如楠木、云南樟、重阳木、糙叶树等，平均冠幅都比较大。

6.1.3 冠幅

梵净山地区一级古树的平均冠幅集中在 10～20 m(图 6-5)，与其他地区一级古树的平均冠幅相比略小，甚至有 9 棵一级古树的平均冠幅小于或等于 4 m，其中 4 棵是川黔紫薇，2 棵是紫薇，还有闽楠、云南樟和贵州石楠各 1 棵。特别是冠幅仅有 2 m 的 4 棵一级古树均为川黔紫薇，且都生长在岩石或土壤贫瘠之处。这些冠幅较小的树种以单轴分枝为主，主干挺拔，侧枝较弱，限制了冠幅增长。

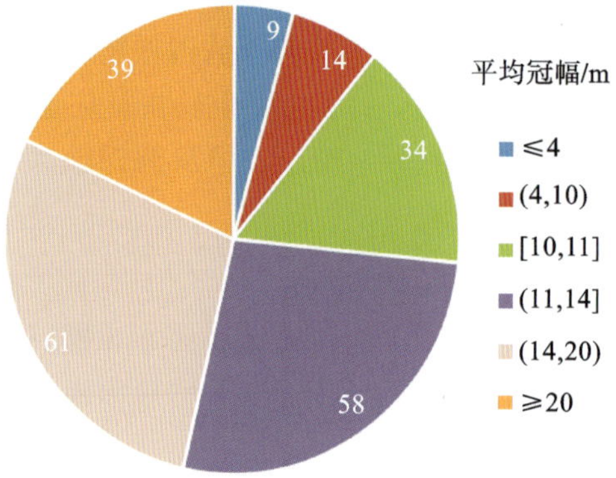

图 6-5　梵净山地区一级古树的平均冠幅

在平均冠幅大于或等于 20 m 的 39 棵一级古树中，有银杏 14 棵、重阳木 5 棵、云南樟 3 棵和糙叶树、钩锥、黄杉各 2 棵以及柔毛油杉、铁坚油杉、楠木、利川润楠、贵州石楠、猴樟、大叶榉树、枫香树、湖北锥、黄连木、梓各 1 棵。这些冠幅巨大的一级古树种类在梵净山地区的 3 个区域都有较多、较均匀的分布，反映了梵净山地区较为稳定的自然环境条件。作为典型单轴分枝的裸子植物银杏，冠幅一般较小，但梵净山地区 14 棵银杏一级古树的冠幅都超过了 20 m，可能主要有以下 3 个方面的原因：①银杏具有较为旺盛的分蘖潜力，经常在主干旁边的地面上再长出多个树干，使冠幅增大；②由于雷击等自然原因，银杏主干顶端受到破坏，而侧枝生长快速，大大增加了冠幅；③当地人民为了方便获取银杏果实、增加银杏的遮阴与景观效果，常会去除银杏的顶端优势，促进银杏侧枝伸展和冠幅的增长。

虽然冠幅在很大程度上受到物种分枝方式（单轴分枝、合轴分枝）的影响，但环境因素也会显著影响一级古树的平均冠幅。在平均冠幅大于或等于 20 m 的 39 棵一级古树中，7 棵位于东坡、2 棵位于南坡、4 棵位于西南坡、3 棵位于西坡、3 棵位于西北坡，仅 1 棵位于北坡（图 6-6(a)）。这说明，光照较好的东坡、南坡、西南坡、西坡等更有利于支持较大的冠幅。

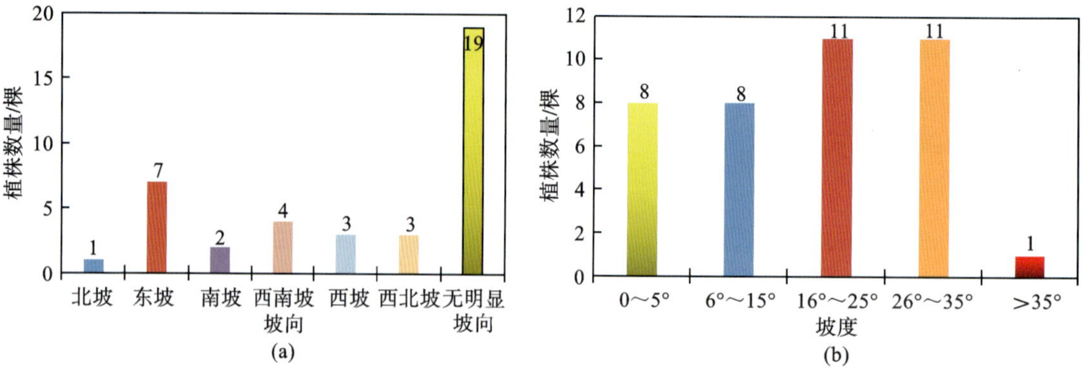

图 6-6　梵净山地区平均冠幅大于或等于 20 m 一级古树的坡向、坡度分布

跟前面的树高、胸围等特征相比，冠幅受到坡度的影响更大。一般而言，坡度对土层厚度、水分状况及地质、地形稳定性都有较大影响，从而影响古树的冠幅。在梵净山地区，平均冠幅大于或等于 20 m 的 39 棵一级古树中，位于坡度 0～5°平坡的 8 棵、6°～15°缓坡的 8 棵，多达 22 棵位于 16°～25°、26°～35°斜坡与陡坡，仅 1 棵分布于 35°以上的险坡（图 6-6(b)）。可见，梵净山地区冠幅最大的一级古树分布坡度以 16°～35°的斜坡与陡坡为主。这可能有以下 3 个方面的原因：①一定坡度的土壤排水性好，有利于古树根系生长，促进古树在背向坡面的方向开枝散叶；②较陡的坡度上树木较少，空间竞争较小，冠幅得以最大限度地伸展；③较陡的坡度往往很少受到人类活动的干扰，植株自然生长形成的冠幅得以最大限度地保留。

由于土壤类型以黄壤占绝对优势，难以判断出土壤类型对冠幅的影响规律。从海拔分布上来看，平均冠幅在各个海拔区间也基本保持稳定，说明海拔对一级古树冠幅基本没有影响（图 6-7）。从银杏、黄连木、柏木等数量较多的一级古树来看，平均冠幅与海拔也不存在明显的相关性。这进一步表明，海拔因素对一级古树冠幅影响不大。

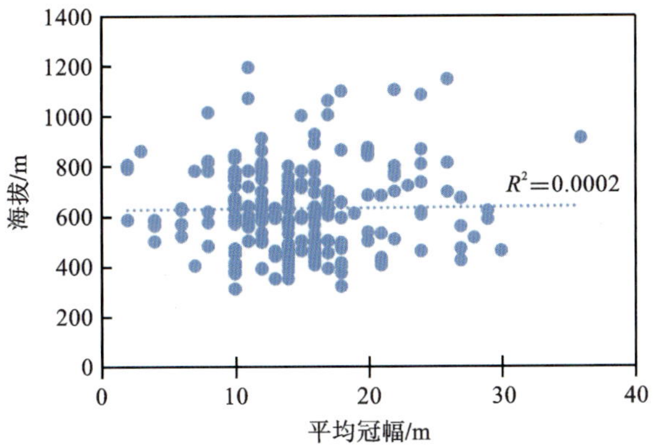

图 6-7 梵净山地区一级古树平均冠幅与海拔的相关性

6.1.4 一级古树与人类因素的关系

一级古树能经历 500 年乃至上千年的历史而生存下来，除了环境有利条件之外，人类的有意识保护和利用也是一个重要原因。大多数一级古树是当地的“文化关键种”(cultural keystone species)，既有较大的资源利用价值，又有一定的文化属性，得到了人们有意识的保护与利用。这种人为的积极作用是很多一级古树得以存留至今的一个重要因素。

银杏是梵净山地区一级古树数量最多(34 棵)的树种，同时也是最为人知的“文化关键种”，这直接体现了人为因素对一级古树保存的积极作用。银杏既是孑遗植物，又具有广泛认可的文化寓意，故被称为“公孙树”。这一称谓始见于周文华的《汝南圃史》“公种而孙得食”，而佟屏亚《银杏史话》则称，“传说中华民族祖先轩辕氏复姓公孙。银杏的寿命可与中国有文字记载的历史相比，因而称为‘公孙树’”。我国典籍中最早记载银杏的文献是《上林赋》，“上千韧，达连抱，夸条直畅，实叶峻茂”。北宋文学家欧阳修曾有诗云“绛囊因入贡，银杏贵中州”，说明银杏在当时已经成为从宫廷到民间都欣赏和爱护的植物。宋代大文豪苏东坡曾写银杏“一树擎天，圈圈点点文章”。明代诗人刘熠赞美银杏是秋天的使者，“尽日苔阶闲不扫，满园银杏落秋风”。近代文人郭沫若称赞银杏为“东方的圣者，中国人文的有生命的纪念塔”。可见，银杏在中国具有深厚的文化底蕴，不仅其野生植株得到了保护，人们还在寺庙、宫殿以及老百姓的房前屋后都大量栽种，使得很多银杏古树得到了长期保护。

银杏具有重要经济价值，这是其成为中国“文化关键种”的一个重要原因。银杏树干挺直，是优良的行道树和景观树。在梵净山地区很多寺庙与村口的“风水树”中，都不乏银杏一级古树，即当年被作为观赏绿化树种栽植和保存下来的。银杏果实还可食用，银杏果实成熟时，像杏而皮白，主要的食用部分就是黄色肉质外种皮包裹的种子(称为银杏或白果)。

黄连木是梵净山地区一级古树中数量第二多(18 棵)的树种，在梵净山的东北(松桃县)、西侧(印江县)与南侧(江口县)都有较均匀的分布，也具有深厚的文化底蕴和经济利用价值。黄连木属漆树科落叶乔木，耐干旱、贫瘠，生长较慢，木材材质独特，芯材呈尊贵的橙黄色，纹理清晰，细腻光滑，而且质地密实、厚重结实，是高端家具和木雕的用材之一。黄连木还有药树、药木等多种别名，在梵净山地区有“凉茶树”之称，传统医学认为其具有清热解毒、祛暑止渴、生津利湿的功效，树皮及叶可入药，根、枝、叶、皮还可制农药。黄连木的叶子是羽状复叶，由多对小叶组成，它的叶子随着季节更迭而变化，在每年早春就会长出红色的嫩叶，入夏变绿，秋后又变成深红色或橙黄色，是南方著名的红叶植物之一，具有较高的观赏价值。由于黄连木树干刚直挺拔，疏而不屈，自古便是尊师重教的象征。宋代孙奕在《履斋示儿编》中记载，“孔子冢上生楷，周公冢上生模，故后世人以为楷模”，黄连木又叫楷树。相传孔子去世时，其弟子子贡悲痛不已，独自为其守墓 6 年，并在其墓前移栽了楷树，以此纪念恩师之高风亮节。因为黄连木是为纪念孔子而栽种，所以又称孔树，后人常把孔树作为纪念恩师和长者的一个象征。黄连木生长缓慢，但寿命长，且生命力随着时间推移越发旺盛。因此，黄连木还有“大器晚成”的寓意。

柏木是梵净山地区一级古树中数量较多的树种，共有 9 棵，其中 3 棵生长在梵净山西侧（印江县），4 棵生长在梵净山东北（松桃县），其余 2 棵生长在梵净山南侧（江口县）。这些柏木一级古树是在天时、地利、人和等有利因素的综合作用下才得以保存至今。柏木生长较慢，枝叶郁郁葱葱，经冬不落，再加上树姿挺拔遒劲，具有深厚的文化寓意。柏木是很多陵墓、祠堂和祭祀地点的绿化树种，常被人们视为祖先或英雄不朽意志和光辉形象的化身，受到积极的保护。此外，柏木根系发达，能够巩固田坎与屋基，有着涵养水源和净化水质的作用。同时，柏木栽种在房前屋后能够起到降低风速、增加遮阴等作用。梵净山地区的土家族与苗族人民普遍使用柏木枝叶熏制腊肉和腊肠，其成品具有独特的清香味。因此，柏木在梵净山地区很多地方得到了人们有意识的保护和维护，保存下来的一级古树较多。

总之，梵净山地区拥有数量众多的一级古树，既得益于自然环境的庇护，又是当地人民有意识栽植、利用、保护和维护的结果。一级古树的分布特征不仅反映了梵净山地区的生物多样性与气候环境基本情况，也是当地人民特别是土家族、苗族等少数民族传统文化的体现，蕴藏着丰富的植物资源利用与生物多样性保护的传统知识。因此，一级古树具有极高的研究与保护价值，是研究梵净山地区气候、环境、植被、地方传统文化（如民族植物学与传统生态文化）及其演变历史等的重要内容。

6.2 二级古树的生态学分析

梵净山地区的二级古树共有 969 棵，个体数较多的树种有枫香树（237 棵）、柏木（165 棵）、青冈（68 棵）、银杏（45 棵）、楠木（40 棵）、钩锥（37 棵）、榉树（34 棵）、云南樟（28 棵）、黄连木（27 棵）、朴树（26 棵）、湖北锥（19 棵）、大叶榉树（18 棵）、柞木（16 棵）、枫杨（15 棵）等。与一级古树的物种分布（银杏和黄连木占绝对多数）相比，二级古树以枫香树、柏木、青冈占绝对优势，银杏、黄连木植株数虽然不少，但在数量众多的二级古树中数量占比显得不突出。

枫香树因强大的环境适应能力和巨大的利用价值，在二级古树中占比最大。枫香树是梵净山地区荒山、采伐地、疏林地等的先锋树种，适应力、抗逆性强，不与粮争地；生长快，落叶量大，落叶可快速分解，提高土壤肥力。此外，枫香树不仅是著名的红叶观赏植物，而且是重要的木材、药用与染料植物。枫香树纹理美观，呈淡红色，可作建筑、家具、木地板、画笔及包装箱材。成熟的木质化果序是一味宝贵的中药，名为“路路通”，部分地区还用来泡茶。枫香树树脂能解毒止痛，止血生肌，根、叶及果实有祛风除湿、通络活血的功效，在《本草纲目》中均有记载。枫香树的树脂通过加热、过滤和提纯后，与同等份量的牛油混匀搅拌，待两者充分溶解、相互渗透，可以用作布料上绘画的颜料。这种“枫香染”技术是梵净山地区及邻近地区土家族、苗族、布依族等少数民族都会使用的传统技艺，被誉为“画在布上的青花瓷”，于 2008 年被列入第二批国家级非物质文化遗产名录。一棵树龄在百年以上的枫香树，一年只能采 1 kg 枫香树树脂，因此当地人都会悉心保护枫香树古树。类似地，常生于荒地、耐贫瘠的柏木和青冈（可烧炭）等很可能也是得益于人类有意识地栽种、保护与维护，才出现了数量众多的现象。

二级古树的数量较多，因此可以更好地看出古树数量与分布区域、各类环境因素的相关性。从地理分布区域上来看，二级古树数量及主要物种的分布特征与一级古树类似，都是以梵净山西侧（印江县）和东北（松桃县）为主要分布地，梵净山南侧（江口县）的数量略少（图 6-8）。

从坡向上来看，约 42.52%的二级古树（412 棵）分布在无明显坡向的地点，但分布在光照强度较高的东坡（101 棵）、东南坡（74 棵）、南坡（94 棵）和西南坡（123 棵）的二级古树远多于光照强度低的西北坡（35 棵）和东北坡（19 棵）等（图 6-9(a)）。

从坡位上来看，二级古树生长在山脊的为 3 棵，在山坡上部也分布有 46 棵（图 6-9(b)），与一级古树（山脊 0、山坡上部 1 棵）截然不同。这说明二级古树的生长年限（300～500 年）是大多数树木的正常寿命，树木生命力和树干强度尚能抵抗山脊和山坡上部的疾风，而树龄超过 500 年的一级古树的生命力和树干强度明显下降，很难在山脊和山坡上部存活。

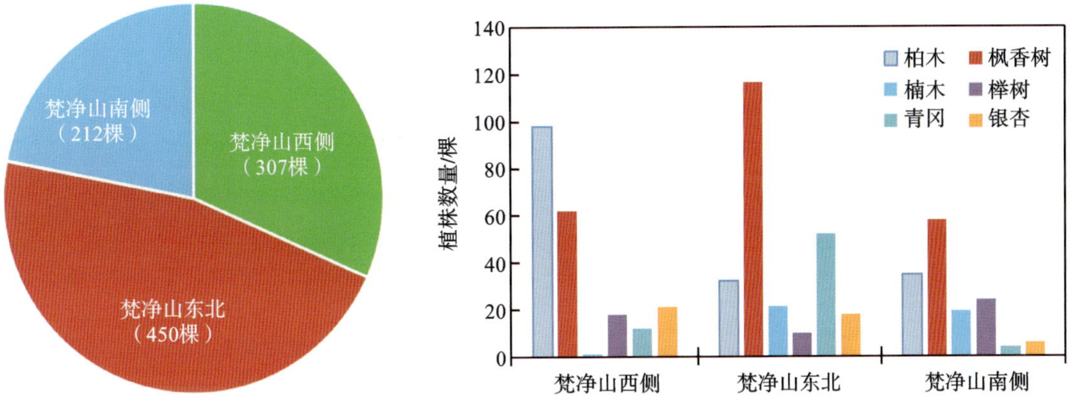

图 6-8 梵净山地区二级古树数量及主要物种的地理分布格局

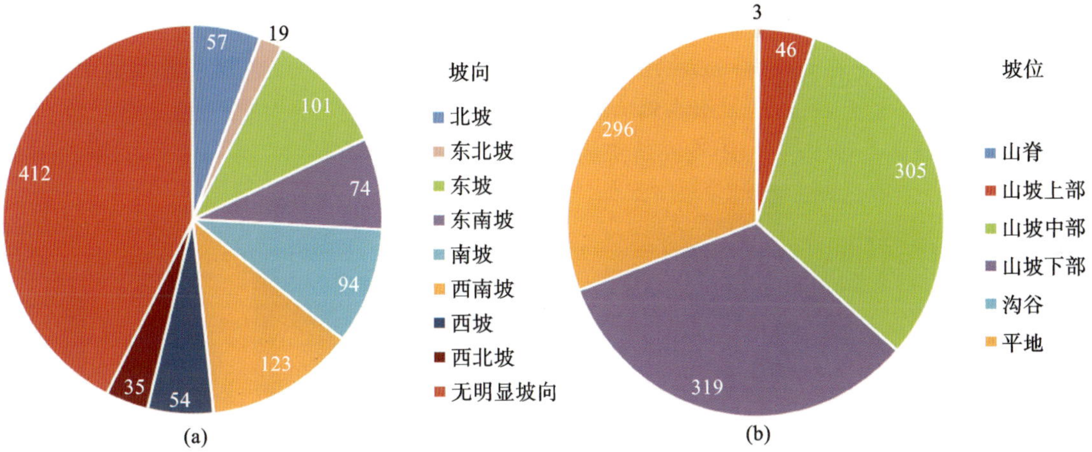

图 6-9 梵净山地区二级古树的坡向和坡位分布

从坡度上来看，二级古树分布在46°以上险坡的植株较少，仅为15棵，而在其他坡度上的分布较为均匀，分别为0～5°（平坡）215棵、6°～15°（缓坡）181棵、16°～25°（斜坡）249棵、26°～35°（陡坡）175棵、36°～45°（急坡）134棵。这体现出二级古树对于坡度的适应性较强，能够适应各种不同的坡度。二级古树分布格局与一级古树（在陡坡有较多的分布）基本一致，表明古树往往分布在坡度较大的斜坡、陡坡甚至险坡上。这可能有以下两个方面的原因：①平地和平坡受到人类干扰较大，很容易被开垦成为农田或建设村庄，而分布在坡地和人迹罕至的深山上的树木由于不与粮争地、难以采伐，以及具有巩固山体、涵养水源等功能而得以保留；②人为保留或栽种以获取果实、药材与树脂等资源的植物，往往需要生长在自然条件较原始的坡地上，才能完成正常的授粉、次生代谢物质的形成与保存。可以预测的是，二级古树大多数分布在山坡中上部和陡坡与斜坡之上，这些区域往往地质环境不稳定，可能会受强降雨、泥石流、地震等因素影响。因此，二级古树未来在陡坡和险坡的分布比例可能会增大。

从坡向上来看，二级古树植株数量最多的枫香树和柏木分别有123棵、34棵，分布在无明显坡向的地点。枫香树和柏木在坡向上的分布格局基本一致，都是集中在东坡、东南坡、南坡以及西南坡（图6-10(a)）。这与一级古树的坡向分布格局相同，再次证实了向阳的南坡、东南坡、西南坡方向有利于古树的生长和保存。这是因为古树一般都是喜阳树种，需要较强的光照和较高的气温。

从坡位上来看，枫香树更多地分布在山坡下部和平地，而柏木更耐寒更抗风，能够分布在更高的山坡中部和山脊（图6-10(b)）。

从坡度上来看，枫香树和柏木也是较为集中地分布在缓坡、斜坡、陡坡和急坡之上，特别是枫香树，在坡度大于46°的险坡上只分布有6棵，这可能与枫香树的生长习性密切相关。枫香树在湿润、肥沃而

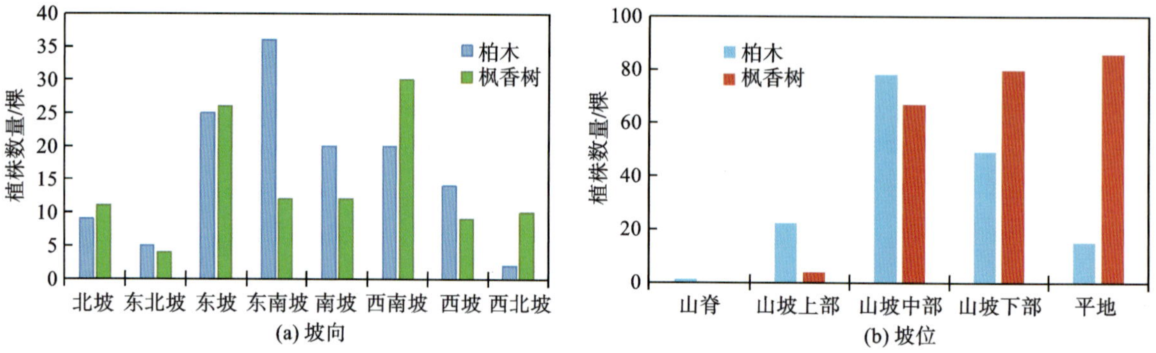

图 6-10 梵净山地区二级古树枫香树和柏木的坡向和坡位分布

深厚的红壤、黄壤上生长良好，喜光，耐干旱、贫瘠，不耐水涝。因此，坡度较大的陡坡与险坡排水性好，土壤不易积水，成为枫香树更适宜的生境。

6.2.1 树高

二级古树的树高集中在 20～30 m，占了总数的一半以上(图 6-11(a))，而在一级古树中，这个树高区间仅占 39%。树高大于 40 m 的二级古树有 36 棵，其中有枫香树 25 棵、银杏和楠木各 2 棵。树高低于 10 m 的有 10 棵，涵盖多个树种，不存在优势树种。

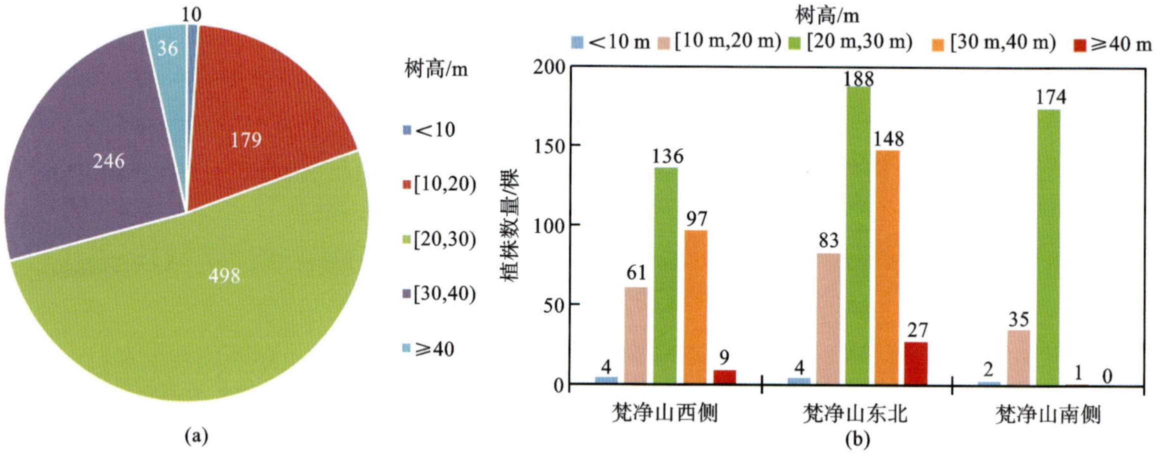

图 6-11 梵净山地区二级古树树高的分布情况与区域分布特征

从分布区域上来看，树高大于 40 m 的二级古树有 36 棵，其中 9 棵位于梵净山西侧(印江县)，27 棵分布在梵净山东北(松桃县)，在梵净山南侧(江口县)无分布。其他树高区间的二级古树在分布区域上也呈现出以梵净山西侧(印江县)、东北(松桃县)为主，而在梵净山南侧(江口县)二级古树的树高则集中在 20～30 m(图 6-11(b))。梵净山南侧二级古树数量偏低、树高较低的可能原因：①梵净山南侧(江口县)海拔较低、人口密度较高，在历史上开发强度较大，导致较多的古树受到干扰或砍伐而死亡；②梵净山南侧(江口县)较开阔的地形使得该区域风速较大，对树高有一定限制。

(1) 树高与主要环境因素的关系

从植株数量最多的两个物种枫香树、柏木来看，海拔对二级古树的树高有着一定程度的影响，而且因不同物种而表现出不同的影响格局(图 6-12)。枫香树的树高随着海拔的增加略有下降，说明海拔的升高抑制了枫香树树高的增长，这可能是因为枫香树不耐寒，高海拔对于枫香树的生长是不利的。相反，柏木耐寒，生长得比较缓慢，又具有使得树高一直增长的单轴分枝方式，因此随着海拔的增加，柏木的树高没有明显变化。柏木在海拔较高的山脊和山坡上部的分布数量较多，这种明显偏向高海拔分布的格局，在很大程度上削弱了海拔对柏木树高的影响效应。要深入研究海拔对二级古树树高的影响规律，可能需要针对每一个具体树种及其分布的坡位、坡向及坡度等因素进行综合分析。

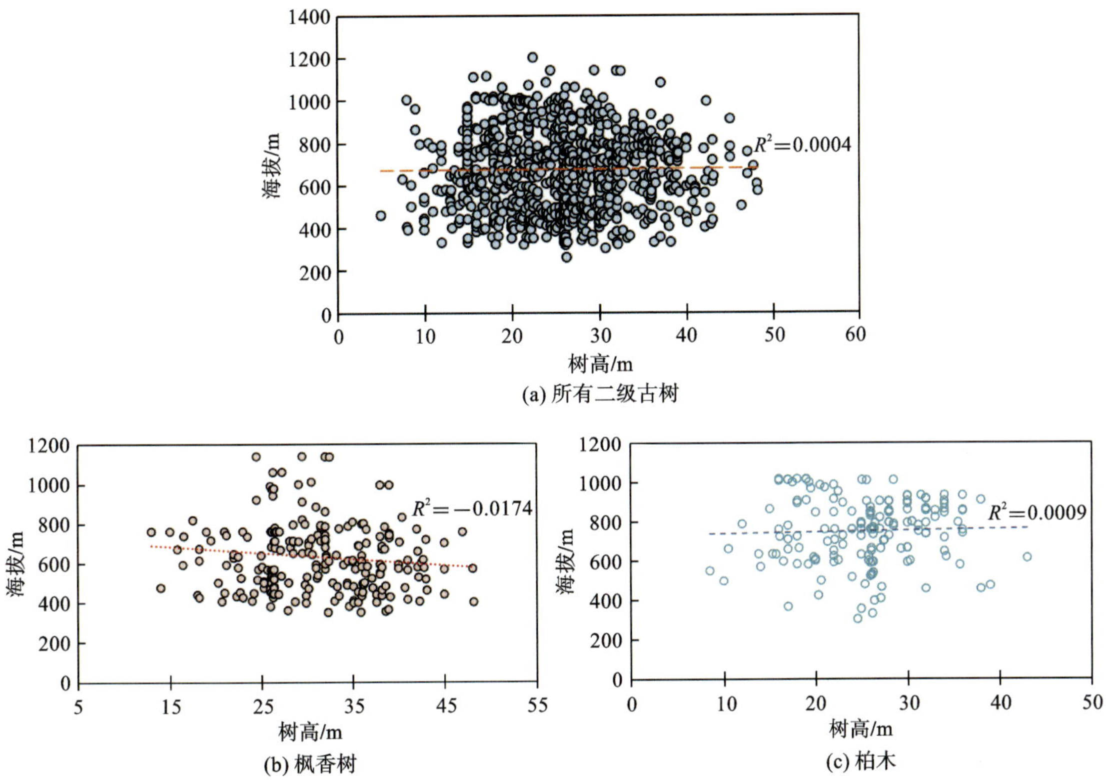

图 6-12 梵净山地区所有二级古树及其主要树种枫香树和柏木的树高与海拔的相关性

(2) 树高与胸围、冠幅的关系

与一级古树不同,二级古树的树高与胸围存在着明显的正相关关系(图 6-13)。这表明,二级古树尚处于较为旺盛的生长阶段,即随着胸围的增加,树高还能有较大的增长。这一现象也证实了梵净山地区的生境对于主要的二级古树而言是比较适宜的,而且在过去相当长的时间里一直较为稳定。

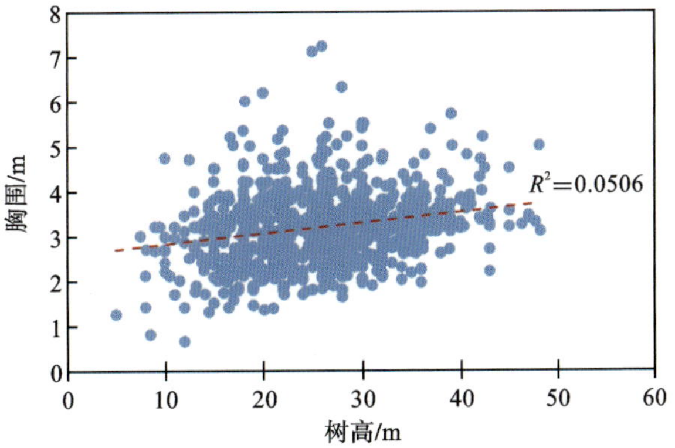

图 6-13 梵净山地区二级古树的树高与胸围的关系

二级古树的树高与平均冠幅也存在一定的相关性,并在不同树种中存在一定的差异(图 6-14)。以二级古树植株数量最多的枫香树、柏木为例,树高和平均冠幅的关系受物种特性的影响。在枫香树中,平均冠幅的变化随着树高的增长几乎没有增加。这可能是因为枫香树的分枝方式是合轴分枝,冠幅普遍较大,在 300 年以内的生长期就几乎达到了冠幅的最大值,随着年龄的增长和树高的增加,平均冠幅并没有明显增大。相反,单轴分枝方式的柏木主要由于主干增长,侧枝伸展较弱,平均冠幅明显比枫香树小得多,并随着树高的增加平均冠幅有较大的增长。这说明,像柏木这样具有单轴分枝方式的树种(主要是裸子植物,如黄杉、银杏、南方红豆杉等),平均冠幅虽然较小,但在 300 年之后仍然具有增长的潜力。

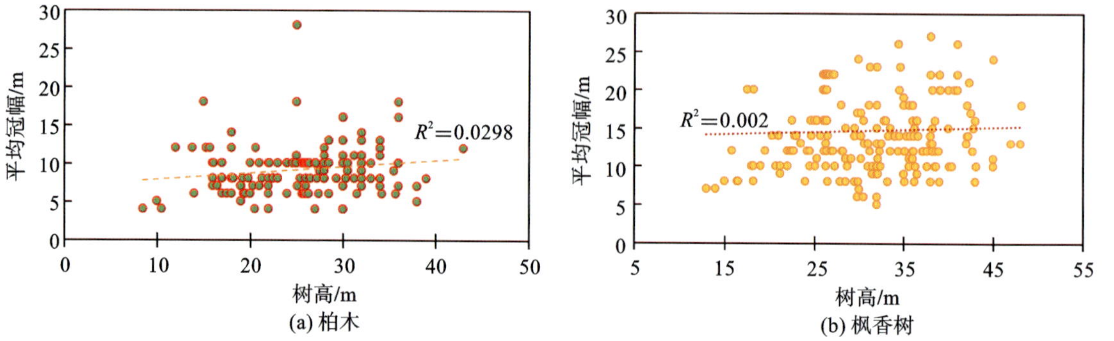

图 6-14　梵净山地区二级古树主要树种枫香树和柏木的树高与平均冠幅的关系

6.2.2　胸围

相较于一级古树，二级古树的胸围明显小得多，胸围小于 2 m 的多达 40 棵，胸围 2～3 m 的植株有 315 棵(32.51%)，一半以上(500 棵)植株的胸围仅 3～4 m(图 6-15)。这可能是因为二级古树的优势树种是枫香树(237 棵)、柏木(165 棵)、青冈(68 棵)等，这些都是材质细密、生长缓慢的树种，胸围普遍较小，特别是柏木，在成年后胸围的增长速率明显减缓。同时，枫香树和柏木等二级古树主要生长在岩石或土壤贫瘠处，养分也极大制约了其胸围的增长。

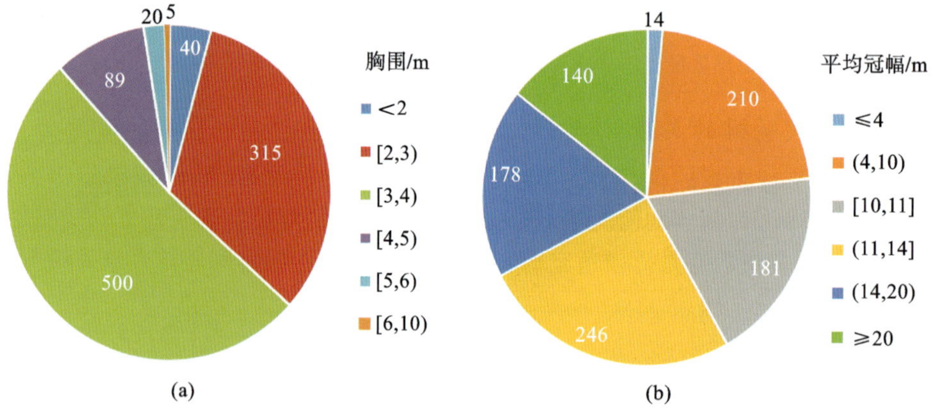

图 6-15　梵净山地区二级古树的胸围与平均冠幅状况

结合树高和胸围的相关性，以及考虑到绝大多数二级古树的树龄是 300 年(504 棵)、310～350 年(181 棵)，二级古树胸围较小的原因可能是还处于生长期，胸围还有一定的增长空间。

6.2.3　冠幅

相较于一级古树，二级古树的平均冠幅≥20 m 的多达 140 棵(14.45%)，略低于一级古树的平均冠幅≥20 m 植株的占比(18.14%)；二级古树的平均冠幅为 14～20 m 的占比(18.37%)低于一级古树(28.37%)；二级古树的平均冠幅为 10～14 m 的占比(44.07%)略高于一级古树(42.79%)。这和二级古树胸围显著小于一级古树的现象截然不同，表明古树的冠幅可以在 300 年左右接近最大值，而胸围虽然增长速率缓慢，但随着时间的推移仍有继续增长的趋势。

从二级古树自身的生物学特点来看，冠幅主要受植株分枝方式的影响，二级古树比一级古树具有更大比例的合轴分枝方式为主的被子植物。一级古树以银杏、松柏类等裸子植物为主，这些裸子植物的分枝方式以单轴分枝方式为主。由于合轴分枝的侧枝能够伸展以获得更大的冠幅，因此虽然二级古树比一级古树的生长时间少了 200 年左右，但很多物种的冠幅已经超过了以单轴分枝为主的一级古树。

从生境上来看，二级古树的生境更加多样，包括平地或缓坡、山坡下部或沟谷等区域，这些区域比一级古树主要分布的陡坡或险坡和山坡中、上部等位置具有更好的养分条件和适宜生境，有利于冠幅的伸展。

6.3 三级古树的生态学分析

梵净山地区三级古树有12130棵，其中主要优势树种有柏木（4281棵）、枫香树（2124棵）、青冈（732棵）、朴树（370棵）、榉树（295棵）、楠木（267棵）、黄连木（254棵）、云南樟（234棵）、湖北锥（222棵）、柞木（214棵）、大叶榉树（202棵）、银杏（185棵）、南方红豆杉（172棵）、杉木（163棵）、钩锥（152棵）、岩栎（127棵）、小叶青冈（124棵）、贵州石楠（122棵）、枫杨和垂柳（各96棵）等。从优势树种上来看，三级古树跟二级古树的情况基本一致，主要以柏木、枫香树、青冈等耐旱、耐贫瘠树种为主。

6.3.1 树高

相较于一级古树和二级古树，三级古树的树高偏低（图6-16(a)）。树高超过40 m的三级古树仅167棵（1.38%），远低于二级古树（3.72%，36棵）、一级古树（6.51%，14棵）的相应比例。

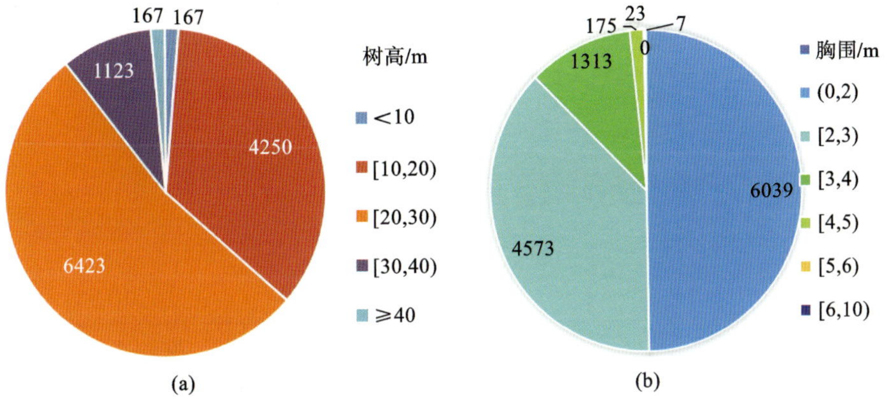

图6-16 梵净山地区三级古树树高和胸围的分布情况

由于三级古树优势树种的组成与二级古树相似，因此三级古树的树高变化规律和主要影响因素也与二级古树类似。根据对植株数最多的8个树种的树高进行分析（图6-17），楠木和云南樟无超过40 m的三级古树，枫香树和柏木三级古树的树高超过40 m的数量远多于其他树种。而楠木和云南樟都属于樟科树种，生长均非常缓慢，且分枝方式都是合轴分枝，主干在长到一定程度后生长速率减缓，侧枝生长速率加快。特别是楠木，其生长速率在初期时很慢，生长速率最快的时间是50～60年，随后又进入缓慢生长时期。

枫香树和柏木三级古树树高超过40 m的较多，可能是因为这两个树种植株极多，而且分枝方式是以单轴分枝为主，主干能一直保持生长优势，使得树体较高。其中，枫香树三级古树树高超过40 m的多达89棵，明显多于柏木（41棵），可能是枫香树叶片较大，光合作用速率快，故生长速率较快，而柏木木材致密，叶片呈鳞片状，光合作用速率弱于枫香树，导致树体较矮。

6.3.2 胸围

三级古树的胸围比一级古树和二级古树的胸围要小得多，约50%的植株（6038棵）胸围在2 m以下，37.70%的植株（4573棵）胸围在2～3 m（图6-16(b)）。这种偏小的胸围可能与三级古树的树龄较一级古树、二级古树短有关。

不同树种的胸围受到海拔的影响程度各不相同，植株数量最多的柏木、枫香树、青冈这三个优势树

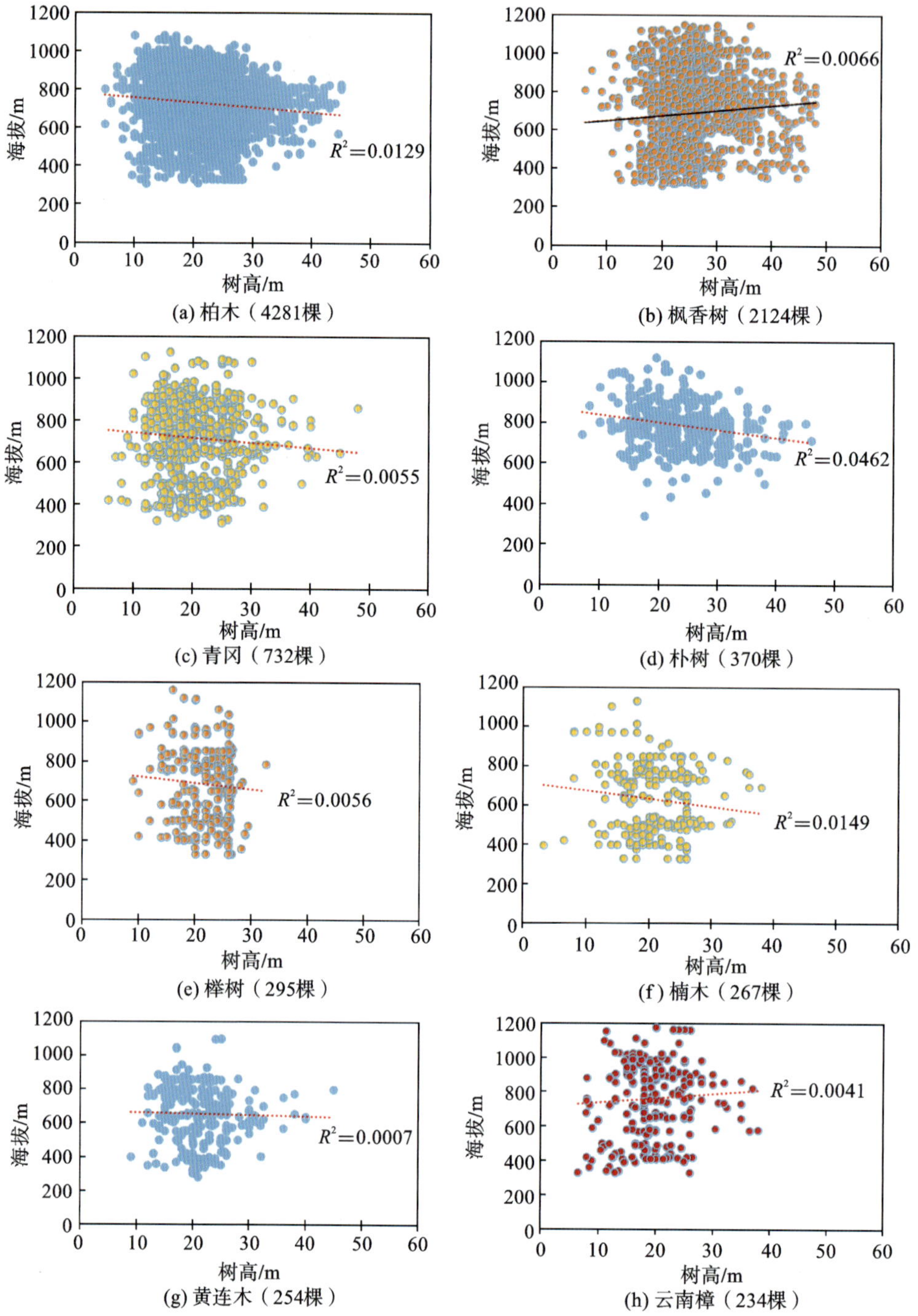

图 6-17　梵净山地区三级古树植株数最多的 8 个树种的树高与海拔的关系

种表现出不一样的规律。柏木(R^2=0.00002)和青冈(R^2=0.0006)的胸围几乎不受海拔变化的影响，在不同海拔区间，胸围基本保持恒定；枫香树则随着海拔的升高，胸围出现明显的下降(R^2=0.0833)。这可能主要是因为柏木和青冈胸围较小，又比较耐寒，在海拔较高处不表现出明显的变化。枫香树则主要分布在海拔较低处，在海拔高处可能由于寒冷和风吹的胁迫，胸围的增长受到抑制。

6.3.3　冠幅

三级古树的平均冠幅分布较为均衡，在不同冠幅区间都有较多的植株分布，但近 40%(4730 棵)的植株平均冠幅为 4～10 m。冠幅在三级古树的不同树种之间表现出较大的差异。以植株数量最多的 3 个树种来看：枫香树冠幅≥20 m 的有 609 棵，其中≥30 m 冠幅的有 11 棵；柏木冠幅≥20 m 的仅 12 棵，没有冠幅>30 m 的植株；青冈冠幅≥20 m 的有 61 棵，≥30 m 的有 5 棵。可见，总体上来看，枫香树的冠幅明显大于青冈和柏木，这与它们不同的分枝方式密切相关。青冈和柏木都是单轴分枝的树种，侧枝发育不发达，冠幅有限。枫香树部分个体的分枝方式是单轴分枝，但有大量的个体主干不明显，侧枝发达而伸展，表现出合轴分枝方式。不管是单轴分枝方式还是合轴分枝方式，枫香树植株的侧枝都生长强壮，并向水平方向伸展，使得冠幅显著增大。

从海拔上来看，梵净山地区三级古树的冠幅随着海拔的升高略有下降的趋势，但相关性较低，影响较弱（$R^2=0.0048$）（图 6-18）。

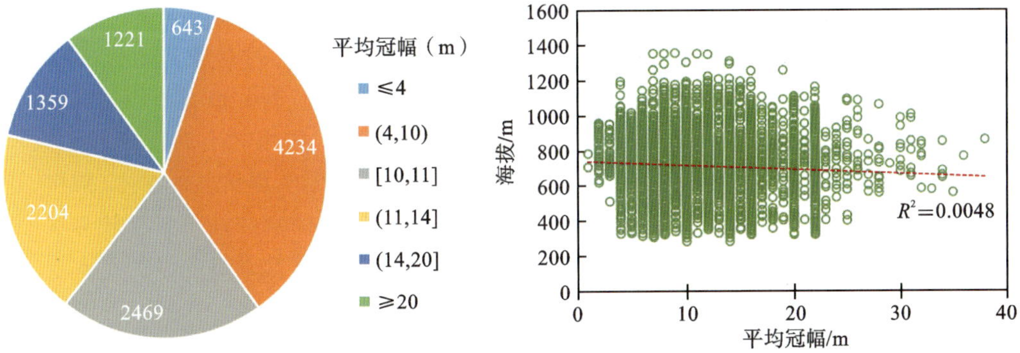

图 6-18　梵净山地区三级古树平均冠幅分布情况及其与海拔的关系

在一项针对浙江省樟树古树的研究中，李程等(2015)发现树高、胸围、冠幅三个主要生长指标对于古树实际生长状况的指示作用大小排序是冠幅>胸围>树高。也就是说，冠幅越大的古树，往往指示着古树的生长状态越好，而树高较大的古树不一定处于较好的生长状态。梵净山地区的三级古树也呈现出类似的规律，即冠幅的大小是衡量古树生长状态的一个可靠指标。这可能是因为树高和胸围在达到一定程度后，往往较为稳定，即生长状态欠佳植株的树高和胸围(胸径)通常不会发生明显萎缩，但其叶片量、侧枝发育等新生部分的长势很容易受到不良生长的直接影响而减弱，使得冠幅相应减小。因此，相较于树高和胸围，冠幅是一个衡量古树生长状态更准确的指标。

类似地，胸围相较于树高在衡量古树生长状态方面具有更准确的指示作用。从平均冠幅、胸围、树高三者的相关性程度上也能给予解释。平均冠幅和胸围的相关性很高，代表着较大的平均冠幅往往具有较大的胸围；而胸围与树高的相关性则较低，较大的树高只表现出轻微的胸围增长(图 6-19)。因此，从指示古树的生长状态而言，平均冠幅和胸围的相关性最高，是衡量古树生长状态最准确的指标。

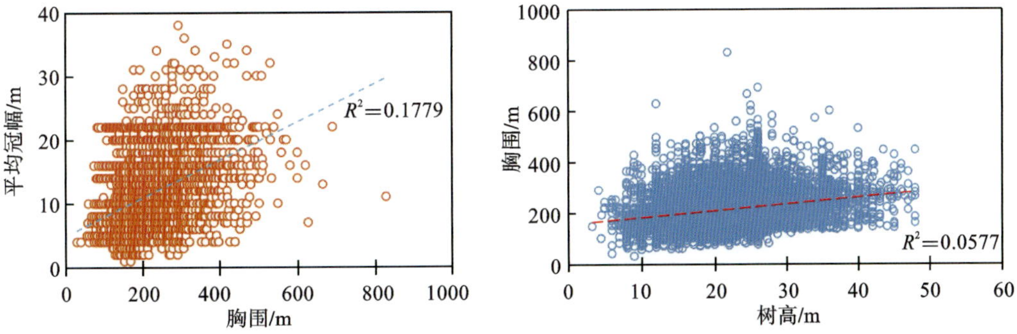

图 6-19　梵净山地区三级古树平均冠幅、胸围和树高的相关性

6.4 古树群的生态学分析

梵净山地区共有 121 个古树群，其中梵净山南侧（江口县）5 个、梵净山西侧（印江县）103 个、梵净山东北（松桃县）13 个。古树群中的古树以三级古树、二级古树为主，特别是梵净山南侧的 5 个古树群，均由三级古树组成。并且，古树群更多地出现在人类聚居的村寨、农地及水源点等地。这些结果都一致表明古树群很可能比单株古树更多地受到人类的保护和利用。

古树群通常能够形成植被群落结构，往往比单株古树更显著地影响局域的小气候和微生境，常常被视为“风水林”。风水林是指为了保持良好生活与生产条件而特意保留或栽种的树林，是我国南方乡村较为普遍的半自然林地。不少村落在选址时会考虑“风水”（实际上是生态安全与景观美的传统意识），通常会在茂密的树林旁建造村寨，或人为补充栽植高大树木，使其成为村落或田地依山傍水的绿色屏障。当地人通常认为，风水林能减少暴雨和洪水的冲刷，抵挡“煞气”。有些地方还称这类带状或岛状分布的林地为“水口林”，形象地突出了其涵养水源、保持水土的作用。风水林有时候被当地人认为是“神山”“神木”，得到了传统的保护，后来人们还会在风水林栽种具有不同实用价值的树木（果树、建材树、药用植物等），使“风水林”具有了更实质、更直观的经济价值。因此，古树群往往都具有较为深厚的文化寓意、景观价值以及巨大的经济价值，获得人类长期保护。古树群的发育常常有明显的乔木层、灌木层、草本层等结构特点，基本维持着本底植被结构，保存了珍稀的原生树种。

从树高上来看，每个古树群里的古树树高差异都不大，集中在 10～20 m 或 20～30 m。这反映出这些古树群很可能是人为栽种或筛选保留某类树种而逐渐形成的，所以整个古树群的古树具有较为一致的树高。这进一步反映出人类在古树和古树群的形成与保存过程中的积极促进作用。

6.4.1 梵净山南侧（江口县）

梵净山南侧（江口县）仅有 5 个古树群，所含古树均为树龄不超过 200 年（只有 1 棵柞木估测树龄为 200 年）的三级古树。其中，位于江口县怒溪镇河口村的寨上古树群（1＃古树群）由 11 棵钩锥和 1 棵楠木组成，位于江口县怒溪镇怒溪社区的大洞下古树群（4＃古树群）由 14 棵柏木和 1 棵柞木组成，位于江口县太平镇太平社区的水井坎上古树群（5＃古树群）全由 20 棵楠木组成。这 3 个古树群的树种多样性都极低，结构简单，树龄非常接近，集中在 100～150 年，应是人为有意栽种并保存至今。

梵净山南侧（江口县）另外 2 个古树群的树种多样性极高（图 6-20），并出现了大量树龄为 150～200 年的古树，保存着较为原始、自然、复杂的植被结构，反映出这两个古树群很有可能是自然形成的林地，得到了当地人民更久远的保护。值得注意的是，这两个古树群的优势树种都是柏木、南方红豆杉等梵净山地区原生树种，进一步证实物种多样性较高的古树群很可能是先自然形成的小树林，而后在人类的保护和补充种植下逐渐形成了今天的古树群。

梵净山南侧（江口县）的 2＃古树群位于怒溪镇河口村大湾后山—洞湾一带，由 7 个树种、37 棵古树组成（图 6-20(a)），其中的优势树种是柏木（20 棵）和南方红豆杉（7 棵）。这个古树群具有极为复杂的群落结构，位于平坡、急坡或险坡的下部，对水土保持、水源涵养、降低滑坡风险等具有显著的积极作用，并影响着局域小气候与微生境，林下具有较多的构幼树以及禾本科与莎草科植物。

梵净山南侧（江口县）3＃古树群位于怒溪镇怒溪社区小洞下—上坎一带，整个古树群由 13 个树种、71 棵古树组成（图 6-20(b)），发育完整、保护良好、结构稳定，形成了较为郁闭和原始的植被，是梵净山南侧古树数量最多、规模最大的古树群。古树群生物多样性丰富，景观优美，其中 41 棵柏木和 7 棵南方红豆杉成为古树群的主体，是古树群的优势种和建群种，在很大程度上决定了古树群的群落外貌与局域生境特征。柏木和南方红豆杉都是裸子植物，生长缓慢，但经济价值极高，这两种植株数最多很可能得益于当地人民的积极保护与人为补充栽种。林中柏木、南方红豆杉、黄连木等挺立在山间谷地，守护着

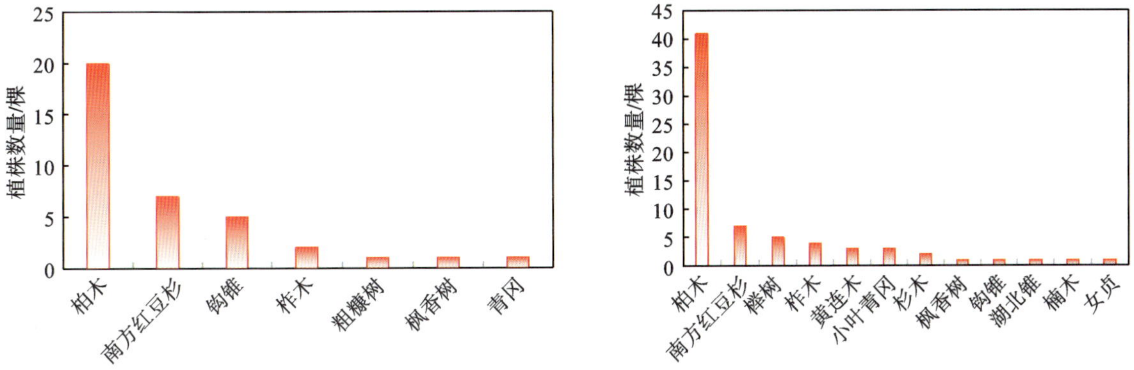

(a) 梵净山南侧2#古树群（怒溪镇河口村大湾后山—洞湾一带） (b) 梵净山南侧3#古树群（怒溪镇怒溪社区小洞下—上坎一带）

图 6-20 梵净山南侧(江口县)物种多样性最高的两个古树群的树种组成

附近的村寨与田地。

从坡向上来看,古树群中的大多数古树没有明显的坡向朝向,位于没有明显朝向的山间平地或谷底,可能是因为谷底与平地才能有较大的空间与适宜的生境维持古树群。古树群大多也分布在坡度较缓的平坡之上,很少出现在陡坡和急坡位置,这与坡向的结论一致。可见,古树群与单株存在的古树在空间生境方面具有截然不同的分布特点,即集中在谷底与平地位置,很少出现在陡坡上。

从坡位上来看,梵净山南侧(江口县)的 5 个古树群均分布在山坡下部,这与古树群的坡向、坡度结果也表现一致。这可能有两个方面的原因:①山坡中部及上部的位置由于地形限制、土壤浅薄与养分有限等因素,很难同时支撑多棵古树的生长,难以形成古树群;②人类村庄与田地等通常位于山坡下部较为平缓的位置,村庄或田地与山体之间往往保留或人为栽种形成林地,从而形成具有涵养水源、防止水土流失与山体滑坡等作用的“风水林”,逐渐形成了古树群,这促进了古树群在山坡下部的形成与保存。

6.4.2 梵净山西侧(印江县)

①纯林古树群。梵净山西侧(印江县)共有 103 个古树群,主要以柏木、枫香树、青冈、云南樟、朴树等树种为主。其中有 18 个古树群为柏木古树纯林,1 个古树群为云南樟古树纯林。这些纯林古树群基本由三级古树组成,仅在朗溪镇泡木村半牙的 71# 古树群中有 1 棵柏木一级古树。这些纯林古树群的古树数量都不少,一般在 20 棵以上,最少的也有 9 棵,形成了非常郁闭的纯林,有部分古树群内有坟墓、庙宇或简易香龛,存在悬挂祈福和祭拜的红绸带等现象,是非常典型地受到当地人有意识保护的“风水林”。

在这些纯林古树群中,生长状态较差(树高、冠幅与胸围较低)的柏木古树群主要位于西坡和陡坡上,或者生长于石灰土上。如柏木纯林中唯一分布在石灰土上的 86# 古树群(木黄镇五甲村二组),其内所有 23 棵柏木古树均生长于西坡,树高仅 10 m,是所有古树群中平均树高最小的,平均冠幅也仅有 7 m。这说明,古树群可能比单株古树对生境更加敏感,在土壤浅薄、缺乏养分、光照不足的情况下,生长受到更明显的抑制。因此,对于这些纯林古树,需尤其注意加强保护和管理,通过减少干扰、适当施肥等措施促进古树群的稳定生长。

②以一个树种为优势的古树群。除了完全由同一树种古树形成的纯林古树群之外,还有一些古树群是由某种树种数量占绝对优势而形成,仅分布数量极少的 1～2 个其他树种古树。如木黄镇岑阳村张家岭的 8# 古树群就以 41 棵柏木古树为主,仅出现了 2 棵枫香树古树;洋溪镇曾心村郎树坪的 10# 古树群以 20 棵柏木为主,仅出现了 1 棵银杏古树、1 棵毛白杨古树;刀坝镇洞沟村枫香堡的 23# 古树群以 18 棵柏木为主,仅出现了 1 棵朴树古树,以上古树群中都是柏木古树数量最多,数量上占绝对优势。又如缠溪镇客店沟村中岭-寨边的 53# 古树群是以 15 棵岩栎古树为主,另有 1 棵银杏古树、1 棵青冈古

树；杨柳镇竹林村李家沟长岗岭—大竹林烂田坎的 102＃古树群则以 8 棵湖北锥古树为主，另有 3 棵岩栎古树、2 棵柏木、1 棵朴树和 1 棵青冈古树；杨柳镇茶山村何家林椿木坪的 12＃古树群的优势种是枫香树古树（17 棵），零星分布有 4 棵杉木古树、1 棵马尾松古树。这些古树群明显以某种树种数量占绝对优势，在群落结构与物种多样性指数方面与纯林古树群接近，应该也是主要以人类选择性保护和补充种植为主而形成古树群。

③以多个树种组成的古树群。除了上述以古树纯林或某一个树种为绝对优势的古树群之外，梵净山西侧（印江县）的古树群更多的是以多个树种组成的半自然古树群，并出现了较多的二级古树和一级古树（图 6-21），具有显著的物种多样性及更加郁闭和原始的植被，是以自然形成为主、人类后期保护和选择性筛选保留为辅形成的。这类古树群是梵净山地区弥足珍贵的本底植被，保存了较多的珍稀濒危物种和特有的种质资源，具有重要的保护价值和利用价值。如洋溪镇曾心村徐家的 9＃古树群拥有 45 棵古树，包括二级古树 16 棵、一级古树 1 棵（翅荚香槐），并分布有青檀、川黔紫薇、云贵鹅耳枥等物种，其中被列入《中国珍稀濒危植物名录》的三级保护植物青檀就有 7 棵三级古树、5 棵二级古树，显示出古树群在珍稀物种保存方面具有重要的积极作用。

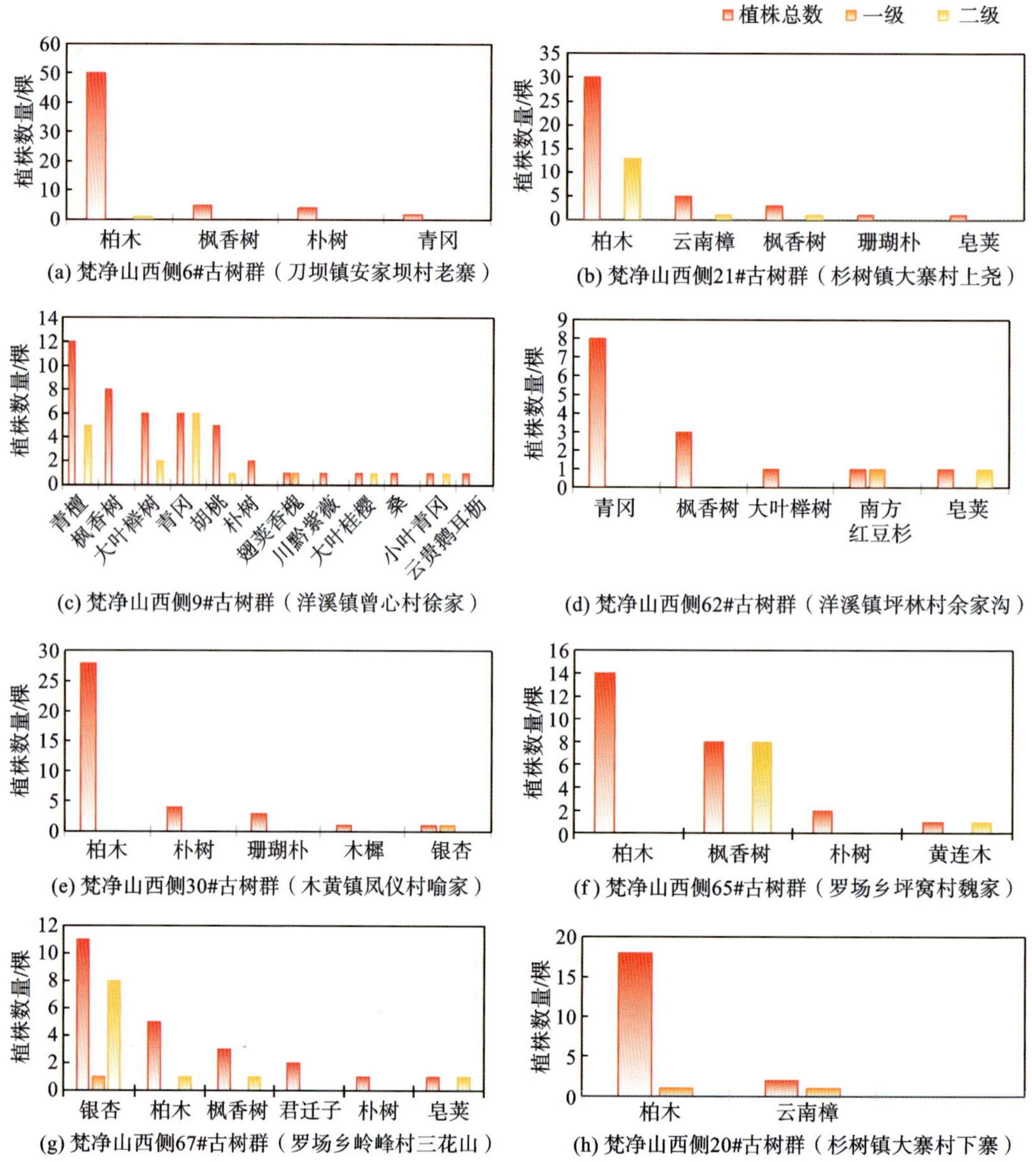

图 6-21　梵净山西侧（印江县）主要古树群的树种组成与古树等级

古树群中物种多样性最高的古树群是位于杨柳镇茶山村茂林山寨子的11♯古树群、洋溪镇曾心村徐家的9♯古树群，都拥有12个古树树种。其中，11♯古树群共54棵古树植株，优势树种是枫香树、柏木、杉木、青冈等(图6-22(a))；9♯古树群共45棵，优势树种是青檀、枫香树、大叶榉树、青冈等(图6-21(c))。其次是位于峨岭街道青杠林村的74♯古树群拥有10个古树树种，以柏木、云南樟、光叶石楠、黄连木等为优势树种(图6-22(b))；位于罗场乡岭峰村岭山封神堡的68♯古树群拥有10个古树树种，以48棵柏木(1棵二级古树)以及6棵榉树和1棵大叶榉树(全为二级古树)占绝对优势(图6-22(c))。此外，还有拥有8个古树树种的杨柳镇大兴村李家山寨子的17♯古树群(图6-22(d))，以及拥有6个古树树种(有银杏三级古树2棵、二级古树8棵、一级古树1棵)的位于罗场乡岭峰村三花山的67♯古树群(图6-21(g))。

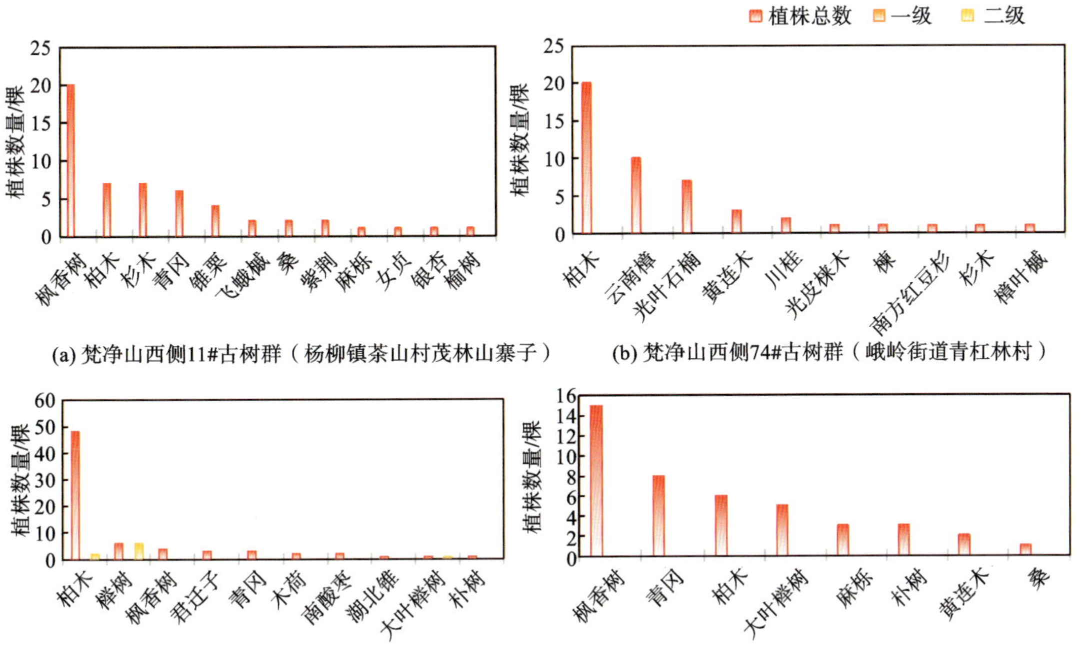

(a) 梵净山西侧11#古树群（杨柳镇茶山村茂林山寨子）

(b) 梵净山西侧74#古树群（峨岭街道青杠林村）

(c) 梵净山西侧68#古树群（罗场乡岭峰村岭山封神堡）

(d) 梵净山西侧17#古树群（杨柳镇大兴村李家山寨子）

图6-22 梵净山西侧(印江县)古树群中物种多样性最高的4个古树群

树种多样性极高的古树群大多位于光照较好的南坡和西南坡，但坡度较大。这可能是因为一方面，树种多样性最高的古树群大多是自然形成的原始林地，需要较强的光照才能维持。另一方面，陡坡及急坡的位置限制了人类活动及其带来的干扰，这里更容易保存成片的林地，从而逐渐形成古树群。同时，陡坡与急坡地形往往地质条件不稳定，容易发生泥石流与滑坡等地质灾害；早期人们可能逐渐意识到这种陡坡地形的原始植被在保持水土、防止滑坡和涵养水源等方面的重要性，可能人为补充种植根系发达、耐旱、耐贫瘠树种，进一步增加了树种多样性，这提高了古树群植被结构的复杂性，使得这些地方的古树群能够较为完好地保存至今。同时，维持了极高的物种多样性和半自然的原生植被。

从古树植株数上来看，古树植株数超40棵的大型古树群有18个，其中古树植株数最多的古树群是罗场乡岭峰村岭山封神堡的68♯古树群(图6-22(c))，拥有71棵古树，包括48棵柏木、6棵榉树、4棵枫香树、3棵君迁子、3棵青冈，木荷和南酸枣各2棵，以及湖北锥、大叶榉树和朴树各1棵。值得注意的是，这个古树群中的6棵榉树和1棵大叶榉树均为树龄超过300年的二级古树，大叶榉树树高23.5 m，平均冠幅高达30 m，远远大于该古树群其他古树的平均冠幅，是该古树群中最为显眼的“树王”。大叶榉树性喜光，喜温暖气候和肥沃、湿润土壤，在微酸性、中性、石灰质及轻盐碱土壤上均能很好生长，该古树群中的这棵大叶榉树生长在向阳南坡、山坡上部的陡坡之上，正是其偏好的生境。但是，该古树群中的榉树和大叶榉树缺乏三级古树，可能是榉树与大叶榉树的有性繁殖与自然更新受到了较大的抑制，需加强传粉坐果、种子萌发及幼苗建成等方面的研究与保护。

缠溪镇方家岭村毛构岭的28#古树群含有70棵古树，是古树植株第二多的古树群，包括了29棵柏木、27棵枫香树和5棵岩栎等古树。这个古树群与其他古树群类似，集中分布在山坡中部和上部，或分布在村寨后山位置，仅单株分布的古树往往集中分布在山坡下部或平地。这可能是因为一方面，古树群在山坡上部或靠山沟谷中更容易被保存，而在平地容易受到人类干扰和破坏。另一方面，山坡上部和中部的陡坡、急坡位置具有更多样的地形、地貌和生态位，不同物种生长缓慢、竞争较弱，更容易实现共存。因此，古树群更多地出现在山坡中部和上部，特别是急坡、陡坡位置。

在梵净山西侧（印江县）的古树群中，古树的树高和平均冠幅表现出更加明显的正相关关系（图6-23）。从植株数最多的2个古树群中可以看出，随着树高的增加，古树平均冠幅也随之出现较明显的增大，且增幅基本一致，表现出这些古树还处于较为旺盛的生长期。这与古树群中基本为树龄不到300年的三级古树的事实一致。较大的树高—平均冠幅相关性也表明了这些地点的生境对于古树群大多数树种而言是比较适宜的，且随着时间的增长，古树还能保持较好的生长状态，平均冠幅和树高都会有一定程度的增加。

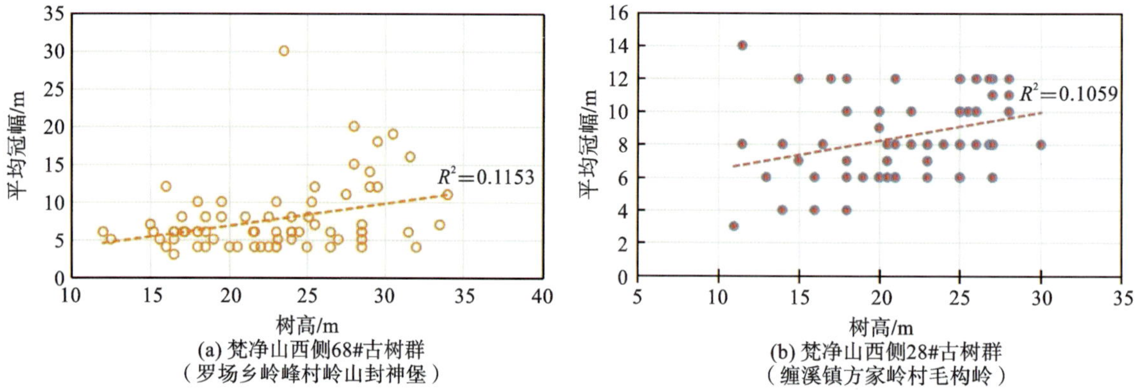

图6-23　梵净山西侧（印江县）古树植株数最多的2个古树群树高与平均冠幅的相关性

梵净山区西侧（印江县）的大型古树群不仅具有数量极多的古树，还拥有极高的树种多样性，是局域生物多样性最富集、群落结构最完整的自然或半自然植被，是梵净山地区非常珍贵的物种多样性与种质资源保存地，对局域生态系统的稳定性和调节等也具有举足轻重的影响，具有极其重要的保护价值和利用价值。

6.4.3　梵净山东北(松桃县)

梵净山东北（松桃县）有13个古树群，含有的古树树种更加丰富。这里的优势种除了梵净山南侧常见的柏木和南方红豆杉之外，还有青冈、枫香树、楠木等，而且出现了较多的二级古树和一级古树，呈现出比梵净山南侧具有更丰富、保存更完好的古树群特征。

梵净山东北（松桃县）4#古树群（黄板镇大田村大面山古树群）全由三级古树组成，但物种多样性较高，有柏木、枫香树、贵州石楠各5棵，另有白花泡桐和青冈各1棵。位于大路镇大路村堰塘坪的8#古树群不仅都是三级古树，而且树种均为枫香树，树龄估测均为250年左右；处于乌罗镇中厂村舒家组的13#古树群也主要由枫香树组成，只有1棵南方红豆杉（二级古树）生长于其间，这种单一的树种结构和较为整齐的古树年龄，表明这片古树群很可能是人为栽种或有意识筛选保留而来。9#古树群（孟溪镇红岩寨村河边组和洞边组）也主要是由单个树种组成（有柏木古树17棵，仅1棵钩锥古树）；位于平头镇西溪村西溪五组与六组的10#古树群则全由楠木组成，其中有1棵一级古树，显示出较为稳定的生境和更为久远的人类保护与利用历史。

相比之下，梵净山东北（松桃县）的另外8个古树群则表现出了显著高的树种多样性和古树等级多样性（图6-24），可能是以自然形成为主、人类后期保护和补充种植为辅而形成的半自然古树群。如位于大兴街道高岩村黄泥洞的2#古树群和位于甘龙镇猫山村当门湾的6#古树群均有8个树种的古树，都以枫香树为优势种。其中，2#古树群出现了4棵二级古树（柏木2棵，湖北锥和青冈各1棵）、6#古树群出现了 5 棵二级古树(青冈 3 棵,朴树和湖北锥各 1 棵)。剩余的 6 个古树群也都生长着或多或少的二级古树或一级古树,且树种组成都不少于 3 种,体现出较高的物种多样性和较为自然与完整的植被结构,保存了弥足珍贵的本底珍稀物种和本底植被。如位于甘龙镇英庄村坨里组的 7# 古树群(图 6-24(f))分布有 5 棵(其中 2 棵为二级古树)国家一级保护植物的濒危物种南方红豆杉及著名孑遗单种属植物青钱柳、珍稀红木植物黄檀等,是局域生境生物多样性热点地区和很多孑遗植物与濒危物种的“避难所”,体现出古树群在保护生物多样性和维持局域植被完整性与原真性等方面的积极作用。

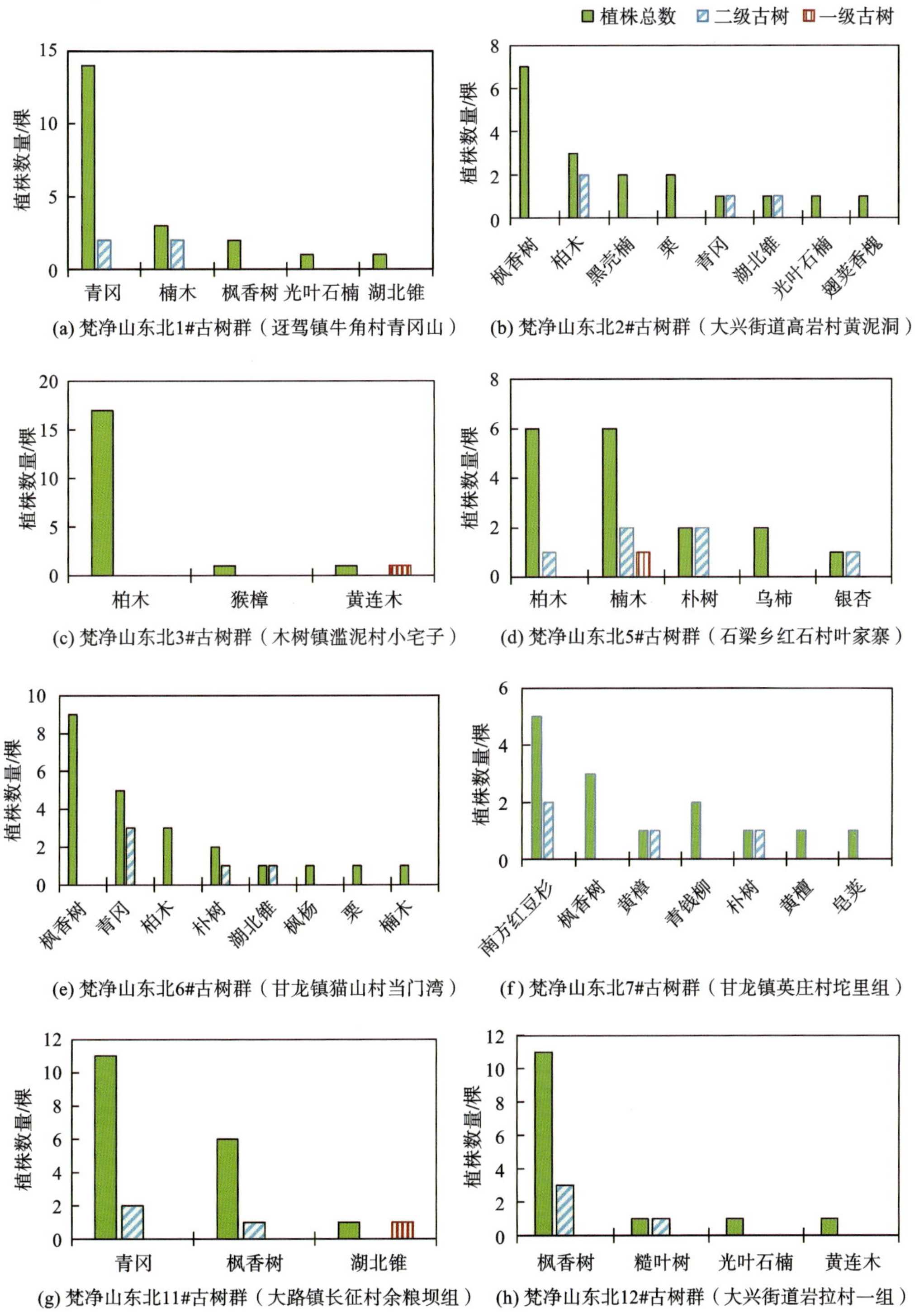

(a) 梵净山东北1#古树群(迓驾镇牛角村青冈山)

(b) 梵净山东北2#古树群(大兴街道高岩村黄泥洞)

(c) 梵净山东北3#古树群(木树镇滥泥村小宅子)

(d) 梵净山东北5#古树群(石梁乡红石村叶家寨)

(e) 梵净山东北6#古树群(甘龙镇猫山村当门湾)

(f) 梵净山东北7#古树群(甘龙镇英庄村坨里组)

(g) 梵净山东北11#古树群(大路镇长征村余粮坝组)

(h) 梵净山东北12#古树群(大兴街道岩拉村一组)

图 6-24 梵净山东北(松桃县)主要古树群的树种与古树等级组成

从坡位上来看，虽然梵净山东北(松桃县)古树群与梵净山南侧(江口县)古树群一样大多位于平地与山坡下部，但也有部分古树群分布在山坡上部和山脊，如位于大兴街道高岩村黄泥洞的 2＃古树群、木树镇滥泥村小宅子的 3＃古树群、石梁乡红石村叶家寨的 5＃古树群等，这些古树群整体位于山坡中部，但有部分古树分布在山脊或山坡上部，体现出更自然、更完整的植被群落结构，似以自然形成为主。

从坡向和坡度上来看，9＃、12＃和 13＃古树群整体位于东坡、东南坡等阳光充足的坡向，其余部分古树群处于平地，无明显坡向，坡度较缓。但位于迓驾镇牛角村青冈山的 1＃古树群整体位于东北坡和西坡，光照较少，因此这里的树高普遍偏低，集中在 10～20 m，平均冠幅也多不超过 10 m，且由于光照较少，蚂蚁数量较多，再加上土层薄，岩石裸露程度较高，1＃古树群的古树生长受到一定的威胁。

整体而言，梵净山地区的古树群集中分布在人为干扰较少的山坡中部、上部的陡坡与急坡位置，既有由单一树种组成的纯林古树群，也有某一两个树种占绝对优势、物种多样性较低的古树群，同时还有大量的具有极高物种多样性、含有 2 或 3 个优势树种古树的半自然古树群。纯林古树群以及以单个树种占绝对优势的古树群(主要是以综合利用价值较高的柏木、枫香树、青冈、银杏等为主)，可能主要是以人类选择性保留和补充种植为主而形成的，而半自然古树群较高的物种多样性与较多的古树个体数量，很可能主要是以自然形成为主、人类保护和补充种植为辅形成的，因而保留了更多的珍稀濒危物种。这些古树群都体现了梵净山地区较为稳定的气候与生境，并反映出人为因素在古树及古树群保存中的重要作用。古树和古树群经历了适应当地环境因子和人类活动的长期进化历史过程，是自然条件和人为因素共同作用的结果，因此值得在后续古树和古树群的保护与恢复中予以重视。

第 7 章 梵净山地区古树名木的保护策略及价值实现

古树名木具有极为重要的保护价值，特别是在弘扬文化自信和大力开展乡村振兴与生态文明建设的今天，古树和古树群蕴藏着丰富的种质资源和厚重的历史文化，承载着乡愁，维护着局域生态安全，同时具有极佳的观赏价值和经济开发价值，是乡村振兴、生态文明建设和中国式现代化的重要依托，极具综合保护价值。因此，如何科学有效地保护古树和古树群成为当前古树名木研究的一个重大课题。

梵净山于 2018 年 10 月被评为国家 5A 级旅游景区，旅游业得到了快速发展，一方面，人为活动进一步增加，同时环境压力增大，导致梵净山地区一些古树和古树群及其生长环境受到了一定的破坏和干扰，影响了古树与古树群的生长与繁衍。另一方面，部分古树由于树龄大、长势逐渐衰弱、根与枝损伤累积、抗逆性差等原因，极易因遭受环境干扰而死亡。

本章参照中国其他地区和梵净山地区当地一些古树名木保护的成功经验，从就地保护、迁移保护两方面来归纳梵净山地区古树与古树群的保护与复壮策略，并探讨如何有效利用古树与古树群开展生态旅游、传承与创新利用传统文化、发掘科研价值等来促进农民增收、乡村振兴、生态文明建设及古树和古树群的可持续保护与利用，从而实现生物多样性保护和区域经济的可持续发展。

7.1 就地保护

就地保护（in situ conservation）又称就地保育，是对有价值的生物个体及其栖息地予以实地保护，不改变生物个体及其栖息地的位置和基本生态条件，以保持生态系统内生物的繁衍与进化，维持系统内的物质、能量流动与生态过程。就地保护能够最大限度地保护濒危物种及其生境，是生物多样性和古树的保护中最有效的一项措施，也是首要手段。通常，就地保护的方法主要是建立各类自然保护区、保护小区或国家公园，以及各种类型的风景名胜区等。

对于古树和古树群而言，由于保护对象是零星分散的树龄在百年以上的古树，且多分布在村寨和农田附近，地理位置特殊，就地保护方案不同于一般的自然保护区或保护小区，划定的保护范围往往很小，保护措施较为单一，受人为活动干扰严重。当前，大多数古树与古树群的就地保护主要包括植株复壮、生境保护两个方面。

7.1.1 植株复壮

古树的长势普遍较弱，除遭受到病虫害的侵害外，也容易受到雷击、风吹等直接影响。因此，古树与古树群的保护首先是针对古树植株本身开展全方位的复壮，增强古树长势。古树的复壮主要涉及根系、冠幅、枝干、立地土壤等生境的改善与养护。具体而言，主要包括以下 7 个方面的具体措施。

(1) 有害生物防治

古树由于年代久远，生长衰弱，容易受到病虫害的侵染危害。古树一旦衰弱，蛀干害虫如小蠹虫、天牛、白蚁等次生害虫乘虚而入，破坏树木的输导组织，易造成树木死亡。因此，应坚持“预防为主、综合防治”的方针，推广和采用低毒、无公害的生物农药，并注意保护蛀干害虫的天敌，采取减少环境污染等防治措施，以增强树势。

梵净山西侧(印江县)对紫薇镇永义村的川黔紫薇一级古树开展了病虫害防治，取得了较好的效果。主要方法：①早春进行树冠下翻地，清除杂草。②在 3 月中旬，用 25％多菌灵可湿性粉剂 300～600 倍、50％托布津 1000 倍、70％代森锰 500 倍、80％代森锰锌 400～600 倍或 50％克菌丹 500 倍等液喷防，并注意交替使用药剂，以免病菌产生抗药性。③在 4 月中旬，将洗衣粉、尿素、水按 1∶4∶100 的比例配制好后喷于古树的枝、叶，防治蚧壳虫。④在 5 月上中旬，主要用白僵菌烟雾弹熏防食叶虫。⑤在 7 月，需特别注意树干的害虫危害，如用灭蚁灵防蚂蚁。⑥在 9 月下旬至 10 月上旬，安装黑光灯诱杀食叶蛾(主要是银杏大蚕蛾，见图 7-1)。

图 7-1　梵净山西侧(印江县)对紫薇镇永义村的川黔紫薇安装黑光灯诱杀食叶蛾

北京市园林绿化科学研究院所在防治古柏、古槐等主要病虫害的实践中，总结出了浇灌法、埋施法及打针法等病虫害防除方法，取得了良好效果。具体方法：①浇灌法。利用内吸剂通过根系吸收、经输导组织至全树而达到杀虫、杀螨等作用，解决古树病虫害防治经常遇到因树木分散、高大、立地条件复杂等造成喷药难、污染空气等问题。方法：在树冠垂直投影边缘的根系分布区内挖 3～5 个深 20 cm、宽 50 cm、长 60 cm 的沟，将药剂浇入沟内，待药液渗完后封土。②埋施法。采用固体的内吸杀虫、杀螨剂埋施根部，或将诱杀白蚁等昆虫的诱杀剂包埋在古树根部附近，达到杀虫、杀螨和长时间保持药效的目的。该方法与浇灌法类似，将固体药剂均匀撒在沟内，然后覆土，浇足水。有时还需辅以地上部分喷药的方式，加强对病虫害的预防与治理。③打针法。对于周围环境复杂、障碍物较多，且很难确定活力根区位置、利用其他方法很难解决防治病虫害问题的古树，可以采用此法，即通过向树体注射内吸杀虫、杀螨剂，经树木的输导组织至树木全身，达到较长时间的杀虫、杀螨目的。方法：用手摇钻(或电钻)在树干基部各个方向钻不同数量的与树干成 35°角的注药孔(孔径 0.6 cm、深 5～10 cm)，然后注入药剂，用湿泥封死孔口。

另外，还要注意古树名木植株上附生和寄生的藤本或蕨类植物、地面杂草等有害生物对古树名木造成不利影响。有些附生植物的根系可能会对古树名木起“绞杀”、破坏树皮结构或分泌酸性物质腐蚀古树名木树皮的作用。有些附生植物的枝叶还可能通过遮光、直接竞争等方式影响古树名木的光合作用、呼吸作用和蒸腾作用。寄生植物还会通过根系钻入古树名木的植株内部，直接掠夺营养物质，对古树名木造成更严重的破坏。地面杂草则可能通过竞争土壤营养、分泌有害化学物质等抑制古树名木的生长。

因此，对于附生和寄生植物以及地面杂草较多的古树名木，要注意及时清除，恢复古树名木的正常生长。

(2) 防止雷击(安装避雷针)与风力摧残

古树一般树体高大，雷雨时极易遭到雷电击伤。根据多年的观察和调查统计，大部分千年古树极易遭雷击，严重影响树势生长。雷击往往会截断古树的树梢或者侧枝，或引起火灾，烧毁古树。一些古树往往在雷击后因未采取补救措施很快死亡。梵净山西侧(印江县)木黄镇五甲村的名木“会师柏”曾遭受雷击，致使南面的一分枝被击毁而枯死，对该古树造成了较大的破坏。所以，高大的古树，特别是屹立在山脊或山坡上部以及空旷开阔地面的古树，应尽可能地在古树旁边安装等高或略高一点的避雷针或其他避雷设施，以降低古树遭受雷击的概率。为避免再次发生雷击事件造成不可挽回的损失，需在“会师柏”附近安装避雷针，确保其安全。如果古树遭受雷击，应立即将雷击部位的伤口刮平，涂上保护剂。如有击穿孔洞，应及时封堵孔洞，避免蜂蚁筑巢或雨水浸渍引起二次伤害。

另外，由于古树较为高大，容易受到大风的吹打，如松桃县永安乡地茶村小地茶寨边的朴树(编号52222930249)，估测树龄为500年。2017年进行古树名木普查时，该树树高42 m、胸围375 cm，东西冠幅20 m、南北冠幅18 m，2022年5月被大风折断(图7-2)。对于树木空朽、树冠生长不均衡、有偏冠现象的树木，应在树干中部靠上的位置支撑三脚架进行保护，以增强古树植株的稳定性。还需定期检查古树名木的生长情况，及时截去枯枝，降低雷击与风力的物理损伤，以保持树冠的完整性。

(a) (b)

图7-2 梵净山东北(松桃县)永安乡地茶村小地茶寨边的朴树被大风折断

(3) 截除病腐枝与枯枝(刮骨疗伤法)

梵净山西侧(印江县)对龙津街道城中社区的重阳木一级古树的保护取得了较好的效果(图7-3)。首先对大、长的腐烂枝(病害或枯死枝)分段截除，每一段重量控制在50 kg以内，同时系安全绳，由人工牵引吊放，避免枝条掉落伤及其他正常生长的枝叶。然后留下一条残桩，在残桩下方从腐烂(病害或枯死枝)线向活干延伸20 cm，再从下方向上倾斜锯一切口，深度为枝干粗度的一半，最后从上方腐烂线向下倾斜，对接下面截口将残桩锯断，避免枝干劈裂。腐烂枝条截除的截口要平滑，且与树干成45°斜面，宜及早进行。通过这种人工修枝的方式(用升降车把工人送到高空)，既提高了古树名木的美观性，也降低了高空坠物的危险性，同时还取得了很好的复壮效果(图7-3)。

(a) 龙津街道城中社区的重阳木　　(b) 紫薇镇竹根坡村筲箕湾的朴树

图 7-3　古树病枝与枯枝的截除与修剪

在截除较大的枝干时易造成伤口面较大，常会因雨淋或病菌侵入而腐烂，可用 20%硫酸铜溶液消毒，并涂上保护剂（保护蜡、调和漆等）防腐防水，以促进伤口愈合。

一级古树往往已到生长衰退期，对发生的各种伤害恢复能力减弱，更应注意及时处理枯枝。对于枝干截除后因病、虫、冻、日灼、刻画、风折等造成的伤口，先用利刃刮净、削平四周，使皮层边缘呈弧形，用药剂（2%～5%硫酸铜溶液、0.1%升汞溶液或石硫合剂原液等）消毒，后涂上保护剂，选用的保护剂要易涂抹，黏着性好，受热不融化，不透雨水，不腐蚀树体组织，同时又有防腐消毒作用。选用 0.01%～0.1% α-萘乙酸膏剂对伤口的愈合更有利，也可用黏土和鲜牛粪加少量石硫合剂的混合物作为涂抹剂。

对于萌芽力和成枝力强的古树树种（如枫香树、重阳木等），当树冠外围枝条衰弱枯梢时，用回缩修剪方式截去枯弱枝，可促进新枝叶更新。修剪后，应加强水肥管理，促发新壮枝，形成茂盛树冠。对于萌蘖能力强的树种（如银杏、南方红豆杉等），当树木地上部分死亡后，茎的近地面处仍能萌发健壮的根蘖枝，要注意清除旁边的杂草和石块等，促进根蘖枝更新。

对于韧皮部发达、无性繁殖能力较强的古树树种，可采用靠接法使古树恢复生机。具体做法：在需复壮的古树周围均匀种植 2～3 株同种幼树，待幼树生长旺盛后，将幼树枝条靠接在古树树干上，即将树干一定高度处的皮部切开，将幼树枝削成楔形插入古树皮部，用绳子扎紧。愈合后，由于幼树根系吸收能力强，能在一定程度上改善古树体内的水分和养分状况，对恢复古树的长势有较好的效果。

（4）树洞修补

很多古树树干中空，或主干侧面形成空洞，严重影响古树的生存。衰老的古树加上人为的损伤、病菌的侵害以及雨水的浸渍，使木质部腐烂蛀空，出现大小不等的树洞，对树木生长影响很大，因此要及时填补。填补时应先刮去腐烂的木质，用硫酸铜或硫黄粉消毒，然后在空洞内壁涂水柏油防腐。为恢复和提高观赏价值，表面可用 1∶2 的水泥、黄沙加颜料粉面，按树木皮色、皮纹进行装饰。

根据树洞的位置和发生部位，树洞分为朝天洞、侧洞、夹缝洞、落地洞 4 种主要类型。针对不同类型的树洞，可以采取开放法、封闭法、填充法 3 种不同的复壮方法。树洞较小、仅为孔状、无填充修补必要时，可按前述的伤口治疗方法处理后，保留树孔，即开放法。如果树洞很大，给人以奇树之感，欲留作观赏时也可采用开放法，但需做一定的防护处理。主要是将洞内腐烂木质部彻底清除，刮去洞口边缘的死组织，直至露出新组织为止，用药剂消毒，并涂防护剂。同时改变洞形，以利于排水，或在树洞下端插入排水管，并在今后的管护中经常检查防水层和排水情况，防护剂每隔半年左右重涂一次。

对于较窄的树洞，无须填充，但需对洞口进行封闭，避免进一步扩大，即封闭法。主要措施：在洞口表面覆以金属薄片，待其愈合后嵌入树体。也可将树洞经处理消毒后，在洞口表面钉上板条，以油灰（油灰是用生石灰和熟桐油按 1∶0.35 的比例混合而成，俗称“腻子”）封闭，再涂白灰、乳胶、颜料粉面，以增加美观，还可以在上面压树皮状纹或钉上一层真树皮。

对于树洞较大且影响古树稳固性的情况，则应使用填充法。将树洞完全填满并封闭（图 7-4）。目前最为广泛使用的填充物是水泥和小石砾的混合物，也可就地取材，如用木屑或木块填入。这种方法的可塑性比较强，操作相对简单，然而经过一个生长季，可能会因为树干与填充物热胀冷缩系数差异而出现开裂等现象，更重要的一点是，填充物凝固后的硬度如石块，会严重影响和抑制洞口的愈合和愈伤组织的生长。为解决这一问题，又出现了改良的填充法，即古树生态复古修复法。填充物使用树脂玻璃钢或基于植物克隆技术发明的伤口愈合剂，采用内部支撑及多层防水的方法，对边缘用特制软胶密封，这能够很好地模仿原生态树皮形态，保持古树外形及景观美感。这一方法不但不影响洞口活组织的生长，同时还能很好地促进愈伤组织的形成，加速洞口愈合，有效复壮古树。

图 7-4　古树落地洞、夹缝洞及其填补修复（印江县紫薇镇石前村珊瑚朴古树）

无论哪种填充法，使用哪种填充物，都要求必须压实填充材料，才能取得良好效果。为加强填料与木质部的连接，洞内可钉若干电镀铁钉，并在洞口内两侧挖一道深约 4 cm 的凹槽，填充物从底部开始，每 20～25 cm 用一层油毡隔开，每层表面都向外略斜，以利于排水。填充物应不超过木质部边缘，使形成层能在其上面形成愈伤组织。外层可用石灰、乳胶、颜料粉面涂抹，为了增加美观、富有真实感，也可在最外面钉一层真树皮。

对于长势非常衰弱的一级古树以及需要特别保护的名木，尤其需要注意修补和充实树洞的紧密严实程度，以确保填充效果。这种更加精细的填充法主要包括以下具体步骤。

①清腐。先用锋利的小刀将树洞中腐烂、疏松的部分清理干净，注意不要刮太深，刮到新鲜树干即可。用合适的清理工具，如榔头、刮刀、凿子、刷子、铲刀等对腐烂的木质部进行清除，尽可能地将树洞内所有腐烂的和已变色的木质部清除至硬木即可，不要伤及健康的木质部。

②消毒。待树洞内干燥后，对树洞进行全面消毒。消毒剂主要采用 1∶50～1∶30 倍的硫酸铜溶液，用小型瓶式喷雾器喷淋均匀即可。也可使用高锰酸钾溶液消毒。

③补洞。补洞的关键在于填充材料的选择，通常情况下，选择的填充材料需具备以下几个条件：a. 酸碱度最好为中性；b. 其收缩性与木材大致相等；c. 与木质部的亲和力要强。选择的填充黏合物一般是生石灰、福尔马林、硫酸铜的混合物，填充的材料必须拌匀、压实（图 7-5）。

④勾缝。如果刮平的洞口表面存在一些缝隙，还需再次对缝隙进行填充勾缝，使表面光滑平整，避免树皮与填充物表面因黏合不结实而出现滑落现象。

图 7-5　梵净山西侧(印江县)紫薇镇大园址村古树树干上部侧洞的填补

⑤树皮黏合。制作仿真树皮,并选择合适的黏合剂,在树洞填充物的外围进行外敷。黏合剂一般要具备以下几个条件:a.有较强的黏合性;b.有较大的弹性;c.黏合性持久且环保。在对树洞进行处理时,既有共性,又有特殊性。不同类型的树洞在填充处理时的细节各不相同,如朝天洞的修补面必须低于周边树皮,中间略高,修补面不能积水;侧洞则要加强防腐,避免积水;夹缝洞要注意避免积水和促进雨水的引流;对于落地洞的填充修补处理,以不伤害根系为原则,并区分对穿与非对穿的不同类型,通常对非对穿洞要填充修补,对穿形式的落地洞则一般不补,只做防腐处理。

(5) 支撑与加固

有些古树主干出现了又长又大的树洞,主枝常伴有死亡,使整体树冠失去均衡,树体易倾斜,或因树体衰老,枝条易下垂,所以需支撑加固。常用的支撑加固方法是用木棍、钢管呈棚架式支撑树干的中上部,木棍或钢管下端用混凝土加固,同时用扁钢扎牢分裂程度较大的树干,如北京故宫御花园的龙爪槐、皇极门内的古松均用钢管呈棚架式支撑,收效良好。

梵净山南侧(江口县)双江街道镇江社区的楠木古树,使用了水泥浇筑而成的柱状支撑物,取得了较好的保护与复壮效果(图 7-6)。

图 7-6　梵净山南侧(江口县)双江街道镇江社区的楠木古树(水泥柱支撑)

另外,可以利用现代新技术手段提高植株复壮的效果。如可利用探地雷达技术,快捷检测古树地下根系的空间分布现状等,生成高分辨率图像,直观显示根系的立体分布状态,在古树名木健康评价、复壮技术指导及移栽等方面提供精准参考依据，提升古树名木的智慧化管理水平，助力古树名木保护进入数字化时代。探地雷达技术一般可准确探测地下 5 m 左右深度的树木根系分布情况，在古树松土、换土或移栽时可以提前掌握根系分布范围和深度，防止伤及树根，也可以准确分析暴雨或地震后古树及其他大树的根系发育与健康生长情况，预测古树的倒伏风险，制定相应的防范预案。

(6) 营养液输送

有些古树由于根系损伤、土壤养分水平较低，地上、地下部分受到邻近树木的竞争抑制、人为活动长期干扰等，长势呈衰弱状态。特别是一些被迫移植到新生境的古树，根系和枝叶都被较大程度地剪除，短时间内难以维持正常生长所需的营养与水分，需要人为补充营养液。营养液通常都含有树木生长所需的营养、水分以及多种有益生物菌群、有机肽和硼、锌、镁、铁、钼等多种微量元素，可激活古树的细胞活性，提供大树生长活性物质，促进芽的萌发，增强树体抗逆性。营养液往往还含有杀菌成分，可为大树防病。

营养液输送时，输液孔的大小与位置是决定成效的关键因素。输液洞孔的孔径大小应与输液插头直径相匹配，在古树去皮的地方用电钻打孔，钻头斜向下 45°，探入深度为 3～5 cm(深度可以穿越韧皮部，使营养液流入木质部的导管)。之后，吊上营养液包，待营养液包自带的输液针流出药液后(如果还没有流出药液就插入，树体与输液针之间可能形成空气阻隔，营养液无法流入古树树体)，插入输液孔。营养液通过导管直接输入树干中心，使古树更容易吸收养分，达到快速增强树势的目的。对于胸围较小的古树，输液孔一般在根部以上 30～50 cm 处，这个位置属于输导水分与营养的上游，能将营养液快速输送到树干上部及其枝叶，常用方法是围绕胸围放置一排营养液即可。对于胸围较大的古树，一排营养液的营养供应很可能不足，可以围绕树干不同高度放置多排营养液，通过上下接力的方式保障营养供应。输完营养液后，输液孔应用已经修剪好的小木棍插入填实，用喷壶喷上杀菌剂，并用杀菌剂混合泥土封闭输液孔。

梵净山西侧(印江县)龙津街道城中社区的重阳木一级古树被火烧伤后，利用营养液输送的方式，使得该古树快速实现了复壮(图 7-7)。

图 7-7　梵净山西侧(印江县)龙津街道城中社区的重阳木一级古树输营养液及复壮效果

(7) 死树保存

根据《贵州省古树名木大树保护条例》第三十七条规定：任何单位和个人不得擅自处置死亡的古树名木大树及其树根、枯枝，死亡的古树名木由县级人民政府古树名木大树主管部门采取措施消除安全隐患后保留原貌予以保护。因此，对于因各种原因已经完全死亡的古树名木，不能一砍了之、一烧了之，必须保留原有树体及其邻近生境(图 7-8)。遗存下来的树体往往还具有较高的观赏价值和文化内涵，仍然具有极高的保护价值。

很多植物的分蘖繁殖潜力很强，虽然地上部分已死亡，但根系等地下部分可能仍有分蘖繁殖潜力，能在环境条件合适的情况下重新萌发新苗，如梵净山西侧(印江县)板溪镇柏果村老洞坡的云南樟曾遭

(a) 板溪镇柏果村老洞坡的云南樟

(b) 普觉镇水银村的柏木

(c) 冷水溪镇石门村的云贵鹅耳枥

(d) 寨英镇兴家庄村的楠木

图 7-8　死亡的古树名木的保护

遇雷击、强风致树体断裂枯死，后从树桩上萌蘖出枝条，形成天然桩景(图 7-8)，枯木逢春的景象展现了古树顽强的生命力。此外，有些古树虽然完全死亡，但树体仍然附生有其他一些藤本或草本植物，或者成为一些动物的巢穴与栖息地，这对局域生物多样性保护具有积极的作用。因此，死的古树仍然有着较高的保存与保护价值，不能随意破坏。

7.1.2　生境保护

很多古树名木和古树群受人为祭拜、近距离观赏以及修路建房等干扰活动的影响，使其原有生境受到破坏。生境保护与生态条件的优化是古树与古树群保护与复壮的一个重要方面。其中，生境保护可分为土壤修复和生境提升。

(1) 土壤修复

土壤是决定古树和古树群生长状态的一个关键因素。古树几百年甚至上千年生长在一个固定的地方，土壤肥力有限，常会出现缺肥症状，再加上人为踩踏，导致通气不良、排水不好，对根系生长极为不利，逐渐造成古树地上部分日益萎缩。因此，需要通过打孔、松土、换土等方式改善古树与古树群的土壤条件。对板结的地面打孔，可以增加土壤含氧量、嗜氧异养微生物数量，逐渐提高土壤养分含量，增强古树根系活力。同时也可以在树冠投影下的地面覆盖由植物材料组成的碎屑，增加土壤的透气、透水、蓄水能力，碎屑自然降解后还可持续供给古树养分，有利于土壤微生物的生存和活动。

松土与培土是提升古树土壤环境的有力措施，在生长季节进行多次中耕松土，冬季进行深翻，施有机肥料，以改善土壤的结构及透气性。一般是在树冠投影范围内进行深 40 cm 以上的中耕松土，或通过松土结合补充客土（可用沙土、腐叶土、锯末等和少量化肥均匀混合）覆盖保护根系。如果古树根系裸露，需用种植土填埋，厚度达 40 cm 以上，以树根全部埋入土中为准。填埋范围一般不小于树冠投影面积，并在四周建挡土墙。同时用活力素或生根粉配水浇根部，加快新根系萌发和生长。

对于有些古树，土壤已经严重板结或退化，则需要通过换土来改善古树立地土壤的质量。常深挖 0.5 m 土后（注意随时将暴露出来的根用浸湿的草袋子盖上），把原来的旧土与沙土、腐叶土（常采用松、栎、槲树种的自然落叶，取 60%腐熟加 40%半腐熟的落叶混合，再加少量氮、磷、铁、锰等元素配制而成）、锯末、少量农家肥混合均匀，作为“复壮基质”填埋（图 7-9）。这种基质含有丰富的矿质元素，pH 为 7.1～7.8，富含胡敏素、胡敏酸和黄腐酸，可以促进古树根系生长。同时有机物逐年分解，与土、胶粒形成团粒结构，改善了土壤的物理性状，促进了微生物的活动，将土壤中固定的多种元素（如 $Fe^{3+} \rightarrow Fe^{2+}$）逐年释放出来。换土后 3～5 年内，土壤有效孔隙度可保持在 12%以上。

图 7-9 梵净山西侧（印江县）千年古树“会师柏”的换土

利用换土的方法拯救古树名木，在很多地方都有成功的案例。如北京市从 1962 年起，就开始用换土的方法抢救古树，使老树复壮。在故宫皇极门内宁寿宫外有一古松，幼芽萎缩，叶子枯黄，好似被火烧焦一般。当时，人们在树冠投影范围内，对大的主根部分进行换土（方法与前述大致相同），半年之后这株古松重新长出新梢，地下部分长出 2～3 cm 的须根，呈现出极为显著的长势恢复效果。经过 3～5 年的生长后，古树根系在枝条间隙中穿伸生长，古树得到了有效复壮。另一个成功案例是梵净山西侧（印江县）的千年古树“会师柏”，因曾受到雷击与修建公路的影响导致周围路面与土表硬化，长势呈现出衰弱趋势。后通过采取松土、换土等措施（图 7-9），生长状态逐渐恢复，目前长势和冠幅都呈现健康状态。

为提高换土法的成功率和持续有效，往往在换土的同时还需要挖沟、填埋树枝或木屑等。这种方法在北京故宫古树的复壮中取得了普遍成功，被称为埋条法。埋条法分放射沟埋条和长沟埋条。前者是在树冠投影外侧挖放射状沟 4～12 条，每条沟长 120 cm 左右，宽 40～70 cm，深 80 cm。沟内先垫放 10 cm 厚的松土，再把剪好的苹果、海棠、紫穗槐等树枝（约长 40 cm）缚成捆，每捆直径 20 cm 左右，然后平铺一层，撒少量松土，同时施入粉碎的麻酱渣和尿素（每沟施麻酱渣 1 kg、尿素 50 g），为了补充磷肥可放少量动物骨头和贝壳等物，覆土 10 cm 后放第二层捆好的树枝，最后覆土踏平。长沟埋条的方法则是在古树一侧挖宽 70～80 cm、深约 80 cm、长约 200 cm 的沟，分层埋树条施肥、覆盖、踏平。有条件的地方，可以在古树或古树群的树冠投影之外采用埋条法，有望实现更长时期的持续保护和维持复壮效果。从地表往下纵向分层：表层为 10 cm 厚素土，第二层为 20 cm 厚的复壮基质，第三层为 10 cm 厚的树木枝条，第四层为 20 cm 厚的复壮基质，第五层为 10 cm 厚的树木枝条，第六层为 20 cm 厚的粗沙和陶粒。北京故宫曾利用类似的换土法，将 1 株趋于死亡的松树救活。这棵松树换土时深挖达 1.5 m，面积超出了树冠投影部分，同时深挖达 4 m 的排水沟，下层填以大卵石，中层填以碎石和粗沙，上层以细沙和园土填平，以保障通气和排水顺畅。目前，故宫里经过换土的古松，均已成功复壮，郁郁葱葱。

为了持续、有效提升土壤质量，还需要在松土或换土之后配合浇水、施肥、种草等措施。可在树冠投影范围的缓坡地带挖水平沟，筑成截留雨水的土坝，并及时灌水、施肥。在春、夏干旱季节，主要是灌水防旱，秋、冬季则是浇水防冻，灌水后应松土，一是保墒，二是增加土壤通透性。浇水通常是在每年春季 4—5 月灌透 2～3 次水，11 月末或 12 月初进行冬灌，对生长在地势低洼地段的古树，应修建排水沟及地下渗水管网。施肥通常是在树冠投影边缘环形开沟(深约 0.3 m、宽 0.7 m 或深 0.7 m、宽 1 m)，秋季施有机肥，春季施追肥，以增加土壤的肥力。施肥不能过量，以免造成生长过旺，特别是原来树势衰弱的古树，如果在短时间内生长过盛，会加重根系的负担，导致树冠与树干及根系的平衡失调，结果适得其反。为更好地促进古树复壮，还需对古树周围土壤的养分与成分进行分析，然后确定施肥种类。同时，还需根据古树名木的生长需要进行施肥，如对于生长较健康的古树，以施厩肥为主；对于树势较弱的古树，以在树干滴注液态肥为主。换土后，为防治水土流失并确保景观美化，还可在土表铺植佛甲草、白车轴草、红花酢浆草、细叶麦冬、矮生麦冬、沿阶草、苔草类等地被植物，对土壤进行保护和促进固氮，同时提升观赏价值。

(2) 生境提升

除了土壤，古树与古树群周边的地形地貌、共存植物、人类活动也是影响古树生长与复壮的重要因素。这些因素可能直接影响古树生长，也可能通过改变周边的水、土、气等特征，间接影响古树的生长。其中一个比较突出的问题是，人们经常在古树名木上披挂大量的红绸带祈福或祭拜，或将香炉摆放在离古树很近的地方，直接影响古树名木的生境，甚至可能引发火灾烧毁古树。为了降低人类活动对古树生境的破坏与影响，所有古树和古树群周边位置都要严格禁止新建或扩建建筑物和硬化地面；禁止擅自铺设管线、架设电线以及进行爆破、钻探、挖掘等作业；禁止挖坑取土、采石取沙、使用明火；禁止排放废水、废气，倾倒、堆放垃圾、融雪盐及易燃易爆、有毒有害物品；禁止擅自对古树修剪枝条、蟠扎以及攀树折枝；禁止缠绕、悬挂物体或者利用树干作为支撑物破坏树体，以及利用树干堆压物品等。

除了严格禁止上述破坏古树与古树群生境的不当行为之外，还需要积极主动地开展古树与古树群生境的改善和优化工作，消除不利于古树生长的环境因素和提升古树与古树群的生境。目前，提升生境主要采取以下几个措施。

①设立保护围栏。为防止人为破坏树体，保持土壤的疏松透气性，在古树周围应设立围栏，避免人员近距离接触古树，或进行烧香烧纸等活动影响古树生长。如梵净山西侧(印江县)龙津街道城中社区的重阳木一级古树，通过设立围栏、护坎，增大了保护范围，并强制要求祭祀等人类活动必须离古树围栏 7 m 外，极大提升了保护效果(图 7-10)。

②清除杂木、灌木等竞争植物。植物群落中，不同植物之间以及不同的植物群落间存在争夺光、水、养分以及地上、地下生存空间现象；特别是有些生长旺盛、蔓延速度很快的杂草的根系还会分泌某些物质抑制古树的生长。因此，要清除古树树冠投影下生长的杂木、灌木和杂草等，保证古树生长所需的营养空间。

③种植固氮植物。在古树地表种植适量的豆科固氮植物，如苜蓿、白花车轴草、蔓花生等，为古树复壮提供丰富的氮素等营养物质，同时，这些草本植物的加入对维持土壤含水量及改善土壤透气性起到促进作用，创造出了良好的立地条件。

④扩大保护范围。有些古树虽然设立了保护围栏，但随着古树胸围和冠幅的增加，原有围栏的范围逐渐缩小，保护效果减弱。如千年古树“会师柏”的围栏保护原半径只有 3 m，保护范围较小，经过重新现场测量，古树各个方向的冠幅分别为北面 8 m、南面 4 m、东面 7 m、西面 7 m，根据测算出的平均冠幅的大小及“会师柏”生境特征，将“会师柏”的围栏(高 2 m)保护范围扩大到树冠垂直投影外 5 m，并将祭祀香炉移至保护范围外，极大地提高了保护效果(图 7-11)。

位于梵净山西侧(印江县)龙津街道城中社区的重阳木一级古树也通过扩大保护范围取得了显著的

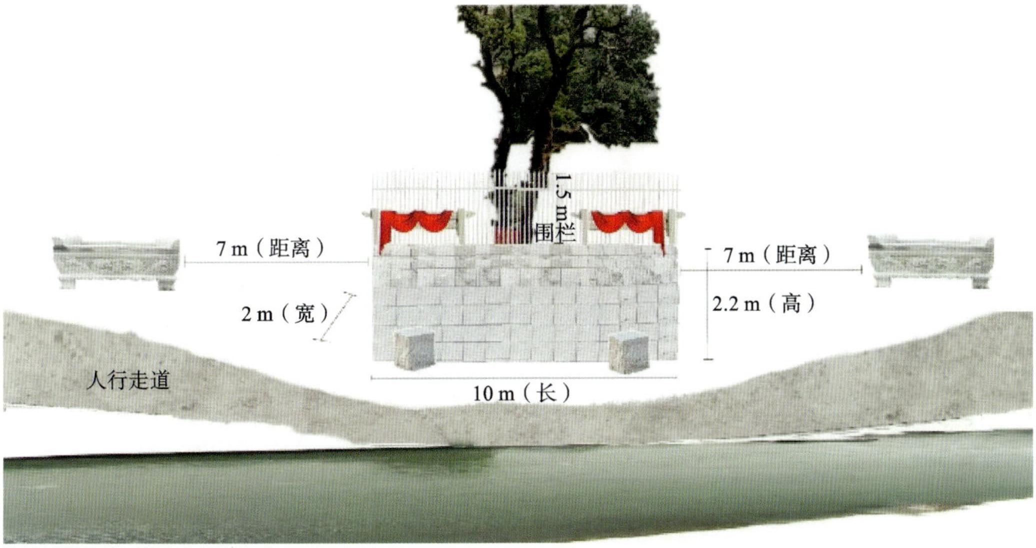

图 7-10 龙津街道城中社区的重阳木一级古树的植株保护与复壮措施

图 7-11 千年古树“会师柏”通过扩大保护范围促进其复壮

复壮效果。这棵古树原建于 2008 年的树池保护范围较小，护坎高仅 1.7 m，且被增粗的树干与根系挤破。后来的保护措施与复壮方案扩大了保护范围，以树干基部为中心修建了长 10 m、宽 2 m、高 2.2 m 的长方形花坛（图 7-10、图 7-12）。梵净山西侧（印江县）紫薇镇永义村的川黔紫薇一级古树的复壮也得益于扩大保护范围，降低了人类活动的干扰与破坏。

图 7-12 龙津街道城中社区的重阳木一级古树通过扩大保护范围促进其复壮

续图 7-12

⑤提高土壤透水性和透气性。处于人流密度过大及道路、广场范围内的古树名木，其土壤往往会因长期被踩踏等导致孔隙度下降，土壤含氧量与田间持水量过低，致使古树可能因窒息或缺乏有益微生物等而生长衰弱。因此，需要通过各类措施来提高土壤透水性和透气性。如可在根系分布范围内(一般为树冠垂直投影外 5 m)进行透气铺装。通气铺装的材料本身应具有较好的透水性、透气性，且需根据地面的抗压需要而采用不同的抗压性材料。透气铺装可采用架空铺装或采用上大下小的倒梯形砖进行铺装，砖与砖之间不勾缝，有利于雨水的快速下渗，也能在承受人为踩踏的同时不严重影响土壤透气性。砖块下面可用砂浆衬砌，砂浆用石灰、沙子、锯末按 1∶1∶0.5 的比例配制而成。铺装下层的做法与上述埋条法基本相同，同时还可以在埋树条的上方铺设草坪或地被植物(如白花车轴草、蔓花生、红花酢浆草等)，并设立围栏禁止游人践踏，也可在其上铺带孔的或有空花条纹的水泥砖或铁筛盖，这些措施对古树复壮都有良好的促进作用。

7.2 迁地保护

迁地保护(ex-situ conservation)也称为“异地保护”，是指将古树名木或种群难以自然更新的濒危珍稀物种迁移到模拟自然栖息地的人工或人造栖息地中进行保护，主要用于原生境受到较大破坏，如水库蓄水、滑坡、人类活动干扰强烈等，主要的迁地保护迁入地有动植物园、水族馆、苗圃等。这种保护方法适用于数量不多的生物个体，为其提供保护，免受捕食者、不利气候条件和其他破坏因素的侵害。对于古树名木而言，迁地保护主要包括植株移植、繁殖体异地更新两种措施。

7.2.1 植株移植

古树名木的植株移植是在就地保护难以实现的情况下，将其移栽到合适的新生境中，利用更好的生境、更方便完善的人工保护手段等促进古树名木的有效保护。对古树名木的移植应持谨慎态度，除非万不得已不应移植，如梵净山地区西侧(印江县)紫薇镇竹根坡古樟翻根后抢救采用异地移植，最后被污水浸泡致死。由于古树名木植株较大、长势较弱，古树名木的移植比一般大树移植难度更大，技术要求更精细，否则将严重影响其成活率。因此，在移植前，需要仔细考虑古树名木的树种生物学特性、植株生长状态、生境需求、迁入地环境条件等，制定周全的方案，确保移植成活率为 100%。古树植株移植的操作步骤和技术要点主要如下。

(1) 切根

通常移植大树需 2～3 次切根，古树移植可参照执行。首先在主干地面距离约 0.5 m(实际挖沟切根的距离依照树高、冠幅、胸围或地围而定)圆周处挖沟，分批切根。一般沟宽 40 cm，沟深按其侧根分布决定，一般为 60～80 cm。挖沟时遇到较粗侧根用手锯锯断，伤口要平。沟挖好后，填入肥沃疏松的混合土“复壮基质”(见 7.1.2 土壤修复)，每 30 cm 进行夯实，填满后浇透水，如泥土下沉，则继续填土至满。第二年春季或秋季切断余根，沟深、宽同上。经过一年的养护且根部切口长出大量新须根后，再进行移植。移植时在原土沟外起挖树木，根部需带有约 0.5 m 的土球。

切根的方法对古树移植的成活率有重要影响。如果条件允许，应采用多时段、逐步断根的方法。具体操作方法是，在计划移栽的前一段时间，第一次应均匀地选取整个圆周 1/3 的圆弧开始切根，切根所挖条沟的深度以深 1 m、宽 0.5 m 为宜。切根后，在根的切断处涂抹 0.02% α-萘乙酸，松柏类由于根系生长较慢应涂抹 0.02%吲哚乙酸生根剂，然后回填经过消毒的松软透气的复壮基质。经过一段时间新根长出后，再按照同样的办法切断另外 1/3 的树根，以此类推，直至全部切根。切根的间隔时间与树龄、树种和季节有关，需要在实践中根据具体情况灵活处理。一般而言，在生长季节，每次切根的时间间隔为 2 个月是安全有效的。采用此种办法处理的树木，起土球时，需注意以土球的半径为基准，在原圆周的基础上外扩 30～50 cm。

古树移植以切根后保留在古树名木上的土球越大越好，但现实情况并不一定需要无限制地扩大土球。对于易生根的古树树种，在适合移栽的早春和深秋，可不必过多考虑土球大小，甚至可以进行裸根移栽，如榕树、紫藤等。一般在潮湿气候中能够产生不定根的植物都适用于这一原则。对于一些不太容易生根的植物，如青冈、枫香树等，如何选定安全的土球大小则根据树种和季节的不同而有所差别。通常来说，可以将移植植物的根颈周长作为半径，以树干为圆心划定土球大小。通过这种方式确定的土球对大多数植物安全有效。深秋和早春，树液开始流动、根系尚未进入旺盛生长期时，是进行移植的最佳时期。

(2) 修剪

移植前需对古树进行强修剪，可根据实际情况进行分批分次修剪，百年以上的老树需修剪树冠总量的 1/3～1/2，但应注意不能损坏树木的姿态，即原来冠幅较大的部位也要在修剪后保持较大的冠幅，基本维持各个方位上的原有冠幅比例，力求修剪后的古树名木在外形、姿态等方面基本不变。

(3) 移栽

提前挖好移栽的坑(树穴)，深度为土球高度的 4/5，穴内填入肥沃松土，逐层夯实并高出土球面，做好“水碗”口，浇透水，以后每周浇水 1 次(早晚各喷水 1 次)，保持树体湿润，利于树木水分平衡。同时，旱天用遮阳网遮阳，根部用草覆盖，雨天挖沟排水。水分管理一直持续到炎热的季节过后，确认树木成活方可逐渐转入正常管理。

在移栽实践中，移栽后的植株冠幅朝向也是决定移栽成活率和古树长势的一个关键因素。古树名木大多树龄比较长，在原栽植地长期的生长过程中，发生了一定的生理变化，比如一些朝南方向的树冠比较丰满，树皮比较厚，而一些朝北方向的则正好相反。古树名木大多长势比较弱，如果在移栽过程中不考虑这些因素则会导致移栽树木对新环境的不适应而逐渐死亡。对于一些需要与菌根共生的古树，在移栽前、后应注意尽量回填原生长地的土壤，或者补充根瘤菌制剂。同样，原来生长在荫蔽、潮湿或疏松透气土壤中的树木，在移栽后应相应地要多遮阴、保潮和保持土壤的良好透水性。

在树木移栽的过程中，需要经常对叶片喷洒呼吸蒸腾抑制剂，对根部喷施一定量的生长调节剂或抗逆剂，进一步确保成活率。其中，目前比较有效的呼吸蒸腾抑制剂有固林纳、新固林纳等。不同的植物对喷施浓度要求不同，一般来说，在运输古树前喷 1 次 0.6%固林纳，栽植后每隔 10 天喷 1 次 0.2%固林纳(下雨后补喷)对大多数植物安全有效。具体浓度要根据不同树种和不同树龄灵活掌握，通常将栽植地晴天中午 11 点前后的树叶是否萎蔫作为是否加大浓度的主要依据，但浓度最高不宜超过 1%，避免产生药害。据有关报道，在树木移植的过程中，喷洒一定量的松节油或水溶性的阿司匹林也能够降低树木的蒸腾失水，但具体喷施浓度和方法还有待进一步实验。用于根部的生长调节剂，目前主要有单硝化愈创木酚钠、天丰素（芸苔素内酯）等，均有助于新根生长。根据具体情况，有时还要采取一些更精细的措施，如输液处理、提前刮皮复壮等。综上所述，只有根据实际情况采取相应的处理方法，同时对每一个环节都予以精心护理，古树移栽才能取得成功。

（4）疏芽

古树移植后，萌发的新芽不宜全留，应及时去除一部分新芽或新萌生条，以降低蒸腾失水、减少土壤营养消耗等。特别是基部芽或新生枝条长势过旺，可能影响树干中上部枝条的发育。因此，疏芽以近地面的基部芽和萌生条为主，多保留中上部的新生枝条，也有利于保持冠型和不同方位的冠幅比例。

（5）养护

古树移植后要严格控制好水分的管理，通常需要输送营养液以补充水分与营养。气温较高时，要在早间或傍晚对树冠进行喷水降温处理。但持续喷水保湿受场合限制，过度喷水会导致根部和树干下部过湿、土壤渍水等问题。因此，天气炎热时，要进行遮阴，适当浇水，雨天应及时排水抗涝。刚移栽的古树扎根未稳，多数情况下还要设置支架、围栏加以保护。若发现新梢萎缩，要及时查明是否存在根部有空洞、水分过多、病虫害或其他原因，并及时采取相应措施解决。

7.2.2 繁殖体异地更新

除了古树植株自身的移栽之外，还可以利用古树的果实（种子）、枝条或根段、根蘖苗、愈伤组织通过播种、扦插、嫁接、组织培养等形式，繁育出新的带有古树特征的植株，从而实现古树名木的异地保存与繁育。

（1）种子繁殖

很多古树如银杏、枫香树、青冈等自然坐果率与种子萌发率高，可以采集优质果实和种子，在实验室或苗圃进行萌发，然后通过培养逐渐长成成年植株，继承古树优秀特征，这一方法已被人们广泛认同。

郑广顺通过对颐和园等地采集的油松、楸树、侧柏和银杏等多种古树的种子繁殖研究发现，种子通过适当处理后，可获得很高的萌发率。不同的种子处理方法各不相同，如油松种子需放在低温冷藏一段时间后直接种在基质中，并在基质表面覆盖一层薄沙；侧柏种子则可直接播种，保持环境微湿即可；而银杏种子需放在低温冰箱中冷藏约2个月后，再取出浸泡于水中，放在培养箱中保持暗环境，并覆以纱布保湿，2周后开始发芽，之后栽种在基质中即可获得小苗。

扬州大学和扬州市园林管理局在对唐代种植的1000多年的银杏和槐树古树的种子繁殖研究方面也取得了较好的成效。目前已通过种子繁殖的方式繁育了2000多株银杏古树实生苗和1000多株槐树古树实生苗，其中槐树古树的种子萌发难度稍大，通过把种子提前放入沙床进行萌发，到了春天放入催苗器中催苗，长出根后，再移栽至苗盘中等待出苗，最后长出小苗后移栽到地里，以此方法，种子萌发率可达90%。

（2）扦插繁殖

扦插（也称插条）是无性繁殖中常见的方法。一般是剪取古树的茎、枝、根、芽等，插入土中、沙中或浸泡在水中等到生根后栽种。扦插繁殖的最大优点就是能保留亲本母树的优点而不变异，能最大限度保持古树名木的主要生物学特征。这种方法应用在古树中最为知名的成功案例是福建省武夷山市的“大红袍”古茶树（树龄为300余年）的繁育，经过研究证实，通过扦插繁殖的一代、二代古茶树仍然保留着“大红袍”古茶树的品质特征。扦插繁殖易于管理，效率高，是目前武夷山市茶区茶树育苗广泛采取的方法。

被誉为“世界柏树之父”的黄帝柏，距今已有5000余年，据传是黄帝亲手种植，是中华民族精神和文化的象征。陕西省林业局、中国林业科学研究院通过扦插繁殖方法，成功培育出8株黄帝柏克隆苗。扦插繁殖方法开创了保护珍贵古树名木的一条新路，具有重要意义。

(3) 嫁接

古树的嫁接复壮主要有两种方法，一种是将古树的枝条嫁接到其他树木上(通常是同种或同属树种)，即传统的砧木-接穗法；另一种是在古树旁边栽种同种的健壮树木，然后将该树木靠接到古树树干或枝条上，通过健壮树木给古树输送营养达到古树复壮目的，称为“靠接法”或“桥接法”。目前，第一种方法的使用最为普遍。太原市园林植物研究中心曾对树龄300～1000年的古槐树开展过传统嫁接方法的复壮处理，取得了较好的成效。首先，将国槐古树的健康枝条剪下长10～15 cm、有2～3个芽点的枝段，然后蜡封、插皮，随后选择无病虫害、胸径约10 cm、干直、树高2.5～2.8 m的国槐苗作为砧木。在嫁接前，对砧木浇水以保持水分充足，随后采用常规的嫁接进行处理。嫁接的古槐枝条的芽点如果能在一年左右长成健康枝条并出叶，可初步判断为嫁接成功。这种嫁接方法的成活率主要取决于砧木的选择和接穗与砧木的亲和力，嫁接成活率在一定程度上能反映嫁接亲和力的大小，成活率越高，亲和力越强。

“靠接法”可以用于就地保护的古树，但更多用于移栽后的古树复壮。“靠接法”曾在淄博市的流苏树(*Chionanthus retusus* Lindl. & Paxton)古树中成功应用。具体做法是，首先在流苏树古树周边栽植流苏树树苗，待树苗成活后，在幼树面向古树的一侧切开一个口子，靠接在流苏树古树树干上，随后形成的愈伤组织将二者结合为一体，再进一步分化形成新的木质部、韧皮部及输导组织。这相当于给流苏古树提供了一个营养“外援”，靠接成功后的幼树可将自身吸收的水分、养分传输给古树，在一定程度上改善古树的长势。而幼树的树冠可在次年剪除，以降低顶端优势抢夺养分。这种靠接法，在扬州市的古树嫁接复壮中也有较多的应用。2021年制定的扬州市地方标准《银杏古树嫁接复壮技术规程》对银杏古树的靠接法嫁接技术要点进行了标准化规定，对于银杏以及其他古树的嫁接法嫁接复壮具有积极的指导意义。下面简要归纳该规程的技术要点，以供“靠接法”嫁接实践与研究人员参考。

①定植。选取2～3年生的古树同种幼树，树高0.5～1 m，要求生长健壮，枝叶繁茂，根系发达，无病虫害，地径在2～3 cm。在春季距古树主干外围30～40 cm处开挖定植穴，大小和深度大于实生小苗容器；依古树主干粗细程度，每40～60 cm等距离栽植实生小苗，栽植时向古树方向略倾斜。实生小苗需加强肥水管理，确保其生长健壮。

②嫁接。一般选择在实生小苗定植后的次年，在春季形成层萌动时准备嫁接。首先在古树树干基部以上40～60 cm处刮除外层老皮，露出鲜活形成层，切开一个浅“U”形接口，宽度和实生小苗直径相近，长度3～4 cm。对于树龄较长、树干较粗的树，树干基部一般凹凸不平，嫁接选择生长势强的凸出部位，也可以用手持电锯协助切口。选择靠近古树树体的一侧，将实生小苗切成楔形，大小和古树上“U”形接口相当。最后，将实生小苗插入靠接古树的“U”形接口内，使两者形成层吻合紧贴，用小铁钉钉入接口中部帮助固定，再将切口的皮层盖好，用蜡封口，防止树液倒流以及接口处被细菌感染，用较宽的嫁接专用包扎带包住嫁接口。

③管理。靠接后30天左右形成层基本愈合，此时应及时将实生小苗上的萌芽去除，以促进实生小苗加粗生长。经90天左右解除包扎带，一年后拔除小铁钉，剪除小苗树冠嫁接的实生小苗会逐步开始向古树树体提供水分与养分，促进古树逐步恢复生机。同时加强实生小苗的根际培土、灌水施肥等日常抚育管理和安全保护。

(4) 根蘖苗繁殖

根蘖苗是从树根或近地面茎干基部萌发的幼苗。有些古树，如银杏、南方红豆杉、香槐、皂荚等常具有较多的根蘖苗，可以通过移栽部分根蘖苗来进行无性繁殖。根蘖苗繁殖方法一般选择2～3年生的健康根蘖苗，切断其根部与树干的联系，将带有根系的根蘖苗移栽到合适的生境中繁育。有时也可待根蘖苗长成较粗大的树后，剪取上端茎段或枝段，进行扦插或嫁接。

(5) 组织培养

组织培养的原理主要是基于愈伤组织的分化能力。愈伤组织是指原植物体的局部受到创伤刺激后，在伤口表面新生的组织。植物细胞脱分化后形成的一种无定形状态的薄壁细胞，具有再度分化成其他细胞与组织的能力。愈伤组织进行组织培养时，关键是使用生长素和细胞分裂素对愈伤组织进行分化诱导，让一部分愈伤组织分化成枝叶，另一部分愈伤组织分化成根系，从而形成完整的植株。这个过程主要分为两个步骤：第一步是利用高浓度生长素诱导产生具有再生多种器官能力的愈伤组织，即获取潜在的多能性的分化能力；第二步是通过高浓度细胞分裂素诱导生芽，利用低浓度生长素诱导生根。

愈伤组织是在培养基上进行培养、分化的，因此培养基是决定组织培养成败的一个关键因素。常用的培养基为“MS 培养基”，由 Murashige 和 Skoog 于 1962 年为烟草细胞培养设计，其特点是无机盐和离子浓度较高，是较稳定的离子平衡溶液，它的硝酸盐含量高，其养分的数量和比例合适，能满足植物细胞的营养和生理需要，适用范围极广，常作为基本培养基。然后根据不同植物的需求，添加不同浓度和比例的维生素、蔗糖、甘氨酸等。郑广顺针对颐和园古桑树建立了组织培养体系，主要是取桑树当年新生嫩茎切段为外植体，以 MS＋6-BA 0.5 mg/L＋NAA 0.1 mg/L＋PVP 0.2 g/L 为不定芽启动培养基；将不定芽无菌苗转接到最适分化培养基 MS＋6-BA 0.8 mg/L＋NAA 0.1 mg/L＋PVP 0.2 g/L 上诱导生芽；然后使用 1/2 MS＋NAA 0.5 mg/L＋PVP 0.2 g/L 的培养基诱导生根，生根率达 100%。最后的组培苗移栽成活率达 95%。除了植物体创伤部分形成的愈伤组织可用于组织培养之外，也可由花粉、胚状体甚至细胞内的原生质体产生愈伤组织并分化成单倍体植株。

7.3 价值实现机制与途径

古树名木是古人留下来的珍贵绿色遗产，具有极高的经济、历史、科学、文化、旅游、生态等价值，它记载着一个地域的自然、历史和文化，是一个地域“活着的古董”，因此，在“望得见山、看得见水、记得住乡愁”的理念中，古树名木成为人们文化修养与精神向往的重要物质载体，是实现文化与社会价值的重要依托。

从景观美学来看，古树名木的树姿或傲然挺立，或古朴虬曲，枝叶或亭亭如盖，或姿态奇异，再加上珍奇的繁花硕果，成了一种不可复制的独特风景与旅游资源。有的古树名木可以独成一景，如梵净山西侧 1400 多岁的“紫薇王”成了一个闻名中外的独立景区；黄山的“迎客松”、云南省打洛独木成林的高山榕，直接造就了当地的一个主要景点。有的古树名木在名山大川之中，成为名胜古迹不可或缺的组成部分，具有重要的旅游价值。

古树名木还是一种重要的种质资源，在固碳释氧、保持水土、维持局域生物多样性等方面生态效益显著，对于当代生物多样性保护、抗逆基因与长寿基因发掘等生物学研究具有重要意义。古树名木蕴含着极其丰富的生物信息，分析古树可获取当地气候、水文、植被、环境的变迁数据。古树名木对当地的气候和土壤有较强的适应性，具有经过自然选择保留下来的纯正优秀的基因，是研究当地古气候、植物分布和生态变化的重要实证资料。因此，利用现代科技手段挖掘古树名木的形成历史、生理生态、繁殖适应等信息，可以为当今的生物多样性保护、植被演变趋势、新品种选育等研究提供重要素材。

基于古树名木的上述主要价值，可以通过开展生态旅游、传统文化传承与创新利用、科研价值发掘等途径，积极实现古树名木的综合价值，促进农民增收、乡村振兴及生态文明建设，以更好地满足人民群众对美好生态的需求。

7.3.1 生态旅游

(1) 打造旅游资源与保护小区

由于古树名木具有较高的知名度和认同度，可围绕古树名木积极宣传和打造旅游资源，并通过设立各类保护小区，提升古树名木的景观价值和种质资源丰富度，为生态旅游奠定基础。目前，梵净山西侧

(印江县)和梵净山南侧(江口县)都在大力围绕古树名木建设主题公园、古树村落、古树乡村等。例如,梵净山西侧(印江县)紫薇镇的川黔紫薇既是一级古树,又是被誉为“紫薇王”的名木。当地围绕“紫薇王”打造了紫薇园,种植了大量的紫薇,并设有摩崖石刻、龙凤奇石、紫薇心等景观,成为梵净山西线旅游的一个重要集散地。2021 年,紫薇镇入选贵州“全省乡村旅游重点镇”。印江县木黄镇的“会师柏”,通过修建会师雕像、风雨廊桥等,有力提升了“会师柏”的文化内涵与景观价值,逐渐成为梵净山西侧的一个重要景点和红色教育基地;梵净山南侧(江口县)官和乡泗渡村围绕古树名木打造“中国少数民族特色村寨”。又如,《北京市古树名木保护规划(2021 年—2035 年)》提出,到 2035 年实现古树名木健康状况、生长空间和群落生境的全方位保护,打造古树主题公园、古树村庄、古树社区、古树街巷、古树校园等各类古树保护小区,初步构成古树名木文化景观体系。

对于成片分布的古树群,既可以参照上述的古树名木模式,又可以利用古树群更自然的植被、更集中的旅游资源、更丰富的文化内涵,打造更有效的保护小区和更具吸引力的旅游资源。此外,还可以利用古树群的林下空间和邻近的良好生境条件,发展适度的露营经济、蜂蜜与蘑菇养殖产业,通过农业产业与文旅融合,实现古树群的综合价值。

(2) 土特产开发

许多古树的叶、花、果实、种子可供食用或药用,具有独特的经济价值,再加上古树名木的品牌效应,在不影响古树名木生长与繁殖的前提下,可以开发和利用古树名木的枝叶、花果等,用于药材、食材或其他手工艺品的制作,实现可持续保护与利用,也是实现古树名木及其传统文化活态传承的一个重要途径。目前,古树茶、古银杏白果、古树花蜜、古枫香树果等的采集与开发,已初步取得了良好的经济效益,提高了当地人们保护古树名木的积极性和主动性。例如,海南省昌江黎族自治县等地的黎族人民很早就有采集木棉(*Bombax ceiba* L.)古树自然凋落的花制作美食、采集自然掉落的果絮制作衣被或枕头填充物,甚至用来纺织的传统。当地远近闻名的“黎锦”,不仅传承了木棉文化与黎锦文化,也极大促进了群众增收和乡村振兴,取得了古树保护、文化传承、经济增收的“三赢”效果。

7.3.2 传统文化的传承与创新利用

古树名木蕴含的丰富文化内涵往往具有不可复制性,具有独特而珍贵的文化价值。传承和利用古树名木,可以不直接利用植株及其物质产品,对古树名木破坏性最小,是古树可持续保护和价值实现的一个重要方面。具体可从以下三点着手。

(1) 传承古树历史文化

古树作为历史文化的重要组成部分,让更多的人了解古树的历史渊源和文化内涵,从而更好地保护和传承古树文化。例如,传统的“风水林”文化在古树群中往往是体现得最为典型,可以利用现代科学知识如景观生态学、生态水文学、物种共存与植被结构等来解释传统“风水”思想,实现中华优秀传统文化的“创造性转化、创新性发展”,是学习和实践习近平生态文明思想、习近平新时代中国特色社会主义思想的一个创新方法,是各个地方理论联系实际,通过独具特色的古树文化探索乡村振兴模式,切实提升民族自信、文化自信,实现本地生态文明建设和中国式现代化的一个重要途径。

(2) 弘扬古树艺术

将古树艺术与传统文化相结合,开展古树艺术活动,提升古树文化的艺术价值。例如,开展古树文创、摄影、绘画、书法等,让更多的人通过艺术形式感受古树的魅力。可以举办古树名木相关的文化活动,发掘古树名木和古树群的传统文化内涵,增强民众生态文明意识,动员社会力量参与古树保护事业,比如举办“名木故事”“十大最美树王”“银杏王”“柏木王”等社会评选活动,组织摄影爱好者、书画家和诗人对古树名木进行摄影摄像、绘画与作诗。在加大古树名木宣传保护力度的同时,一方面,发动社会力量收集和记录古树名木的精彩瞬间和保护现状,保存珍贵的历史资料,更好地展示古树保护成果以及独具特色的古树文化。另一方面,充分挖掘古树名木背后的文化典故,进行整理与提升,将古树与文化充分融合。通过开展古树古村科普网络直播、利用各种媒体进行宣传报道，提升古树名木的知名度，促进生态旅游与保护利用。

（3）保护与利用红色文化

梵净山地区是党和红军从事革命活动的红色老区。当年，这里是中国工农红军第三军创建黔东革命根据地的一块重要区域，又是黔东独立师坚持革命斗争的游击根据地，书写了一曲红军悲壮的英雄赞歌。“木黄会师”是红军长征中的第一次大会师，被载入中国革命史册。2006 年，木黄会师纪念碑和纪念馆被国务院命名为第六批全国重点文物保护单位；2008 年，被中央宣传部、财政部、文化部和国家文物局列为爱国主义教育免费开放基地。今天，梵净山西侧（印江县）的“会师柏”、南侧（江口县）闵孝镇双屯村的革命烈士左洪春之墓旁的柏木等古树名木，仍然郁郁葱葱，生动地体现了革命烈士的英雄气节和生生不息的民族信念。这些古树名木较为集中地分布在梵净山地区，是开展爱国主义教育、革命传统教育的重要基地，可以利用这些现存古树名木，发掘和整理革命事迹与红色文化，规划好路线，并结合传统历史文化、旅游产品开发等，打造红色旅游经典线路。

7.3.3 科研价值的发掘

科学研究是保护古树、传承文化、持续利用的重要基础，也是古树名木价值实现的重要途径。通过科学研究，可以深入了解古树的生态环境、生长情况和文化内涵，为古树名木的传承和发展提供科学依据。同时，还可以利用古树名木的珍稀种质资源，开展历史气候、树种适应进化、新品种选育、植被恢复等研究与实践工作，有望取得重大的科技突破和成果。具体而言，古树名木科研价值的发掘主要包括以下三个方面。

（1）古树生态适应与生境演替的研究

古树名木是树木生长与自然因素二者之间相互制约发展的结果，因此，古树名木反映了当地气候条件变化的趋势，记录着整个生境条件的发展历史。古树名木的长势和兴衰状态，可以反映当地环境污染和人类活动干扰的程度，利用当地特有的古树名木及其生境，可以开展创新性的植物适应进化、局域生境演替、植被变迁、气候变化等研究，有望取得原创性重大成果。此外，对古树名木的生长史进行剖析，能够为植被恢复和园林绿化树种选择提供依据，避免因不科学的选择可能造成的经济损失。

（2）古树文化价值形成过程与变迁的研究

古树名木的文化内涵是经历漫长岁月而逐渐形成和累积的。古树树种的基本生物学特性如何激发人类共情，并在长期经济利用过程中形成独特文化内涵，是当今生态文化和生态文明建设的一个重要课题。通过考古和文献研究，深入揭示古树与当地社会经济发展的相关性，解释古树名木历史文化价值的形成与演变过程，可为古树文化的传承和可持续利用提供科学依据。特别是一些树种在很多地方都是当地的“文化关键种”，如银杏、柏木、枫香树等，具有深厚的文化内涵，是保存和承载传统文化与生物多样性知识的重要载体。因此，需要利用民族植物学、生态文化等方面的知识，结合自然科学和社会科学的研究手段与理念，更好地揭示古树名木的形成原因，解释人类文化对古树形成与保护的积极作用，以及植物对人类社会发展的影响。

（3）古树基因和重要性状的研究

通过分子生物学、系统发育生物学等研究方法，挖掘和利用古树的长寿基因和抗逆基因等，可以揭示古树树种的适应进化规律和遗传基础，指导名优品种的新品种选育。古树特殊的重要性状如历经沧桑岁月积累下来的高浓度次生代谢物质，可用于提取高纯度的药用成分，具有重要的药用价值；古树叶片的功能性状与分枝方式反映了植物长期适应光照、水分等生境条件的表型特征，指示着植物物候、环境变迁、人类经济社会发展历史等信息；古树群的物种多样性形成与维持机制，特别是物种竞争与互促作用、群落构建与植被演变等方面，是当前生物多样性保护、生态修复、国家公园建设等领域的重要课题。

附录Ⅰ

梵净山地区古树名木种类与数量表

附录Ⅰ　梵净山地区古树名木种类与数量表

序　号	中　文　名	拉　丁　名	科	属	株数/棵
1	银杏	*Ginkgo biloba* L.	银杏科	银杏属	264
2	罗汉松	*Podocarpus macrophyllus* (Thunb.) Sweet	罗汉松科	罗汉松属	1
3	杉木	*Cunninghamia lanceolata* (Lamb.) Hook.	柏科	杉木属	167
4	柏木	*Cupressus funebris* Endl.	柏科	柏木属	4455
5	圆柏	*Juniperus chinensis* L.	柏科	刺柏属	4
6	刺柏	*Juniperus formosana* Hayata	柏科	刺柏属	9
7	龙柏	*Juniperus chinensis* 'Kaizuca'	柏科	刺柏属	1
8	侧柏	*Platycladus orientalis* (L.) Franco	柏科	侧柏属	3
9	南方红豆杉	*Taxus wallichiana* var. *mairei* (Lemée & H. Lév.) L. K. Fu & Nan Li	红豆杉科	红豆杉属	198
10	榧	*Torreya grandis* Fortune ex Lindl.	红豆杉科	榧属	1
11	铁坚油杉	*Keteleeria davidiana* (C. E. Bertrand) Beissn.	松科	油杉属	3
12	柔毛油杉	*Keteleeria pubescens* W. C. Cheng & L. K. Fu	松科	油杉属	18
13	长苞铁杉	*Nothotsuga longibracteata* (W. C. Cheng) Hu ex C. N. Page	松科	长苞铁杉属	1
14	马尾松	*Pinus massoniana* Lamb.	松科	松属	48
15	黄杉	*Pseudotsuga sinensis* Dode	松科	黄杉属	4
16	鹅掌楸	*Liriodendron chinense* (Hemsl.) Sarg.	木兰科	鹅掌楸属	3
17	深山含笑	*Michelia maudiae* Dunn	木兰科	含笑属	1
18	光叶玉兰	*Yulania dawsoniana* (Rehder & E. H. Wilson) D. L. Fu	木兰科	玉兰属	1
19	武当玉兰	*Yulania sprengeri* (Pamp.) D. L. Fu	木兰科	玉兰属	1
20	云南樟	*Camphora glandulifera* (Wall.) Nees	樟科	樟属	270
21	黄樟	*Camphora parthenoxylon* (Jack) Nees	樟科	樟属	7
22	猴樟	*Camphora bodinieri* (H. Lév.) Y. Yang, Bing Liu & Zhi Yang	樟科	樟属	33
23	川桂	*Cinnamomum wilsonii* Gamble	樟科	桂属	4

续表

序号	中文名	拉丁名	科	属	株数/棵
24	山胡椒	*Lindera glauca* (Siebold & Zucc.) Blume	樟科	山胡椒属	1
25	黑壳楠	*Lindera megaphylla* Hemsl.	樟科	山胡椒属	60
26	毛豹皮樟	*Litsea coreana* var. *lanuginosa* (Migo) Yen C. Yang & P. H. Huang	樟科	木姜子属	1
27	豹皮樟	*Litsea coreana* var. *sinensis* (C. K. Allen) Yen C. Yang & P. H. Huang	樟科	木姜子属	18
28	川黔润楠	*Machilus chuanchienensis* S. K. Lee	樟科	润楠属	1
29	利川润楠	*Machilus lichuanensis* W. C. Cheng ex S. K. Lee	樟科	润楠属	2
30	润楠	*Machilus nanmu* (Oliv.) Hemsl.	樟科	润楠属	11
31	短梗新木姜子	*Neolitsea brevipes* H. W. Li	樟科	新木姜子属	1
32	闽楠	*Phoebe bournei* (Hemsl.) Yen C. Yang	樟科	楠属	84
33	楠木	*Phoebe zhennan* S. K. Lee & F. N. Wei	樟科	楠属	313
34	檫木	*Sassafras tzumu* (Hemsl.) Hemsl.	樟科	檫木属	15
35	羽叶泡花树	*Meliosma pinnata* (Roxb.) Maxim.	清风藤科	泡花树属	1
36	黄杨	*Buxus sinica* (Rehder & E. H. Wilson) M. Cheng	黄杨科	黄杨属	5
37	枫香树	*Liquidambar formosana* Hance	蕈树科	枫香树属	2366
38	合欢	*Albizia julibrissin* Durazz.	豆科	合欢属	2
39	紫荆	*Cercis chinensis* Bunge	豆科	紫荆属	4
40	湖北紫荆	*Cercis glabra* Pamp.	豆科	紫荆属	2
41	香槐	*Cladrastis wilsonii* Takeda	豆科	香槐属	7
42	黄檀	*Dalbergia hupeana* Hance	豆科	黄檀属	15
43	皂荚	*Gleditsia sinensis* Lam.	豆科	皂荚属	72
44	花榈木	*Ormosia henryi* Hemsl. & E. H. Wilson	豆科	红豆属	2
45	木荚红豆	*Ormosia xylocarpa* Chun ex H. Y. Chen	豆科	红豆属	1
46	翅荚香槐	*Platyosprion platycarpum* (Maxim.) Maxim.	豆科	翅荚香槐属	42
47	刺槐	*Robinia pseudoacacia* L.	豆科	刺槐属	1
48	槐	*Styphnolobium japonicum* (L.) Schott	豆科	槐属	11
49	大叶桂樱	*Prunus zippeliana* Miq.	蔷薇科	李属	6
50	稠李	*Prunus padus* L.	蔷薇科	李属	7
51	贵州石楠	*Photinia bodinieri* H. Lév.	蔷薇科	石楠属	136
52	光叶石楠	*Photinia glabra* (Thunb.) Maxim.	蔷薇科	石楠属	22
53	石楠	*Photinia serratifolia* (Desf.) Kalkman	蔷薇科	石楠属	22
54	梨属	*Pyrus* L.	蔷薇科	梨属	2
55	白梨	*Pyrus bretschneideri* Rehder	蔷薇科	梨属	2
56	豆梨	*Pyrus calleryana* Decne.	蔷薇科	梨属	1
57	沙梨	*Pyrus pyrifolia* (Burm. F.) Nakai	蔷薇科	梨属	6
58	枳椇	*Hovenia acerba* Lindl.	鼠李科	枳椇属	28

续表

序号	中文名	拉丁名	科	属	株数/棵
59	多脉猫乳	*Rhamnella martini*(H. Lév.)C. K. Schneid.	鼠李科	猫乳属	1
60	酸枣	*Ziziphus jujuba* var. *spinosa*(Bunge)Hu ex H. F. Chow	鼠李科	枣属	19
61	多脉榆	*Ulmus castaneifolia* Hemsl.	榆科	榆属	1
62	榆	*Ulmus pumila* L.	榆科	榆属	61
63	大叶榉树	*Zelkova schneideriana* Hand.-Mazz.	榆科	榉属	224
64	榉树	*Zelkova serrata*(Thunb.)Makino	榆科	榉属	331
65	糙叶树	*Aphananthe aspera*(Thunb.)Planch.	大麻科	糙叶树属	28
66	珊瑚朴	*Celtis julianae* C. K. Schneid.	大麻科	朴属	58
67	朴树	*Celtis sinensis* Pers.	大麻科	朴属	400
68	青檀	*Pteroceltis tatarinowii* Maxim.	大麻科	青檀属	94
69	构	*Broussonetia papyrifera*(L.)L'Hér. ex Vent.	桑科	构属	3
70	榕树	*Ficus microcarpa* L. f.	桑科	榕属	1
71	桑	*Morus alba* L.	桑科	桑属	30
72	硬壳柯	*Lithocarpus hancei*(Benth.)Rehder	壳斗科	柯属	1
73	岩栎	*Quercus acrodonta* Seemen	壳斗科	栎属	129
74	麻栎	*Quercus acutissima* Carruth.	壳斗科	栎属	89
75	锐齿槲栎	*Quercus aliena* var. *acuteserrata* Maxim.	壳斗科	栎属	2
76	白栎	*Quercus fabri* Hance	壳斗科	栎属	4
77	赤皮青冈	*Quercus gilva* Blume	壳斗科	栎属	2
78	青冈	*Quercus glauca* Thunb.	壳斗科	栎属	805
79	大叶青冈	*Quercus jenseniana* Hand.-Mazz.	壳斗科	栎属	2
80	小叶青冈	*Quercus myrsinifolia* Blume	壳斗科	栎属	127
81	乌冈栎	*Quercus phillyraeoides* A. Gray	壳斗科	栎属	1
82	细叶青冈	*Quercus shennongii* C. C. Huang & S. H. Fu	壳斗科	栎属	13
83	锥栗	*Castanea henryi*(Skan)Rehder & E. H. Wilson	壳斗科	栗属	32
84	栗	*Castanea mollissima* Blume	壳斗科	栗属	70
85	水青冈	*Fagus longipetiolata* Seemen	壳斗科	水青冈属	10
86	短刺米槠	*Castanopsis carlesii* var. *spinulosa* W. C. Cheng & C. S. Chao	壳斗科	锥属	6
87	米槠	*Castanopsis carlesii*(Hemsl.)Hayata	壳斗科	锥属	4
88	甜槠	*Castanopsis eyrei*(Champ. ex Benth.)Tutcher	壳斗科	锥属	1
89	湖北锥	*Castanopsis hupehensis* C. S. Chao	壳斗科	锥属	246
90	苦槠	*Castanopsis sclerophylla*(Lindl.)Schottky	壳斗科	锥属	9
91	钩锥	*Castanopsis tibetana* Hance	壳斗科	锥属	201
92	山核桃	*Carya cathayensis* Sarg.	胡桃科	山核桃属	1
93	青钱柳	*Cyclocarya paliurus*(Batalin)Iljinsk.	胡桃科	青钱柳属	12
94	胡桃	*Juglans regia* L.	胡桃科	胡桃属	20

续表

序号	中文名	拉丁名	科	属	株数/棵
95	化香树	*Platycarya strobilacea* Siebold & Zucc.	胡桃科	化香树属	13
96	枫杨	*Pterocarya stenoptera* C. DC.	胡桃科	枫杨属	116
97	云贵鹅耳枥	*Carpinus pubescens* Burkill	桦木科	鹅耳枥属	14
98	绒毛华榛	*Corylus chinensis* Franch. var. *fargesii*(Franch.)Hu	桦木科	榛属	1
99	垂柳	*Salix babylonica* L.	杨柳科	柳属	96
100	紫柳	*Salix wilsonii* Seemen ex Diels	杨柳科	柳属	3
101	毛白杨	*Populus tomentosa* Carrière	杨柳科	杨属	3
102	柞木	*Xylosma congesta*(Lour.)Merr.	杨柳科	柞木属	231
103	乌桕	*Triadica sebifera*(L.)Small	大戟科	乌桕属	5
104	重阳木	*Bischofia polycarpa*(H. Lév.)Airy Shaw	叶下珠科	秋枫属	14
105	杜英	*Elaeocarpus decipiens* Hemsl.	杜英科	杜英属	10
106	灰毛杜英	*Elaeocarpus limitaneus* Hand.-Mazz.	杜英科	杜英属	1
107	仿栗	*Sloanea hemsleyana*(Ito)Rehder & E. H. Wilson	杜英科	猴欢喜属	1
108	川黔紫薇	*Lagerstroemia excelsa*(Dode)Chun ex S. Lee & L. F. Lau	千屈菜科	紫薇属	13
109	紫薇	*Lagerstroemia indica* L.	千屈菜科	紫薇属	38
110	南酸枣	*Choerospondias axillaris*(Roxb.)B. L. Burtt & A. W. Hill	漆树科	南酸枣属	37
111	黄连木	*Pistacia chinensis* Bunge	漆树科	黄连木属	299
112	漆	*Toxicodendron vernicifluum*(Stokes)F. A. Barkley	漆树科	漆树属	2
113	阔叶槭	*Acer amplum* Rehder	无患子科	槭属	2
114	樟叶槭	*Acer coriaceifolium* H. Lév.	无患子科	槭属	26
115	飞蛾槭	*Acer oblongum* Wall. ex DC.	无患子科	槭属	57
116	七叶树	*Aesculus chinensis* Bunge	无患子科	七叶树属	15
117	复羽叶栾	*Koelreuteria bipinnata* Franch.	无患子科	栾属	1
118	栾	*Koelreuteria paniculata* Laxm.	无患子科	栾属	7
119	无患子	*Sapindus mukorossi* Gaertn.	无患子科	无患子属	1
120	柚	*Citrus maxima*(Burm.)Merr.	芸香科	柑橘属	1
121	臭椿	*Ailanthus altissima*(Mill.)Swingle	苦木科	臭椿属	3
122	楝	*Melia azedarach* L.	楝科	楝属	22
123	红椿	*Toona ciliata* M. Roem.	楝科	香椿属	3
124	香椿	*Toona sinensis*(Juss.)Roem.	楝科	香椿属	10
125	梧桐	*Firmiana simplex*(L.)W. Wight	锦葵科	梧桐属	1
126	椆树桑寄生	*Loranthus delavayi* Tiegh.	桑寄生科	桑寄生属	2
127	珙桐	*Davidia involucrata* Baill.	蓝果树科	珙桐属	2
128	蓝果树	*Nyssa sinensis* Oliver	蓝果树科	蓝果树属	6
129	光皮梾木	*Cornus wilsoniana* Wangerin	山茱萸科	山茱萸属	9
130	乌柿	*Diospyros cathayensis* Steward	柿科	柿属	46
131	柿	*Diospyros kaki* Thunb.	柿科	柿属	45

续表

序号	中文名	拉丁名	科	属	株数/棵
132	野柿	*Diospyros kaki* var. *silvestris* Makino	柿科	柿属	1
133	君迁子	*Diospyros lotus* L.	柿科	柿属	16
134	银木荷	*Schima argentea* E. Pritz.	山茶科	木荷属	10
135	木荷	*Schima superba* Gardner & Champ.	山茶科	木荷属	17
136	油茶	*Camellia oleifera* Abel	山茶科	山茶属	1
137	山矾	*Symplocos sumuntia* Buch.-Ham. ex D. Don	山矾科	山矾属	1
138	粗糠树	*Ehretia dicksonii* Hance	紫草科	厚壳树属	5
139	香果树	*Emmenopterys henryi* Oliv.	茜草科	香果树属	46
140	白蜡树	*Fraxinus chinensis* Roxb.	木樨科	梣属	2
141	女贞	*Ligustrum lucidum* W. T. Aiton	木樨科	女贞属	97
142	木樨	*Osmanthus fragrans* (Thunb.) Lour.	木樨科	木樨属	80
143	楸	*Catalpa bungei* C. A. Mey.	紫葳科	梓属	2
144	梓	*Catalpa ovata* G. Don	紫葳科	梓属	16
145	灰毛牡荆	*Vitex canescens* Kurz	唇形科	牡荆属	5
146	白花泡桐	*Paulownia fortunei* (Seem.) Hemsl.	泡桐科	泡桐属	15
147	冬青	*Ilex chinensis* Sims	冬青科	冬青属	5
148	刺楸	*Kalopanax septemlobus* (Thunb.) Koidz.	五加科	刺楸属	34
合计	148		44	99	13314

附录Ⅱ

贵州省古树名木大树保护条例

（2019年12月1日贵州省第十三届人民代表大会常务委员会第十三次会议通过）

目　　录

第一章　总　　则

第一条　为加强古树名木大树保护，促进生态文明建设，根据《中华人民共和国森林法》和有关法律、法规的规定，结合本省实际，制定本条例。

第二条　本省行政区域内古树名木大树的保护管理等活动，适用本条例。

第三条　本条例所称古树，是指树龄100年以上的树木。

本条例所称名木，是指依法认定的稀有、珍贵树木和具有历史、文化价值以及具有重要纪念意义的树木。

本条例所称大树，是指古树名木之外，胸径100厘米以上的树木。

第四条　古树名木大树保护坚持政府主导、属地管理、社会参与、保护优先、科学管护、文化传承的原则。

第五条　古树名木大树保护是社会公益性事业。县级以上人民政府应当加强古树名木大树保护工作的领导，将古树名木大树保护工作所需经费列入同级财政预算。

第六条　县级以上人民政府林业、城市园林绿化主管部门（以下简称古树名木大树主管部门）是古树名木大树保护、管理和监督工作的主管部门。城市规划区以外的古树名木大树的保护、管理和监督工作由县级以上人民政府林业主管部门负责，城市规划区以内的古树名木大树的保护、管理和监督工作由县级以上人民政府林业或者城市园林绿化主管部门负责。

县级以上人民政府有关部门在各自职责范围内做好古树名木大树保护的相关工作。

乡镇人民政府、街道办事处（社区服务管理机构）配合有关部门做好本区域内古树名木大树保护相关工作。

村（居）民委员会协助做好辖区内古树名木大树保护工作，鼓励制定保护古树名木大树的村规民约。

第七条　县级以上人民政府应当采取措施开展古树名木大树保护的科学研究，推广应用科研成果。

鼓励社会公众参与古树名木大树的保护和研究。

第八条 各级人民政府应当加强古树名木大树保护的宣传；广播、电视、互联网、报刊等媒体应当配合古树名木大树主管部门开展对古树名木大树保护的宣传。

第九条 单位和个人有权劝阻和举报损害古树名木大树的行为。

鼓励单位和个人认养、捐资保护古树名木大树。

单位和个人认养、捐资保护古树名木大树的，享有一定期限的标注权、署名权。

第十条 县级以上人民政府对保护古树名木大树成绩显著的单位或者个人，按照国家和本省有关规定给予表彰和奖励。

第二章 认 定

第十一条 省人民政府古树名木大树主管部门负责组织全省古树名木大树资源普查，建立资源档案，掌握资源变化情况。

古树名木大树资源普查每10年组织开展一次。

资源普查后形成的古树名木名录报省人民政府批准并向社会公布，大树名录报县级人民政府批准并向社会公布。

古树名木大树名录应当包含古树名木大树所在地，植物学名，中文科、属、种名，编号等内容。

第十二条 县级人民政府古树名木大树主管部门应当加强古树名木大树资源的日常监测，对单位或者个人发现的古树名木大树资源情况开展调查，并按照规定进行认定。

第十三条 古树名木由省人民政府古树名木大树主管部门负责认定。大树由县级人民政府古树名木大树主管部门负责认定，并报市、州人民政府古树名木大树主管部门备案。

认定古树名木大树，应当组织专业人员参加。情况特殊或者认定难度较大的，可以聘请专家组进行论证。专家组成员从古树名木大树专家库中随机抽取。

古树名木大树认定办法由省人民政府制定，古树名木大树认定标准由省人民政府古树名木大树主管部门会同标准化主管部门制定。

第十四条 省人民政府古树名木大树主管部门应当设立古树名木大树专家库。专家库应当包含植物、园林绿化、生态环境、城乡规划、人文、地质、地理等领域的专家。

第十五条 经论证符合认定标准的古树名木大树应当由古树名木大树所在地县级人民政府古树名木大树主管部门进行公示，公示时间不少于15日。对公示有异议的，应当在公示期满前向认定部门提出异议，认定部门应当组织复查并作出决定。

第十六条 省人民政府古树名木大树主管部门应当建立古树名木大树图文档案和电子信息数据库，组织县级人民政府古树名木大树主管部门对公示后无异议的古树名木大树进行登记造册、编号、拍照、定位，相关数据录入数据库。

第十七条 承担古树名木大树资源普查、日常监测、调查等职责的有关部门及其工作人员不得瞒报、谎报古树名木大树。

第三章 养 护

第十八条 古树名木大树实行科学养护。省人民政府林业主管部门应当会同省人民政府城市园林绿化主管部门制定古树名木大树养护技术标准；对承担养护责任的单位或者个人进行养护知识培训。

第十九条 古树名木大树实行养护责任制。县级以上人民政府古树名木大树主管部门应当按照下列规定确定古树名木大树的养护责任主体：

(1) 文物保护单位、宗教活动场所以及其他机关、团体、企业事业单位用地范围内的古树名木大树，由用地单位负责养护。

(2) 机场、铁路、公路、江河堤坝和水库湖渠用地范围内的古树名木大树，由其经营管理机构负责养护。

(3) 城市道路、街巷、绿地、广场以及其他公共设施用地范围内的古树名木大树，由城市园林绿化管理机构负责养护。

(4) 风景名胜区、森林公园、地质公园、湿地公园、城市公园范围内的古树名木大树，由其管理机构负责养护。

(5) 农村集体所有的古树名木大树，由村民委员会或者村民小组负责养护；乡村道路两旁和其他非农村集体所有的古树名木大树，由乡镇人民政府负责养护。

(6) 乡镇街道、广场以及其他公共设施用地范围内的古树名木大树，由乡镇人民政府、街道办事处(社区服务管理机构)负责养护。

(7) 城镇住宅小区内、村民居民房前屋后及院落内的古树名木大树，权属不明的，由乡镇人民政府、街道办事处(社区服务管理机构)负责养护。

(8) 个人所有的古树名木大树，由个人负责养护。

单位和个人对确定的古树名木大树养护责任主体有异议的，可以向县级以上人民政府古树名木大树主管部门申请复核。县级以上人民政府古树名木大树主管部门应当自收到申请之日起 10 日内作出决定。

第二十条 县级以上人民政府古树名木大树主管部门应当与养护责任主体签订养护协议，明确养护责任。

古树名木大树的养护责任主体变更的，应当重新签订养护协议。

第二十一条 养护责任主体应当按照养护协议的要求和养护技术标准，对古树名木大树进行经常性的看护，对其生长情况进行观测，制止或者报告各种损害古树名木大树的行为。

第二十二条 古树名木大树出现下列情况时，养护责任主体应当及时报告所在地县级人民政府古树名木大树主管部门：

(1) 受到有害生物危害或者人为损害的。

(2) 出现明显生长衰弱、濒危等异常情况的。

(3) 生存环境受到破坏的。

(4) 遭受自然灾害损毁的。

(5) 其他对古树名木大树不利的情况。

接到报告的部门应当在 7 日内组织专业人员开展现场调查，采取措施抢救或者复壮古树名木大树。具备公共事务管理职能的养护责任单位应当在古树名木大树主管部门的技术指导下组织实施抢救措施。

第四章 保护与管理

第二十三条 古树名木大树应当划定保护范围。古树名木的保护范围为不小于树冠垂直投影外 5 米，大树的保护范围为不小于树冠垂直投影外 3 米。

3 株以上聚集生长的古树名木或者大树，由县级人民政府古树名木大树主管部门根据实际情况，按照前款规定划定保护范围。

第二十四条 县级以上人民政府规划主管部门制定国土空间规划时，应当在古树名木大树保护范围及相邻区域划出建设控制地带，保护古树名木大树的生长环境和风貌。

第二十五条 县级人民政府古树名木大树主管部门应当对本辖区内的古树名木大树设置保护牌。保护牌应当载明古树名木大树的植物学名，中文科、属、种名，编号，养护责任主体，认定单位、投诉举报电话等内容。保护牌由县级人民政府古树名木大树主管部门制作，设置保护牌应当避免对古树名木大树造成损害。市、州人民政府古树名木大树主管部门应当加强监督指导。

县级人民政府古树名木大树主管部门应当结合实际需要对古树名木大树设置支撑、围栏、避雷针、排水沟等保护设施。保护设施的设置应当征求专业人员意见。

任何单位和个人不得擅自移动、破坏古树名木大树的保护牌和保护设施。

第二十六条 禁止下列损害大树的行为：

(1) 砍伐。

(2) 擅自移植。

(3) 剥皮,掘根,向大树灌注有毒有害物质。

(4) 刻划、钉钉。

(5) 其他损害大树生长的行为。

第二十七条 古树名木保护除禁止第二十六条规定的行为外,还禁止下列行为:

(1) 擅自修剪树枝。

(2) 蟠扎、台刈,攀树折枝,缠绕、悬挂物体或者使用树干作支撑物,紧挨树干堆压物品等。

(3) 损害古树名木生长的其他行为。

第二十八条 在古树名木大树保护范围内禁止下列行为:

(1) 新建、扩建建(构)筑物,硬化地面。

(2) 擅自敷设管线、架设电线,进行爆破、钻探、挖掘等作业。

(3) 挖坑取土,采石取砂,使用明火。

(4) 排放废水、废气,倾倒、堆放垃圾、融雪盐及易燃易爆、有毒有害物品。

(5) 其他危害古树名木大树的行为。

保护范围内已建成的危害古树名木大树的生产、生活设施,由所在地县级人民政府责令有关单位或者个人限期整改,消除危害。

第二十九条 县级人民政府古树名木大树主管部门应当对古树名木大树的生长环境、生长情况、保护情况进行日常监管,并将监管情况记录存档。

第三十条 因保护古树名木大树对有关单位或者个人造成财产损失的,由县级人民政府给予补偿。

第三十一条 因国家重点工程项目建设、科学研究确实无法避让古树名木的,可以移植,并按照规定向古树名木大树主管部门申请办理审批手续。

国家和省重点工程项目建设、大型基础设施项目建设无法避让或者无法进行有效保护大树的,可以移植,并向县级人民政府古树名木大树主管部门申请办理审批手续。

第三十二条 因建设工程申请移植古树名木大树应当提交下列材料:

(1) 移植申请书。

(2) 移植方案。

(3) 建设项目审批手续。

(4) 其他相关资料。

在审批过程中,古树名木大树主管部门应当组织专家对移植方案进行论证。

第三十三条 移植古树名木大树的,应当办理移植登记,变更养护责任主体,更新古树名木大树电子信息数据库。

第三十四条 因建设工程移植古树名木大树的,移植费用和移植后5年内的养护费用由建设单位承担。

建设单位应当按照专家论证通过的移植方案进行移植。未按照移植方案进行移植,造成古树名木大树损害的,由建设单位承担相应的法律责任。

第三十五条 大树原生长环境已不适宜大树继续生长,可能导致大树死亡的,或者大树的生长状况对公众生命、财产安全可能造成危害,且采取防护措施后仍无法消除危险的,由县级人民政府古树名木大树主管部门组织专家制定移植方案后,按照移植方案进行移植。

第三十六条 工程项目建设可能影响古树名木大树及其生长环境的,工程建设单位应当在开工前征求县级人民政府古树名木大树主管部门意见,并根据意见采取防护措施。

第三十七条 任何单位和个人不得擅自处置死亡的古树名木大树及其树根、枯枝。

古树名木大树死亡的,养护责任主体应当及时报告县级人民政府古树名木大树主管部门。接到报告的部门应当在5日内组织专业技术人员进行核实,查明原因和责任。

死亡的古树名木由县级人民政府古树名木大树主管部门采取措施消除安全隐患后保留原貌予以保护；确需处置的，由省人民政府古树名木大树主管部门组织有关专家和专业人员论证确认处置方案后，按照处置方案进行处置。死亡的大树由县级人民政府古树名木大树主管部门采取处置措施。

处置完毕后及时更新古树名木大树电子信息数据。

第三十八条 古树名木大树因突发灾害或者其枯枝可能对公众生命财产造成危害，需要采取措施排除危险隐患的，由县级人民政府古树名木大树主管部门组织专业技术人员进行核实，查明原因和责任，制定处置方案，按照处置方案进行处置。

第三十九条 利用古树名木大树开展旅游、科普等活动，古树名木大树主管部门应当组织专家进行论证，并制定利用方案，但不得损害古树名木大树，破坏其生长环境。

第四十条 境外机构或者个人不得擅自采集或者收购古树名木的树干、树枝以及死亡的古树名木及其树根、枯枝。

第四十一条 法律规定的机关或者组织可以依法对损害古树名木大树或者破坏古树名木大树保护范围的行为提起公益诉讼。

县级以上人民政府及其有关部门应当为公益诉讼提起人提供查阅、复制相关资料等便利。

第四十二条 古树名木大树的救治、复壮应当纳入政策性保险。

县级以上人民政府应当采取保险费补贴等措施鼓励保险机构开展古树名木大树保护管理保险。

第五章 法律责任

第四十三条 违反本条例第二十五条第三款规定的，由县级以上人民政府古树名木大树主管部门责令停止违法行为，限期恢复原状，并处以每个保护牌或者保护设施100元以上500元以下罚款；造成损失的，依法赔偿。

第四十四条 违反本条例第二十六条规定的，由县级以上人民政府古树名木大树主管部门责令停止侵害，并按照下列规定给予处罚：

(1) 违反第一项规定的，没收砍伐的大树，并处以每株10万元以上20万元以下罚款；有违法所得的，没收违法所得，并处以违法所得3倍以上5倍以下罚款。

(2) 违反第二项规定的，没收移植的大树，并处以每株5万元以上10万元以下罚款；有违法所得的，没收违法所得，并处以违法所得3倍以上5倍以下罚款。

(3) 违反第三项规定的，限期恢复原状或者采取补救措施，处以5万元以上10万元以下罚款。

(4) 违反第四项规定的，处以100元以上500元以下罚款。

违反前款第二项、第三项、第四项规定，造成大树死亡的，按照第一项的规定进行处罚。

第四十五条 违反本条例第二十七条规定的，由县级以上人民政府古树名木大树主管部门责令停止侵害，并按照下列规定给予处罚：

(1) 违反第一项、第二项规定的，处以200元以上2000元以下罚款；情节严重的，处以2000元以上1万元以下罚款。

(2) 砍伐古树名木的，没收砍伐的古树名木，并处以每株30万元以上50万元以下罚款；有违法所得的，没收违法所得，并处以违法所得3倍以上5倍以下罚款。

(3) 擅自移植古树名木的，没收移植的古树名木，并处以每株10万元以上20万元以下罚款；有违法所得的，没收违法所得，并处以违法所得3倍以上5倍以下罚款。

(4) 对古树名木剥皮、掘根或者灌注有毒有害物质的，限期恢复原状或者采取补救措施，并处以10万元以上20万元以下罚款。

(5) 对古树名木刻划、钉钉的，处以500元以上2000元以下罚款，情节严重的，处以2000元以上1万元以下罚款。

违反前款规定，造成古树名木死亡的，按照第二项的规定进行处罚。

第四十六条 违反本条例第二十八条第一款规定的，按照下列规定给予处罚：

(1) 违反第一项、第二项规定的,由县级以上人民政府城乡建设主管部门责令停止违法行为,处以2000元以上2万元以下罚款。

(2) 违反第三项规定,在古树名木大树保护范围内挖坑取土,采石取砂的,由县级以上人民政府古树名木大树主管部门责令停止违法行为,恢复原状或者采取补救措施,处以200元以上1000元以下罚款,致使古树名木大树受到毁坏的,可处以毁坏古树名木大树价值1倍以上5倍以下的罚款;使用明火的,由县级以上人民政府古树名木大树主管部门责令停止违法行为,处以200元以上1000元以下罚款。

(3) 违反第四项规定的,由生态环境保护主管部门责令停止违法行为,恢复原状或者采取补救措施,对个人处以200元以下罚款,对单位处以5000元以上5万元以下罚款。

违反前款规定的行为造成古树名木大树死亡的,按照砍伐古树名木大树的规定进行处罚。

第四十七条　违反本条例第三十七条第一款规定,非法处置死亡树木及其树根、枯枝的,由县级以上人民政府古树名木大树主管部门责令停止违法行为,没收非法处置的死亡树木及其树根、枯枝,有违法所得的,没收违法所得,并处以违法所得5倍以上至10倍以下罚款;没有违法所得的,处以5000元以上5万元以下罚款。

第四十八条　违反本条例第四十条规定的,由县级以上人民政府古树名木大树主管部门责令停止违法行为,没收古树名木及其树干、树根、树枝,有违法所得的,没收违法所得,并处以违法所得5倍以上至10倍以下罚款;没有违法所得的,处以5000元以上5万元以下罚款。

第四十九条　古树名木大树主管部门及其工作人员违反本条例有关规定,有下列情形之一的,由所在单位或者上级主管部门对直接负责的主管人员和其他直接责任人员依法给予处分:

(1) 瞒报、谎报古树名木大树的。

(2) 违反规定认定古树名木大树的。

(3) 未依法履行古树名木大树保护和监督管理职责的。

(4) 违反规定批准移植古树名木大树的。

(5) 其他滥用职权、徇私舞弊、玩忽职守行为的。

第五十条　违反本条例规定的其他行为,有关法律、法规有处罚规定的,从其规定。

第六章　附　　则

第五十一条　自然保护区内古树名木大树的保护管理,适用自然保护区相关规定。

第五十二条　本条例自2020年2月1日起施行。

附录Ⅲ

调查人员

铜仁市林业局	廖洪英	柳太勇	安黔宁	张雪飞	许林政	冉景屏
	曾凡勇	李春红	罗　爽	冯邦贤	汪建权	吴　宪
	张佳涛	贺　彬	徐　东	代忠迪	童　蓉	杨　芳
印江县林业局	王时霞	李朝彪	谭志明	李　松	欧　飞	黄　冰
	易世安	梁　芳	白甚燊	王　霞	黄　力	严丽蓉
	田朝阳	陈光德	王　婷	徐　华	李秀斌	杨明富
	任亚华	柳开林	杨智康	任晓峰	邹锡彬	柳　林
	张　婧	陈洪森	任廷强	张金茂	唐　波	王　军
	罗时娟	徐树桥	陈天勇			
江口县林业局	廖永军	杨　力	曾　跃	饶昌凡	杨秀富	杨　浩
	王海霞	杨　勇	王尚军	姚登留	刘秀文	雷中华
	王　杏	胡晓霞	邱友华	满　华	杨　林	周成勇
	闵　娅	姜华忠	杨胜江	江子群	张春才	胡军华
	郑　勇					
松桃县林业局	田　静	龙正刚	王　倩	黎正友	廖　敏	冉启刚
	李　顺	龙越霄	龙　兵	龙永强	刘　鑫	黄秀贵
	赵　涛	刘正杰	蒋　朋	王　博	杨召华	吴　令
	张绍庭	阮立新	张春琴	邱会万	吴　渊	滕德江
	田政丕	刘松平	李进松	吴建清	李昌发	罗　伦
	郝　令	石　磊	雷　宇	杨　阳		

主要参考文献

[1] 贵州省林业厅,梵净山国家级自然保护区管理处.梵净山研究[M].贵阳:贵州人民出版社,1990.

[2] 贵州梵净山科学考察集编辑委员会.贵州梵净山科学考察集[M].北京:中国环境科学出版社,1987.

[3] 饶绍君.梵净山纪事[M].北京:中国文联出版社,2017.

[4] 张礼安.贵州省森林和野生动物及湿地类型自然保护区[M].贵阳:贵州科技出版社,2004.

[5] 吴兴亮,邓春英,张伟勇,等.中国梵净山国家级自然保护区大型真菌多样性及其资源评价[J].贵州科学,2014,32(5):1-22.

[6] 周文庆,肖高林.梵天净土:梵净山申报世界自然遗产纪实[M].贵阳:贵州人民出版社,2018.

[7] 赵玉娇.黔东梵净山佛教与地域文化研究[J].佛学研究,2019(2):279-288.

[8] 朱军,江亚猛,张安兵.贵州印江洋溪自然保护区综合科学考察研究[M].北京:中国林业出版社,2017.

[9] 刘照进,王翔.木黄:梵净山以西[M].北京:中国文史出版社,2017.

[10] 江口县地方志编纂委员会.江口县志(1986—2005)[M].北京:方志出版社,2014.

[11] 印江土家族苗族自治县地方志编纂委员会.印江土家族苗族自治县志(1988—2008)[M].北京:方志出版社,2017.

[12] 松桃苗族自治县志编纂委员会.松桃苗族自治县志(1986—2006)[M].北京:方志出版社,2012.

[13] 贾祥云,戚海峰,乔敏.山东古树名木志[M].上海:上海科学技术出版社,2014.

[14] 刘海桑.鼓浪屿古树名木[M].北京:中国林业出版社,2013.

[15] 白凯,王馨.《旅游资源分类、调查与评价》国家标准的更新审视与研究展望[J].自然资源学报,2020,35(7):1525-1540.

[16] 付炳鑫.古树名木园林价值评价研究——以福州市鼓楼区古榕树为例[D].福州:福建农林大学,2018.

[17] 刘友多.福建省古树名木的多样性与旅游开发研究[J].防护林科技,2021(3):64-66,69.

[18] 中国科学院中国植物志编辑委员会.中国植物志:中名和拉丁名总索引[M].北京:科学出版社,2006.

[19] 邓莉兰.西南地区园林植物识别与应用实习教程[M].北京:中国林业出版社,2010.

[20] 邓莉兰.树木学实验实习教程(南方本)[M].北京:中国林业出版社,2012.

[21] 张锦林.贵州古树名木[M].贵阳:贵州科技出版社,2004.

[22] 贵州省地方志编纂委员会.贵州省志(1978—2010)(卷十六　林业)[M].贵阳:贵州人民出版社,2019.

[23] 周庆,张华海.贵州裸子植物[M].贵阳:贵州科技出版社,2017.

[24] 黎平.贵州国家保护植物手册[M].贵阳:贵州科技出版社,2016.

[25] 邓莉兰,李双智,区智,等.树说云南:云南裸子植物古树名木[M].北京:中国林业出版社,2022.

[26] 邓莉兰,赵东明.玉溪中心城区及周边乡镇古树[M].昆明:云南科技出版社,2007.

[27] 刘照进,王翔.印江大印象[M].西安:太白文艺出版社,2016.

[28] 政协铜仁市委员会.铜仁百景[M].贵阳:贵州人民出版社,2015.

[29] 政协铜仁市委员会.铜仁百俗[M].贵阳:贵州人民出版社,2015.

[30] 江口县政协文史民族宗教委员会.江口旅游文化[M].北京:中国文联出版社,2012.

[31] 瞿政平.铜仁史话集[M].北京:中国文史出版社,2013.

[32] 李程，罗鹏，邓秀秀，等．古树名木生长状况与环境因子关系研究——以浙江省古樟树为例[J]．中南林业科技大学学报，2015，35(11)：86-93．

[33] 李飞飞，罗斌圣，崔夏，等．国家植物园植物文化建设与植物多样性保护和管理[J]．广西植物，2023，43(8)：1383-1391．

[34] 龙春林，郭志永，刘博，等．中国民间资源植物及其传统知识[M]．北京：科学出版社，2017．

[35] 廖正平．古树名木保护与管理[M]．北京：中国林业出版社，2023．

[36] 赵忠．古树保护理论与技术[M]．北京：科学出版社，2021．

[37] 郜旭芳，张新权．古树名木病虫害综合防控技术[J]．绿色科技，2018(17)：36-37，39．

[38] 苏燕苑．林业病虫害防治意义及松材线虫病综合防治技术探讨[J]．现代农业研究，2020，49(1)：124-125．

[39] 彭莉霞，曾巧如，石茗馨．广州市寄生植物及其对园林植物的危害初探[J]．广东林业科技，2009，25(6)：89-94．

[40] 吴良军．古银杏树常见病虫害防治技术分析[J]．植物医生，2018，31(9)：34-35．

[41] 汪全兵．浅析香樟病虫害综合防治措施[J]．南方农业，2022，16(6)：26-28．

[42] 崔洪平．松树常见病虫害症状及防治措施[J]．世界热带农业信息，2022(12)：73-74．

[43] 姚方，吴国新，任叔辉，等．皂荚主要病虫害及综合防治[J]．绿色科技，2013(8)：172-174．

[44] 张小虎．侧柏常见病虫害及防治技术探析[J]．种子科技，2022，40(15)：94-96．

[45] 向见，何博，柏玉平．古树树洞修复技术探讨[J]．现代农业科技，2015(24)：160，171．

[46] 周虎，刘云鹏，徐福元．古树名木腐朽中空原因分析及修复技术探讨[J]．江苏林业科技，2013，40(2)：36-38．

[47] 张清丽，李本鑫．树木腐烂病的发生与防治[J]．农业与技术，2003(3)：93-94．

[48] 黄涛，张琼锐，林晓泓，等．广东省林业生态文化体系建设[J]．林业与环境科学，2020，36(4)：116-121．

[49] 唐源泉．古树名木保护在生态文化建设中的作用[J]．现代农业科技，2020(6)：135-136．

[50] 程鹏．古水口林对振兴乡村战略生态宜居建设的启迪[J]．安徽林业科技，2018，44(5)：14-17．

[51] 郑广顺．古树快繁及端粒长度与树木年龄关系的研究[D]．北京：北京林业大学，2012．

[52] 郑广顺，王瑾瑜，戴全胜，等．颐和园古桑树的组织培养与快速繁殖[J]．中国农学通报，2011，27(8)：32-35．

[53] 向文倩，王文娟，任明迅．木棉文化的生物多样性传统知识及其传承与利用[J]．生物多样性，2023，31(3)：190-201．

[54] 程卓，张晴，龙春林．民族植物学研究现状(2017—2022)[J]．生物多样性，2022，30(7)：98-110．